Sécurité Hydrique de la Tunisie

Histoire et Perspectives méditerranéennes
Collection dirigée par Jean-Paul Chagnollaud

Dans le cadre de cette collection, créée en 1985, les Éditions L'Harmattan se proposent de publier un ensemble de travaux concernant le monde méditerranéen des origines à nos jours.

Déjà parus

Kamal CHAOUACHI, *La culture orale commune à Malte et à la Tunisie,* 2014
Abdelaziz RIZIKI MOHAMED, *Sociologie de la diplomatie marocaine,* 2014.
Ahmed BENNOUNA, *Le crédit-bail au Maroc. Un mode de financement original,* 2014.
Francesco CORREALE, *Le front colonial de la guerre 1914-1918, Trafic d'armes et propagandes dans l'Occident maghrébin*, 2014.
Mustapha HOGGA, *Théocratie populiste ou séparation des pouvoirs au Maroc ? Histoire et alternative démocratique*, 2014.
André-Paul WEBER, *Régence d'Alger et Royaume de France (1500-1800). Trois siècles de luttes et d'intérêts partagés,* 2014.
Cyril GARCIA, *Trois historiens face à la guerre d'Algérie*, 2014.
Seghier TAB, *Les élus français d'origine maghrébine et la politique représentative,* 2013.
Mariam MONJID, *L'Islam et la modernité dans le droit de la famille au Maghreb, Etude comparative : Algérie, Maroc et Tunisie*, 2013.
Tahar HADDAD, *La naissance du mouvement syndical tunisien*, 2013.
Geneviève FALGAS, *Les Français de Tunisie de 1881 à 1931*, 2013.
Ismaïl REGRAGUI, *La diplomatie publique marocaine : une stratégie de marque religieuse ?*, 2013.
Anis BEN ALI, *Le rapatriement des Français d'Afrique du Nord dans la presse. Alpes-Maritimes 1955-1962*, 2013.
Mohamed CHABANE, *Heurts et malheurs du secteur agricole en Algérie, 1962-2012,* 2013
Hosni KITOUNI, *La Kabylie orientale dans l'histoire. Pays des Kutuma et guerre coloniale*, 2013.
Geneviève GOUSSAUD-FALGAS, *Les Français de Tunisie de 1881 à 1931*, 2013.
Jean BISSON, *La guerre en Méditerranée 8 novembre 1942-9 septembre 1943. L'histoire revisitée*, 2012.
Adel BOUSNINA, *Le littoral et le désert tunisiens. Développement humain et disparités régionales en Tunisie*, 2012.

Mustapha Besbes
Jamel Chahed
Abdelkader Hamdane

Sécurité Hydrique de la Tunisie

Gérer l'eau en conditions de pénuries

Préface de Ghislain de Marsily

L'Harmattan

5-7, rue de l'École-Polytechnique ; 75005 Paris
http://www.harmattan.fr
diffusion.harmattan@wanadoo.fr
harmattan1@wanadoo.fr
ISBN : 978-2-343-03966-4
EAN : 9782343039664

Sommaire

Préface

Tout le monde en prend peu à peu conscience, le « problème de l'eau » est en train de devenir un enjeu majeur dans les questions urgentes que devront régler, dans les quelques années qui viennent, les sept milliards d'habitants que compte aujourd'hui notre planète, ou les neuf milliards et demi qui seront présents en 2050. A cela trois raisons principales : la poursuite apparemment inexorable de la croissance démographique, même si le rythme de cette croissance semble décroître, au moins dans certains pays ; l'augmentation des besoins en eau avec le développement économique, la part la plus importante de la consommation en eau étant celle liée à la nourriture, pour laquelle l'évolution des habitudes alimentaires indique une progression démesurée des besoins en eau agricole, qui vont de moins de 800 m^3/an en moyenne par habitant, pour les pays les plus pauvres, à plus de 2000 pour les plus riches ou dispendieux, qui donnent hélas le mauvais exemple au reste du monde ; et enfin, le changement climatique annoncé, qui va vraisemblablement conduire à une répartition fortement modifiée des précipitations, en particulier une probable aridification supplémentaire dans les zones déjà arides, et une plus grande intensité des événements extrêmes. A ces trois menaces sur la quantité, il faut ajouter la dégradation continue de la qualité des eaux, du fait de la dissémination généralisée de produits polluants dans l'environnement par les activités humaines, ou encore de la contamination de l'eau par le sel ou par d'autres éléments naturels comme le fluor et l'arsenic, mobilisés et mis en mouvement indirectement par l'homme. A ces problèmes, tous les pays du Monde sont confrontés, qu'ils soient développés ou en développement.

La situation actuelle n'est pas durable, il faut changer nos pratiques. Mais que faire ? Ce livre est une mine de réflexions et d'informations sur ces questions, en partant de l'échelle mondiale pour se focaliser ensuite sur le cas de la Tunisie, qui est le pays au monde de la zone aride qui connaît peut-être le mieux ses ressources en eau et ses besoins, après plus de 50 ans de mise en œuvre d'une politique volontariste de construction d'équipements et de gestion de la ressource, appuyée sur une caractérisation de plus en plus précise du cycle de l'eau, et des réserves disponibles. La zone aride se caractérise par la rareté de la ressource, la forte variabilité interannuelle, une salinité bien souvent élevée, et la surexploitation très généralisée des eaux souterraines, qui se renouvellent lentement. La Tunisie est un cas exemplaire, qui peut servir de modèle à de très nombreux pays du Monde, dont la France, tant pour les aspects techniques de la gestion des eaux que pour les aspects de gouvernance, par ses succès comme par les difficultés rencontrées.

Avant d'aborder le problème de l'eau, encore convient-il au préalable d'en définir les contours. Ce livre commence de façon très pertinente par une présentation générale des problèmes de l'eau à l'échelle mondiale, ainsi que des concepts les plus récents en matière de ressources et de consommation d'eau, en distinguant l'eau bleue, celle qui s'écoule dans les rivières ou les aquifères et que l'on peut capter, de l'eau verte, celle qui se stocke dans les sols superficiels et ne peut être utilisée que par la végétation par extraction racinaire. Cette eau verte, celle de l'agriculture pluviale, est généralement omise des bilans en eau, alors qu'elle représente la part essentielle des ressources que nous utilisons. Le concept « d'empreinte eau », qui quantifie les besoins en eau bleue ou verte nécessaires à la production de ce que nous consommons, tant en produits alimentaires qu'industriels ou en eau domestique, sont explicités. Muni de ces outils, les auteurs se livrent à un bilan exhaustif de l'adéquation besoins-ressources en Tunisie, avec un regard sur le passé sur près de 100 ans, un historique de l'aménagement et de la régulation de l'usage de l'eau, et ensuite une réflexion prospective jusqu'en 2050, en proposant des scénarios portant sur l'offre autant que sur la demande, pour arriver à la « sécurité hydrique » de la Tunisie. Dans ce pays aujourd'hui, environ 35 % de l'eau consommée provient en fait d'importations, ce qu'on appelle de « l'eau virtuelle » qui est l'eau contenue dans les produits achetés à l'étranger, principalement des céréales pour lesquelles on compte l'eau qui a été nécessaire pour les cultiver. La sécurité hydrique se décline alors comme la quantité minimum de production alimentaire locale qu'il faudrait garantir pour survivre en cas de crise rendant tout-à-coup impossible les importations. Est-il raisonnable d'aller au-delà de ces 35 % d'eau virtuelle ? Comment faire ? La sécurité hydrique se décline aussi en protection de la ressource et des infrastructures contre les pollutions, les accidents et les actions malveillantes, d'où qu'elles viennent, et l'anticipation des situations hydrologiques extrêmes. Tous ces sujets sont clairement abordés.

Une part importante et très originale de l'ouvrage est dédiée à l'examen détaillé de la quantité d'eau consommée en Tunisie par l'agriculture pour la production alimentaire, en cultures pluviales ou irriguées. Ces chiffres, pratiquement jamais estimés, conduisent à une conclusion surprenante : l'essentiel de la production alimentaire tunisienne provient de l'agriculture pluviale, les cultures irriguées viennent largement en second, même si elles permettent de fabriquer des produits à haute valeur ajoutée exportables. Au moment où la mobilisation des ressources disponibles pour l'irrigation a atteint ses limites, les auteurs montrent qu'il faut continuer à investir dans l'amélioration de l'efficience des systèmes hydrauliques mais que c'est sur l'optimisation des rendements de l'agriculture pluviale qu'il faut désormais faire porter les efforts ! Cette conclusion a priori surprenante est très soigneusement étayée et argumentée.

L'ouvrage aborde d'autres questions très importantes, comme la place à donner au dessalement des eaux saumâtres ou de l'eau de mer, à l'utilisation des eaux usées traitées, aux économies d'eau dans tous les secteurs d'activité, à la fraction de l'eau disponible à laisser aux écosystèmes naturels, à l'adduction d'eau en milieu urbain et rural, à l'assainissement, etc. Mais une part majeure est consacrée à la gouvernance, c'est-à-dire à la façon dont le pouvoir central organise la gestion de l'eau, et à la participation nécessaire du public à la prise de décision ou à la gestion locale des ressources. Ces questions sont fondamentales pour une bonne administration de l'eau. La Tunisie est là aussi un cas d'école, avec un pouvoir central fort et une administration compétente et très active, ayant cependant fait une tentative de délégation de gestion à des Associations d'Usagers de l'Eau (GDA), dont certaines ont très bien fonctionné, d'autres moins. La révolution de Janvier 2011 est ensuite passée par là, avec un affaiblissement de l'autorité de l'Etat, conduisant à des abus qui ont fragilisé encore plus une ressource déjà rare, comme des branchement illégaux sur des conduites d'adduction d'eau, ou des forages non déclarés dans des zones interdites pour cause d'excès de prélèvements. Le difficile équilibre entre l'autorité centralisée, la délégation de pouvoir et la gestion participative par les usagers, l'anticipation et la gestion des conflits, sont abondamment discutés. Mais un préalable à cette gestion participative est, selon les auteurs, l'éducation et la formation du public à la connaissance des réalités de l'hydrologie et de la gestion des eaux. La place de la recherche pour éclairer les choix politiques est aussi abordée.

Cet ouvrage, écrit dans un langage très pédagogique et d'une remarquable clarté, fourmille de données et d'informations réfléchies, scientifiques et pertinentes, qui éclairent d'un jour nouveau le lancinant problème de l'eau. Tous ceux qui s'intéressent à l'eau y trouveront une source d'idées originales, pour aborder la question des choix pour l'avenir, en Tunisie comme ailleurs, car l'exemple tunisien n'est qu'un support pour donner au lecteur une information à caractère universel. Je félicite les auteurs pour ce travail remarquable et exhaustif, et en recommande très chaudement la lecture par tout public intéressé par l'eau.

Paris, le 1° Juin 2014

Ghislain de Marsily

Académie des Sciences et Université Paris VI, Paris

Remerciements

Nous tenons à remercier particulièrement Ghislain de Marsily, professeur à l'Université Paris VI, membre de l'Académie des sciences, un spécialiste de l'eau universellement reconnu, pour avoir accepté de relire l'intégralité du livre, et pour avoir bien voulu rédiger la préface de cet ouvrage. Son appui constant aux thèses développées et ses encouragements ont grandement facilité la dernière étape, la plus difficile, de mise en forme définitive du livre.

Nous remercions vivement Akiça Bahri, coordinatrice de la Facilité Africaine de l'Eau, pour avoir accepté de mettre sa vaste expérience internationale des problèmes de l'eau au service d'une première lecture, qui s'est révélée être redoutablement exhaustive, précise et minutieuse, du manuscrit. Elle en a corrigé une multitude de fautes et nous a manifesté un soutien enthousiaste et sans faille.

Les auteurs remercient tous ceux, experts, praticiens, usagers, chercheurs et décideurs, qui ont contribué à l'émergence d'une nouvelle vision des problèmes de l'eau de la Tunisie. Cette vision constitue l'aboutissement, certes encore largement inachevé, de l'extraordinaire brassage d'idées initié par la brutale prise de conscience, au début des années 90, que la crise de l'eau n'allait pas épargner la Tunisie malgré son remarquable effort d'inventaire et de mobilisation des ressources. Alors que jusque là les débats et les écrits sur l'eau avaient été plutôt consacrés aux questions à caractère technique, ce foisonnement devait se concrétiser par de nombreuses études, réflexions et documents à caractère prospectif et stratégique. La collaboration des auteurs s'inscrit dans cette perspective, d'une recherche permanente sur les enjeux de l'eau ; une collaboration continue développée depuis près de deux décennies autour des projets réalisés en commun.

Nous remercions tous les collègues, les membres de la communauté tunisienne de l'eau, notamment les ingénieurs du Ministère de l'Agriculture et des Commissariats régionaux de développement agricole, les chercheurs des Universités et centres de recherche, les usagers et membres des Groupements de développement agricole, les Associations et membres de la société civile qui s'intéressent aux problèmes de l'eau, et tous ceux qui ont contribué de près ou de loin, par des échanges de point de vue, par la communication d'informations, de documents et de données, ou par leurs propres travaux, à la genèse des idées et l'élaboration des éléments qui ont progressivement abouti à la rédaction de cet ouvrage.

Introduction

Le secteur de l'eau en Tunisie a connu ces dernières décennies de profondes transformations, marquées par un niveau très élevé de mobilisation : utilisation des meilleurs sites de grands barrages, surexploitation des nappes souterraines, recours accru aux eaux non conventionnelles. En parallèle, une mutation socio économique est en train de s'opérer avec l'émancipation des populations tunisiennes et ses corollaires : plus fortes exigences en matière de qualité et de sécurité d'approvisionnement, nécessité d'une plus forte participation des usagers à la gestion locale de l'eau, besoins accrus en formation, en information et en responsabilisation des citoyens.

L'eau risque ainsi de devenir un facteur potentiellement limitant du développement socio économique du pays et ce constat doit se traduire par une révision en profondeur des principes de sa gestion : comment transférer la gestion de l'offre vers la gestion de la demande ? Comment, dans un contexte où la compétition pour l'eau s'accentue, concilier les usages, anticiper les conflits, garantir la conservation de la ressource et maîtriser les risques ? Comment allier la nécessité de respecter l'unité hydrologique de la ressource et l'organisation centralisée de l'administration et de la gestion de l'eau ? Quel modèle de gouvernance doit-on adopter ? Quel rôle doit-on assigner au secteur privé et à la gestion communautaire ? Jusqu'où doit-on aller dans l'emploi des outils économiques ?

La question de la sécurité hydrique recouvre certes d'abord la sécurité de l'approvisionnement en eau potable, mais c'est aussi et surtout une question de sécurité alimentaire, indissociable de la politique agricole et des bilans de la balance agroalimentaire. Plus de 70 % des ressources en eau mobilisées dans le monde, près de 80 % en Tunisie, sont en effet alloués à l'irrigation. L'agriculture pluviale et l'agriculture irriguée jouent, toutes les deux, des rôles essentiels et complémentaires dans la sécurité alimentaire. L'agriculture irriguée assure l'accroissement et la stabilisation de la production agricole locale et joue un rôle primordial dans la promotion du monde rural. Quant à l'agriculture pluviale, elle contribue largement à la sécurité alimentaire et joue un rôle déterminant dans l'équilibre de la balance agroalimentaire. Avec cette relation dialectique entre sécurité hydrique et sécurité alimentaire, l'approche des problèmes de l'eau passe nécessairement par une vision holistique qui tient compte des multiples facteurs de stress susceptibles de menacer l'approvisionnement en eau.

La sécurité hydrique peut être définie simplement comme l'accès durable à des ressources en eau en quantité suffisante et de qualité acceptable, mais on doit disposer d'outils universels pour qualifier et mesurer le niveau de sécurité hydrique. De nombreux indicateurs sont utilisés pour mesurer la sécurité hydrique (Norman et al., 2010) ; tous traduisent bien le niveau de pression anthropique sur la ressource, mais ils ne font pas référence à la gouvernance de l'eau, et notamment à l'existence d'infrastructures qui déterminent l'accès effectif à l'eau. A cet égard, la connaissance et l'information sur la ressource vont constituer des éléments clés nécessaires pour évaluer l'état des milieux hydrologiques et des pressions qui s'y exercent, limiter et prévenir les conséquences des aléas et des risques, rendre compte aux institutions et au public afin d'assurer une participation responsable.

D'autres dimensions concourent à encadrer le concept de sécurité hydrique, elles concernent la « sécurité dure » et comportent les deux composantes de sécurité intérieure et de sécurité extérieure. Sur le plan intérieur, certains pays attachent une attention particulière à la protection des ressources en eau et des installations hydrauliques contre d'éventuels actes terroristes (US EPA, 2011), tandis que d'autres mettent en place des équipements préventifs pour l'alimentation en eau potable de secours des grandes métropoles urbaines en cas de crise grave (Le Parisien, 2004). Sur le plan extérieur, la sécurité hydrique englobe notamment la dimension transfrontalière : près de 150 pays dans le monde partagent une partie de leurs ressources en eau avec un ou plusieurs pays voisins.

En Tunisie, le renforcement de la sécurité hydrique à long terme va dépendre de la capacité du pays à trouver des solutions adéquates et appropriées pour satisfaire une demande en eau sans cesse croissante en quantité et de plus en plus exigeante en qualité. L'importance que l'on doit donner aux différentes solutions et la place que doit occuper chacune d'entre elles dans les stratégies et dans les programmes de développement des ressources en eau, ne peuvent s'apprécier que vis-à-vis des disponibilités et de la durabilité quantitatives et qualitatives de la ressource, de la capacité à optimiser les différents usages des ressources en eau de diverses natures, et de la capacité à adopter et mettre en œuvre les réformes institutionnelles en mesure d'accompagner les nouvelles politiques de l'eau, et notamment à faire adhérer à ces réformes l'ensemble des acteurs de l'eau.

Le présent ouvrage s'articule autour des quatre thématiques centrales du secteur de l'eau en Tunisie : (i) la connaissance et la maîtrise du bilan hydrique national ; (ii) la relation dialectique entre sécurité hydrique et sécurité alimentaire, qui découle d'une vision holistique du concept de sécurité hydrique et détermine toute politique de gestion de l'eau ; (iii) la valorisation de l'eau par la gestion de la demande : usage optimal de la ressource et maîtrise de l'efficience des systèmes hydrauliques ; (iv) la maitrise de l'approvisionnement en eau et les réformes institutionnelles qui concourent à la cohérence et à l'efficacité des politiques de l'eau.

Chacune de ces thématiques fait l'objet d'un chapitre. Il nous a toutefois paru nécessaire d'apporter à ces thématiques fondamentales un triple éclairage, une triple perspective : (i) une perspective géographique et internationale, sous forme d'un aperçu des grands problèmes de l'eau dans le Monde ; (ii) une perspective historique et analytique des politiques de l'eau menées en Tunisie ; (iii) une perspective d'avenir, avec la mise à plat, doublée d'un essai de prospective, des grandes questions sur l'eau qui font actuellement débat, parmi les experts mais également dans l'opinion publique, et qui détermineront les enjeux futurs.

Chapitre 1. Les problèmes de l'eau dans le monde

Les précipitations continentales forment le patrimoine d'eau douce de l'humanité. Ce capital, évalué à 110 000 Milliards de m^3 par an (km^3/an), est inégalement réparti : les régions arides qui en reçoivent peu, sont soumises à un stress hydrique permanent ; on parle alors de pénurie physique. Mais le manque d'eau a aussi une origine économique. C'est le cas dans de nombreuses régions pourtant bien arrosées où l'insuffisance des infrastructures hydrauliques engendre la pénurie. Résultat : en 2012, un Terrien sur sept n'a pas accès à une eau potable de qualité (Besbes, 2012).

A l'échelle globale, 64 % des précipitations sont reprises par évapotranspiration : 57 % dans les forêts, prairies, zones humides et seulement 7 % sur les terres cultivées. Les 36 % restants alimentent les écoulements : rivières et nappes souterraines dans lesquelles l'irrigation, pratiquée sur 300 millions d'hectares (Mha) représente la majeure partie des prélèvements (70 % soit 2 800 km^3/an). Les villes, les industries et l'hydroélectricité utilisent le reste (1 200 km^3). Plus de 60 % des écoulements sont partagés par 150 pays sur plus de 500 fleuves et aquifères transfrontaliers. La communauté internationale n'a pu encore s'entendre sur les principes universels d'utilisation de ces ressources et de prévention des conflits, et la convention adoptée à cet effet par les Nations Unies en 1997 n'est toujours pas en vigueur.

Les quantités d'eau consommées par l'agriculture pluviale et irriguée pour la production des besoins alimentaires de l'humanité représentent 95 % de notre demande en eau totale, le reste est utilisé pour l'eau potable et les industries. De nombreux pays ne produisent pas toute leur alimentation et en importent une part, pour certains très importante, sous forme d'« eau virtuelle » (quantité d'eau mobilisée pour produire les aliments). Les flux atteints par cette eau virtuelle (1 600 km^3/an) traduisent la « mondialisation » des ressources en eau. Les pays fortement dépendants n'en éprouvent pas de stress particulier s'ils ont un pouvoir économique suffisant. En revanche et pour réduire leur facture alimentaire, les moins riches doivent nécessairement optimiser ces flux en développant des capacités locales de production et de stockage de produits alimentaires jugés stratégiques.

Du fait de la croissance démographique et de l'amélioration du niveau de vie des populations, la demande alimentaire mondiale pourrait doubler d'ici 2050. Or les ressources en eau sont déjà fortement entamées par l'irrigation avec de forts impacts sur l'environnement : surexploitation des eaux souterraines (20 millions de puits en Inde), salinisation des sols (20 Mha affectés dans le monde), artificialisation des rivières et fragilisation des zones humides, dégradation de la qualité de l'eau. Pour ne rien arranger, le réchauffement climatique devrait exacerber la situation. Comment, dans ces conditions, continuer à subvenir aux besoins croissants de l'irrigation qui permet de produire 40 % de l'alimentation mondiale sur seulement 20 % des terres cultivables ? Les prélèvements d'eau et les superficies irriguées devraient en conséquence croître fortement, en particulier dans les pays qui souffrent déjà de stress hydrique. Sans changement majeur, ce sera difficile. Des réformes radicales vont devoir être mises en œuvre : irrigation plus efficiente, plantes économes en eau, tarification équitable, adhésion des agriculteurs. L'objectif est de produire plus avec moins d'eau, tout en préservant les écosystèmes.

De son côté, l'agriculture pluviale s'étend sur 1 300 Mha. Elle représente à l'échelle mondiale 80 % des surfaces cultivées (90 à 95 % au Maghreb et en Afrique subsaharienne) et produit 60 % des aliments de la planète. Dans certaines régions d'Europe et d'Amérique du Nord, il est possible de développer les cultures pluviales à haut rendement. Mais dans de nombreux pays arides, les rendements agricoles subissent des variations dramatiques dues aux aléas climatiques. Dans ces situations, il faut renforcer les capacités traditionnelles d'adaptation à la sécheresse : cultures en terrasses, banquettes anti érosives, zones d'épandage de crues pour l'irrigation et la recharge des nappes, variétés résistantes à la sécheresse.

L'industrie est le secteur d'activité dont la demande en eau est appelée à s'accroître le plus en raison des délocalisations et de l'équipement des pays émergents. Pour satisfaire tous ces nouveaux besoins, il faudra développer des ressources alternatives. Actuellement, le recyclage concerne 7 km^3/an soit 4 % des eaux usées urbaines collectée et traitées, offrant une perspective intéressante pour l'agriculture et pour l'industrie. Le dessalement des eaux saumâtres et de l'eau de mer produit 8 km^3/an ce qui représente 0,2 % de l'eau douce consommée dans le monde. Les coûts de production devenant de plus en plus compétitifs, cette ressource pourrait doubler d'ici 2020, même si son coût énergétique et son impact écologique (rejets de saumures) demeurent encore élevés.

Autre sujet crucial : l'alimentation des villes en eau potable a toujours été une priorité absolue. Si le monde était à 70 % rural en 1950, il sera à 70 % urbain en 2050. L'explosion démographique urbaine qui s'annonce dans les pays en développement fait craindre de nouvelles pénuries : les villes y compteront plus de 5 milliards d'habitants en 2050. Il faudra donc chercher l'eau toujours plus loin et recourir davantage au dessalement, quitte à augmenter la facture de l'eau pour des collectivités parfois dépourvues des moyens nécessaires. Mais d'autres solutions existent, qui permettent d'exploiter d'une manière coordonnée et plus efficiente le cycle des eaux urbaines (Bahri, 2012). En tout état de cause, le devoir de coopération internationale est ici primordial, faute de quoi la généreuse résolution 64/292 des Nations Unies de Juillet 2010 reconnaissant le droit à l'eau potable pour tous resterait lettre morte.

Ce premier chapitre, à caractère introductif, tente de situer le lecteur d'emblée au diapason des concepts, des courants d'idées, des débats et parfois des contradictions qui dominent la question de l'eau à l'échelle mondiale.

Ce chapitre comporte quatre parties :

1- ***La première partie*** développe le bilan hydrique mondial, qui permettra in fine de cadrer le bilan hydrique de la Tunisie. Cette partie expose les diverses contributions réalisées pour l'élaboration des connaissances sur les ressources en eau douce renouvelables de la Terre, sur le bilan hydrique mondial, les prélèvements d'eau douce, l'impact des actions anthropiques sur les modifications du cycle hydrologique, les places respectives qu'occupent les concepts d'eau bleue, d'eau verte, d'eau virtuelle dans le bilan mondial, avec un focus sur le bilan hydrique du groupe des pays arides dans lesquels s'inscrit la Tunisie.

2- ***La deuxième partie*** présente les principes fondamentaux, les principaux concepts et les instruments sur lesquels s'appuient les politiques de l'eau dans le monde. Ces instruments ont été introduits en Tunisie avec plus ou moins de bonheur, ou font encore l'objet de débats parmi les experts. Nous avons choisi d'en exposer douze parmi les plus importants : le statut juridique de l'eau, le concept de développement durable, la gestion intégrée des ressources en eau, la gestion de la demande, la gestion par bassin versant, le principe pollueur-payeur, le principe de précaution, le principe de subsidiarité, la gestion participative, la dimension économique de l'eau, les bassins et aquifères transfrontaliers, les données et systèmes d'information sur l'eau.

3- ***La troisième partie*** introduit au problème central que se propose de traiter cet ouvrage : le problème des pénuries d'eau et de la sécurité hydrique, et les solutions techniques proposées pour gérer ces pénuries et garantir la sécurité hydrique des nations. Les thèmes abordés sont ceux : (i) des pénuries, examinées d'abord par la définition de la rareté et du stress hydrique, la rationalisation des consommations par la normalisation et le contrôle des usages, l'exacerbation de la rareté suite aux changements climatiques et aux sécheresses, la dégradation de la qualité de l'eau et l'épuisement des ressources par surexploitation des eaux souterraines ; (ii) de la sécurité hydrique et son corollaire la sécurité alimentaire, avec l'exposé du concept de gestion holistique de toutes les ressources que peuvent constituer l'eau virtuelle, l'eau verte, et par une compréhension du concept plus global de l'empreinte eau ; (iii) des solutions que peuvent constituer les grands transferts d'eau, le dessalement ou le recyclage des eaux usées.

4- ***La quatrième partie*** traite de la sécurité hydrique comme enjeu international, ou comment la communauté internationale, à l'époque contemporaine et sous ses diverses manifestations, a toujours considéré l'accès à l'eau et son partage équitable comme un facteur de stabilité et de paix à travers le monde. Cet argument est développé sous les trois points de vue suivants : (i) le programme « Hydrologie de la Zone Aride » de l'UNESCO, que l'on peut considérer comme étant l'ancêtre de la mondialisation scientifique ; (ii) l'analyse des grands mécanismes sur lesquels se base la communauté internationale de l'eau : les acteurs, les institutions, les initiatives ; (iii) les grandes Conférences, les Déclarations et les différentes Visions sur l'Eau.

1.1- Le Bilan hydrique mondial

1.1.1- Cycle de l'eau et bilan mondial

L'eau douce fait partie intégrante du système circulatoire des eaux terrestres constitué par les trois stades : évaporation, condensation, précipitation, et dénommé « cycle de l'eau » (Fig. 1.1). Le cycle de l'eau représente les flux circulant entre les grands réservoirs d'eau existant sur notre planète : les océans, les glaciers, l'atmosphère, les lacs et les marais, les fleuves, les sols, les nappes souterraines. Ces flux sont mus par l'énergie solaire qui, en provoquant l'évaporation de l'eau, entraîne le cycle des échanges.

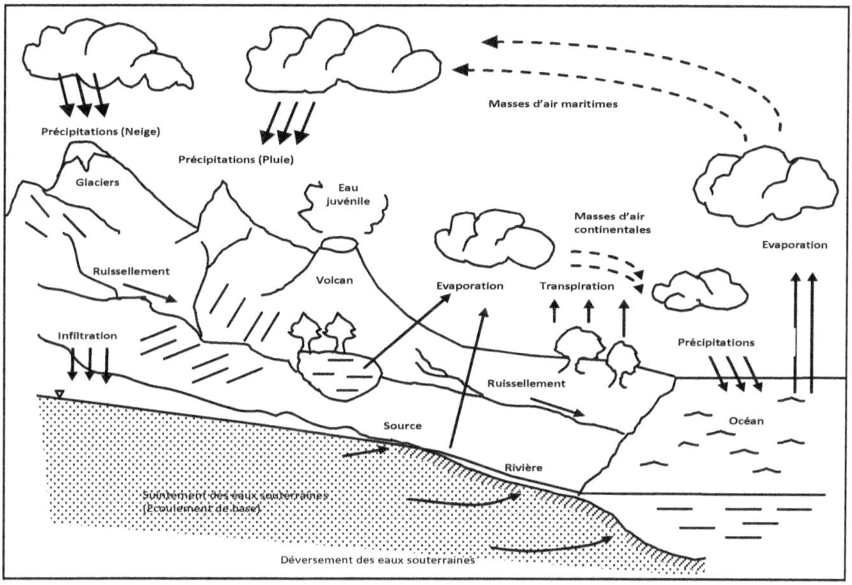

Fig. 1.1 : Schéma du cycle hydrologique

Sous l'effet des radiations solaires, l'eau des océans [97 % des réserves d'eau du globe] et des plans d'eau continentaux s'*évapore*. L'eau évaporée est pure et dépourvue des sels marins. Les ressources en eau douce renouvelables alimentées par les précipitations sur les continents varient selon les estimations entre 108 000 et 119 000 km^3/an, sur une superficie totale de 149 millions de km^2, soit l'équivalent d'une lame d'eau de pluie comprise entre 725 et 800 mm/an.

Les précipitations qui se produisent sur les continents vont alimenter les différents éléments du cycle hydrologique continental. Une certaine quantité d'eau est temporairement stockée à la surface des terres dans les lacs et les glaciers : c'est le stock superficiel. Une autre part des précipitations s'écoule à la surface du sol, drainée vers les cours d'eau : ce sont les écoulements de surface, groupés sous le terme de ruissellement. Lorsque les propriétés des terrains (porosité, perméabilité) sont favorables, l'eau pénètre à l'intérieur du sol par infiltration. Sous la surface du sol, les pores des formations renferment à la fois de l'air et de l'eau. C'est la zone d'aération, ou encore zone non saturée qui renferme d'importantes quantités d'eau où puisent les systèmes racinaires de la végétation et qui alimentent l'évapotranspiration des plantes. Ces quantités constituent l'humidité du sol, ou encore réserve en eau du sol ; on les appelle eaux vadoses. L'humidité du sol excédentaire est véhiculée vers le bas par drainage gravitaire pour alimenter les réserves des nappes souterraines. Celles-ci s'écoulent dans le sous-sol pour, en fin de parcours, rejoindre le réseau de drainage superficiel, le système des eaux de surface sous forme de sources, de cours d'eau drainants, ou de fuites en mer, et lorsque la surface des nappes souterraines est proche du sol, une partie des réserves souterraines est reprise par évaporation profonde.

C'est à l'Ecole russe d'hydrologie, et notamment aux chercheurs de l'Institut d'Etat d'Hydrologie de St. Petersburg (Lvovic, Shiklomanov) que l'on doit les premiers travaux portant sur le bilan d'eau du globe. Cette vocation s'explique par la dimension des territoires de l'ex Union Soviétique et l'utilisation précoce des procédés de cartographie hydrologique, ancêtre des Systèmes d'Information Géographiques. Grâce à ces procédés et aux nombreuses données d'observation des précipitations et du ruissellement, les hydrologues russes ont pu proposer les premiers modèles quantifiant les termes du bilan hydrique mondial. Le Tab. 1.1 présente les diverses estimations successives des flux circulant dans l'hydrosphère, tableau dont on peut retenir ce qui suit : (i) Les connaissances acquises au cours des 50 dernières années n'ont pas bousculé les ordres de grandeur du bilan hydrique mondial ; (ii) Les ressources en eau douces du globe (précipitations totales) sont de l'ordre de 550 000 km^3/an, dont 20 % représentent les ressources pluviales continentales.

	L'vovic (1968)		Korzoun-Sokolov (1978)	Shiklomanov (1983 & 1998)		Chahine (1992)	Harvey (2000)	de Marsily (2009)	
Eléments	1000 km3/an	mm/an	1000 km3/an	1000 km3/an	mm/an	1000 km3/an	1000 km3/an	1000 km3/an	%
Précipitations sur les Océans	411.6	1143	458	458	1272	398	458		
Apports des eaux continentales	36.4	101	47	44.8	124	37	47		
Evaporation des Océans	448	1244	505	502.8	1397	435	505		
Précipitations sur les Continents	108.4	728	119	119	799	108	119	113	100%
Ecoulement Total	36.4	244	47	44.8	301	37		39.6	35%
dont Glaciers								3.4	3%
dont écoulements superficiels totaux				42.7	287		45.3	34	30%
dont écoulement souterrain non drainé par rivières				2.1	14		1.2	2.3	2%
Evaporation-Evapotranspiration des Continents	72	483	72	74.2	498	71	72	73.5	65%
Précipitations sur le Globe terrestre	520	1020	577	577	1134	506	577		
Evaporarion du Globe terrestre	520	1020	577	577	1134	506	577		

Tab. 1.1 : Estimations successives du Bilan Hydrique Mondial

Le Tab. 1.2 présente les estimations du stock d'eau contenu dans les différents réservoirs de l'Hydrosphère. On peut y noter que sur un total de 1380 Millions de km^3, près de 97 % se trouvent sous forme d'eaux salées dans les océans, les mers, les lacs salés et les eaux souterraines salées. L'ensemble des réserves d'eau douce du globe représente 3 % des volumes d'eau sur terre, et parmi ces eaux douces : 69,5 % sont retenus sous forme de glaces, les eaux souterraines douces représentent 30 %, les lacs 0,01 % , la réserve en eau du sol 0,001 % ainsi que l'eau sous forme de vapeur dans l'atmosphère. Alors que les différents auteurs convergent sur l'ordre de grandeur des flux et des stocks, on observera que l'eau du sol constitue encore un réservoir assez mal connu, dont les différentes estimations varient entre 17 000 et 122 000 km^3.

Quant au volume d'eau présent en permanence dans l'ensemble des rivières du monde, il équivaut à 2 000 km^3, soit 0,0002 % du potentiel en eau de la terre, quantité strictement équivalente au volume des réserves souterraines d'eau douce de la Tunisie ! Mais cette apparente anomalie n'en est pas une ; nous avons vu en effet (Tab. 1.1) que les rivières constituent un vecteur très actif du cycle hydrologique, véhiculant 30 % du bilan hydrique mondial. Cela représente un flux de 34 000 km^3/an, mais l'eau des rivières ne fait qu'y transiter et demeure très peu de temps dans ce milieu : le temps de séjour y est très bref.

	L'vovic (1968)		Shiklomanov-Sokolov (1983)			Gleick (1996)	Harvey (2000)		De Marsily (2009)	
Milieu	Vol 10^3 km^3	%	Vol 10^3 km^3	% total	eau douce	Vol 10^3 km^3	Vol 10^3 km^3	%	Vol 10^3 km^3	%
Océans	1.37E+06	94.2%	1.338E+06	96.5%		1.34E+06	1.37E+06	93.8%	1.336E+06	96.8%
Eaux Souterraines	6.00E+04	4.1%	2.340E+04	1.7%		2.34E+04	6.00E+04	4.1%	1.50E+04	1.1%
dont zones d'échanges (Recharge, Evaporation)	4.00E+03	0.28%								
dont eaux douces souterraines			1.05E+04	0.76%	30.1%	1.05E+04				
dont eaux souterraines salées						1.29E+04				
Glaciers & permafrost	2.40E+04	1.65%	2.44E+04	1.76%	69.6%	2.43E+04	3.00E+04	2.05%	2.82E+04	2.0%
Lacs	230	0.0158%	176	0.013%		176	130	0.0089%	176	0.013%
dont lacs d'eau douce			91	0.0066%	0.3%	91				
Marais			12	0.0008%	0.03%	11	10	0.0007%		
Réserve en eau du sol	75	0.0052%	17	0.0012%	0.05%	16.5	70	0.0048%	122	0.009%
Eau atmosphérique	14	0.0010%	13	0.0009%		13	13	0.0009%	13	0.0009%
Eau biologique			1	0.0001%		1	2	0.0001%	1	0.0001%
Cours d'eaux	1.2	0.0001%	2	0.0002%	0.006%	2	5	0.0003%	2	0.0001%
Ensemble de l'Hydrosphère	1.454E+06	100%	1.386E+06	100%		1.386E+06	1.46E+06	100%	1.380E+06	100%
dont Réserves d'Eaux Douces	2.41E+04	1.7%	3.50E+04	2.5%	100%	3.49E+04	3.01E+04		2.83E+04	2.1%

Tab. 1.2 : Distribution de l'eau sur Terre.

On peut déterminer le temps de séjour de l'eau dans les différents réservoirs du cycle hydrologique en rapportant le volume d'eau contenu (Tab. 1.2) au flux de transit (Tab. 1.1). On obtient pour les principaux réservoirs et en valeurs moyennes les ordres de grandeur des temps de séjour suivants : (i) 2 500 ans pour les océans ; (ii) 1 500 ans pour les eaux souterraines ; (iii) 7 000 ans pour les glaciers ; (iv) 4 ans pour les lacs ; (v) 6 mois pour l'eau du sol ; (vi) 3 semaines pour l'eau des rivières ; (vi) une semaine pour l'eau atmosphérique.

1.1.2- Les ressources en eau douce renouvelables de la Terre

Les écoulements totaux, superficiels et souterrains, sur les continents, forment un élément important du cycle hydrologique et représentent les ressources en eau courantes renouvelables. Ces écoulements maintiennent l'équilibre d'un grand nombre d'écosystèmes, et les prélèvements sur cette ressource sont à la base d'une bonne partie du développement social et économique de l'humanité. Mais la véritable ressource en eau douce renouvelable de la Terre est représentée par l'ensemble des précipitations sur les continents. Les précipitations annuelles moyennes présentent une très grande variabilité temporelle et spatiale (Fig. 1.2). Leur flux moyen, estimé à environ 110 000 km^3/an sur les continents, perpétue les ressources en eau renouvelables de la Terre. Ce flux alimente le cycle hydrologique continental, dans ses parties naturelle et anthropique, dont le terme principal (64 %) fournit l'évaporation et l'évapotranspiration continentales : par l'intermédiaire de la réserve en eau du sol, ce terme entretient la vie des écosystèmes continentaux, faune et flore, et permet le développement de l'agriculture pluviale.

Du taux d'humidité du sol superficiel, et de sa texture, va dépendre le mode de séparation des eaux de pluie entre : (i) le ruissellement vers les cours d'eau et masses d'eau superficielles, (ii) l'infiltration en surface dans le sol et en profondeur vers la nappe souterraine. Au plan régional, la cartographie en continu du niveau de remplissage de la réserve en eau du sol permet d'établir le lien entre les informations météorologiques et les paramètres hydrologiques avec des applications : (i) en agriculture, par la détection des besoins en eau des plantes et du déclenchement ou de l'arrêt de l'irrigation, ou en condition extrême la mesure et la prévention des conditions de sècheresse ; (ii) en hydrologie urbaine et en prévention des inondations avec la prévision des conditions de ruissellement extrême ; (iii) en modélisation hydrologique et climatique, aux échelles régionale et globale. Pour toutes ces applications, et au même titre qu'il existe des réseaux mondiaux de stations pluviométriques ou hydrométriques homologuées, se met en place la banque de données mondiale de l'humidité du sol (Robock, 2011).

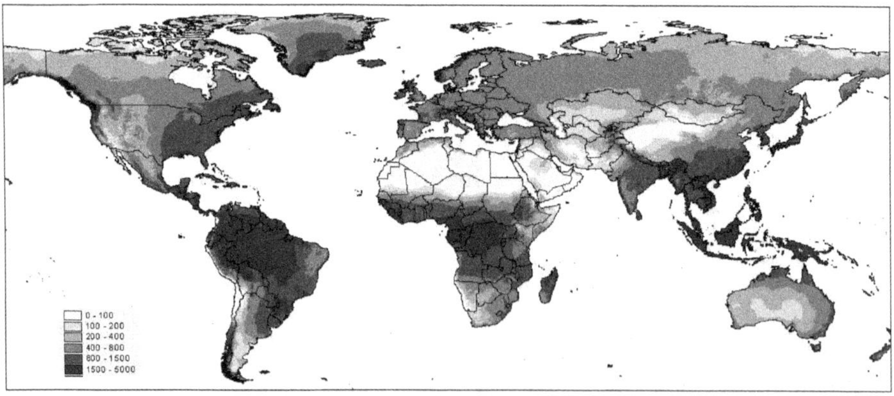

Fig.1.2 : Précipitations annuelles moyennes, période 1950-2000 ; données de worldclim.org (2011).

La réserve en eau du sol fait le lien entre la quantité d'eau précipitée sur terre, l'énergie disponible et le cycle du carbone. Au niveau de la production alimentaire et du fonctionnement des écosystèmes, c'est la ressource en eau du sol qui, grâce à l'énergie solaire et la génération des produits de la photosynthèse, détermine le taux de Production Primaire Terrestre Nette (TNPP), ainsi que la structure et la densité des différentes formes de végétation sur terre. La production primaire terrestre nette, résultat de l'énergie nette générée par la fixation du carbone sur les terres, constitue l'ensemble des ressources nutritives des continents (Vitousek et al., 1986).

La croissance démographique mondiale, et son évolution prévisible à venir, ont favorisé l'émergence d'un certain nombre de thèses sur les limites que pourrait avoir la terre à satisfaire durablement les besoins nutritifs de tous ses occupants. Certaines de ces recherches concernent l'estimation de l'empreinte humaine sur la biosphère et l'hydrosphère (Vitousek, 1986 ; Rojstaczer et al., 2001), et la mesure de cet impact passe par l'estimation de l'appropriation humaine de la production primaire nette terrestre (HTNPP), notamment dans l'agriculture, les espaces verts urbains, l'exploitation des zones humides, des forêts, des prairies, des savanes, des terres de parcours, des déserts ; la production primaire étant exprimée en quantité de biomasse. Le Tableau 1.3 présente l'estimation des différentes composantes de la TNPP, dont le total s'établit à 132. 10^9 tonnes de matière sèche/an. Ce tableau présente également les estimations publiées des valeurs de HTNPP : les plus plausibles situent le niveau d'appropriation humaine de la TNPP globale à près de 30 % du potentiel terrestre (Vitousek, 1986 ; Rojstaczer et al., 2001).

Ecosystème	Superficie 10^6 km2	TNPP 10^9 ton mat sèche/an	HTNPP 10^9 ton mat sèche/an	HTNPP %
Forets	40	48.7	13.6	28%
Prairies, savanes, parcours	35	52.2	11.6	22%
Déserts	20	3.1		
Glaciers	30	2.1		
Terres cultivables	15	15	15	100%
Espaces urbaines(parcs, pelouses)	2	0.4	0.4	100%
Marais, zones humides	7	10.7		
Total continents	149	132	40	30%

Tab. 1.3 : Occupation des sols terrestres et production primaire nette, (adapté de U.Michigan, 2011)

Pour traduire ce résultat en terme hydrique, on peut estimer en moyenne que la quantité d'eau nécessaire pour produire une tonne de biomasse est obtenue en rapportant la TNPP totale des continents (132.10^9 t) à l'évapotranspiration continentale (70 400 km^3/an), soit 1,9 kg de biomasse par m^3 d'évapotranspiration. En faisant l'hypothèse que ce taux soit constant, le niveau d'appropriation par l'homme du terme évapotranspiration continentale du cycle hydrologique s'établirait ainsi à 30 %, soit 21 000 km^3/an, compte non tenu des prélèvements anthropiques.

1.1.3- Bilan hydrique et prélèvements d'eau dans le monde

A l'échelle mondiale (Ringersma et al., 2003 ; Molden, 2007 ; Oki et al., 2006 ; de Marsily, 2009), on peut estimer que les ressources pluviales continentales (110 000 km^3/an) se répartissent de la manière suivante :

(i) 57 % sont repris par évapotranspiration des forêts, prairies, zones humides, terres de parcours, déserts, et entretiennent la biodiversité (62 700 km^3/an),

(ii) 6 % représentent l'évapotranspiration de l'agriculture pluviale sous forme de cultures et d'entretien du bétail (6 600 km^3/an). Cette estimation est précisée et confirmée par l'évaluation de l'empreinte « eau verte » du Monde, équivalent eau des productions de l'agriculture pluviale, calculée pour près de 200 pays pour la période 1996-2005 par Mekonnen et Hoekstra (2011).

(iii) 1 % contribue à l'alimentation des zones irriguées, (1 100 km^3/an), reprise par évapotranspiration.

Ces trois derniers termes représentent les prélèvements d'eau verte,

(iv) le reste, soit 36 % des précipitations, (39 600 km^3/an) alimente le système des « eaux bleues », dont :

- 2,5 % des précipitations sont prélevés pour l'irrigation des 300 Millions ha de terres irriguées dans le Monde (2 750 km^3/an, dont la moitié est effectivement consommée et évaporée, le reste retourne dans le cycle des eaux bleues) ;
- 1 % est prélevé par les villes, les industries et la production électrique (1 100 km^3/an, dont 10 % sont consommés et évaporés, le reste retourne au cycle hydrologique mais sous une forme altérée).

1.1.3.1- Les prélèvements d'eau douce

Les statistiques nationales par pays, compilées notamment par la FAO (AQUASTAT, 2011), font état de prélèvements totaux d'eau douce (eau bleue) égaux à 3 860 km^3/an qui se décomposent ainsi :

- 11 % pour les municipalités (430 km^3/an),
- 19 % pour les industries (710 km^3/an), et
- 70 % pour l'agriculture (2 720 km^3/an).

Par origine, les prélèvements mondiaux se répartissent à raison de :

- 23 % sur les eaux souterraines, (soit 900 km^3/an),
- 77 % sur les eaux de surface, (soit 2 960 km^3/an).

Les eaux souterraines, selon AQUASTAT, alimentent 38 % des terres irriguées dans le monde, mais cette part est très variable ; elle est à titre d'exemple de 30 % au Maroc, 70 % en Algérie, et 77 % en Tunisie.

1.1.3.2- Les modifications anthropiques du cycle hydrologique

On peut retenir de ce qui précède les ordres de grandeur et les observations suivants :

(i) - Les prélèvements bruts d'eau bleue (irrigation, eau potable, industrie) s'élèvent à 3 860 km^3/an, soit 3,5 % des précipitations et 10 % de l'ensemble de l'eau bleue, mais compte tenu des retours au milieu naturel, le prélèvement effectif d'eau bleue (part consommée) n'est que de 1 500 km^3/an, soit 1,35 % des précipitations et près de 4 % de l'eau bleue.

(ii) - Avant toute intervention humaine sur le cycle de l'eau, les apports continentaux se décomposaient en : 64 % (70 400 km^3/an) d'évaporation et évapotranspiration, et 36 % (39 600 km^3/an) de ruissellement vers les océans. Les prélèvements notamment pour l'irrigation, ont eu pour effet de modifier le cycle hydrologique, en transférant une part du ruissellement vers l'évapotranspiration.

(iii) - L'irrigation n'est pas la seule action anthropique ayant un impact sur la modification du cycle de l'eau. D'autres interventions ont également un effet sur le cycle de l'eau et, en conséquence ultime, sur le niveau de la mer. Ainsi, les principales activités à l'origine d'une rétention des eaux continentales, et donc d'un abaissement du niveau des mers, sont : l'irrigation, par l'évaporation et l'infiltration qu'elle induit, et les retenues des grands barrages (30 000 ouvrages représentant une réserve de près de 7500 km^3 au niveau mondial). Les activités qui sont au contraire à l'origine d'un accroissement du ruissellement continental, et en conséquence d'une remontée du niveau des mers, sont : la déforestation, le prélèvement des eaux souterraines faiblement renouvelables et plus généralement la surexploitation des nappes souterraines, l'imperméabilisation des aires urbanisées et des infrastructures. On estime aujourd'hui que l'impact direct des activités humaines sur le cycle hydrologique global est faible (abaissement résultant sur les niveaux des mers d'environ 0,5 mm/an selon Gornitz et al., 1997) voire négligeable (Lombard, 2007). Mais on reconnaît généralement que les effets de l'hydrologie continentale sur les variations du niveau de la mer sont mal connus, faute de données d'observations.

(iv) - On pourra donc supposer qu'en première analyse, la perte de ruissellement due à l'irrigation (et aux retenues des barrages) soit compensée par l'effet conjugué de la déforestation, de la surexploitation des nappes et de l'urbanisation, de sorte que le bilan hydrique mondial naturel (précipitations/ écoulement/ évapotranspiration) demeure globalement inchangé. Ceci n'exclut pas l'existence d'un impact indirect des activités humaines, sous l'effet du réchauffement climatique, par expansion océanique et fonte des glaces, sur le cycle hydrologique global : la remontée du niveau des mers est actuellement de 3 mm/an.

1.1.4- Eau verte, eau bleue, eau virtuelle

1.1.4.1- Les différentes catégories d'eau

Nous venons d'introduire les concepts d'eau verte et d'eau bleue. Pour les définir précisément, intéressons nous tout d'abord au devenir de la pluie à son point d'impact sur le sol.

Après une pluie abondante, les couches superficielles du sol sont gorgées d'eau. Une partie de cette eau est drainée sous l'effet de la pesanteur. L'humidité après drainage atteint un premier seuil : la « capacité au champ » qui équilibre les forces de rétention et les forces de gravité ; si le sol est toujours alimenté, l'eau pourra rejoindre les horizons profonds. En période de sécheresse, l'évapotranspiration des plantes puise l'eau jusqu'à porter l'humidité du sol à un second seuil : le « point de flétrissement permanent », au dessous duquel la force de succion des racines est insuffisante pour extraire l'eau du sol : la plante est en situation de « stress hydrique » et dépérit. La différence entre ces deux seuils représente la « réserve utile » à la plante ou « réserve en eau du sol ». Cette réserve est fonction des propriétés physiques du sol et de la profondeur d'enracinement ; elle est assez faible dans les sols sableux, mais peut être très importante dans le cas d'un sol argileux ou limoneux. Exprimée en lame d'eau, elle varie généralement entre 20 mm et 200 mm. L'eau verte désigne cette quantité d'eau, alimentée par la pluie et utilisée par les plantes.

En réalité, la plante commence à souffrir de la sécheresse avant que ne soit atteint le seuil de flétrissement permanent : l'irrigation a précisément pour but de maintenir l'humidité du sol à un niveau bien supérieur au seuil de flétrissement et proche de la capacité au champ. En cas d'excédent, il y a déclenchement de l'écoulement : ruissellement en surface et/ou percolation profonde. L'irrigation, ainsi que les autres activités anthropiques liées à l'eau, utilisent les eaux douces des cours d'eau, lacs et aquifères, ressources qualifiées d'eaux bleues.

Dans le cas d'un sol nu, le processus hydrologique est identique à celui qui advient dans un sol couvert : déclenchement de l'écoulement dès lors que le niveau d'humidité du sol atteint la capacité au champ. Ici, l'utilisateur n'est pas la plante mais l'atmosphère qui prélève directement dans le sol : cette quantité d'eau, qui ne participe pas au développement de la végétation, est qualifiée d' « eau blanche ». Non productive en termes hydrauliques ou environnementaux en première analyse, l'eau blanche participe, en réalité, grandement à la conservation de la biodiversité, notamment dans les déserts les plus arides.

1.1.4.2- Le Bilan de l'eau virtuelle

Le concept de l'eau virtuelle désigne les quantités d'eau effectivement consommées, nécessaires (eau bleue, eau verte) pour la production des biens et des denrées échangés entre les nations, les régions, les individus (Allan, 1998). Toute quantité d'un produit donné peut ainsi être définie par son « équivalent-eau », lequel peut varier en fonction de l'efficience du mode d'alimentation en eau et du processus de production pour les produits agricoles, et du procédé utilisé pour la fabrication des biens industriels. Les flux d'eau virtuelle sont dominés par les échanges de denrées alimentaires entre les pays ; c'est une façon de combler le déficit en eau dans les pays où la rareté des ressources en eau ou en sol constitue un facteur limitant pour la production agricole : l'importation de ces denrées équivaut à l'importation de quantités d'eau équivalentes au volume qui aurait été nécessaire pour les produire localement.

Le concept de l'eau virtuelle est également appréhendé à l'aide de la notion plus récente de l' « empreinte eau ». L'empreinte eau, qui comporte une composante eau bleue et une composante eau verte, offre un cadre d'analyse cohérent et exhaustif de la relation qui existe entre la consommation des sociétés humaines et les prélèvements sur les ressources en eau douce de la planète.

Mekonnen et Hoekstra (2011) présentent une analyse mondiale complète, pays par pays, de l'empreinte eau respectivement relative à : (i) la production agricole, industrielle, et à la demande en eau potable ; (ii) la consommation agricole, industrielle et en eau potable, respectivement fournie localement et importée de l'extérieur. Mekonnen et Hoekstra ont également introduit le concept d'empreinte « eau grise », qui tente de mesurer la quantité d'eau superficielle et souterraine polluée par l'homme : l'empreinte eau grise exprime alors la quantité d'eau nécessaire pour diluer et réduire cette pollution et la ramener aux normes environnementales en vigueur. La méthodologie de l'empreinte eau grise ne parait pas encore suffisamment éprouvée et validée, aussi nous limiterons-nous ici à rappeler les résultats globaux, au niveau mondial, des empreintes eau verte et eau bleue :

- Pour l'ensemble des 173 pays étudiés, la consommation totale représente un équivalent-eau de 7 200 km^3/an, dont 6 250 km^3/an d'eau verte (87 %), et 950 km^3/an d'eau bleue (13 %).

- L'origine de l'eau virtuelle nécessaire dans le monde est à 78 % interne aux pays consommateurs (5 600 km^3/an), et à 22 % externe (1 600 km^3/an) ;

l'ensemble des flux d'eau virtuelle, verte et bleue, dans le monde est donc ainsi estimé à 1 600 km^3/an.

1.1.5- Le Bilan hydrique des pays arides

Le bilan d'eau des pays arides est déterminé par la prééminence des eaux souterraines et l'importance de l'évapotranspiration. L'aridité se caractérise par un déficit des précipitations par rapport à l'évapotranspiration. Elle se manifeste par un dénuement de la végétation, la faiblesse et l'irrégularité des écoulements, la dégradation des sols. Une superficie de 25 millions de km^2, soit le sixième des terres émergées, reçoit moins de 250 mm/an de précipitations en moyenne. Ces espaces forment ce que l'on appelle la « zone aride ».

On distingue généralement trois niveaux d'aridité (UNESCO-OMM). Dans les régions *semi-arides*, les pluies sont relativement abondantes (300 à 450 mm/an) pour assurer à la végétation et aux ruissellements un rythme saisonnier ; l'écoulement se fait par crues isolées parfois soudaines et violentes. Les régions *arides* reçoivent de faibles pluies (100 à 250 mm/an), très irrégulières d'une année à l'autre. Le ruissellement, intermittent, se produit dans des cours d'eau éphémères, les « Oueds ». Dans les régions *hyperarides*, les précipitations sont exceptionnelles (10 à 100 mm/an) et très inégalement réparties ; l'écoulement y est rare, inorganisé. Les déserts constituent la manifestation ultime de l'aridité. Le désert le plus proche de nous, le Sahara, occupe une superficie de plus de 8 millions km^2, soit la moitié des superficies désertiques du monde. Comment se présente la question du bilan hydrique dans des régions caractérisées par une rareté extrême de l'eau ?

Si nous définissons l'aridité d'un pays uniquement par le critère de la pluviométrie moyenne annuelle, on arrive à identifier un espace géo climatique homogène de pays que nous définirons comme arides, où la pluie est inférieure au seuil de la zone semi aride à 450 mm/an. Ce seuil est un peu arbitraire dans la mesure où immédiatement au dessus se trouvent de très grands espaces comme la Fédération de Russie, le Canada, où l'aridité est de nature polaire. La Fig. 1.3 présente ce groupe de pays.

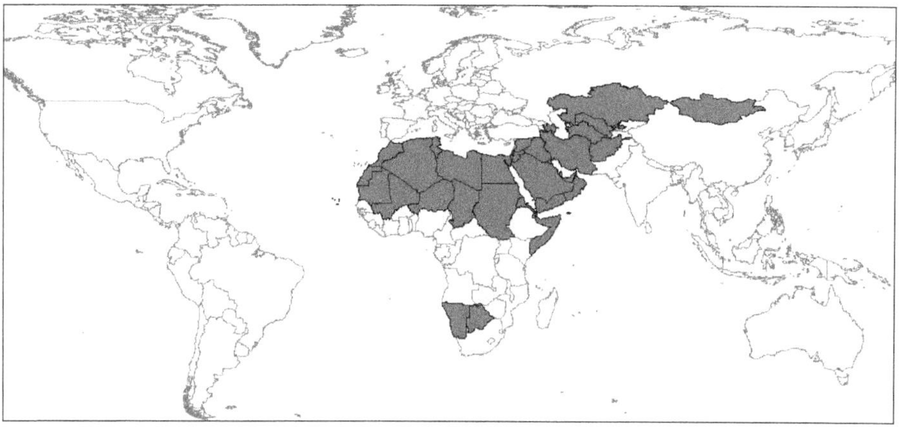

Fig. 1.3 : Situation du groupe des pays arides.

C'est grâce aux bases de données des programmes AQUASTAT et FAOSTAT de la FAO que l'on peut envisager d'établir le bilan hydrique du groupe des pays arides que nous avons identifié. Le Tab. 1.4 rassemble les principaux indicateurs en relation avec le bilan hydrique, et permet de situer ce groupe dans un cadre mondial.

	Pays Arides		Monde		P.Arides/Monde
Pluie Moy Annuelle mm/an	213		738		29%
Ressource Pluviale km3/an	5 614		110 000		5%
Ecoulement total km3/an	548	*10%*	39 600	*36%*	1.4%
Evapotranspiration km3/an	5 067	*90%*	70 400	*64%*	7%
Ressources Internes Renouvelables km3/an	548		43 760		1.3%
Ressources Externes Renouvelables km3/an	976		43 760		2.2%
Prélèvements Eau bleue km3/an	472	*86%*	3 850	*9%*	12%
Superficie totale 1000 km2	26 375		149 000		18%
Terres cultivables 1000 km2	1 410	*5%*	14 000	*9%*	10%
Cultures permanentes 1000 km2	100	*0.4%*	1 520	*1.0%*	7%
Terres de parcours, prairies 1000 km2	10 000	*38%*	33 550	*23%*	30%
Forêts 1000 km2	1 715	*6.5%*	40 400	*27%*	4%
Déserts non polaires 1000 km2	12 000	*45%*	20 000	*13%*	60%
Population Millions (2007)	540		6 700		8%
Population Millions (2050)	960		9 150		10%

Tab. 1.4 : Indicateurs du bilan hydrique des pays arides.

Ainsi, alors qu'au niveau mondial, l'écoulement total sur les continents représente 36 % des précipitations et l'évapotranspiration 64 %, au niveau des pays arides, l'écoulement est limité à 10 % et l'évapotranspiration atteint 90 % des ressources pluviales.

En conséquence : alors qu'ils occupent 18 % des terres continentales, les pays arides ne produisent que 1,3 % des ressources en eau internes renouvelables du monde. Cet indicateur est à rapporter à la population des pays arides, qui représente 8 % de la population mondiale et devrait passer à 10 % en 2050.

Autre conséquence : les pays arides prélèvent 86 % de leurs ressources renouvelables internes, ce qui pose la question de la durabilité d'un tel niveau de prélèvements.

La superficie des pays arides est occupée à 45 % par les déserts (60 % des déserts du monde en superficie y sont inscrits) et à 38 % par les terres de parcours (30 % du monde en superficie). En revanche, les forêts ne représentent que 6,5 % des terres, les cultures permanentes 0,4 % et les terres cultivables 5 %.

1.2- Principes, Concepts et Instruments des politiques de l'eau dans le monde

1.2.1- Le Statut juridique de l'eau

Le droit continental (droit civil) de tradition romano-germanique et le droit anglo-saxon (Common Law) reconnaissent à l'eau le caractère de ressource commune. En droit romain, l'eau est à l'origine qualifiée de « Chose commune », (res communis), concept qui désigne les choses qui, du fait de leur valeur indispensable à la vie, sont soustraites du régime de propriété propre. De même, la Common Law conçoit traditionnellement qu'il ne peut y avoir de droit de propriété sur les eaux courantes et les eaux souterraines. Selon la tradition islamique, l'eau est un don de dieu : l'on est tenu de la partager et nul n'a le droit de se l'approprier de manière exclusive. Mais si la conception de la communauté des eaux est ancrée dans les héritages des sociétés, la plupart des systèmes juridiques consacrent des droits d'usage. Le droit civil ainsi que la « Common Law » accordent des droits d'usage à ceux qui ont accès à l'eau par leurs fonds. Le droit de l'usage de l'eau est alors lié à la propriété du sol, appelé « droit des riverains » en droit civil ou « Riparian Rights » dans la « Common Law », assorti de règles concernant les usages, (Pozzo, 2000). Ainsi dans le Nord-est des Etats-Unis où l'eau est abondante, ce sont « les Riparian Rights » qui prévalent alors que dans le Sud-ouest, où l'eau est rare, est privilégié le droit acquis ou « prior appropriation », (Cárdenas, 2007). On retrouve des formulations équivalentes dans le « Medjellé » (Code Civil Ottoman), qui distingue les eaux en « libre accès » (mubah) des eaux sur lesquelles certaines communautés villageoises ou tribales pouvaient avoir des droits (musha). Dans ce cas, le système de la priorité chronologique était appliqué et le « Medjellé » reconnaissait une sorte de système d'appropriation antérieure (FAO, 1977).

Aux cotés du principe de liberté d'accès à la chose commune, le droit romain a introduit la notion de chose publique (res publica), qui désigne « les choses hors du commerce, mises à la disposition de tous » et dont le contrôle relève des pouvoirs publics. Ce statut s'applique aux fleuves et aux rivières navigables, alors que la propriété des lits des petites rivières, des torrents et des ruisseaux est accordée aux riverains. L'application du statut de chose publique aux cours d'eau importants apparaît comme une manifestation de l'autorité des pouvoirs publics romains sur ces cours d'eau et qui s'exprime par une forme d'appropriation.

Le droit civil a consacré l'autorité de l'Etat et a renforcé l'appropriation de l'eau par les pouvoirs publics en instaurant la domanialité des cours d'eau importants. Les cours d'eau faisant partie du domaine public sont ainsi rangés dans la catégorie des biens publics. Paquerot (2004) précise que du point de vue juridique, la qualification de « bien public » est différente de la notion de « chose publique ». Le bien a une valeur pécuniaire qui implique la possibilité de la marchandisation. En tant que bien, l'eau a donc une valeur économique qui, lorsque la ressource est rare ou limitée, suscite la concurrence entre les différents usages. L'intervention des pouvoirs publics est alors nécessaire pour concilier les usages, pour définir les règles, les conditions d'accès et garantir leur application.

Selon Paquerot (2004), la qualification de l'eau en bien public s'inscrit dans une logique de service public qui engage la responsabilité des pouvoirs publics pour atteindre des fins d' « utilité publique ». Cette conception a été à la base d'une forme de centralisation de l'autorité de l'eau, qui a été favorable à la mise en place des politiques de mobilisation des ressources en eau qui, dans les pays du Nord comme du Sud, ont permis de mettre les ressources hydrauliques au service du développement économique et social.

Les transformations économiques et démographiques intervenues au cours des périodes contemporaines ont eu des conséquences importantes sur les modes de gestion des ressources en eau : les usages de l'eau se sont diversifiés, les besoins ont considérablement augmenté et les effets des rejets de pollutions sont devenus de plus en plus menaçants pour l'intégrité des milieux hydriques. Parallèlement les sociétés se sont développées et leurs préoccupations vis-à-vis des questions environnementales sont devenues concrètes. Pour assimiler ces nouveaux enjeux, les systèmes juridiques de l'eau se sont adaptés, de diverses façons, aux conditions nouvelles qu'engendrent les changements intervenus dans les habitudes, l'habitat, l'industrie, l'agriculture, les loisirs…

En qualifiant l'eau d' « élément du patrimoine commun de la nation », la loi française du 3 janvier 1992 a été la première à reconnaître l'eau comme entité juridique dégagée de toute référence à la terre. Le concept de patrimoine, que le législateur français utilise dans d'autres juridictions, confère à l'eau une qualification qui dépasse la notion d'appropriation (publique ou privée) et intègre un élément moral de responsabilité à l'égard des générations passées et futures (Gaonac'h, 1999). Plus généralement, les modes contemporains de gestion de l'eau évoluent vers des approches globales qui considèrent l'ensemble du cycle hydrologique et les différentes utilisations qui influent sur le régime des eaux. La directive-cadre européenne sur l'eau (2000/60/CE) oblige les Etats membres de l'Union Européenne à mettre en œuvre ces principes.

Si des avancées significatives ont été atteintes aux échelles nationales et régionales, la situation juridique de l'eau au plan international n'a pas connu les mêmes progrès. A l'échelle internationale, l'eau ne bénéficie pas de statut particulier et c'est le statut général des ressources naturelles qui s'applique par défaut aux ressources hydrauliques, Paquerot (2004). Ainsi, le droit international soumet l'eau, au même titre que toutes les ressources naturelles, au principe du libre échange. Cette conception juridique n'intègre pas la valeur sociale, environnementale et culturelle de l'eau, et ne permet pas une régulation spécifique des ressources en eau à l'échelle internationale. Le statut de l'eau fait encore l'objet d'un large débat qui vise à promouvoir la construction d'un régime juridique international compatible avec les multiples enjeux de l'eau et de l'environnement.

1.2.2- L'eau et le concept de développement durable

Introduit par le rapport Brundtland (Our Common future, 1987), le concept de développement durable s'est vite imposé comme l'un des objectifs de la communauté internationale. On peut le définir comme « un développement qui répond aux besoins du présent sans compromettre la capacité des générations futures à répondre aux leurs ». Inséré parmi les Objectifs du Millénaire pour le Développement fixés par les États membres de l'ONU et conçu comme une rupture avec d'autres modes de développement ayant conduit à des dégâts sociaux et écologiques considérables, il vise la mise en œuvre de schémas viables capables de concilier les trois enjeux : économique, social, et environnemental des activités humaines. A l'échelle mondiale, il est reconnu que la bonne gestion de l'eau constitue un élément décisif pour atteindre les objectifs de développement durable, avec la nécessité d'un engagement politique constant de la part des pouvoirs publics, d'un large soutien de l'opinion et l'important concours que la société civile peut apporter dans ce domaine. Sur le plan régional, la gestion de l'eau constitue l'une des préoccupations majeures des pays du bassin méditerranéen et se situe au centre de tout développement durable alors que les prélèvements approchent, dans la majorité des pays de la rive Sud, l'ordre de grandeur des ressources.

1.2.3- La Gestion intégrée des ressources en eau

1.2.3.1- Principes et définition de la gestion intégrée des ressources en eau

Le terme « gestion intégrée des ressources en eau » (GIRE) émerge au lendemain des conférences internationales sur l'eau et l'environnement de Dublin et Rio en 1992, mais ce concept n'est pas clairement défini. Cette clarification, ainsi que le débat mondial sur la gestion durable des ressources en eau, vont être organisés à l'initiative d'ONG issues de partenariats internationaux public-privé. Ainsi naissent en 1996, respectivement à Marseille et Stockholm, le Conseil Mondial de l'Eau et le Partenariat Mondial de l'Eau (Global Water Partnership, ou GWP) ; ce dernier ayant précisément pour but de promouvoir le paradigme de la Gestion Intégrée des Ressources en Eau (GIRE, ou IWRM).

Les principes développés par le GWP sont ceux de Dublin et Rio : (i) l'eau est une ressource limitée et vulnérable ; (ii) approche participative : tous les intervenants ont leur mot à dire lors du processus décisionnel, et leurs représentants sont élus démocratiquement ; (iii) importance du rôle des femmes ; (iv) l'eau a une dimension économique et sociale, une valeur qui assure sa répartition et sa préservation. Le GWP définit la GIRE comme *« un processus qui favorise le développement et la gestion coordonnés de l'eau, des terres et des ressources connexes, en vue de maximiser, de manière équitable, le bien-être économique et social en résultant, sans pour autant compromettre la pérennité d'écosystèmes vitaux ».* Elle est parfois décrite plus simplement comme un processus visant à améliorer l'efficience économique de l'utilisation de l'eau, promouvoir l'équité sociale dans l'accès à l'eau et garantir la durabilité environnementale.

La définition originale du GWP nécessite de clarifier le sens et la portée des quatre éléments fondamentaux sur lesquels elle repose :

- *Le concept d'intégration* : la gestion de l'eau implique aussi bien les systèmes naturels que les systèmes humains ; (i) Intégration dans le cadre des systèmes naturels : au niveau du cycle de l'eau, qui met en jeu l'atmosphère, le sol, la végétation, la biodiversité, les eaux de surface et souterraines ; des quantités et de la qualité, et des interactions amont-aval ; (ii) Intégration au sein des systèmes humains : approche holistique regroupant des secteurs différents (santé, agriculture, industrie, municipal) et des échelles différentes (nationale, régionale, locale), au niveau de la ressource et des risques liés à son occurrence et à sa répartition, au niveau des politiques et des grands choix dans les secteurs économiques et sociaux, au niveau des échelons du processus de planification et de prise de décision.

- *La durabilité environnementale et écologique* : qui vise à ne pas altérer sensiblement la quantité et la qualité des ressources et des écosystèmes, ce qui fragiliserait les générations futures.

- *L'efficience économique* : l'eau doit être utilisée le plus efficacement possible.

- *L'équité sociale* : qui a pour objectif la reconnaissance du droit de chacun à l'accès à une eau de qualité convenable et en quantité adéquate.

1.2.3.2- L'application du paradigme de la GIRE

Adoptée par tous comme unique canevas de conception et d'évaluation des politiques de l'eau, la GIRE s'est installée comme le modèle incontournable de gouvernance, si bien qu'il n'existe plus de projet ou de politique de l'eau qui ne s'en réclame. Cette propension à l'universalisme se trouve cependant limitée par un certain nombre de considérations :

(i) - La perfection de ce modèle conceptuel est devenue telle qu'elle diminue en pratique les chances d'éligibilité, sinon à déployer des moyens qui dépassent les capacités de nombreux pays, notamment des pays en voie de développement. Ainsi la GIRE se présente-t-elle plutôt comme une somme d'objectifs à atteindre, à l'origine de transformations institutionnelles : quelques pays seulement, en majorité de l'OCDE, ont radicalement aménagé leurs structures légales et institutionnelles dans ce sens (Petit, 2009). Ailleurs, des objectifs intermédiaires sont fixés par la formulation de plans d'actions de gestion intégrée ou PAGIRE : réformes institutionnelles visant à créer un environnement favorable à la GIRE.

(ii) - Il n'existe pas encore d'indicateurs précis permettant de savoir si un système est conforme à la GIRE ou s'il se trouve dans un état de transition ; des recherches dans ce sens sont en cours (UN-Water, 2010).

1.2.4- La Gestion de la demande en eau

Ajuster l'offre à la demande en eau a longtemps été le seul mode de gestion de la ressource. La « *gestion de l'offre* » traite traditionnellement des activités de prospection, développement, mise en valeur et exploitation de nouvelles ressources en eau (conventionnelles ou non conventionnelles). Mais à la limite de la ressource, le coût de cette mobilisation devient prohibitif et l'on a intérêt dans ces conditions à privilégier l'ajustement de la demande à l'offre. La « *gestion de la demande* » porte alors sur les mécanismes permettant d'obtenir des niveaux et des modalités plus efficaces de l'utilisation de l'eau. La gestion de la demande traite généralement des mesures visant à réduire les consommations d'eau et à en optimiser les usages du point de vue économique, social et environnemental. Sur un plan pratique, la gestion de la demande peut prendre de nombreuses formes, depuis les mesures directes de régulation de l'utilisation de l'eau, aux mesures indirectes visant les comportements des consommateurs. Elle couvre, selon le contexte, une panoplie d'instruments classés en quatre grandes catégories :

(i) - Les instruments techniques avec des objectifs d'amélioration des performances des systèmes hydrauliques : réduction des pertes d'eau dans les systèmes de transport et de distribution, amélioration de la qualité de service, rationalisation de l'utilisation de l'eau au niveau des usagers par la promotion de technologies performantes, recyclage des eaux dans les industries.

(ii) - Les instruments économiques tels le recouvrement des coûts, l'auto suffisance financière des organismes gestionnaires, les incitations financières en vue d'orienter les consommateurs, les partenariats public- privé dans la gestion de l'eau, les mécanismes de marché.

(iii) - Les instruments législatifs et institutionnels destinés à la protection des ressources en eau, à la restriction quantitative de l'exploitation des ressources, au rationnement de l'eau, à la décentralisation de la gestion, à la régulation, à la coordination des services publics, à la participation des usagers dans la gestion.

(iv) - Les mesures qui visent le changement de comportement des usagers à l'égard de la conservation et de l'utilisation de la ressource, grâce à des programmes d'information, de sensibilisation et de mobilisation des acteurs, ainsi que l'amélioration des capacités au moyen de la formation, (Brooks et al., 2007).

Dans la majorité des cas, économiser une grande partie des eaux perdues ou gaspillées est techniquement possible et coûterait moins que ce que coûtent les productions d'eau pour couvrir des besoins supplémentaires dans le cadre d'une politique de l'offre. Toutefois, des investissements importants et de nouvelles compétences sont généralement nécessaires pour promouvoir la gestion de la demande.

La gestion de la demande en eau est devenue aujourd'hui une nécessité incontournable dans les pays où la mobilisation de nouvelles ressources en eau est plafonnée, alors que la demande est sans cesse croissante. Des résultats encourageants, en termes d'économies d'eau, ont été obtenus dans certains pays à faibles ressources en eau, principalement dans le secteur de l'eau potable et dans une moindre mesure en irrigation (Tunisie, Mexique).

Ces pays ont généralement adopté une politique volontariste de gestion de la demande, mais les résultats sont encore mitigés, notamment dans les situations de gestion des eaux souterraines en situation d'accès libre.

1.2.5- Gestion de l'eau par bassin versant

La gestion de l'eau par bassin versant a été instaurée pour la première fois en France par la loi de 1964 qui a créé les Agences de Bassin. La loi de 1992 a renforcé le rôle de ces agences (devenues Agences de l'Eau), et le Comité de Bassin s'est vu attribuer la charge d'organiser la planification et la gestion des ressources dans le cadre de Schémas Directeurs d'Aménagement et de Gestion des Eaux (SDAGE). Recommandé dans diverses conférences internationales (Dublin, Rio, Kyoto), ce mode de gestion a été adopté par de nombreux pays. La directive cadre européenne de 2000 sur l'eau va encore plus loin et considère le bassin hydrographique comme un écosystème qui recouvre les aspects hydrologiques, écologiques, socio-économiques, technologiques et institutionnels. Mais la mise en place d'un tel modèle constitue un défi dans de nombreux pays où l'organisation administrative et la conception politique sont peu favorables à la décentralisation et à la participation effective des usagers. Les lois sur l'eau au Maroc et en Algérie ont introduit la gestion de l'eau dans le cadre des bassins hydrologiques et créé des agences de bassins. Ils n'en reste pas moins que les modes de gestion demeurent, pour une grande part, sous le contrôle de l'administration centrale qui définit les choix stratégiques de mobilisation, d'affectation et d'utilisation des ressources. En Tunisie, les différentes études du secteur de l'eau ont évoqué le principe de l'intégration de la gestion de l'eau dans le cadre d'entités respectant le cycle hydrologique, mais le mode centralisé de gestion de l'eau et le degré élevé d'artificialisation du cycle hydrologique n'ont pas encore permis l'élaboration de réponses concrètes et applicables à la question du cadre géographique de gestion.

1.2.6- Les principes pollueur payeur et utilisateur payeur

1.2.6.1- Le principe pollueur payeur

Comme pour toute ressource naturelle commune, l'exploitation des ressources en eau génère des bénéfices socio-économiques mais engendre un coût bien réel pour la société, associé à la dégradation quantitative et qualitative de la ressource (coûts des traitements de potabilisation de l'eau, de l'épuration des eaux usées, etc.). Cependant aux échelles individuelles, les bénéfices des différents agents économiques, obtenus grâce à l'exploitation de la ressource, sont dissociés des coûts collectifs engendrés de sorte que les opérateurs économiques et les individus n'intègrent pas directement le coût des dégradations de l'eau dans les bilans financiers de leurs activités. Les économistes parlent de coût externe ou externalité. Il est actuellement admis que toute politique visant à protéger l'environnement doit passer par une internalisation des coûts environnementaux. En internalisant les coûts dans les bilans économiques, les décisions des particuliers et des agents économiques intègrent implicitement la composante environnementale et conduisent à favoriser les comportements et les pratiques qui vont dans le sens de la préservation de l'environnement. C'est cette théorie développée dès 1920, notamment par l'économiste anglais Arthur Pigou, qui constitue le fondement du principe « pollueur-payeur ».

Le principe pollueur payeur est donc un concept d'inspiration économique devenu un principe général de droit de l'environnement et un concept générique qui recouvre plusieurs catégories de payeurs (utilisateur payeur, préleveur payeur, consommateur payeur, etc.). La formulation juridique du principe pollueur payeur a été élaborée par l'Organisation de Coopération et de Développement Economique qui a introduit le concept en 1972. Au plan international, ce principe est de plus en plus reconnu ; ainsi en est-il par exemple de l'article 16 de la déclaration de Rio : « les autorités nationales devraient s'efforcer de promouvoir l'internalisation des coûts de protection de l'environnement et l'utilisation d'instruments économiques en vertu du principe selon lequel c'est le pollueur qui doit assumer le coût de la pollution ».

Le rapport du RNCREQ (1998) met l'accent sur les difficultés de mise en œuvre du principe pollueur payeur ; notamment en ce qui concerne la définition du pollueur : qui, dans la chaîne économique (du fournisseur au consommateur en passant par le producteur et le distributeur), doit être considéré comme le pollueur et comment départager les responsabilités. D'autre part, s'il est aisé d'identifier la pollution et de la qualifier quand il s'agit de pollution localisée (pollution ponctuelle), cette tâche devient difficile quand il s'agit de sources diffuses de pollution, comme dans le cas des pollutions d'origine agricole.

1.2.6.2- Le principe utilisateur payeur

Le principe utilisateur-payeur vise à mieux impliquer les utilisateurs et à transférer les charges relatives à l'utilisation des ressources en eau aux consommateurs afin d'alléger les dépenses publiques. Dans les pays où la ressource est limitée, l'accès gratuit ou la fourniture de l'eau à des prix déconnectés des coûts réels favorise la consommation, les mauvaises utilisations et le gaspillage de l'eau, et risque de conduire à la surexploitation et à la dégradation de la ressource. Le principe utilisateur-payeur, dont les deux principaux leviers sont la tarification et la redevance de prélèvement, permet d'améliorer l'efficience de l'usage de l'eau et d'assurer la conservation de la ressource en maîtrisant les prélèvements.

1.2.7- Le principe de précaution

Le principe de précaution existe depuis bien longtemps en médecine et dans le domaine de la santé publique en général. Il est apparu dans le domaine de l'environnement à la fin des années soixante en Allemagne Fédérale, où des scientifiques et décideurs politiques se sont attaqués au dépérissement des forêts et à ses causes possibles, dont la pollution atmosphérique, avec la recommandation adressée aux pouvoirs publics de prendre toutes « mesures nécessaires et raisonnables » pour faire face à des risques éventuels, même sans disposer des connaissances scientifiques suffisantes pour en établir l'existence (Harremoës et al., 2001). Ce principe a été formulé dans la Déclaration de Rio en 1992 et introduit en droit communautaire par le traité de l'Union Européenne (1992), lequel a notamment précisé le cadre de la politique environnementale « fondée sur les principes de précaution et d'action préventive des atteintes à l'environnement ... ». Le principe de précaution est considéré comme faisant partie intégrante du concept de développement durable. Il consiste à mettre en place des mesures capables de prévenir (à un coût économiquement acceptable) des risques de dommages graves et irréversibles, lorsque les connaissances scientifiques et techniques ne permettent pas de fournir des certitudes, essentiellement dans les domaines de l'environnement et de la santé. Contrairement à la prévention qui s'intéresse aux risques avérés, la précaution, forme de prudence dans l'action, s'intéresse aux risques potentiels (changement climatique, pollution industrielle, contamination des nappes souterraines, culture des OGM, etc.). Le recours au principe de précaution s'inscrit donc dans le cadre général de l'analyse du risque et plus particulièrement dans le cadre de la gestion du risque qui correspond à la phase de prise de décision.

1.2.8- Le principe de subsidiarité

Le principe de subsidiarité vise à s'assurer que les décisions sont prises aussi près que possible des personnes qu'elles concernent, dans un processus qui conduit à impliquer tous les acteurs concernés, à privilégier la concertation et à coordonner les moyens et les actions. Son application conduit à la décentralisation de l'autorité : l'Etat délègue certains de ses pouvoirs lorsqu'il considère qu'ils sont mieux à même d'être assumés à des échelles plus locales compte tenu de leur proximité des citoyens. Son application dans le domaine de l'eau induit une prise de décision au niveau le plus proche des lieux d'utilisation ou de dégradation de la ressource, là où la distance entre les problèmes et les solutions est la plus courte. Mais comment déterminer le bon niveau territorial des décisions ? La mise en œuvre du principe de subsidiarité passe par la libre initiative des personnes au sein de la société civile. Cela implique un certain nombre de conditions, dont l'existence de l'Etat de droit, la libre circulation de l'information, l'émancipation de la société civile

A titre d'exemple, le dispositif de gestion de l'eau par bassin pourrait être considéré comme « subsidiaire » : les acteurs sociaux définissent et réalisent l'intérêt général via le Comité de bassin. Ce système est à l'origine de la construction d'une responsabilité collective. Il rassemble les usagers d'un patrimoine commun qui se trouvent ainsi liés par une solidarité naturelle (Barraqué, 1997). Dans le même temps et à toutes les échelles, l'Etat demeure le gardien de la ressource : il promulgue les lois, définit les normes et assure la police de l'eau.

1.2.9- La gestion participative

L'efficacité de l'approche participative préconisée dans le domaine de l'eau exige de donner l'occasion à tous les intervenants de donner leur avis lors du processus décisionnel. Ceci est possible lorsque les groupes de bénéficiaires d'un projet hydraulique peuvent être consultés directement à l'occasion des choix portant sur l'approvisionnement, l'utilisation de l'eau, l'élaboration d'un système tarifaire, ou lorsque des organismes ou personnes élus ou désignés démocratiquement peuvent représenter toutes les parties concernées. Mais il est important d'éviter que certains mécanismes de consultation ne soient utilisés pour légitimer des décisions déjà prises, pour contrecarrer une opposition politique ou retarder la mise en place de mesures susceptibles d'entraver les intérêts de groupes puissants. Dans la majorité des cas, l'approche participative peut être considérée comme un moyen privilégié pour établir un consensus ou des ententes durables entre les différents intervenants. Cependant, des processus d'arbitrage ou de résolution de conflits sont parfois nécessaires pour modérer les mésententes (Kurup & al, 1991).

Il est du rôle de l'Etat de favoriser la participation de tous les intervenants dans la gestion de l'eau au niveau national, régional et local et à différentes échelles géographiques (bassins versants, périmètres irrigués, nappes souterraines, localités, exploitations agricoles). Il ne s'agit pas uniquement de mobiliser d'une manière énergique les populations, de sensibiliser les divers groupes d'intérêt, de renforcer les capacités ou de créer un climat de confiance, mais de mettre à disposition les informations pertinentes et transparentes ainsi que les ressources financières nécessaires au développement de l'approche participative. L'objectif de cette approche est d'améliorer la durabilité des projets hydrauliques et la qualité des services publics, tout en assurant un meilleur taux de recouvrement des coûts.

Malgré sa nature complexe, la participation sociale dans le domaine de la gestion et de la gouvernance de l'eau est devenue une réalité dans beaucoup de pays et peut revêtir dans la pratique plusieurs formes. Nous tacherons de la caractériser dans deux situations significatives.

La participation publique à la planification de la gestion des bassins hydrographiques : Les citoyens européens sont appelés, par exemple, à jouer un rôle clé dans la mise en œuvre de la directive cadre sur l'eau, qui invite le public à s'informer et à participer à l'élaboration des plans de gestion des bassins hydrographiques, en vue d'améliorer la qualité de l'eau. Il s'agit d'un des droits prévus par la convention d'Aarhus, qui codifie l'accès à l'information, la participation du public au processus décisionnel et l'accès à la justice en matière d'environnement. La participation des citoyens et organisations intéressées est assurée à travers des mécanismes de consultation : la consultation peut s'effectuer soit par écrit, forme la plus courante de consultation, soit oralement lorsque les parties intéressées débattent avec les autorités lors de réunions ouvertes. Lorsqu'il est bien organisé, ce processus mène à une prise de décision partagée, où tous les acteurs deviennent responsables de l'élaboration, de la mise en œuvre et de l'aboutissement des schémas directeurs d'aménagement et de gestion de l'eau.

Les associations d'usagers de l'eau : Dans les projets d'irrigation ou d'approvisionnement en eau potable en milieu rural, la participation des usagers est un facteur de durabilité car le choix des moyens et des objectifs sont conformes aux besoins et aux capacités réelles des bénéficiaires des projets (Patil, 1987). Ce modèle de gestion est en réalité très ancien ; il s'est développé dans de nombreux pays suite aux améliorations institutionnelles introduites : élection démocratique des conseils d'administration, contrôle et transparence de la gestion financière, tarification adaptée, etc. La réussite des associations d'usagers dépend souvent du contexte démocratique dans lequel évoluent ces associations, ainsi que de l'appui des pouvoirs publics en matière d'assistance technique, de renforcement des capacités et de résolution des conflits.

1.2.10- La dimension économique de l'eau : valeur et tarification

La dimension économique de l'eau comporte trois éléments importants, nécessaires pour une planification rationnelle des ressources : (i) *La valeur économique de l'eau pour les différentes catégories d'usages :* la valeur de l'eau à usage domestique est souvent déterminée par « le consentement ou la capacité des consommateurs à payer ». En revanche, pour les usages industriels et agricoles ou pour la production de l'électricité cette valeur est déterminée par son « coût d'opportunité » : comme facteur de production, sa valeur peut être estimée, indirectement, par le biais de la valeur économique des denrées produites ; (ii) *Le prix de revient de l'eau au point de livraison :*

il peut couvrir les frais d'exploitation et d'entretien (approvisionnement, traitement des eaux usées) ainsi que les investissements en infrastructures. L'on peut dans certains cas exiger que le prix payé par les consommateurs compense aussi les coûts environnementaux et le coût de la ressource. Il s'agit d'une étape clé vers la mise en œuvre du principe selon lequel les pollueurs et les consommateurs doivent payer pour les ressources naturelles utilisées et pour les dommages générés par cette utilisation ; (iii) *Le financement de ces deux catégories de coûts*, ou leur répartition entre les bénéficiaires et la communauté (CCE, 2000).

La comparaison entre la valeur qu'attache le consommateur de l'eau, d'une part, et le coût pour la lui fournir, d'autre part, permet aux organismes chargés de mobiliser et de distribuer l'eau d'éviter des affectations non économiques des moyens publics. Autrement dit, on doit éviter de fournir une eau dont le prix de revient dépasse cette valeur ; d'autre part, on devrait satisfaire une demande, tant que le prix de revient reste en deçà de la valeur que l'eau représente pour l'usager.

Sur un autre plan, la comparaison entre les valeurs économiques et les prix de revient (en termes économiques) est également un des éléments à prendre en considération pour établir le système de tarification. Dans certaines situations, ceci n'implique pas que le consommateur de l'eau doit nécessairement payer des prix égaux à la valeur qu'il y attache, ni de lui faire payer nécessairement la totalité du prix de revient dans le cadre d'une politique visant le recouvrement de l'intégralité des coûts. Il peut y avoir, en effet, plusieurs considérations à caractère économique ou social pour subventionner des activités ciblées (développement de l'irrigation, promotion de cultures à caractère stratégique) ou des catégories de consommateurs (approvisionnement en eau potable des ruraux ou des populations à faibles revenus).

Malgré les diverses réticences (religieuses, économiques, morales), il est actuellement admis que l'eau a un coût, et si ce n'est pas l'usager qui le paye, les coûts incombent alors à l'Etat, la décision étant en réalité de nature politique. Ce principe étant acquis, le but de tout régime tarifaire reste l'autosuffisance financière de l'organisme chargé de la gestion des systèmes d'eau, qui doit disposer de ressources financières suffisantes pour lui permettre d'assurer la pérennité des investissements. Ceci n'exclut pas que certains groupes de consommateurs ciblés soient subventionnés d'une manière transparente par d'autres pour des raisons d'ordre social, stratégique ou logistique, ou que des considérations en relation avec d'autres objectifs tels que l'incitation à la préservation de la ressource, la rationalisation de l'usage, soient introduites pour mieux orienter le comportement des consommateurs, (Dinar et al., 1997).

1.2.11- Les données et systèmes d'informations sur l'eau

Les Autorités de l'eau ont notamment la charge de collecter, gérer et diffuser les données sur l'eau. Elles ont pour mission de surveiller l'évolution des ressources, de suivre la qualité des eaux des systèmes naturels et de fournir aux décideurs l'information nécessaire sous une forme élaborée et fiable. L'information et la communication, qui constituent les deux piliers des sociétés cognitives, sont les composantes incontournables des stratégies de connaissance et de contrôle des systèmes de ressources et de rationalisation des usages de l'eau.

L'amélioration des capacités de décision des opérateurs du secteur de l'eau, par une meilleure observation et une gestion plus efficiente des ressources, se concrétise par la mise en place d'un système national d'information sur l'eau. Par l'ensemble des données qu'il génère et transforme en informations utilisables par les décideurs, le gouvernement et les usagers, ce système d'information occupe une place centrale dans le processus de formulation des politiques nationales de l'eau, qui s'appuient sur le développement de bases de données structurées, de systèmes d'information géographiques dynamiques et interactifs, d'outils de modélisation performants. La modernisation du système national d'information sur l'eau doit faciliter l'accès le plus large du public à l'information et permettre de disposer de données fiables pour une meilleure évaluation des politiques de l'eau.

Pour être efficiente, cette modernisation des systèmes d'information s'appuie sur des instruments législatifs et institutionnels adéquats. Ainsi, les lois les plus récentes ont pleinement intégré la nécessité de fonder l'élaboration des politiques nationales sur l'exploitation des systèmes d'information. En Europe, le système WISE : Water Information System for Europe, développé par l'Agence européenne de l'environnement, entretient et diffuse les données et les informations sur la qualité, les ressources et les usages de l'eau dans les pays européens. Au plan national, ces pays se sont par ailleurs équipés de systèmes accessibles d'information sur l'eau en vue de promouvoir des politiques transparentes de l'eau et de l'environnement. Aux Etats-Unis, c'est l'USGS qui est en charge de développer les informations sur l'eau : cet organisme note l'occurrence, la quantité, la qualité, la distribution, le mouvement et l'usage des eaux superficielles et souterraines et diffuse les données auprès du public, des Administrations, collectivités et Agences impliquées dans la gestion des ressources en eau.

Les systèmes nationaux d'information sur l'eau s'alignent désormais sur les nouveaux enjeux stratégiques des politiques de l'eau, où l'information joue un rôle majeur pour : (i) savoir évaluer l'état des milieux hydrologiques et des pressions qui s'y exercent ; (ii) pouvoir limiter et prévenir les conséquences des aléas et des risques (sècheresses, inondations, dégradations de ressource, surexploitation).

1.2.12- Bassins et systèmes aquifères transfrontières

La gestion, le contrôle et la protection des eaux douces transfrontières constituent un défi posé à la communauté internationale, dans la mesure où les intérêts économiques et politiques des pays partageant un même bassin ne coïncident pas obligatoirement. D'importantes initiatives ont été promues en vue de développer la coopération sur la gestion des bassins partagés, par l'adoption de nouvelles conventions et déclarations, et la mise en place d'organismes de bassin. On constate toutefois que de nombreux bassins (150 en 2010) sont encore dépourvus de toute structure commune.

L'inventaire des bassins hydrographiques internationaux recense 263 cours d'eau transfrontières concernant 145 pays riverains. Dans ces bassins, qui représentent près de la moitié de la superficie des continents et deux tiers des bassins hydrologiques de la planète, circulent 60 % des écoulements superficiels d'eau douce du globe et vivent 40 % de la population mondiale.

La structure politique de ces bassins renseigne sur leur degré de vulnérabilité et sur les risques de conflits potentiels que leur aménagement serait éventuellement susceptible d'engendrer. Ainsi peut-on noter que 33 pays inscrivent plus de 95 % de leur territoire à l'intérieur des limites de un ou plusieurs bassins internationaux. Un indicateur significatif est également le nombre de pays partageant le même bassin, comme le Danube avec 17 pays riverains, le Nil, le Rhin, le Congo avec plus de 9 riverains, le Jourdain et le Gange avec 5 pays. Malgré ces difficultés, les pays riverains arrivent dans la majorité des cas à s'organiser en vue de coopérer pour résoudre les contentieux relatifs aux eaux douces partagées. Sur les 60 dernières années, les cas de coopération et d'ententes ont représenté le double de ceux pour lesquels on a abouti à un conflit : la base de données développée sur cette période (OSU et al., 2002) rapporte 37 conflits aigus (violents), contre près de 300 accords internationaux négociés ou signés.

L'ONU a joué un rôle primordial pour la promotion des règlementations sur les eaux partagées, efforts couronnés par l'adoption de la Convention des Nations Unies de 1997, portant sur le droit relatif aux utilisations des cours d'eau internationaux à des fins autres que la navigation. Il s'agit de l'unique texte définissant les principes universels en matière de protection et de gestion des cours d'eau transfrontières, principes fondés sur : (i) le concept d'utilisation équitable et raisonnable de la ressource, (ii) l'obligation de ne pas causer de dommages significatifs aux autres Etats riverains, (iii) l'obligation générale de coopérer. Dix sept ans après son adoption par l'Assemblée Générale des Nations Unies, cette convention n'est toujours pas en vigueur car seuls 31 Etats l'ont ratifiée (Nations Unies, 2013), alors que 35 ratifications sont nécessaires. Cela illustre bien la difficulté d'établir des accords règlementant l'utilisation de l'eau au plan international, de nombreux Etats s'inquiétant de la remise en cause de leur souveraineté sur cette ressource.

Beaucoup moins connues sont les eaux souterraines internationales, que renferment les systèmes aquifères transfrontaliers et dont 273 ont été inventoriés par le programme mondial de cartographie hydrogéologique et d'évaluation de l'UNESCO, le WHYMAP (Jarvis, 2006 ; UNESCO, 2011). Certains des plus grands aquifères transfrontières du monde sont localisés en Amérique du Sud (Bassin du Guarani) et en Afrique du Nord (Système Aquifère des grès nubiens ; Système Aquifère du Sahara Septentrional, le SASS). Des initiatives ont d'ores et déjà permis de mettre en place des mécanismes de gestion conjointe par les pays riverains : autorité commune pour gérer le système aquifère des Grès Nubiens, mécanisme de concertation du SASS. En Afrique, ces deux exemples sont encore les seuls cas d'accords internationaux visant spécialement les eaux souterraines. D'autres cas existent ailleurs dans le Monde, notamment en Europe, mais en nombre infime. En réalité, c'est dans les accords portant sur l'utilisation des bassins hydrographiques que peuvent se trouver mentionnées les eaux souterraines : sur les 400 traités actuellement en vigueur relatifs aux eaux douces transfrontières, 100 mentionnent les eaux souterraines, dont une dizaine seulement sont spécifiques à la gestion conjointe des aquifères transfrontières (Matsumuto, 2002).

Quant à la réglementation internationale, elle a progressivement évolué au cours des 50 dernières années, depuis les « Règles de Helsinki » en 1966 et la référence au bassin hydrographique pouvant inclure les eaux souterraines peu profondes, jusqu'à l'adoption, par l'Assemblée Générale de l'ONU le 11 décembre 2008, de la Résolution 63-124 portant sur le projet de « Loi sur les aquifères transfrontières », résolution qui peut servir de base pour l'élaboration d'une convention internationale. Mais il semble bien que la communauté internationale ne soit pas encore prête à s'accorder sur une convention internationale règlementant l'usage des eaux souterraines transfrontières, renvoyant les protagonistes aux règles de bon voisinage, en « encourageant les États concernés à prendre les dispositions adéquates pour la gestion appropriée de leurs aquifères transfrontières ».

1.3- Rareté et pénuries : les questions, les enjeux

1.3.1- Rareté, stress hydrique et pénuries

La question de la *rareté de l'eau* alimente une abondante littérature. Le débat a été initié par l'application aux besoins humains d'un concept agronomique : pour un pays donné, l'indicateur de « stress hydrique » (Falkenmark et al., 1989) représente le seuil des ressources en eau renouvelables par habitant, disponible pour les besoins domestiques, industriels, agricoles et environnementaux. Le seuil de pénurie est estimé à 1700 m^3/hab./an. En dessous de 1000 m^3/hab./an, on parle de « pénurie chronique » et en dessous de 500 m^3/hab./an, de « pénurie structurelle ». Cet indicateur est certes critiquable à bien des égards, notamment : (i) par la confusion introduite entre ressource en eau au sens des écoulements et ressource hydrique incluant l'eau nécessaire à l'agriculture pluviale ; (ii) parce qu'il implique une autosuffisance alimentaire totale et fait abstraction des échanges internationaux de denrées alimentaires. Malgré ces réserves, et en raison de la pression démographique qu'il exprime, cet indicateur demeure parmi les plus utilisés.

D'autres chercheurs ont élaboré des indices de stress hydrique plus à même de caractériser la pression réelle sur l'eau, en tenant compte des prélèvements effectifs. Ainsi, l'équipe du Stockholm Environment Institute (Raskin et al., 1997) présente le taux d'exploitation des ressources hydrauliques renouvelables comme « indice de vulnérabilité des ressources en eau ». Dans un pays donné, l'eau devient rare si cet indice est compris entre 20 et 40 %, et il y a pénurie s'il dépasse 40 %. Toutefois, si ces deux conceptions du stress hydrique (disponibilité en eau par personne et taux de prélèvement des ressources) reflètent bien une pression anthropique sur la ressource, ils ne rendent pas compte de l'importance, sur les prélèvements et les ressources, de la part des quantités exploitées qui sont effectivement consommées, et de la part rejetée dans le milieu naturel susceptible d'être recyclée dans la ressource.

Un exercice réalisé sur le cycle anthropique de l'eau en Tunisie (voir chapitre 3, section 3.7) révèle que la moitié des quantités d'eau exploitées est intégralement consommée tandis que l'autre moitié est rejetée dans le milieu récepteur naturel (certes avec un niveau de qualité altéré après usage) et va se trouver recyclée en flux hydrologique. Ce résultat permet de relativiser sensiblement l'apparente précision des seuils de vulnérabilité. De même, l'indice de vulnérabilité ne concerne pas l'eau nécessaire à l'agriculture pluviale et celle utilisée par la végétation naturelle, qui peut représenter des quantités bien plus importantes que les ressources hydrauliques superficielles et souterraines (l'eau bleue).

Dans un contexte de ressources rares, la vision des ressources limitées à l'eau bleue doit être étendue à l'eau pluviale mobilisée par les cultures ou eau verte, ainsi qu'aux apports des échanges de produits alimentaires sous forme d'eau virtuelle. En pays aride, cette vision élargit le concept de sécurité hydrique, qui rejoint la question de sécurité alimentaire par optimisation des flux d'eau virtuelle. Sans que le recours à l'eau virtuelle ne se transforme en panacée car il est aussi cause de vulnérabilité, cela conduit à relativiser encore les niveaux des indicateurs de stress hydrique et de pénuries d'eau.

Par ailleurs, les indices de stress ne rendent pas compte du niveau des équipements et des infrastructures hydrauliques, qui sont les conditions de l'accès effectif des populations à l'eau. Pour un niveau de ressources et de population donné, un pays aride est sans doute moins vulnérable s'il a déjà mobilisé, sans atteindre ses limites de surexploitation, une part suffisamment importante de ses ressources, qui permettent d'assurer un niveau de confort hydrique compatible avec le niveau de vie des populations. Sur l'exemple de six pays riverains du Sahara, le Tab.1.5 indique que les pays du Nord (Algérie, Maroc, Tunisie) sont beaucoup plus stressés, et leur niveau de vulnérabilité à la ressource bien plus élevé que ceux du Sud (Mali, Mauritanie, Niger). Toutefois, la consommation par habitant, et les indices de confort hydrique, sont aujourd'hui comparables au nord et au sud du Sahara, si tant est que l'on ne fasse pas de distinction entre les divers usages de l'eau.

		MAROC	TUNISIE	ALGERIE	MAURITANIE	NIGER	MALI
1	Ressources en Eau, Total, 10^9 m3/an	29	5	14.3	11.4	34	100
2	Exploitation Totale, 10^9 m3/an	12.7	2.7	6	1.7	2.7	6.9
3	Population 2004 M hab.	31.06	9.94	32.34	2.98	12.4	13.4
4	Indice de Stress hydrique m^3/an/hab.(1/3)	934	503	442	3826	2742	7463
5	Indice de Vulnérabilité hydrique (2/1)	44%	54%	42%	15%	8%	7%
6	Indice de Confort hydrique,m^3/an/hab.(2/3)	409	272	186	570	218	515
Données: FAO (Aquastat) & WRI, 2005.							

Tab. 1.5 : Indices de stress, de vulnérabilité et de confort hydriques calculés pour six pays limitrophes du Sahara.

1.3.2- L'Eau virtuelle et la sécurité alimentaire

La demande directe en eau pour couvrir les besoins urbains et industriels dépend du niveau de vie et du niveau d'industrialisation de la société mais reste en général modérée. En revanche, la demande en eau de la production agro-alimentaire est élevée ; elle dépend du régime nutritionnel et évolue au rythme des modifications des modes d'alimentation. Abstraction faite de l'origine de l'eau, il faut environ 1,5 m^3 d'eau pour produire 1 kg de céréales, alors que près de 20 m^3 sont nécessaires pour produire 1 kg de viande de bœuf. Il faudrait environ 1000 m^3 d'eau pour produire les denrées alimentaires nécessaires à une personne durant une année dans les pays où l'alimentation est basée sur les céréales ou d'autres produits d'origine végétale. Ce volume est beaucoup plus élevé dans les pays où la part des produits carnés dans la structure de l'alimentation est importante.

L'importation de produits alimentaires est une façon de combler le déficit en eau là où la rareté de l'eau est un facteur limitant de la production agricole. Plusieurs pays s'engagent de manière plus ou moins volontaire à compter, en diverses proportions, sur l'importation pour leur approvisionnement en denrées alimentaires. Dans certains pays, la contribution de ces apports en équivalent-eau est considérable et elle participe de manière déterminante à la sécurité alimentaire.

Néanmoins, dans les pays où le problème de la rareté de l'eau est bien réel, l'apport en eau virtuelle sous forme de denrées alimentaires importées à bon marché et en quantités indéfinies risque de sous estimer la valeur de la ressource en eau locale et de détourner l'agriculture des objectifs de l'accroissement de la production alimentaire. Les subventions accordées aux agriculteurs des pays exportateurs encouragent les surproductions qui sont ensuite écoulées sur le marché mondial. Cela s'est traduit par des prix artificiellement bas des denrées de base (céréales, huiles végétales, etc.), prix incompatibles avec le maintien des cultures traditionnelles de subsistance dans certains pays en développement qui, lorsqu'ils le peuvent, concentrent leurs efforts sur les cultures exportatrices à forte valeur ajoutée pour améliorer les niveaux de sécurité alimentaire en profitant des prix bas des denrées de base.

La flambée des prix des produits agro-alimentaires de base (céréales, riz) enregistrée au cours de la dernière décennie indique que les tendances commencent à s'inverser. En particulier, les pays développés commencent à revoir leurs politiques agricoles et à réviser leurs systèmes de subvention agricole. On peut citer l'exemple de la Communauté Economique Européenne où les vagues successives de réformes de la Politique Agricole Commune (PAC) élaborées depuis le début des années 1990, ont progressivement permis de déconnecter la production agricole de la rémunération des agriculteurs et de réduire drastiquement les subventions à l'exportation en envisageant de les supprimer progressivement. Tout porte à croire qu'on est en présence d'un phénomène qui ne relève plus de dynamique conjoncturelle de marché mais plutôt de considérations structurelles qui vont maintenir dans l'avenir les prix des céréales à des niveaux relativement élevés. Cette perspective met les pays importateurs devant le défi de repenser, dans le nouveau contexte, leurs politiques agricoles en relation avec les objectifs de moyen et long terme de sécurité alimentaire. Cela passe par une meilleure compréhension de la relation déterminante entre l'eau et la production agricole.

1.3.3- L'empreinte eau, un concept plus global

Développée par analogie avec le concept d'empreinte écologique, l'empreinte eau représente par définition le volume total d'eau douce nécessaire pour produire les biens ou services consommés par un individu ou une communauté. Introduit par Hoekstra et Hung (2002) de l'université de Delft, le concept empreinte eau s'est largement répandu et a été appliqué à différents produits et à différentes échelles régionale, nationale, et internationale, notamment pour évaluer l'empreinte eau des échanges commerciaux. En raison de sa signification environnementale, l'évaluation de l'empreinte eau des produits, des processus et des organismes est devenue une question tellement importante et précise que l'International Standard Organisation (ISO) s'en est saisi et a élaboré en 2013 une nouvelle norme (ISO 14046) destinée à fixer un cadre pour standardiser son évaluation.

L'équipe de l'Université de Delft a largement contribué à faire évoluer le concept et à enrichir son contenu. Alors que les premières évaluations se sont limitées à déterminer des empreintes eau globales, les travaux qui ont suivi ont distingué entre eau bleue et eau verte et les travaux les plus récents ont introduit la notion d'eau grise. L'empreinte eau grise, qui se présente comme un indicateur de pollution de l'eau douce et qui mesure donc l'un des facteurs de dégradation de la ressource, est une notion nouvelle très pertinente mais qui n'a pas encore fait l'objet de travaux aussi nombreux que ceux consacrés à l'eau bleue et l'eau verte ; son évaluation reste quelque peu équivoque et pourrait être incomplète : en effet, les normes de rejet ne sont pas les mêmes partout, et dans certains cas, elles n'existent pas ; l'on pourrait également tenir compte des eaux de surexploitation des nappes souterraines ou des eaux parfois abusivement qualifiées de « fossiles » qui auraient une empreinte encore plus grande.

Hoekstra et Mekonnen (2011a, 2011b) ont évalué les empreintes eau des productions, des consommations et des flux internationaux d'eau virtuelle à l'échelle du globe. Les estimations pays par pays des empreintes eau, déclinées dans leurs composantes « eau bleue », « eau verte » et de flux d' « eau virtuelle » fournissent des ordres de grandeur pertinents qui font ressortir des contrastes significatifs entre les différents pays. L'empreinte eau de l'ensemble de la production agricole annuelle est évaluée à 8 300 km^3 (1 000 km^3 d'eau bleue, 6 600 km^3 d'eau verte, 700 km^3 d'eau grise).

L'équivalent-eau de l'ensemble des exportations de produits agricoles représente 1600 km^3 ; les flux d'eau virtuelle associés au commerce international s'élèvent à 21 % de l'empreinte eau de la production agricole.

L'empreinte eau des productions agricoles se taille une part importante (92 %) de l'empreinte eau globale qui s'élève à 9 000 km^3 soit une moyenne annuelle par habitant de 1260 m^3. Cette valeur moyenne cache d'importantes disparités, avec un maximum de 2 840 m^3 aux États-Unis d'Amérique et un minimum de 550 m^3 dans la République Démocratique du Congo.

1.3.4- Le dessalement des eaux

La production mondiale d'eau dessalée s'élève actuellement à 8 km^3/an, avec une progression annuelle de 10 à 15 % attendue pour la prochaine décennie. Cela représente 0,2 % de la consommation d'eau douce sur la planète, dont la moitié provient du dessalement de l'eau de mer, l'autre moitié provenant d'eaux saumâtres. Avec 17 % et 1,3 km^3/an en 2010, l'Arabie saoudite constitue le premier producteur d'eau dessalée dans le monde, devant les USA (16 %) et les Emirats Arabes Unis (15 %). Avec 20 % de la population mondiale et seulement 7 % des ressources en eau, la Chine constitue une puissance de dessalement en perspective, et l'Australie s'équipe déjà fortement. Le dessalement offre ainsi une réponse stratégique dans plusieurs pays soumis à une raréfaction des ressources en eau.

Sur le plan technologique, les procédés de dessalement se rattachent à deux grands types (Lattemann, 2009) : Le premier imite le cycle hydrologique, par distillation et condensation, et comporte deux techniques, le MSF (Multi Stage Flash distillation) et le MED (Multi-Effect Distillation), techniques très énergivores car l'eau doit être préchauffée. L'usine de distillation est généralement intégrée à une centrale thermique. Le second procédé utilise des membranes comme dans le cas de l'osmose inverse, où il fonctionne sur le modèle biologique de l'osmose, utilise des membranes semi perméables qui laissent passer l'eau et retiennent le sel. Ce dernier procédé est également efficace pour l'élimination des micro-organismes et divers contaminants organiques.

Les procédés des années 1970-1980, s'appuyaient, pour la plupart, sur des méthodes thermiques (distillation MSF et MED, compression de vapeur, cogénération), utilisés notamment dans les pays du Golfe et produisant une eau pure, mais avec une consommation énergétique importante, de l'ordre de 10 kWh/m^3. Les technologies membranaires (osmose inverse et électrodyalyse) sont exploitées à une échelle commerciale depuis les années 1980 et se sont rapidement développées : 40 % des installations dans le monde en 1990, et près de 60 % en 2010. Ce développement s'explique par une consommation énergétique plus réduite comparée à celle des procédés thermiques (de l'ordre de 4 - 5 kWh/m·) et qui ne cesse de diminuer (Salomon, 2012).

Outre les besoins en énergie, le dessalement a des impacts environnementaux associés aux eaux résiduaires rejetées (concentrats). Les procédés de dessalement produisent, dans tous les cas, un effluent plus concentré en termes de salinité, à une température plus élevée. Néanmoins, la plupart des problèmes liés à ces rejets peuvent être réduits si l'on assure une dispersion suffisante des effluents : les nouvelles usines de dessalement sont conçues de manière à ce que la saumure soit rejetée loin des côtes.

D'une façon générale, le dessalement a longtemps été perçu comme une technologie coûteuse pour la production d'eau douce, réservée à des situations de véritables carences en ressources conventionnelles et destinée à couvrir des besoins essentiels (eau potable domestique) ou parfois à fournir de l'eau à des usages économiques supposés valoriser l'eau à des coûts relativement élevés (usage touristique, usage industriel). Au cours de la dernière décennie, les évolutions enregistrées par le dessalement semblent indiquer que la perception du rôle complémentaire du dessalement dans le dispositif d'approvisionnement en eau est en train de se transformer. Alors qu'en 2004, les experts estimaient que la capacité mondiale de dessalement d'eau de mer doublerait à l'horizon 2015, ces prévisions semblent aujourd'hui sous-estimées, (Salomon, 2012). Le dessalement de l'eau de mer est une activité en très forte croissance ; elle augmente en moyenne de plus de 10 % par an et son évolution ne semble pas souffrir de l'augmentation du prix de l'énergie ni de sa volatilité. Dans le Bassin Méditerranéen, le dessalement de l'eau de mer connaît déjà un essor particulièrement important. La capacité totale de dessalement a plus que quadruplé entre 1980 et 2000. En 2010, la production des usines de dessalement s'élève à 10 millions de m^3/j et le Bassin Méditerranéen pourrait même tripler, voire quadrupler, sa production d'eau par dessalement à l'horizon 2030 (Plan Bleu, 2010).

D'une manière générale, le recours au dessalement est de plus en plus perçu comme une alternative intéressante pour pallier le déficit en eau douce dans les régions côtières et il s'impose, dans un certain nombre de pays du pourtour méditerranéen, comme une option de choix pour sécuriser l'alimentation en eau potable (Espagne, Chypre, Grèce, Malte, Égypte, Israël, Liban) et, plus récemment, dans les pays de l'Afrique du Nord. C'est particulièrement vrai dans les pays en situation de stress hydrique où l'accroissement rapide de la demande en eau dans les secteurs de l'agriculture et de l'industrie exerce des pressions de plus en plus fortes sur les ressources en eau conventionnelles.

De même, certains pays ont procédé à des réorientations importantes de leur politique de l'eau en renonçant au transfert d'eau vers les régions déficitaires en raison des coûts financiers et des impacts environnementaux jugés trop élevés. Ainsi, l'Espagne a-t-elle remplacé son projet initial de détournement d'une partie des eaux de l'Ebre en adoptant en 2001 un nouveau Plan National qui s'appuie sur un grand programme de développement des ressources non conventionnelles, et dont l'une des priorités est la construction et l'agrandissement d'usines de dessalement d'eau de mer. On assiste à la même période en Tunisie à une tendance analogue (SONEDE, 2004).

1.3.5- Le recyclage des eaux usées

Avec l'évolution des techniques d'épuration, on observe un intérêt croissant pour la réutilisation des eaux usées traitées, notamment en agriculture dans les régions arides ou exposées à des situations de pénuries d'eau, ainsi que dans les cas où il parait nécessaire de protéger l'environnement. Mais en irrigation, la demande en eau est déterminée par les cycles saisonniers, alors que la production des eaux usées domestiques et industrielles est relativement régulière dans l'année, ce qui nécessite de recourir à des procédés de stockage. La recharge des réservoirs aquifères par les eaux usées traitées constitue à cet égard la méthode de stockage la plus efficace et la moins coûteuse. Pour l'usage agricole, la qualité des eaux usées traitées constitue un avantage par la présence de nutriments résiduels tels que l'azote et le phosphore, mais aussi une source de risque : salinité parfois excessive des effluents, épuration microbiologique insuffisante…

De nombreux pays riches ont adopté des normes microbiologiques strictes, fondées sur des critères d'indicateur bactérien, et ont opté, au terme du traitement biologique secondaire et afin d'éviter d'exposer les populations au moindre risque, pour le traitement tertiaire et la désinfection systématique. La réutilisation se met en place au terme de ces cycles de traitements, ce qui a amené des pays plus pauvres à considérer la réutilisation des effluents pour l'irrigation, dans des conditions de sécurité sanitaire absolues, comme un procédé coûteux, nécessitant des moyens de traitement sophistiqués. Cela s'est traduit, y compris dans les pays les plus arides, par l'absence de planification systématique de l'utilisation des eaux usées là où des réseaux d'assainissement et des stations de traitement ont été installés.

Au niveau mondial, les eaux usées domestiques et industrielles collectées représentent 370 km^3/an dont 160 km^3 /an font l'objet d'un traitement. On estime à 4 % de ce total, soit 7 km^3/an, la fraction de ces EUT qui sont réutilisées à ce jour tous usages confondus (AFD-BRLi, 2011). Le gisement potentiel de développement de ressources en eau alternatives par le recyclage des eaux usées se présente donc comme une perspective prometteuse. D'ores et déjà utilisé en Europe et aux Etats-Unis, le recyclage est appelé à progresser dans les régions, comme la Chine, le Proche-Orient et l'Afrique du Nord, qui s'équipent rapidement de stations d'épuration, préalables au développement du recyclage. Mais dans de nombreux pays, le potentiel de réutilisation contrôlée des effluents épurés demeure sous exploité, le plus souvent en raison d'insuffisances règlementaires, du faible niveau technique des STEP existantes, ou de la disponibilité de ressources en eau conventionnelles à prix réduit.

Contrairement à l'eau potable, il n'existe aucune directive universelle pour la réutilisation des eaux usées : un cadre législatif est nécessaire pour chaque situation. Sans structure réglementaire, les eaux usées brutes sont utilisées de manière illégale pour l'irrigation. En 2006, l'OMS, en coopération avec la FAO et l'UNEP, a publié la troisième édition des « Recommandations pour l'utilisation fiable des eaux usées dans l'agriculture et l'aquaculture ». Mais l'acceptation par les consommateurs et la perception des produits agricoles cultivés à l'eau usée traitée demeure en général négative. Cela nécessite un effort d'information très important auprès du public.

1.3.6- Normalisation et contrôle des usages de l'eau

Dans les pays où la ressource hydraulique est limitée, la gestion de la demande en eau vise la rationalisation et l'optimisation des usages dans tous les secteurs. Dans ce contexte, le rôle du système normatif est essentiel : normes nationales d'usage de l'eau, promotion des technologies adaptées, mise en place d'activités d'évaluation de la conformité. Selon ISO (International Organisation of Standardisation), la norme est « un document établi par consensus et approuvé par un organisme reconnu qui fournit, pour des usages communs et répétés, des règles et des lignes directrices ou des caractéristiques garantissant un niveau d'ordre optimal dans un contexte donné ». Le système national de normes dans le domaine de l'eau doit refléter les spécificités du contexte dans lequel il est prévu d'être appliqué ; c'est un des moyens de réalisation des objectifs de la politique de l'eau.

L'élaboration de normes est nécessaire pour appréhender les questions relatives à la planification, à l'allocation, à la tarification et à la répartition intersectorielle de la ressource. La normalisation des équipements et accessoires hydrauliques contribue à la valorisation de l'eau et à la lutte contre le gaspillage de la ressource. Elle met à la disposition des différents acteurs les informations technico-économiques nécessaires à l'établissement des spécifications techniques qui améliorent l'efficience des systèmes hydrauliques.

De plus en plus, la réglementation fait référence aux normes et celles-ci jouent un rôle essentiel dans la réalisation des objectifs des politiques d'intérêt public. Dans le domaine de l'eau, les normes trouvent déjà des applications dans la réglementation (normes de potabilité, normes de rejet dans les milieux hydriques, normes de réutilisation des eaux usées dans l'agriculture). Le renforcement de la normalisation (y compris les activités d'évaluation de la conformité) et la promotion de leur application dans les milieux réglementaires permet de fournir des outils précieux pour atteindre les objectifs de la maîtrise et de l'optimisation de l'usage de l'eau. Les activités de normalisation comprennent également les pratiques d'évaluation de la conformité (certification, contrôle, audit). Ces pratiques peuvent être volontaires ou obligatoires et elles sont pratiquées de manière indépendante par des organismes habilités.

Cependant la normalisation, par son mode de fonctionnement à la fois lourd et peu rapide, peut ne pas prendre en compte les informations les plus récentes ou intégrer les pratiques ou solutions les plus performantes. Pour cette raison, la normalisation ne peut se concevoir que d'une manière dynamique et évolutive et la recherche-développement doit jouer un rôle important dans toutes les études de normalisation. En effet, la sortie de nouveaux textes réglementaires et d'un ensemble de normes relatives à la maîtrise de l'eau constitue un excellent moteur de l'innovation et du transfert des technologies. La remise à niveau des produits et des procédés techniques touchés par les nouvelles spécifications nécessite la mise en œuvre d'opérations de R&D : la Recherche fournit les meilleurs moyens techniques et économiques pour répondre à la réglementation, et elle fournit les outils nécessaires à la prise de décision et à la formulation de nouvelles réglementations.

Parce que le processus d'élaboration des normes est une démarche globale qui intègre les aspects techniques, économiques et humains, on attend que les standards qui en résultent soient réalistes, compatibles avec les conditions de leur mise en œuvre et avec les moyens de contrôle et de suivi de leur application.

1.3.7- Dégradation de la qualité de l'eau

Il est possible d'évaluer la qualité de l'eau par rapport à son état d'origine, mais du point de vue de la gestion, elle est le plus souvent définie par rapport à son usage. Ainsi la qualité de l'eau désigne l'ensemble des caractéristiques physiques, chimiques et biologiques nécessaires pour les utilisations souhaitées de l'eau (UN-ECE, 1995). Il n'y a donc pas une qualité mais des qualités de l'eau selon les usages et les normes qui leur sont associés. Ces normes définissent les seuils de pollution tolérables pour des usages auxquels l'eau est destinée. De même les normes de rejet définissent les seuils de pollution tolérés lors des rejets des eaux dans les milieux récepteurs naturels.

La pollution modifie les caractéristiques physiques, chimiques, et microbiologiques de l'eau réduisant ses utilisations potentielles. En Europe, l'agriculture est aujourd'hui à l'origine d'une large part des pollutions en cause. Alors que la lutte contre la pollution ponctuelle (industrie, collectivités locales) a été efficace en raison des importants investissements dans l'assainissement des eaux usées, les utilisations à grande échelle des fertilisants et des pesticides dans l'agriculture engendrent une pollution diffuse qui conduit à l'eutrophisation des milieux hydriques. La situation dans les pays en développement n'est pas comparable : la pollution des eaux urbaines a des effets néfastes sur la santé et l'environnement en raison de l'état parfois rudimentaire des équipements sanitaires urbains. La dégradation de la qualité de l'eau est à l'origine d'effets cumulatifs, entraînant des coûts d'approvisionnement élevés en relation avec l'augmentation des coûts des traitements ou du transport de l'eau.

La protection de la qualité l'eau a été reconnue au niveau international et les principes généraux de gestion des ressources en eaux intègrent systématiquement l'aspect qualitatif. En particulier, le chapitre 18 de l'Agenda 21 indique que l'objectif général de la protection des ressources en eau douce et de leur qualité est de « veiller à ce que l'ensemble de la population de la planète dispose en permanence d'approvisionnements suffisants en eau de bonne qualité, tout en préservant les fonctions hydrologiques, biologiques et chimiques des écosystèmes, en adaptant les activités humaines à la capacité limitée de la nature et en luttant contre les vecteurs de maladies liées à l'eau ». Au niveau européen, la Directive Cadre sur l'eau (Directive 2000/60/CE) fixe les activités de gestion de l'eau dans une vision globale du milieu hydrique qui associe les aspects écologiques, hydrologiques, socio-économiques, technologiques et institutionnels. Il s'agit d'une nouvelle compréhension de la gestion des ressources en eaux qui définit des objectifs globaux et leur associe des échéances de réalisations. En particulier, la directive impose une exigence générale de « bon état » de toutes les eaux avant 2015. Les critères qualitatifs et quantitatifs du « bon état » de l'eau sont définis en considérant l'état de référence du milieu aquatique et en fixant des objectifs environnementaux pour prévenir la détérioration de la qualité des eaux et pour restaurer le bon état des milieux. Ces objectifs servent de base à la définition des programmes et des mesures dans le cadre d'une vision à long terme qui identifie les milieux aquatiques qui ne répondent pas aux exigences de « bon état » des eaux et qui nécessitent, dans ce cas, des programmes de surveillance et des mesures de restauration.

1.3.8- Surexploitation des eaux souterraines

De nombreuses nappes souterraines peu profondes de par le monde ont été exploitées d'une manière excessive pour soutenir le développement de l'agriculture irriguée. Il en est résulté, un peu partout, de très importants rabattements de nappes, au caractère parfois irréversible, souvent une lente dégradation de la qualité chimique par lessivage de sels d'origine tellurique, et une forte proportion de ces nappes sont aujourd'hui labellisées surexploitées. Cette situation grève les actifs nationaux de ces pays : les activités économiques développées par cette ressource en eau contribuent certes à l'accroissement du PIB sur le court terme, mais la surexploitation amoindrit le patrimoine national et diminue la richesse naturelle du pays. Cette hypothèque a été estimée à l'équivalent d'environ 1 % du PIB pour un certain nombre de pays arides, ce qui est considérable et d'un ordre de grandeur proche des dépenses publiques investies dans le secteur de l'eau (Bucknall, 2007). Le volume d'eau fourni par surexploitation des aquifères de la planète est estimé à 300 km^3/an. Cela représente le tiers des prélèvements d'eaux souterraines dans le monde.

Les nappes souterraines illustrent bien la tragédie des biens communs qui mène à la surexploitation d'une ressource partagée : chaque usager trouve son intérêt individuel à y prélever toujours plus, en faisant supporter aux autres usagers les coûts de cette exploitation. Pour résoudre les conflits d'usage et éviter la surexploitation, deux thèses sont généralement présentées : soit établir un marché d'eau avec des prix s'imposant à tous, soit recourir à l'intervention de l'État pour assurer une répartition équitable des ressources. En réalité, l'efficacité des marchés pour contenir la surexploitation n'a pas été démontrée (Petit, 2004), quant aux instruments de régulation mis en œuvre ou supportés par l'Etat, ils sont : réglementaires (autorisations, interdictions), économiques, (redevances), participatifs (participation des usagers encadrée par les pouvoirs publics). Pour contenir la surexploitation des ressources naturelles, sont développés des processus de gouvernance fondés sur la négociation, la participation et la concertation entre usagers (Ostrom, 1990). Mais sur les aquifères en zone aride et en dehors d'initiatives particulières, l'acuité du problème et une prise de conscience toute récente de la gravité du phénomène n'ont pas encore permis l'émergence de stratégies de remédiation efficace et durable.

Pays	Inde	Espagne	Tunisie
Prélèvements souterrains totaux km3/an	230	6.5	1.95
Nombre total de nappes souterraines	5720	700	440
Nappes à risque (état critique ou surexploité)	1615	89	91
Nappes à risque %	28%	13%	21%

Tab. 1.6 : Surexploitation des aquifères en Inde, en Espagne, et en Tunisie

La surexploitation des eaux souterraines désigne un état où, sur une période pluriannuelle, le prélèvement dans un aquifère donné dépasse les flux de recharge. Lorsque ce déséquilibre persiste sur plusieurs décennies, on parle d'exploitation non durable, qui a pour corollaire l'épuisement des réserves et le tarissement de l'aquifère. Ces concepts s'appliquent traditionnellement aux grandes nappes souterraines fortement sollicitées des régions arides et semi arides, et l'épuisement des réserves aquifères qui en résulte a notamment été observé dans l'Ouest et le centre des USA, en Inde, au Pakistan, Iran, Chine du Nord, Arabie Saoudite, Afrique du Nord et Sud de l'Espagne. Toutefois, autant les prélèvements que la recharge sont des termes difficiles à évaluer avec précision, notamment dans les zones arides et semi-arides : lorsque l'exploitation atteint des ordres de grandeur proches de la recharge, l'excès de prélèvements s'effectue alors dans les marges d'incertitude et seules des observations longues et minutieuses, et des analyses détaillées du comportement de la nappe permettent de préciser le diagnostic de surexploitation.

La surexploitation des aquifères se manifeste par un certain nombre de signes visibles et mesurables : (i) abaissement continu et durable du niveau de la nappe ; (ii) dégradation de la qualité de l'eau ; (iii) impacts écologiques négatifs sur des zones humides. Ces effets préjudiciables peuvent toutefois n'être que transitoires, dus par exemple simplement à la propagation du rabattement de nappe que procure toute mise en route d'un pompage, ou encore à un épisode de sècheresse climatique, et sur le long terme l'aquifère peut naturellement retrouver un nouvel état d'équilibre. La variabilité climatique est caractéristique des régions arides où alternent des périodes de sécheresses prolongées avec des crues soudaines et dévastatrices, durant lesquelles les aquifères se rechargent pour plusieurs années.

La législation espagnole (Règlementation du Domaine Public Hydraulique, Décret Royal 849/1986 ; Art. 171.2) est l'une des rares qui définisse la surexploitation des nappes souterraines (Villarroya, 1994). En substance, cette situation y est décrite ainsi : *« Un aquifère est considéré surexploité lorsque ses réserves sont mises en danger du fait de prélèvements annuels excédant, ou très proches, des ressources annuelles renouvelables moyennes, ou lorsque ces prélèvements provoquent une dégradation constatée de la qualité de l'eau* ». Les lois de l'eau algérienne (2005) et marocaine (1995) mentionnent les « nappes surexploitées » sans plus de précision, et le code tunisien de l'eau de 1975, actualisé en 2001, n'évoque pas la surexploitation des eaux souterraines.

1.3.9- Les grands transferts d'eau

Lorsque les ressources sont insuffisantes, l'accès à l'eau nécessite des transferts de débits importants sur de longues distances. Les transferts constituent un fait ancien, propre aux grandes civilisations hydrauliques des régions arides. Le plus ancien des grands ouvrages du monde avait notamment pour fonction de transférer de l'eau virtuelle : sur le Grand Canal chinois en effet, entrepris dès 700 av. J-C et sur 1800 km de long, circulaient chaque année des milliers de navires pour alimenter Pékin en céréales provenant des provinces du Sud. Les transferts modernes d'eau par canaux ou conduites, prélevant des eaux superficielles ou souterraines, à des fins d'irrigation ou d'eau potable, ne sont pas moins impressionnants en termes de distances parcourues et de flux transportés : canal du Karakoum au Turkménistan (1300 km et 11 km^3/an), Grande Rivière Artificielle de Libye (2 000 km et 3 km^3/an), Alimentation de Tamanrasset (700 km et 60 Millions m^3/an). Les grands transferts internes aux USA totalisent un débit de 850 m^3/s et ceux de Canada 4400 m^3/s, ces derniers conçus pour la production hydro-électrique (Lasserre, 2005). En Tunisie, le canal Medjerda-Cap-Bon, long de 160 km, alimente d'importants périmètres irrigués au Cap-bon, et approvisionne en eau potable les grandes villes côtières.

Au cours des dernières décennies, un nombre important d'autres grands transferts ont été mis en œuvre entre régions excédentaires et régions déficitaires en eau (en Espagne, en Afrique du Sud, en Inde, au Brésil, en Thaïlande). Les transferts d'eau permettent aussi de remodeler l'aménagement du territoire par une meilleure valorisation globale des ressources disponibles. Le projet le plus grandiose est sans aucun doute le Transfert sud-nord en Chine, d'une partie des eaux du fleuve Yangtsé vers les fleuves du Nord moins pourvus en ressources, où notamment le fleuve Jaune souffre d'un déficit hydrique chronique. L'ouvrage, qui vient de démarrer après cinquante ans d'études et qui a nécessité un investissement de 45 milliards d'euros, comprend trois dérivations en parallèle de plus de 1000 km chacune, la branche orientale longeant le Grand Canal, le tout devant transporter un débit de 45 km^3/an.

L'ampleur des transferts d'eau se manifeste par les coûts d'investissement et des impacts en termes de développement socio économique des régions, mais également par les problèmes hydrologiques et écologiques qu'ils peuvent engendrer : assèchement de cours d'eau et de zones humides, risques de bouleversement des écosystèmes (California Water Plan, 2009). Parmi les cas de modifications les plus célèbres à l'origine de catastrophes environnementales, on peut citer celui du cours du Colorado aux USA, ou du Syr et de l'Amou Daria en Asie centrale, qui ont entraîné respectivement la destruction des marais du delta du Colorado et la disparition de la mer d'Aral. Sur un autre plan, l'absence d'équité et les développements socio-économiques parfois déséquilibrés entre régions excédentaires et déficitaires concernées par le transfert ont soulevé dans beaucoup de situations des ressentiments ou des réactions radicales de l'opinion publique dans son opposition aux projets de transfert (Lasserre, 2005).

1.3.10- La sécheresse

La sécheresse est un événement climatique ayant pour origine une situation inhabituelle de la circulation atmosphérique, conduisant à un déficit de précipitation. Il existe plusieurs indicateurs permettant d'identifier une sécheresse : déficits pluviométriques, faibles débits des cours d'eau, bas niveaux des nappes phréatiques, situations prolongées de stress hydrique de la végétation. Cette situation a un effet direct sur la végétation, qui caractérise la sécheresse agricole ou édaphique (en relation avec la réserve en eau du sol). Lorsque le déficit se présente d'une manière très intense ou étendue, l'alimentation en eau des différentes composantes de surface et souterraines du bassin versant est affectée, ce qui entraîne un déficit d'écoulement dans les cours d'eau ou un abaissement du niveau des eaux souterraines : c'est la sècheresse hydrologique. On distingue par ailleurs les sécheresses structurelles, prévisibles (liées à l'état du sol, à l'accès à la ressource pour l'irrigation, aux systèmes de culture pratiqués) qui affectent une partie plus ou moins importante d'une région, des sécheresses exceptionnelles, qui concernent toute la végétation naturelle et cultivée et la majeure partie du territoire d'un pays donné.

La détermination des impacts des sècheresses nécessite un suivi des indicateurs économiques, sociaux et environnementaux tels que la production agricole, l'activité industrielle et commerciale, la santé des populations et des animaux, la détérioration des cultures et des forêts. La mise en œuvre de bases de données liées à ces activités est déterminante pour l'évaluation des dommages directs et indirects. Une approche dans laquelle tous les indicateurs sont connus à l'avance nécessite un suivi rigoureux. Elle facilite l'annonce de la sécheresse et la mise en route des réponses adéquates (Bargaoui, 2002).

Les bilans hydriques à différents pas de temps (décadaires à saisonniers) établis à l'échelle locale et régionale constituent l'élément de base pour l'élaboration des indices de sécheresse. Le monitoring des variables hydro climatiques (pluie, évapotranspiration, réserve en eau du sol, débit, niveau d'eau dans les barrages...) est indispensable à l'établissement des bilans dont la présentation cartographique constitue un des éléments d'aide à la décision. Aux USA, la NOAA (National Oceanic and Atmospheric Administration) alimente en permanence en données climatiques et hydrologiques, à disposition du public, le Système National d'Information sur la Sécheresse (the National Integrated Drought Information System, NIDIS), lui même géré par le Centre National d'Atténuation des Sécheresses (National Drought Mitigation Center) et qui diffuse un ensemble de cartes visualisant l'état des indicateurs de sécheresse ainsi que les bulletins prévisionnels élaborés par le Centre.

La gestion de la sècheresse soulève deux questions : la gestion de crise et la gestion quantitative des ressources en eau. Les mesures exceptionnelles sont destinées à faire face à une insuffisance éventuelle de la ressource en eau. Bien qu'il s'agisse en priorité de limiter les usages de l'eau ou de réduire les effets directs ou indirects de la sècheresse, l'objectif général est de gérer les situations de pénurie en assurant la satisfaction des besoins en eau prioritaires, et plus particulièrement ceux liés à la santé, la sécurité civile, l'approvisionnement en eau potable, la sauvegarde du cheptel, le secours aux populations sinistrées, la préservation des écosystèmes aquatiques. D'autre part, l'élaboration de stratégies basées sur des principes opérationnels et des mécanismes appropriés pour un traitement structurel de la sècheresse dans le moyen et long terme s'impose dans beaucoup de pays, en particulier par la mise en place de plans de gestion de la sècheresse et à travers l'amélioration des outils permettant de mieux intégrer les risques de sècheresse dans la politique de l'eau et dans la planification économique en général, et de définir ainsi les stratégies d'adaptation appropriées. En réalité, les mesures à caractère stratégique pour répondre aux problèmes de la sècheresse s'apparentent aux mesures préconisées dans la gestion de l'eau en général (gestion de l'offre, gestion de la demande). La mise en place d'observatoires ayant principalement des fonctions de surveillance et d'évaluation de l'impact environnemental, économique et social des sècheresses, constitue un outil de base pour les concertations entre les partenaires concernés. Le Système Mondial d'Information et d'Alerte Rapide, le SMIAR[1] de la FAO constitue au stade actuel l'un des moyens efficaces de prévision et d'évaluation de la sècheresse dont dispose la communauté internationale.

---

[1] http://www.fao.org/giews/french/index.htm

1.3.11- Les changements climatiques

Les Changements Climatiques sont des variations du climat à l'échelle planétaire, attribuables directement ou indirectement à une activité humaine altérant la composition de l'atmosphère mondiale et venant s'ajouter à la variabilité naturelle observée au cours de périodes comparables. Le bassin méditerranéen se trouve parmi les régions des plus vulnérables aux impacts annoncés du changement climatique. L'activité agricole pourrait s'y avérer comme l'un des secteurs économiques les plus menacés. Les pays des rives Sud et Est risquent d'être les plus durement affectés, avec comme conséquence un accroissement de la dépendance alimentaire.

L'eau est le vecteur par lequel les effets du changement climatique sont ressentis par les populations, les écosystèmes et les économies. Dans ses divers rapports, le Groupe d'experts intergouvernemental sur le changement climatique (IPCC, 2008 et 2009 ; Collins et al, 2013) met en exergue les impacts importants de ce changement sur l'état des ressources en eau avec des modifications de la qualité, la vulnérabilité des écosystèmes, l'augmentation de la demande en eau. Ces effets s'ajouteront aux défis déjà complexes de la gestion de l'eau dans les régions arides et semi-arides. De fait, les réponses aux changements climatiques, sous forme de programmes d'atténuation ou d'adaptation, font partie intégrante de la prise de décision sur la gestion durable des ressources en eau et devraient être ainsi intégrées dans les planifications nationales du développement économique, social et régional. La stratégie d'adaptation aux changements climatiques constitue un défi supplémentaire pour les pays les plus pauvres. Une contrainte majeure pour la mise en œuvre de cette stratégie concerne le financement de ses différentes mesures : collecte et partage d'informations et de données, renforcement des capacités institutionnelles, prévention, amélioration de la résistance des infrastructures hydrauliques, préparation aux évènements extrêmes et réponse à ces évènements.

1.4- La sécurité hydrique, un enjeu international permanent

1.4.1- Le Programme « Hydrologie de la zone aride » de l'UNESCO

L'ouvrage de M. Batisse (2005) apporte un éclairage historique remarquable sur la contribution de l'UNESCO au progrès des connaissances sur l'eau. En 1948, la Conférence générale à Beyrouth de l'organisation recommandait la création d'un institut international de la zone aride, qui évolua vers un « Comité consultatif de recherches sur la zone aride ». En 1951, naissait ainsi le *Programme sur la zone aride* de l'Unesco, au sein duquel la question des ressources en eau occupa une place de premier plan. Le premier résultat visible du programme fut la tenue en 1952 du Colloque d'Ankara, première réunion scientifique mondiale sur l'Hydrologie de la Zone Aride. L'Hydrologie constituait ainsi un projet scientifique majeur de l'UNESCO, par lequel la communauté scientifique internationale voulait contribuer à la solution de problèmes concrets des populations.

Ainsi émergeait la volonté « d'encourager l'établissement de données de base plus nombreuses sur les ressources hydrauliques, et de favoriser l'échange, sur le plan international, des renseignements et de l'expérience acquis dans ce domaine » (Batisse, 2005). Et en 1960, l'UNESCO mettait la question de la Sécurité Hydrique à l'ordre du jour de ses champs d'intérêt, en « se préoccupant gravement de l'énorme difficulté à satisfaire les besoins en eau, tant domestiques qu'industriels, d'une population mondiale en rapide expansion ; insistant sur le caractère global de la question des ressources hydrauliques et sur l'insuffisance des connaissances en la matière ».

Cette préoccupation se concrétisa par une résolution visant au développement de recherches internationales concertées et de programmes de formation dans le domaine de l'hydrologie scientifique, désignant une commission d'experts, dont le rapporteur n'était autre que E. Ben Osman, membre tunisien du Comité consultatif sur la zone aride, en vue d'élaborer un programme d'action. Cette initiative trouva son aboutissement avec le lancement de la Décennie Hydrologique Internationale : 1964-1974, qui sera suivie par le Programme Hydrologique International et ses différentes phases successives.

La Décennie constitua un formidable mouvement promotionnel en faveur de l'Hydrologie, au triple plan opérationnel, scientifique et cognitif. A son démarrage, on s'aperçut très vite de la pénurie de spécialistes de l'eau et d'hydrologues : des efforts sans précédent furent alors déployés par les instances de l'UNESCO pour initier des formations à tous les niveaux. Le démarrage de la Décennie correspondait avec l'arrivée sur la scène, au lendemain des indépendances nationales, des toutes jeunes et nouvelles générations d'hydrologues, favorisant leur perfectionnement professionnel et scientifique par le brassage d'expériences qu'ambitionnait cette première entreprise de mondialisation scientifique.

L'une des questions pertinentes était la tolérance des plantes à la teneur en sel de l'eau d'irrigation. La Tunisie, où la salinité des eaux constituait un important défi, se préoccupait de la question. Ainsi naquit à Tunis, sous la houlette de l'UNESCO en 1962, le Centre de recherches sur l'utilisation de l'eau salée en irrigation (CRUESI), dont les résultats furent repris pour des applications pratiques.

Un autre grand évènement pour la Tunisie, qui devait marquer durablement à la fois l'avancement des connaissances sur l'hydrologie de la zone aride et une évolution déterminante du mode d'exploitation des eaux souterraines dans ces régions, fut le lancement, sous l'égide de l'UNESCO, du Projet d'Etude des Ressources en Eau du Sahara Septentrional (ERESS), qui constitua la première tentative de connaissance et de gestion commune, par l'Algérie et la Tunisie, d'un grand système aquifère transfrontière. L'aboutissement, en 1972, du projet impulsa une avancée méthodologique et pratique déterminante dans l'appréhension de la sécurité hydrique des régions arides du Sahara.

Quant au Programme Hydrologique International, le PHI, il constitue encore aujourd'hui l'unique programme intergouvernemental consacré à la recherche dans le domaine de l'eau, à la gestion des ressources en eau, à l'éducation et au renforcement des capacités. Ce programme, adapté certes aux besoins des États membres mais dont le caractère tentaculaire et la faiblesse des moyens financiers amoindrissent l'efficacité, est mis en œuvre par phases de six ans, ce qui lui permet d'évoluer en fonction des nécessités d'un monde en mutation. A l'heure actuelle, nous en sommes à la septième phase, le PHI-VII, qui a pour thème les « Dépendances à l'égard de l'eau : Systèmes en situation de stress et réponses de la société ».

1.4.2- La communauté internationale de l'eau : acteurs, institutions, initiatives

Les principaux acteurs et institutions agissant au plan international pour la gestion de l'eau se présentent en quatre grands ensembles : (i) le Système des Nations Unies ; (ii) les ONG et les initiatives internationales ; (iii) les acteurs de la coopération régionale; (iv) les mécanismes et institutions de financement.

1.4.2.1- Le Système des Nations Unies

On peut y distinguer les institutions propres de l'ONU des institutions intergouvernementales qui y sont liées. Parmi les premières, celles intervenant dans le secteur de l'eau sont :

(i) - le Programme des Nations Unies pour l'Environnement (PNUE, créé en 1972), qui vise à promouvoir le développement durable de l'environnement mondial ;

(ii) - le Programme des Nations Unies pour le Développement (PNUD), qui a pour objectif de renforcer la coopération internationale pour le développement durable, promouvoir l'approvisionnement en eau et l'assainissement, et intervient pour la réduction des catastrophes naturelles.

Parmi les institutions intergouvernementales figurent :

(i) - l'Organisation des Nations Unies pour l'Éducation, la Science et la Culture, l'UNESCO, qui dirige des programmes relatifs à l'eau et à l'environnement, dont le Programme Mondial pour l'Evaluation des Ressources en Eau (WWAP) et le Programme Hydrologique International (PHI) ;

(ii) - l'Organisation Météorologique Mondiale, l'OMM ;

(iii) - l'Organisation des Nations Unies pour le Développement Industriel (ONUDI), qui développe des programmes dans le domaine de la pollution hydrique ;

(iv) - l'Organisation Mondiale de la Santé (OMS), très active dans l'élaboration de directives et de normes pour l'usage de l'eau potable et la réutilisation des eaux usées traitées ;

(v) - l'Organisation des Nations Unies pour l'Alimentation et l'Agriculture (FAO) qui œuvre à garantir la production alimentaire et la préservation des ressources naturelles, notamment par la modernisation de l'irrigation et l'amélioration de l'efficience de l'eau en agriculture.

1.4.2.2- Les ONG et les initiatives internationales

Si l'on excepte les organisations à caractère scientifique et technique, dont la liste serait longue à établir, les acteurs de ce groupe sont essentiellement des organismes à caractère multilatéral, parmi lesquels :

(i) - l'Organisation de Coopération et de Développement Economique, l'OCDE, qui présente des contributions concernant l'agriculture, la tarification de l'eau, le financement, la maîtrise de l'eau, l'aide en faveur du secteur de l'eau, l'élaboration d'indicateurs, la participation du secteur privé ;

(ii) - le Réseau International des Organismes de Bassins qui regroupe les réseaux régionaux des organismes de bassins hydrographiques, le réseau des commissions internationales et des organismes de bassins transfrontaliers ;

(iii) - le Conseil Mondial de l'Eau, à l'initiative d'organisations internationales à caractère public, non gouvernemental ou privé et de spécialistes du secteur de l'eau, pour stimuler la réflexion sur les enjeux de la politique internationale et proposer des solutions aux problèmes de l'eau ;

(iv) - le Partenariat Mondial de l'Eau (Global Water Partnership).

1.4.2.3- Les acteurs de la coopération régionale

Il est difficile d'identifier d'une manière exhaustive tous les organismes intervenant dans le monde, et l'on se limitera, à titre indicatif, à celles impliquant de près ou de loin la Tunisie, respectivement aux niveaux méditerranéen, africain, arabe et maghrébin.

- *La coopération méditerranéenne* regroupe : (i) le Plan d'Action pour la Méditerranée, un instrument du PNUE qui apporte des supports techniques et financiers notamment avec l'appui de l'Union Européenne ; (ii) la Commission Méditerranéenne du Développement Durable (CMDD), cadre de réflexion dans le bassin méditerranéen ; (iii) le Global Water Partnership méditerranéen qui regroupe des réseaux et des acteurs œuvrant pour la promotion des principes de Rio et de Dublin : le Plan Bleu (PNUE/PAM), le Centre pour l'Environnement et le Développement pour la Région Arabe et l'Europe (CEDARE), le Centre International de Hautes Etudes Agronomiques Méditerranéennes (CIHEAM), la Communauté Euro méditerranéenne des Irrigants (EIC), l'Institut Méditerranéen de l'Eau (IME), (Corn, 2007)

- *La coopération africaine* : l'instance la plus significative est l'AMCOW, le Conseil des ministres africains chargés de l'eau, chargé de donner l'impulsion politique afin de résoudre les questions relatives à l'eau et à l'assainissement en Afrique. L'une de ses réalisations majeures est l'établissement de la Facilité Africaine de l'Eau (FAE), hébergée et administrée par la Banque Africaine de Développement, chargée notamment de mobiliser les fonds destinés au financement des activités du secteur de l'eau en Afrique.

- *La Coopération arabe et maghrébine* : la Ligue Arabe a mis en place un certain nombre d'organes à caractère politique, scientifique et technique, chargés d'une manière directe ou indirecte du secteur de l'eau. On peut citer notamment : le Conseil des Ministres Arabes de l'Eau (CMAE), l'Organisation Arabe pour l'Education, la Culture et la Science (ALECSO), l'Organisation Arabe du Développement Agricole (OADA), le Centre d'Etudes de l'Eau et de la Sécurité Arabe de l'Eau (CEESAE), le Centre

Arabe d'Etude des Zones Arides et des Terres Sèches (ACSAD). Par ailleurs, le Conseil Arabe de l'Eau constitue un organisme non gouvernemental ayant des missions similaires à celles du Conseil Mondial de l'Eau pour la région arabe. A l'échelle de l'UMA, des efforts sont engagés pour définir une politique commune de l'eau : réunions de concertation des ministres de l'eau, ou réunions d'experts, sans que ces efforts aient pu atteindre un niveau institutionnel quelconque.

1.4.2.4- Les mécanismes et institutions de financement

Les investissements dans les services de l'eau (eau potable, assainissement, irrigation) sont assurés essentiellement par les ressources propres des Etats ou des services publics, avec une part de coopération internationale de l'ordre de 15 %, soutenue par des mécanismes de financement multiples. On peut énumérer les différentes formes de coopération et les institutions chargées de les mettre en œuvre (Baye, 2005) :

-L'aide publique au développement (APD) : composée, en majorité, d'aides bilatérales avec des transferts d'Etat à Etat, avec une part plus réduite mais néanmoins importante provenant de l'APD « multilatérale », issue de l'Association Internationale pour le Développement (AID de la Banque Mondiale), des fonds à des conditions privilégiées tenus par les banques de développement régionales, les différents fonds d'aide de l'Union européenne, et de plusieurs agences des Nations Unies, dont le PNUD.

- *La Coopération Financière Multilatérale :* Les Institutions Financières Multilatérales (IFM) jouent un rôle important dans le financement du secteur de l'eau, grâce aux aides, aux prêts et aux garanties qu'elles apportent. Même si les prêts ne représentent qu'une part modeste des besoins actuels en investissements, ils donnent le ton aux autres organismes grâce aux dialogues engagés avec les Etats bénéficiaires ou aux accords qu'ils définissent. Ils peuvent aider également à alléger le risque pouvant être pris par les autres acteurs.

- *Les Institutions financières internationales :* Il s'agit essentiellement de la Banque Mondiale (BIRD) et de ses filiales. Cet organisme coopère avec le PNUD et le PNUE, assure la gestion financière de divers fonds pour l'environnement (FEM), contribue à de nombreux programmes environnementaux au niveau régional, à l'approvisionnement en eau potable et aux aménagements hydrauliques. La Banque Mondiale a mis en œuvre une stratégie des ressources en eau qui vise à renforcer l'efficacité de l'assistance aux pays. Cette institution, à caractère financier, a marqué d'une manière directe ou indirecte la politique de l'eau dans les pays et influencé d'une manière profonde la conduite des autres institutions financières vis-à-vis du secteur de l'eau.

- *Les institutions et organismes à vocation régionale :* leurs activités concernent un continent ou une partie du monde ; on peut citer : (i) l*es banques et fonds de développement,* il s'agit d'institutions multilatérales telles que les quatre grandes banques régionales de développement : la Banque Interaméricaine de Développement (BID), la Banque Africaine de Développement (BAfD), la Banque Asiatique de Développement (BAsD), la Banque Européenne pour la Reconstruction et le Développement (BERD) ; (ii) *les banques et fonds subrégionaux :* Banque Arabe pour le Développement Economique de l'Afrique (BADEA), Fonds Arabe de Développement Economique et Social (FADES), Banque Islamique de Développement (BIsD), Banque Ouest-Africaine de Développement (BOAD).

- *La coopération bilatérale :* dans le secteur de l'eau, la coopération bilatérale est très développée. Les pays donateurs utilisent généralement des organes spécialisés en matière de coopération technique ou financière internationale dans l'objectif de réaliser leurs propres orientations ou politiques en la matière (Allemagne : KFW, Etats Unis : USAID, France : AFD, Japon : JICA, etc.). Les aides financières se présentent sous formes de dons ou de prêts plus ou moins bonifiés. Pour les pays du bassin méditerranéen, les contributeurs sont pour l'essentiel les Etats Unis, l'Allemagne, le Japon, la France, l'Italie, l'Union Européenne.

1.4.3- Conférences, déclarations et visions sur l'eau

1.4.3.1- L'eau et les conférences internationales

La Conférence Internationale sur l'Eau pour la paix, « Water for Peace » à laquelle a appelé Lyndon B. Johnson, ancien Président des Etats Unis, et qui s'est tenue à Washington en 1967, a marqué le début de la coopération internationale dans le domaine de l'eau, en notant que les problèmes de l'eau ne peuvent être traités que par une approche qui dépasse le cadre des nations individuellement, et qu'il est donc nécessaire de développer les échanges de connaissances, les expériences et l'information et de promouvoir le transfert des technologies, la formation et le développement des ressources humaines dans le domaine de l'eau. Mais l'eau est aussi concernée par les questions relatives à l'environnement. La première rencontre mondiale qui a placé l'écologie au rang des préoccupations internationales a été la Conférence des Nations Unies sur l'Environnement Humain tenue à Stockholm en 1972, qui reconnaît le droit à l'environnement comme « droit fondamental ».

Dans le sillage de Stockholm s'est tenue en 1977 à Mar del Plata la Conférence des Nations Unies sur l'Eau, dédiée aux problèmes de l'évaluation et de l'utilisation des ressources en eau, et dont le résultat le plus marquant a été le lancement de la Décennie pour l'eau potable et l'assainissement. Proclamée par les Nations Unies en 1981, la Décennie s'est fixé un objectif ambitieux, celui d'assurer à tous les êtres humains l'accès à une eau potable et à des installations sanitaires de base à l'horizon 1990. En dépit des importants résultats positifs, le bilan de la décennie est resté bien en deçà des espérances : en 1990, 1,3 milliards d'êtres humains n'avaient pas accès à une eau potable et 2,6 milliards de personnes ne bénéficiaient pas de services d'assainissement adéquats. La fin de la Décennie a été marquée par l'organisation d'une rencontre qui a réuni à Montréal des centaines d'associations soucieuses d'une plus juste répartition de l'eau pour formuler et adopter ce qui allait devenir la Charte de Montréal, qui proclame le droit d'accès à l'eau potable comme un droit humain fondamental. La Décennie a permis de prendre conscience de la complexité des projets relatifs à l'eau et des difficultés techniques et financières qui leur sont associées : les raisons notamment financières de l'échec relatif de la Décennie ont renforcé la perception de la valeur économique de l'eau, perception consacrée lors de la conférence de Dublin en 1992, qui énonce les « principes de Dublin »

La Conférence des Nations Unies sur l'Environnement et le Développement (CNUED) tenue à Rio en 1992 (Sommet de la terre) a largement contribué à approfondir et à renforcer les principes de gouvernance et de gestion des ressources en eau. Le plan d'action (Agenda 21) adopté définit les principes directeurs de gestion, où l'eau est présentée comme « une ressource naturelle et un bien social et économique ».

Au Sommet du Millénaire de New York en 2000, la communauté internationale s'est engagée à atteindre les huit Objectifs du Millénaire pour le Développement (OMD) afin de réduire de moitié la pauvreté à l'horizon 2015. Le 7ème Objectif intitulé « Assurer un environnement durable » recommande entre autres de réduire de moitié la population sans accès à l'eau potable et à un assainissement de base.

Deux ans plus tard se tenait le Sommet mondial sur le développement durable à Johannesburg en 2002, qui a appelé à l'élaboration de plans d'utilisation rationnelle et de gestion intégrée des ressources en eau à diverses échelles, tout en réaffirmant les objectifs du Millénaire. A mi-parcours de l'échéance des OMD, le rapport 2008 de l'OMS dresse un tableau mitigé de la situation de l'approvisionnement en eau et de l'équipement sanitaire : les OMD en matière d'accès à l'eau potable sont sur le point d'être réalisés mais avec d'énormes disparités régionales et locales. Sur les 884 millions d'individus qui en 2008 n'avaient pas accès à des sources améliorées d'approvisionnement, 40 % se trouvent en Afrique subsaharienne. La situation est plus délicate pour l'assainissement où 2,6 milliards d'individus ne disposent toujours pas d'équipements sanitaires améliorés et les tendances indiquent que ce chiffre est encore appelé à augmenter.

1.4.3.2- Les Forums Mondiaux de l'Eau

C'est sous l'égide du Conseil Mondial de l'Eau que, tous les 3 ans depuis 1997, est organisé le forum mondial de l'eau, espace de réflexion et de débat sur les problématiques liées à l'eau. Le succès des forums mondiaux de l'eau est incontestable et confirmé par l'intérêt porté par la communauté internationale à cet évènement où les collectivités territoriales, les acteurs de la société civile et les experts de l'eau s'associent aux politiques et aux décideurs pour formuler des propositions et agir sur l'agenda politique de l'eau. La déclaration du premier Forum à Marrakech, 1997, annonce des principes de gestion : « reconnaître le besoin humain fondamental d'avoir accès à une eau saine et à l'assainissement, établir un mécanisme efficace pour la gestion d'eaux partagées, soutenir et conserver les écosystèmes, encourager l'utilisation efficace de l'eau... ». En 2000, la déclaration de la « Vison mondiale de l'eau » présentée au Forum de la Haye n'a pas apporté de nouvelles perspectives. Elle qualifie l'eau d'élément « indispensable à la vie et à la santé des hommes et des écosystèmes et une condition fondamentale au développement des pays » et préconise « une bonne gestion de l'eau : assurer la bonne gouvernance, notamment par la participation du public et des principaux acteurs ».

Les forums suivants se sont tenus à Tokyo (2003), Mexico (2006), Istanbul (2009) et Marseille (2012). Les déclarations finales réitèrent les principes généraux : Gestion Intégrée des Ressources en Eau (GIRE), participation des acteurs locaux, partage de l'information, gestion des risques liés à l'eau. La déclaration d'Istanbul est inhabituellement détaillée sur les sujets économiques en introduisant le concept 3 T (Tarifs, Taxes et impôts, Transferts externes) et recommandant le recouvrement durable des coûts. Elle insiste également sur la nécessité de la coopération entre les opérateurs privés et publics.

Avec la résolution de l'assemblée Générale des Nations Unis de juillet 2010, le droit à l'eau est formellement reconnu par la plus haute autorité politique mondiale. Non contraignante, cette résolution n'a aucune valeur juridique, mais elle est considérée comme une valeur morale et un fait historique important. Désormais le principe du droit d'accès à l'eau est introduit dans le patrimoine mondial des principes. Il doit tôt ou tard conduire à renforcer les engagements en faveur d'une plus grande solidarité pour l'eau aux différentes échelles nationales, régionales et internationales.

Chapitre 2. Cinquante ans de politiques de l'eau, 1960-2010

Au terme de grands schémas directeurs d'utilisation des eaux, et des onze plans de développement économique et social élaborés au cours des cinquante années écoulées, la Tunisie s'est dotée d'un réseau de barrages, d'ouvrages de transfert, de puits et de forages qui lui permet aujourd'hui d'assurer avec une relative sécurité la desserte en eau potable de 100 % de la population urbaine et 94 % de la population rurale. S'appuyant sur l'infrastructure hydraulique, l'irrigation s'est développée sur près de 420 000 ha, soit 8 % des superficies cultivables, et contribue à près du tiers de la production agricole en valeur. Ces ouvrages hydrauliques participent, en outre, à atténuer les dommages liés aux crues et aux sécheresses. L'assainissement urbain a par ailleurs évolué favorablement dans les grandes agglomérations. Toutes ces réalisations concourent à améliorer les conditions alimentaires et sanitaires des populations tunisiennes.

Toute politique de développement de l'offre de ressources en eau admet, cependant, une limite objective qui est celle de la ressource même. Avec la réalisation de l'essentiel des aménagements hydrauliques de mobilisation, la politique de l'accroissement de l'offre de ressources conventionnelles commence à atteindre ses limites. Des prémices de l'atteinte de ces limites, et des corollaires du développement accéléré des ressources en eau, ont été nettement identifiés depuis le début des années 1990 : surexploitation d'un grand nombre de nappes phréatiques et profondes, salinisation de certaines parties d'entre elles, salinisation de sols dans des périmètres irrigués, développement de l'eau potable et de l'irrigation au détriment de la recharge de nappes, diminution de la capacité de transport des cours d'eau à l'aval des grands barrages, envasement et diminution progressive de la capacité des barrages-réservoirs.

Dans ce contexte, des modes de gestion intégrée de la ressource, y compris de gestion de la demande, sont progressivement mis en place pour répondre aux besoins croissants qu'expriment les différents secteurs de l'économie. D'une politique fondée sur l'offre, les stratégies évoluent vers une politique qui vise l'amélioration des efficiences des systèmes hydrauliques et la maîtrise de la demande en eau. Ainsi, la Tunisie s'est-elle engagée dans une nouvelle étape de gestion de ses ressources en eau. Des mutations importantes s'opèrent et des réformes sont mises en œuvre pour protéger les ressources hydrauliques, maîtriser la production et l'utilisation des eaux non conventionnelles, mieux gérer les risques hydrologiques, anticiper les conflits d'usages par la mobilisation des acteurs, moderniser le cadre règlementaire et élaborer une planification pertinente.

2.1- L'hydraulique, une longue tradition tunisienne

2.1.1- Brève histoire de l'hydraulique en Tunisie

Certes, les traditions d'aménagement hydraulique ont été initiées en Tunisie par les populations berbères bien avant l'époque phénicienne, mais c'est à cette époque que l'emprunt à l'Orient et au monde méditerranéen de techniques de captage comme la collecte des eaux pluviales s'est développé, techniques consolidées et étendues ensuite à toutes les régions du pays à l'époque romaine. Carthage fut la deuxième ville de l'empire romain avec 100 000 habitants. La construction de l'aqueduc de Carthage, sur 132 km, remonte au milieu du 2ème siècle apr. J.-C, sous Hadrien ; il devait capter les sources de Zaghouan pour subvenir à une demande en eau croissante (Clamagirand et al, 1990) de la cité fortement urbanisée. L'œuvre hydraulique romaine en Tunisie (Gauckler, 1897) recouvre à la fois l'utilisation des ressources locales, les eaux des précipitations recueillies, conservées et valorisées à l'aide d'ouvrages et d'aménagements locaux de petite taille, et des solutions hydrauliques de grande envergure pour transférer les eaux des régions les mieux nanties vers les régions où les demandes en eau étaient élevées. Ces deux aspects de l'aménagement vont dominer les modes de gestion de l'eau tout au long de l'histoire de la Tunisie.

Dès le VII ème siècle, la contribution arabo-musulmane fut marquée par une nouvelle conception juridique et institutionnelle de la gestion de l'eau, par la réhabilitation des ouvrages anciens et l'extension des techniques hydrauliques existantes à de nouvelles régions du pays, par de nouvelles influences, des emprunts et des échanges avec d'autres pays du monde musulman et des civilisations orientales qui mettaient la Tunisie en relation avec l'héritage hydraulique universel.

Les Aghlabides fournirent un important effort de conservation des ouvrages anciens et organisèrent l'alimentation de sa capitale Kairouan par l'aqueduc du Chérichira, long de 35 Km et par les bassins des Aghlabides où étaient décantées et stockées l'eau des crues de l'Oued Merguellil. Quant à l'aqueduc romain de Zaghouan, il passa par bien des vicissitudes avant d'être restauré par les Hafsides sous le règne d'Al-Mustansir (1249-1277). Les travaux ont porté sur la restauration de 116 km de l'ancien aqueduc et l'adjonction d'un ouvrage monumental conduisant l'eau à la capitale et au jardin d'Abû Fihr, dans les environs de Tunis (Solignac, 1936). L'entretien de l'aqueduc fut abandonné après les Hafsides, et c'est seulement en 1852 que Sadok Bey ordonna à nouveau sa restauration, afin d'améliorer l'approvisionnement en eau des tunisois, réduits durant des siècles à l'usage de l'eau des citernes.

Dans le domaine de l'irrigation, le sud désertique connaissait un mode de gestion de l'eau efficace avec le développement de sociétés hydrauliques organisées dans les oasis : une répartition rigoureuse des eaux dans l'oasis de Tozeur par le juriste Ibn Chabbat a ainsi constitué depuis le XIIIème siècle un modèle du genre en matière de distribution de l'eau par rotation fixe aux utilisateurs. En dépit d'une présence agraire assez lâche dans les campagnes et la prédominance du pastoralisme à l'intérieur du pays, plusieurs foyers hydrauliques florissants se sont développés avec l'irrigation par inondation utilisant les eaux de crues, autant dans la haute steppe que dans la plaine de Kairouan. Dans le Sahel, la collecte des eaux de ruissellement par l'aménagement de bassins de réception a permis de maintenir, au cours des siècles, des oliveraies sur de grandes étendues (El Amami, 1984).

Des progrès technologiques ont pu être introduits en Tunisie avec les différentes vagues d'immigration des Andalous. La noria, version améliorée de la roue persane, fut la première tentative de mécanisation du puisage à la base de toute l'agriculture irriguée dans le Nord et les zones littorales, et le captage des eaux par galeries souterraines (foggaras) a permis l'approvisionnement de certaines villes en eau potable et l'irrigation d'oasis. En 1622, les Andalous ont reçu, avec l'appui de Youssef Dey, l'autorisation de construire un barrage avec pont et écluses sur la Medjerda à El Bathan. Cet ouvrage, qui alimentait deux canalisations principales destinées à approvisionner le périmètre irrigué de 2 500 ha de l'oliveraie de Tébourba

(Kress, 1977), constitue le premier grand aménagement hydro-agricole de l'histoire moderne de la Tunisie.

2.1.2- Naissance de l'hydrologie tunisienne

Parmi les premières priorités de l'administration coloniale figurait naturellement la connaissance des ressources naturelles, et notamment des ressources en eau. Après l'occupation, la Mission scientifique de Tunisie en 1884-87 (Morin et Memmi, 1972), apportait des connaissances géologiques relativement complètes sur le Centre, le Sud, le Nord et le Nord Est. Ces travaux servirent pour la confection par F. Aubert de la Carte géologique provisoire au 1/800 000 de la Tunisie (Aubert, 1892). A cette même échelle était également publiée la carte pédologique provisoire de la Tunisie par A. Agavonoff et L.Yankovitch. La mise en forme définitive et les résultats de la Mission scientifique de Tunisie furent publiés entre 1907 et 1913 (Ph. Thomas et L. Pervinquière, 1907, 1908, 1913). Ces travaux eurent un prolongement avec la magistrale Etude Géologique de la Tunisie Centrale et une carte au 1/200 000, toujours actuelle. Un peu plus tard fut publiée par M. Solignac l'imposante « Etude Géologique de la Tunisie Septentrionale », et en 1931 la Carte géologique de la Tunisie au 1/500 000 en 3 feuilles, qui remplaçait la carte provisoire de F. Aubert. Une nouvelle carte géologique au 1/500 000, dressée par G. Castany, sera publiée en 1952.

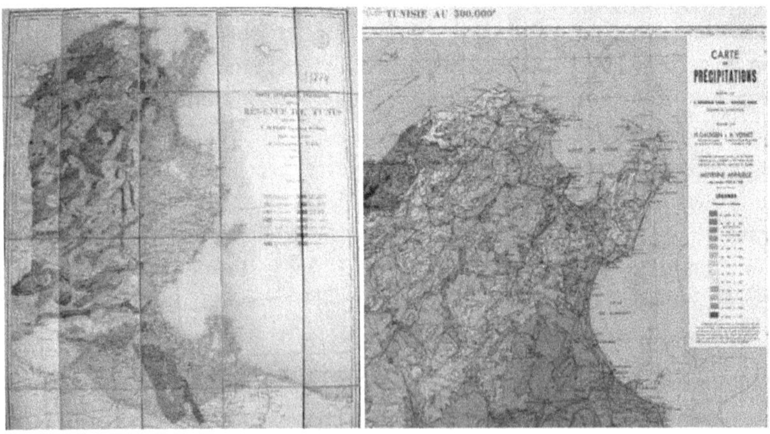

Fig. 2.1 : Certaines parmi les premières cartes de Tunisie :
Géologique provisoire au 1/800 000 (F. Aubert, d'après F. Burollet),
Précipitations au 1/500 000 (Gaussen et Vernet).

Avec la cartographie géologique, les forages jouèrent un rôle primordial dans la reconnaissance des formations aquifères. Dès 1881, étaient creusés et étudiés pour le compte du projet de mer intérieure (Burollet, 1995) des puits artésiens autour des chotts tunisiens, mais le premier forage d'eau répertorié (Hamza, 1992) a été foré en 1886 à Sfax par le service des mines, il avait

150 m de profondeur et portait le N° 1/5 de l'Inventaire des Ressources Hydrauliques. Le forage N°2 a été réalisé en 1888 et avait 334 m de profondeur. En 1991-93, les forages de Zarzis et de Ajim confirmaient déjà la continuité de l'aquifère des sables Miocènes entre l'île de Djerba et le continent. La reconnaissance par forages de toutes les nappes du Sud connut ensuite un développement intense.

La première évaluation globale des ressources en eau du pays est due à Boulle, ingénieur des TP, dans son rapport « l'aménagement des eaux de la Régence », daté de 1896. Il y signale déjà 3 000 points d'eau inventoriés et donne un aperçu sommaire des gisements aquifères possibles. Parallèlement, les études conceptuelles allaient bon train et en 1910 étaient présentées plusieurs notes sur l'hydrogéologie tunisienne à l'Académie des sciences et au bulletin de la Société géologique de France.

L'Administration tunisienne chargeait la Direction des Travaux Publics (DTP) d'établir l'inventaire systématique des ressources hydrauliques du pays, tâche qui nécessitait une étroite coordination des différents services concernés : service Météorologique, service des Mines, service Géologique, service Hydraulique, service Topographique. C'est le directeur du service hydraulique, M. Gosselin (Gosselin, 1969), puis son successeur J. Tixeront, qui furent chargés de cette coordination et mirent sur pied une organisation spéciale dénommée Bureau de l'Inventaire des Ressources Hydrauliques : le BIRH, confié à E. Berkaloff. Toutes les méthodes scientifiques modernes de l'époque ont été mises en œuvre pour mener à bien la mission du BIRH. Le premier « Catalogue des Eaux » a été dressé qui finit par compter, en 1950, 30 000 points d'eau inscrits. A l'échelle régionale, ce sont les Arrondissements de la DTP, renforcés par des géologues, qui assuraient les opérations de terrain relatives à tous les aspects de l'inventaire des ressources hydrauliques. Les investigations dans le cadre des activités du BIRH ont traditionnellement porté sur la climatologie et la pluviométrie, les eaux superficielles et les eaux souterraines.

En ce qui concerne les eaux souterraines, le BIRH a utilisé les prospections géologiques détaillées complétées par l'observation et la photographie aériennes, par les prospections géophysiques et les diagraphies électriques (carottage électrique). L'étude de la composition chimique des eaux souterraines a été développée et s'est révélée être un moyen précieux d'investigation. Plusieurs forages artésiens ont été réalisés, dont l'observation a permis de développer des procédés pratiques de détermination des caractéristiques hydrauliques souterraines (Gosselin, 1952).

Les données recueillies par le BIRH étaient complétées par de nouvelles études sur le terrain, pour établir les documents de synthèse constitués par les cartes hydrogéologiques. Les deux premières feuilles de la carte hydrogéologique de la Tunisie au 1/50 000 furent publiées en 1939, et imprimées dans l'atelier du service topographique. Les études réalisées pour l'Inventaire des Ressources Hydrauliques ont permis de résoudre tous les problèmes d'alimentation en eau potable réputés jusque là insolubles (Gosselin, 1969). Pendant la guerre, le BIRH avait été chargé d'établir un grand nombre de points d'eau dans les régions présahariennes. Avec le concours d'hydrogéologues venus d'Algérie et du Maroc, il a été possible de dresser l'inventaire des ressources hydrauliques de tout le territoire et de résoudre les problèmes posés. La documentation recueillie permit de publier, après la guerre, sept feuilles au 1/200 000 de la carte hydrogéologique de la région. Les géologues venus d'Algérie et du Maroc qui avaient travaillé selon les méthodes tunisiennes, en avaient compris tout l'intérêt et, rentrés dans leurs pays respectifs, s'efforcèrent d'y organiser l'établissement d'inventaires analogues (Gosselin, 1969). C'est quelques années plus tard, avec les indépendances du Maroc et de la Tunisie en 1956, que la méthode fut introduite en France au Bureau de Recherches Géologiques et Minières.

Le Service Météorologique tunisien a été créé en 1885, et en quelques années, il s'était doté d'un important réseau d'observation (Bargaoui, 1993). Ce service fut dirigé de 1894 à 1930 par G. Ginestous, auteur dès 1906 de l' « Etude sur le climat de la Tunisie ». La richesse des informations fournies par le réseau entre 1900 et 1940 autorisera la publication par H. Gaussen et A. Vernet, en 1952, de la Carte des Précipitations de la Tunisie au 1/500 000, carte toujours en vigueur. Concernant les eaux de surface, les mesures de débits d'oueds par les équipes du BIRH ont commencé dès 1925 sur la Medjerda et le Kebir, puis se sont étendues à l'ensemble des cours d'eau. Le chef du BIRH a assuré la rédaction régulière des « Recueils des observations hydrométriques » qui aboutirent à la publication de la Carte du Ruissellement en Tunisie.

Quant au Service géologique, placé sous la direction de J. Archambault en 1945, il occupa une position privilégiée dans le programme de reconnaissance des eaux souterraines, grâce à l'expertise de géologues confirmés parmi lesquels A. Azzouz, G. Castany, R. Degallier et H. Maazoun. L'ensemble des données pluviométriques et hydrologiques récoltées a permis la publication du premier bilan hydrologique de la Tunisie (Tixeront et Berkaloff, 1954), qui fait état de ressources pluviales équivalentes à 33 km^3/an, et d'écoulements de surface de l'ordre de 2 km^3/an : ces ordres de grandeur ont gardé toute leur validité de nos jours.

2.1.3- L'hydraulique et les aménagements hydro agricoles

Dès la mise en place du Protectorat en 1881, une politique d'exploration des aquifères par forages est mise en œuvre, qui va se développer dans le sud et le centre du pays pour étendre les palmeraies, l'arboriculture et les cultures fourragères. Parallèlement, on observe l'extension des zones irriguées par puits de surface, particulièrement dans la région de Tunis, dont l'augmentation de la population fait croître la demande en produits maraîchers et fruitiers, et dans le Cap Bon qui se spécialise dans les cultures maraîchères et les agrumes, provoquant la surexploitation de nappes phréatiques et posant d'ores et déjà le problème de leur conservation, notamment dans les zones côtières du Cap-Bon, et à la Soukra aux environs de Tunis.

2.1.3.1- Les grands aménagements hydro agricoles

A la fin des années 30 sont entrepris de grands projets d'assainissement agricole et de protection contre les inondations : (i) réalisation des canaux principaux pour l'assainissement de la Basse Vallée de la Medjerda, sur une superficie de 15 000 ha ; (ii) réalisation du canal Henchir Tobias pour le réaménagement de l'aval de l'Oued Medjerda et la réduction de sa longueur d'écoulement.

Avant la deuxième guerre mondiale, la Tunisie ne s'était pas encore engagée dans la réalisation de grands aménagements hydrauliques et un seul grand barrage avait été construit, sur l'O. El Kébir, en 1928, pour l'alimentation en eau potable de la Capitale. Après la guerre, la politique des grands barrages trouve un champ d'application favorable dans le bassin de la Medjerda, où les terres sont étendues et fertiles, et où seule l'irrigation pouvait permettre de pallier efficacement les aléas pluviométriques. De telles options vont conforter l'apparition des premiers plans régionaux d'aménagement hydro agricole :

(i) - *Dans la région du Nord :* les possibilités d'irrigation du bassin de la Medjerda sont évaluées à 100 000 ha, réalisables grâce à la construction de plusieurs grands barrages. Dans les environs de Tunis, l'irrigation de périmètres particuliers, couvrant jusqu'à 10 000 ha, est prévue par utilisation des eaux usées traitées de la station de Charguia. Il s'agira notamment du périmètre de la Soukra sur 3 000 ha, entamé à partir de 1950. Dans cette région du Nord, ce seront sans doute la réalisation des grands barrages totalisant une capacité de mobilisation de 400 Mm^3/an, et celle du périmètre irrigué de la Basse Medjerda (40 000 ha irrigués à partir de la retenue de Laroussia et de l'ancien canal de Taullerville), qui auront concrétisé les plus grands projets hydro agricoles de l'Administration du Protectorat. Ce programme, qui s'intègre dans le « plan d'équipement et de modernisation de la Tunisie» (Chevalier, 1950) et qui n'a pas été achevé par l'administration coloniale, va être poursuivi par l'Etat tunisien à l'aube de l'indépendance et constituer la trame sur laquelle s'élabore le schéma directeur d'aménagement de la Medjerda et de ses affluents.

(ii) - *Dans la Région du Centre :* Les oueds de la région sont trop irréguliers pour envisager des solutions de type barrages-réservoirs. En revanche, les eaux souterraines qui ont été reconnues et en partie captées, permettent d'établir un programme de centres irrigués sur 11 000 ha. L'irrigation par épandage des eaux de crues est ici pratiquée depuis toujours, et notamment bien maîtrisée dans la plaine de Kairouan : des travaux de modernisation sont mis en œuvre pour mieux maîtriser les problèmes d'alluvionnement et mieux contrôler les mécanismes de distribution des eaux de crue.

(iii) - *Dans la région du Sud :* les principaux projets concernent les travaux de sauvegarde des anciennes oasis et la création de nouvelles dans le Djerid et Nefzaoua. Dans la Djeffara de Gabès sont effectués des travaux d'épandage et de rétention des eaux de crue des oueds du Dahar.

2.1.3.2- L'approvisionnement en eau potable

Entre 1880 et 1914, l'alimentation de Tunis étant provisoirement assurée, l'effort se porte sur les autres grandes villes : (i) en 1905, Sousse est approvisionnée par les galeries drainantes de Bou Hafna au moyen d'une conduite de 125 km et un débit de 2500 m^3/j ; (ii) en 1914, Sfax est alimentée par une conduite en fonte de 175 km qui amène l'eau des sources de Sbeïtla avec un débit de 8 000 m^3/j.

L'alimentation de Tunis est améliorée par le branchement de nouveaux apports sur l'aqueduc de Zaghouan, et dés 1911, un premier poste de désinfection à l'eau de Javel est installé. Après 1914, la sècheresse et l'augmentation de la consommation des villes se traduisent par de graves pénuries d'eau à Tunis, Sousse et Bizerte, nécessitant de nouvelles adductions. A Tunis, le débit passe de 6 000 à 70 000 m^3/j, augmentation rendue possible grâce à la mise en service du barrage de l'O.Kébir et aux captages des eaux souterraines de Khledia, Jouggar et Manouba. A Sousse, le débit passe de 2 500 à 7 000 m^3/j avec la mise en service de nouveaux captages à Bou Hafna. La participation du secteur privé dans la gestion des services publics est courante : la majorité des villes bénéficiant d'un service d'eau potable ont concédé la gestion de leurs systèmes d'eau à des compagnies privées. Un autre modèle de gestion est en place dans les villes et centres miniers, le service d'eau étant assuré en intégralité par les entreprises minières.

2.1.3.3- L'assainissement urbain

C'est en 1889 que la première étude rationnelle de l'assainissement de Tunis est réalisée. Il s'agit de doter la ville d'un système de tout-à-l'égout. Les travaux, pose de canalisations et réalisation d'une station de pompage, ont commencé en 1891 ; et des travaux similaires concernaient les autres grandes villes (Sousse, Kairouan, Monastir, Enfidaville, Tabarka, ...). Si bien qu'en 1945, ces villes possédaient des réseaux modernes d'égouts quoiqu'insuffisants dans la majorité des cas. Après la seconde guerre mondiale, l'augmentation de la population et le développement de la distribution d'eau ont été à l'origine d'un vaste programme de renforcement de l'assainissement urbain : (i) Création des systèmes d'égouts dans les villes et les faubourgs jusqu'alors non équipés ; (ii) Réhabilitation des réseaux existants ; et (iii) Epuration biologique des eaux de la ville de Tunis avec des perspectives de recyclage des eaux épurées et des boues. Ce programme prévoyait des études de contamination bactériologique des plages dans les villes littorales assorties d'études des courants afin de déterminer les points de rejet les mieux indiqués. Il s'est poursuivi après l'indépendance sous la supervision des communes, jusqu'à la création de l'ONAS en 1974.

2.1.3.4- Les aspects législatifs

Une législation des eaux est mise en place par l'administration coloniale en vue d'accompagner les différentes réalisations hydrauliques et moderniser l'arsenal juridique traditionnel en matière de gestion de l'eau : (i) Le décret beylical du 24 septembre 1885 intègre au domaine public les cours d'eau, sources, aqueducs, puits, les canaux d'irrigation et les canaux exécutés par l'Etat dans un but d'utilité publique ; (ii) Le décret de 1897 reconnaît « les syndicats d'arrosage » ; (iii) le décret de 1920 règlemente la conservation et l'utilisation des eaux du Domaine Public ; c'est le premier Code des Eaux, qui crée notamment les Associations spéciales d'Intérêt Hydraulique ; ces associations sont créées à l'initiative des usagers et mises sous l'autorité de l'administration ; (iv) en 1933, un décret beylical intègre les eaux souterraines au domaine public, complétant le décret de 1885 et imposant la domanialité des eaux ; les droits de propriété sont transformés en droits d'usage non transmissibles.

2.2- Les grandes orientations des politiques de l'eau

2.2.1- Genèse du projet hydraulique tunisien

A l'indépendance, la vallée de la Medjerda faisait l'objet d'importants travaux dans le cadre du plan de modernisation et d'équipement de la Tunisie : réalisation de barrages, canaux d'irrigation, stations hydroélectriques, travaux d'assainissement et de protection contre l'érosion

(Poncet, 1956). Le projet de mise en valeur de la Basse vallée de la Medjerda a alors suscité un intérêt majeur de la part du nouvel Etat tunisien, qui mobilisa toutes les ressources nationales et étrangères pour assurer la continuité des réalisations. L'Office de Mise en Valeur de la Vallée de la Medjerda (OMVVM) a ainsi été créé en 1958, pour exploiter les ouvrages hydrauliques, conduire les études et les réalisations techniques, conseiller et aider les agriculteurs dans la mise en valeur agricole. L'importance que le nouvel Etat national a accordée au projet d'aménagement hydraulique de la Medjerda a été telle que l'OMVVM a d'abord été rattaché à la Présidence de la République. Il a été ensuite mis sous tutelle du Ministère de l'Agriculture, qui va occuper une place centrale dans la mise en œuvre des politiques de développement régional.

Les « Perspectives décennales de développement 1962-1971 » (Secrétariat d'Etat au Plan et Finances, 1961), présentaient la première doctrine de développement économique et social de la Tunisie indépendante, appuyée sur les principes fondateurs de « décolonisation, tunisification de l'appareil de production, promotion de l'homme, réforme des structures et auto développement ». En matière d'hydraulique, ces principes se déclinent en objectifs précis : « la rareté et l'irrégularité des précipitations obligent la Tunisie à employer tous les moyens pour accroître au maximum ses capacités de rétention d'eau de surface et d'exploitation des eaux souterraines ». Les actions à entreprendre comportent : (i) des études et recherches, pour une meilleure connaissance des ressources en eau et en sols ; (ii) des infrastructures d'hydraulique urbaine, pour l'alimentation en eau des villes, la lutte contre les inondations et l'assainissement urbain ; (iii) des travaux d'hydraulique agricole, par la construction et l'équipement de puits et forages, la création de quatre grands barrages (Kasseb, Bou Heurtma, Joumine et Nebhana), de petits barrages, et l'aménagement pour l'irrigation de 60 000 ha.

Dès le début des années soixante dix, l'idée principale qui sous-tendait les politiques agricoles était que l'ampleur de la question alimentaire pourrait être réduite par une planification visant à atteindre un meilleur degré d'autosuffisance. Ce concept place les problèmes alimentaires au cœur de la responsabilité de l'Etat. Avec l'aridité, l'intensification agricole par l'irrigation s'est présentée comme une solution salutaire : propice à l'accroissement de la production agricole, elle devait apporter des réponses à la question alimentaire et participer à la promotion du milieu rural. La Tunisie a mis en place une planification hydro-agricole de grande envergure pour atteindre l'objectif politique d'autosuffisance alimentaire ; d'autant plus que le projet hydraulique entamé depuis l'époque coloniale avait préparé le terrain.

Tout en maintenant un secteur public puissant, l'Etat a encouragé le secteur privé qui bénéficiait de l'encadrement technique de l'Administration et du soutien du système bancaire pour mettre en place une agriculture moderne. Pour soutenir cet effort de développement agricole, l'Etat devait amplifier la cadence de mobilisation des ressources en eau. La priorité de la grande hydraulique a prévalu pour la mise en valeur du Nord, et la préférence pour les grands ouvrages marquera les choix techniques de la Tunisie dans cette région.

Pour réaliser son projet hydraulique, l'Etat devait compter sur la coopération internationale. Dans ce domaine, le rafraichissement des relations tuniso-françaises, consécutif à la décision de nationalisation des terres agricoles[2] a poussé les autorités à prospecter de nouveaux partenaires économiques et de nouvelles sources de financement. Ainsi, par exemple et sur l'ensemble de la période 1962-1971 des trois premiers plans (Min. Agri, 1972), 55 % des investissements dans l'agriculture consentis par l'aide internationale sont du fait des USA, alors que la part de l'aide française n'a été que de 0,4 %. Le projet hydraulique avait également besoin d'expertise technique : les ingénieurs tunisiens formés aux mêmes approches que les pionniers de l'hydraulique tunisienne moderne, vont prendre la relève en continuant à bénéficier du soutien technique et financier de pays européens, des organismes internationaux de financement, et des services de bureaux d'études et d'entreprises de travaux étrangers. L'Administration tunisienne va non seulement réussir à assimiler le projet hydraulique de l'époque coloniale et le continuer ; elle va encore plus loin en le développant davantage, toujours dans la même veine des orientations majeures : mobiliser le maximum de ressources en eau par des infrastructures hydrauliques importantes en vue de promouvoir le développement d'un secteur agricole moderne.

2.2.2- L'épopée hydraulique tunisienne

L'originalité de l'approche tunisienne a sans doute été cette perception précoce des enjeux majeurs de la question de l'eau posée en termes d'aménagement du territoire en relation avec la répartition spatiale de la ressource et des besoins : l'option hydraulique a été maintenue et confortée par une politique de transferts massifs censés « corriger » les inégalités hydrauliques interrégionales. Les transferts d'eau pour l'alimentation des villes étaient une pratique courante ; ce qui est en revanche nouveau c'est qu'après l'indépendance, les objectifs des transferts d'eau ont été élargis

[2] Loi n°64-28 du 4/6/64, portant nationalisation des terres agricoles.

pour couvrir l'usage agricole, grand consommateur d'eau. Cette orientation s'exprima nettement au moment de la construction du barrage de Nebhana à l'amont de Kairouan mis en eau en 1968. Une conduite de 130 km achemine les eaux mobilisées par le barrage vers le Sahel de Sousse pour couvrir les besoins des exploitations irriguées de la région. Mobiliser le maximum d'eau de surface par des infrastructures hydrauliques importantes, transférer l'eau vers les zones déficitaires et réaliser une véritable interconnexion à l'échelle nationale, tels étaient les éléments de la politique de l'eau de la Tunisie indépendante. Cette politique a permis de mettre au point et de réaliser de vastes programmes d'infrastructure hydraulique organisés autour de trois Plans Directeurs d'utilisation des Eaux élaborés au courant des années 1970, respectivement pour les régions du Nord (PDEN) et de l'extrême Nord, du Centre (PDEC) et du Sud (PDES).

L'aménagement des ressources hydriques du bassin de la Medjerda dans le cadre du PDEN s'est totalement inscrit dans cette perspective hydraulique de développement ultime des ressources en eau. La décision d'édifier le Barrage Sidi Salem (le plus grand barrage de Tunisie dans les monts de Téboursouk) sur la Medjerda, notamment pour assurer les transferts d'eau nécessaires à l'approvisionnement en eau potable des villes du grand Tunis et du Sahel et pour soutenir l'irrigation dans les zones agrumicoles du Cap Bon, a marqué une étape décisive dans cette politique résolue de mobilisation et de transfert massifs des ressources en eau (Zamiti, 1985). En effet, l'étude du schéma général d'aménagement hydraulique du bassin de la Medjerda entamée en 1942 (Gottis et Strohl, 1952) et qui constitue en définitive la première trame du Plan Directeur de l'Utilisation des Eaux du Nord, avait estimé que compte tenu du profil de la grande artère, l'édification de grands barrages réservoirs sur la Medjerda se traduirait par la submersion de régions riches et peuplées et préconisa l'aménagement de petits ouvrages au fil de l'eau, ce qui fut fait à Laroussia, ouvrage réalisé en 1954. Dans son projet pour la Medjerda, l'Administration tunisienne fera du barrage Sidi Salem, mis en eau en 1982, la pièce centrale du dispositif PDEN. Sa retenue, la plus grande de Tunisie, qui avait une capacité de 550 Mm^3, fut portée en 2000 à 720 Mm^3.

En Tunisie centrale, le secteur agricole avait, dès l'aube de l'indépendance, un rôle politique et social majeur : outre sa contribution à l'effort national de production agro-alimentaire, le projet agricole avait comme objectif la sédentarisation des pasteurs de la steppe. Pour atteindre cet objectif, la stratégie mise en œuvre a visé l'extension des surfaces cultivées et la mobilisation des ressources en eau et en sols pour promouvoir l'irrigation. Plusieurs périmètres publics irrigués ont ainsi été crées dans les régions de Kairouan, Sidi Bouzid, Kasserine et Gafsa.

La mise en œuvre de la politique hydro agricole a été facilitée par l'organisation institutionnelle mise en place au cours des premières décennies de l'indépendance. C'est ainsi que les offices de mise en valeur agricole ont joué un rôle essentiel dans la mise en application des plans directeurs. Treize Offices de Mise en Valeur des Périmètres Publics Irrigués (OMV-PPI), offices nouveaux ou nés de la restructuration de l'OMVVM, ont été créés entre 1958 et 1984. Ces entreprises publiques à caractère industriel et commercial étaient investies de diverses missions : (i) création des périmètres publics irrigués ; (ii) exploitation et maintenance des systèmes d'eau ; (iii) encadrement des irrigants et appui aux opérations de mise en valeur agricole des terres aménagées (crédit agricole, approvisionnement en intrants, collecte, commercialisation et transformation des produits agricoles). Ce mode de gestion a consacré l'intervention de l'Administration qui, pour conduire sa politique de développement des ressources, a mis en place un cadre législatif et institutionnel adapté à ses objectifs

La promulgation du Code des Eaux en 1975 (JORT, 1975) a renforcé l'emprise de l'autorité publique centrale sur l'eau. Elle a permis d'appliquer la politique de production et d'approvisionnement au niveau national voulue par l'Etat et de fournir la vision globale nécessaire à la coordination des moyens techniques et financiers qu'exige la réalisation des aménagements importants de mobilisation, de stockage et de transfert des eaux. Le Code des Eaux a d'autre part consacré le principe de la valorisation maximale du mètre cube d'eau à l'échelle du pays. Ce principe, fondamental dans la conception politique de l'aménagement de la ressource, constitue l'assise juridique de la politique hydraulique de transfert interrégional et de répartition intersectorielle de l'eau.

D'une façon générale, et en raison de l'inégale répartition de la ressource, la Tunisie a opté pour des solutions hydrauliques coûteuses pour mener une politique de gestion de l'offre à l'échelle nationale : les aménagements hydrauliques de mobilisation et de transfert ont été intégralement réalisés sur les fonds de l'Etat ; et les initiatives privées de mobilisation de l'eau ont été encouragées à l'aide de subventions au creusement de puits et à la construction et à l'équipement de périmètres d'irrigation. Le programme hydraulique tunisien s'est ainsi accaparé une part importante de l'investissement public : dès les années soixante, les crédits budgétaires consacrés à l'hydraulique se sont établis autour de 40 % des crédits totaux accordés au secteur agricole.

Cette politique hydraulique, manifestement centrée sur l'accroissement de l'offre, devait inéluctablement se heurter aux limites de la ressource, et les premières manifestations de l'atteinte de ces limites ont été identifiées dans la majorité des régions du pays dès le début des années 1990. Très paradoxalement, mais dans une logique de sécurité hydrique maximale, c'est précisément à cette époque de prise de conscience de la rareté de l'eau et de l'occurrence possible de pénuries futures, que sera lancée la Stratégie Nationale de Mobilisation des Ressources en eau.

2.2.3- L'étude du secteur de l'eau et la nécessaire évolution des modes de gestion

Les prélèvements en eau approchent l'ordre de grandeur des potentialités de la ressource, et la perspective de stabilisation de l'offre pose naturellement le problème de la distribution de cette ressource. A flux de ressources constant, les réallocations d'eau pour satisfaire la demande du secteur de l'eau potable et assurer l'approvisionnement des secteurs prioritaires (industrie, tourisme) ne peuvent se faire qu'au détriment du secteur agricole. La perspective de raréfaction des disponibilités en eau de bonne qualité pour le secteur agricole est une question clé de la problématique de l'eau : elle est en totale contradiction avec la politique hydro-agricole des cinquante dernières années. Cette question essentielle a largement déterminé le cadre général de l' « Etude du Secteur de l'Eau » lancée par le Ministère de l'Agriculture au cours des années 1990[3].

Le diagnostic du secteur de l'eau indique clairement que la politique de l'eau, fondée sur la gestion de l'offre, doit laisser la place à une approche fondée sur la gestion de la demande qui vise la réduction des consommations en s'appuyant sur un système de planification intégrée des ressources en eau. L'Etude du Secteur de l'Eau, qui a formalisé la prise de conscience de la nécessité d'une évolution vers une Gestion Intégrée des Ressources en Eau (GIRE), propose une approche globale dont les idées essentielles visent à : (i) renforcer les mesures de suivi, de contrôle et de protection des ressources ; (ii) développer les usages efficients en maîtrisant la demande et valorisant au mieux les usages ; (ii) promouvoir la décentralisation en renforçant le rôle des usagers et l'intervention des opérateurs privés ; (iv) consacrer la valeur économique, sociale et environnementale de l'eau ; (v) maîtriser les risques. Dans le cadre de ces principes généraux, l'Etude du Secteur de l'Eau propose des ébauches de solutions à court et à long terme.

Les solutions à court terme sont à caractère opérationnel et concernent les aspects techniques, financiers et organisationnels visant à mettre en place une politique de gestion de la demande : protection de la ressource, réduction des pertes, amélioration de l'efficience des usages, prise en compte de la

---

[3] Ministère de l'Agriculture : « Etude du Secteur de l'Eau », Ministère de l'Agriculture, BECHTEL, SCET Tunisie, 1998

valeur économique de la ressource, décentralisation et organisation de la gestion participative. La gestion centralisée des ressources en eau a perduré jusqu'à la fin des années 80. La restructuration des services du Ministère de l'Agriculture en 1989 a consacré la décentralisation de l'administration agricole et renforcé le rôle des Commissariats Régionaux de Développement Agricole (CRDA). Dans les limites du gouvernorat, le CRDA anime et coordonne la politique agricole de l'Etat à l'échelle régionale. Les Offices de Mise en Valeur des Périmètres Publics Irrigués ont été dissous et leurs structures intégrées aux CRDA, qui ont depuis la charge de gérer les périmètres irrigués et de fournir l'eau aux usagers. Ils s'appuient dans cette mission sur les associations d'usagers qui prennent en charge l'exploitation des infrastructures et la distribution de l'eau d'irrigation et de l'eau potable en milieu rural.

Quant aux mesures à long terme, elles concernent en particulier des questions susceptibles d'impliquer des réformes profondes des modes d'administration et de gestion de la ressource (organisation institutionnelle, cadre géographique de gestion de la ressource, privatisation). L'Etude du Secteur de l'Eau a analysé l'ensemble de ces questions mais n'y apporte pas de réponses définitives. Elle propose des orientations déclinées sous forme de principes généraux de gestion tant et si bien que la plupart des questions importantes relatives à la mise en œuvre d'une politique modernisée de l'eau demeurent ouvertes.

2.3- Les principaux leviers : planification et investissements

Le programme hydraulique tunisien s'est organisé autour de plans directeurs régionaux pour accompagner l'action des pouvoirs publics dans les différents domaines et soutenir le développement économique et social. La planification des ressources en eau s'est ainsi inscrite dans une vision globale à long terme, au niveau des grandes régions naturelles et à l'échelle du pays. Elle concrétise les grands choix de la politique tunisienne de l'eau. En particulier et en raison de l'inégale distribution des ressources entre les différentes régions, le transfert notamment de l'eau potable vers les grands centres urbains s'est imposé très tôt, au-delà des choix, comme une option fondamentale des politiques d'approvisionnement en eau. La planification se traduit par des stratégies importantes d'investissement, dont la réalisation s'appuie sur les possibilités de financement d'origine publique, privée et internationale.

2.3.1- Le cadre général de la planification des eaux en Tunisie

Dépassant l'approche sectorielle ou par projet, qui a prévalu durant la première moitié du 20ème Siècle, la Tunisie a opté dés les années 1960 pour la planification hydraulique pour éviter une mise en valeur désordonnée des ressources et assurer une adéquation entre les besoins et les disponibilités en eau. La planification hydraulique constitue une composante importante des plans de développement économique et social, et contribue de manière décisive à la réalisation des objectifs régionaux et nationaux en matière d'accès à l'eau potable, de production agricole irriguée pour satisfaire aux exigences de la sécurité alimentaire, et de développement des zones défavorisées.

La planification hydraulique comporte deux volets complémentaires : (i) le premier concerne la formulation, sur le long terme et au niveau de l'ensemble du pays, d'une vision globale, d'un certain nombre de stratégies et de directives destinées à tirer le meilleur parti des ressources en eau disponibles, et à résoudre les conflits éventuels entre usages concurrents. Ce type de planification est flexible et susceptible d'adaptations, voire de modifications et de révisions découlant de l'expérience acquise ; (ii) le second volet est relatif à la programmation des réalisations hydrauliques qui permet, à moyen terme, de déterminer les priorités et d'agir sur les investissements dans le secteur l'eau en fonction des orientations de la planification de long terme.

2.3.1.1- Planification de long terme : la planification hydraulique régionale

Pour assurer au mieux la gestion des ressources en eau du pays, il a été nécessaire de disposer de plans cohérents, valables sur le long terme. A cet effet, trois principaux plans directeurs de l'utilisation des eaux couvrant les trois grandes régions géographiques du pays (le Nord, le Centre, le Sud) ont été élaborés pour mieux tenir compte de la complexité liée à la variabilité du potentiel mobilisable des sous régions, à des problèmes parfois aigus de qualité des eaux, et à l'éloignement des centres de consommation situés pour l'essentiel sur les zones littorales par rapport aux sites de production.

2.3.1.2- Planification de moyen terme : les plans de développement économique et social

La planification générale en Tunisie est un processus continu. L'élaboration de plans de développement économique et social constituent le cadre d'orientation pour la réalisation d'objectifs visant la croissance économique et le progrès social. Le premier acte de planification remonte à l'année 1962 avec l'élaboration des « perspectives décennales 1962-1971» et du 1er Plan triennal 1962-1964. Depuis, douze plans de développement économique et social, plans quinquennaux depuis 1972, ont été élaborés. Le plan de développement économique et social est conçu comme un instrument d'orientation générale de la politique de développement du pays et comme cadre de réalisation des programmes, y compris ceux relatifs au secteur de l'eau. Ce processus a évolué timidement au cours des années 90 d'une approche centralisée vers une approche qui se veut participative et décentralisée, faisant intervenir les principaux acteurs du secteur de l'eau et tenant compte dans une certaine mesure des spécificités et préoccupations locales et régionales. En effet, hormis les grands ouvrages hydrauliques dont la planification et la réalisation sont décidées à l'échelle centrale, les divers projets et programmes hydrauliques sont proposés au niveau des structures régionales en l'occurrence les gouvernorats, par les CRDA et les organismes publics chargés de l'eau (SONEDE, ONAS[4]). Les structures centrales du Ministère de l'Agriculture sont habilitées à contrôler les priorités en fonction des orientations de l'Etat et à harmoniser les programmes du plan régional et national en fonction des ressources financières disponibles. Dans ce cadre, les consultations des bénéficiaires directs des projets et programmes hydrauliques ne s'effectuent qu'après inscription définitive dans le Plan.

2.3.1.3- Les stratégies nationales de mobilisation des eaux

Depuis 1990, deux stratégies décennales successives de mobilisation des eaux [Stratégie I (1990-2000), Stratégie II (2002-2011)], dont la première a été un relais à mi-parcours des plans directeurs régionaux, ont été élaborées. Il s'agit essentiellement d'un calendrier de réalisation physique d'ouvrages hydrauliques, dans une optique de gestion de l'offre : grands barrages, barrages et lacs collinaires, forages de reconnaissance et de surveillance des nappes, ouvrages d'épandage et de recharge artificielle, stations d'épuration, etc. Ces stratégies, qui sont fondées sur un ensemble d'actions devant conduire à la mobilisation totale des eaux souterraines et à l'essentiel des eaux de surface, servent en réalité comme support à la programmation des investissements en hydraulique, exécutés par tranches conformément aux objectifs de développement des plans quinquennaux.

- *La première stratégie 1990-2000 (DGRE, 1990) :* la décennie 1990-2000 fut marquée par la mise en place et l'application de cette stratégie qui visait : (i) la mobilisation maximale des ressources en eaux disponibles dans des limites de qualité et de coûts acceptables ; (ii) la maîtrise des eaux de

---

[4] SONEDE : Société Nationale d'Exploitation et de Distribution des Eaux ; ONAS : Office National de l'Assainissement.

ruissellement pour éviter que les demandes urbaine et agricole ne soient tributaires de la variabilité des apports annuels ; (iii) la conservation des eaux et des sols. Partant d'une situation où 62 % des eaux de surface et 80 % des eaux souterraines étaient mobilisées, la stratégie se proposait initialement de « mobiliser la totalité des ressources en eau du pays ...pour aboutir à l'horizon 2000 à l'exploitation de 100 % du potentiel en eau identifié». Ces objectifs ont par la suite été corrigés pour viser un taux de mobilisation plus réduit de 90 % des ressources, avec une infrastructure hydraulique permettant de mobiliser et de contrôler un volume supplémentaire de 1 400 Mm^3/an, pour un coût global de 1 900 millions de dinars[5].

- *La deuxième stratégie (2002-2011) :* ce nouveau programme consistait à poursuivre les efforts de mobilisation jusqu'à concurrence de 95 % des ressources mobilisables, par la réalisation de 11 nouveaux grands barrages et 50 barrages collinaires. Parallèlement à l'accroissement de l'offre par la mobilisation, la nouvelle stratégie prenait délibérément option en vue d'instaurer les nouveaux objectifs de gestion intégrée des ressources, par les économies d'eau et la gestion de la demande, le développement des ressources en eau non conventionnelles, et la protection des ressources en eau.

2.3.1.4- Programmes et projets spécifiques sur le moyen terme

Tout en poursuivant la mobilisation de nouvelles ressources en eau dans le cadre des plans directeurs ou des stratégies décennales, des réformes du secteur de l'eau ont été initiées, et des programmes spécifiques visant à impulser une politique de gestion de la demande ont été introduits. La visibilité de cette politique de l'eau a été successivement marquée par : (i) les orientations politiques et institutionnelles relatives à l'application du Plan d'Ajustement Structurel Agricole (1986-1994), qui consacre le désengagement progressif de l'Etat (libéralisation de l'agriculture, réduction des subventions accordées par l'Etat, réajustement du prix de l'eau, perte de monopole des offices de commercialisation) ; (ii) les grands programmes à caractère hydraulique initiés au cours des deux dernières décennies : Le Projet d'investissement dans le secteur agricole (PISA et PISA- Relais, 1991-2000) ; le Projet d'Investissement dans le Secteur de l'Eau [PISEAU-I (2001-2007) et PISEAU II (2009-2014)].

---

[5] En Mai 2014, le Dinar tunisien équivaut à 0.45 € ou 0.62 US$.

Cette politique a trouvé un accueil favorable auprès des bailleurs de fonds internationaux (BIRD, AFD, KFW, BAD, etc.) ; elle est caractérisée par un certain nombre d'actions marquantes et durables, dont notamment :

- La mise en place de systèmes de tarification adaptés aux secteurs de l'eau potable et de l'irrigation en vue d'améliorer le recouvrement des coûts, d'orienter la politique de production irriguée et d'inciter à la valorisation économique de la ressource disponible.

- Le développement des programmes d'économie de l'eau dans les différents secteurs pour une meilleure préservation de la ressource.

- L'encouragement à la participation active des usagers en irrigation et pour l'eau potable en milieu rural à travers les groupements de développement agricole (GDA).

- La valorisation des ressources en eau non conventionnelles par la réutilisation des eaux usées traitées à des fins agricoles et de recréation, et le dessalement des eaux saumâtres pour des besoins pressants en eau potable.

- La protection contre la pollution hydrique, grâce notamment aux programmes d'assainissement urbain.

2.3.1.5- Aspects juridiques et institutionnels relatifs à la planification

L'important effort hydraulique et de gestion de l'eau, particulièrement tourné vers la réalisation d'ouvrages de mobilisation et de régulation, et vers l'extension de réseaux d'interconnexion et d'adduction, ne doit pas éluder l'insuffisance du cadre conceptuel et réglementaire en termes de politiques et de planification de la ressource. Ce modèle de planification, centralisé et contraignant, fondé sur l'augmentation de l'offre dans les régions souffrant de pénuries d'eau, est de plus en plus controversé. Les critiques remettent en cause l'omnipotence de l'Etat dans la gestion des inégalités hydriques régionales et l'approche purement technique qui préside aux arbitrages : les dimensions territoriales, sociales, économiques, environnementales, sont souvent occultées.

Sur un autre plan, Le vide juridique en matière de planification hydraulique constitue un handicap à l'élaboration des instruments planificateurs ; cette absence prive le secteur de l'eau d'une approche globale et prospective susceptible de promouvoir la gestion durable de l'eau. L'élaboration d'études, de programmes et de plans stratégiques de mobilisation des ressources hydrauliques du pays ne peut constituer par elle-même une expression visible de la politique de l'eau et il n'existe actuellement aucun document unique de politique générale traçant les grandes orientations du secteur de l'eau. Par ailleurs, le Conseil National de l'Eau prévu par le Code des Eaux est rarement sollicité pour donner son avis ou pour valider les programmes hydrauliques. Enfin, la consistance des programmes et leurs objectifs ne sont soumis à aucune consultation à caractère public, à l'échelle nationale ou régionale.

2.3.2- Un modèle de planification des eaux : les plans directeurs par grande région hydraulique

Préparée par la mise en œuvre des perspectives décennales de développement 1962-1971, la planification hydraulique de long terme constitue l'ossature sur laquelle s'articule la politique du secteur de l'eau. L'infrastructure hydraulique, conçue dans les Plans Directeurs Régionaux (Fig. 2.2), s'appuie sur la construction de grands ouvrages de stockage, l'exploitation des nappes souterraines, la réalisation de grands adducteurs pour l'interconnexion des réservoirs et le transport de l'eau des régions hydrologiquement favorisées vers les régions réputées déficitaires, ou vers les régions où les possibilités de valorisation agricole sont considérées plus favorables.

2.3.2.1- Le Plan Directeur de l'utilisation des Eaux du Nord (PDEN)

Le potentiel hydraulique mobilisable du PDEN est évalué à 2,5 km^3/an (55 % des ressources totales du pays) dont 1 km^3/an situé au niveau du bassin de la Medjerda, le reste sur l'ensemble des autres bassins du Nord (Ichkeul, Zouara, Zerga, Barbara) et du Cap Bon. Tous les sites favorables à la construction des grands et moyens barrages, devant permettre la mobilisation de plus de 85 % du potentiel des ressources de surface du Nord, ont été identifiés et les réservoirs en grande partie réalisés, notamment l'ouvrage central correspondant au barrage de Sidi Salem, véritable clé de voûte du système hydraulique national.

Le PDEN se base sur l'interconnexion entre grands barrages, qui offre la possibilité de transférer l'eau, de réduire les déversements et stocker le maximum de volumes, et d'améliorer la qualité de l'eau en donnant les possibilités de mélange entre eaux de salinités différentes. En vertu du principe qui décerne la priorité à l'eau potable, les besoins de l'irrigation sont traités en « mode résiduel », avec une allocation totale à ce secteur de l'ordre de 750 M m^3 destinés à l'aménagement de 137 000 ha de périmètres publics irrigués (GEORE, 2001).

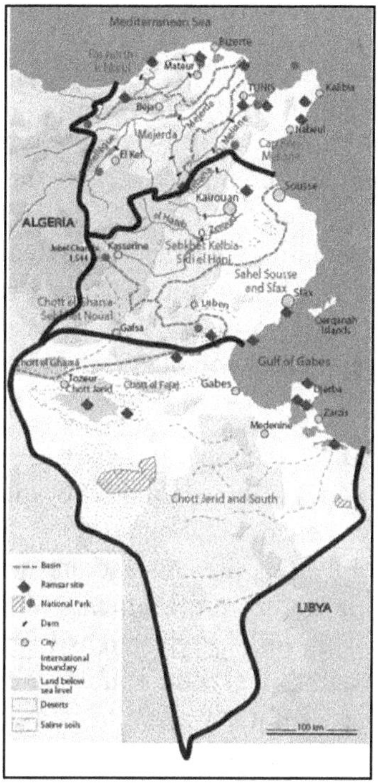

Fig. 2.2 : Les trois grandes régions hydrauliques couvertes par les Plans Directeurs d'utilisation des Eaux : le Nord, le Centre, le Sud.

2.3.2.2- Le Plan Directeur de l'utilisation des Eaux du Centre (PDEC)

Le potentiel agricole de la région du Centre repose particulièrement sur l'arboriculture pluviale, en phase de stagnation, et sur la montée en puissance de l'irrigation liée à la disponibilité de l'eau. L'ouest de la Tunisie Centrale constitue par ailleurs la source traditionnelle d'approvisionnement en eau potable du Sahel de Sousse et Sfax. Réalisé en 1976, le PDEC impliquait notamment que : (i) les principaux ouvrages hydrauliques respectent la logique interne des systèmes hydrologiques dans lesquels ils évoluent, ainsi et à titre d'exemple, le barrage de Sidi Saad devait-il être conçu pour amplifier le cycle hydrologique naturel, renforçant ainsi l'alimentation de la nappe souterraine de Kairouan ; (ii) les transferts du Sahel ne contrarient pas le développement de l'irrigation dans les régions d'origine, de façon à ne pas y accélérer l'émigration, vers le Sahel précisément. L'étude a montré que les transferts d'eau vers le Sahel devaient pouvoir se poursuivre jusqu'en 2000 mais qu'au-delà, il devrait être nécessaire d'envisager d'autres sources d'approvisionnement urbain : par les eaux du Nord, par le dessalement et par la reconversion du transfert du

Nebhana de l'irrigation des périmètres du Sahel vers les usages urbain et touristique.

Quant au développement de l'irrigation au Sahel, il devait à terme se limiter aux ressources en eau locales renforcées par le recyclage des eaux usées traitées. Les grandes retenues réalisées dans le cadre du PDEC (El Hoauareb, Sidi Saâd, Breck, Sficifa et Rmel), sont à buts multiples : protection contre les inondations, recharge des nappes, épandage des crues et irrigation. En appui au PDEC, un transfert de l'ordre de 100 Mm^3 à partir des eaux du Nord a été mis en œuvre vers Sousse puis Sfax pour renforcer l'approvisionnement en eau potable des zones côtières en situation déficitaire.

Globalement, le PDEC mettait en jeu des ressources estimées à 320 Mm^3/an pour les eaux de surface, dont 280 sont mobilisables. Les eaux souterraines n'étaient pas encore reconnues avec une très grande précision, si bien que leur estimation était présentée dans une fourchette d'incertitude allant de 320 à 450 Mm^3/an, les prélèvements totaux sur les puits et forages s'élevant alors à 220 Mm^3/an. Avec l'intensification des observations, des études et des prélèvements, les eaux souterraines sont aujourd'hui mieux connues et leurs ressources ont été réévaluées à près de 700 Mm^3/an, parmi lesquels 650 Mm^3/an sont déjà effectivement prélevés. Cette évolution des estimations permet de mesurer la portée et les limites de la planification à l'échelle d'une grande région hydraulique : avec les données disponibles à l'époque, les auteurs du PDEC faisaient preuve d'une certaine lucidité en projetant une vision prospective d'une portée limitée à 20 ans. Au-delà, les incertitudes sur les connaissances l'emportent et la planification doit être réactualisée.

2.3.2.3- Le Plan Directeur de l'utilisation des Eaux du Sud (PDES)

Le PDES concerne la région pré-désertique du Sud, caractérisée par l'omniprésence d'eaux souterraines profondes. L'étude des ressources en eau du Sahara septentrional, réalisée en 1972, a identifié trois aquifères principaux : la nappe du Continental Intercalaire, la nappe du Complexe Terminal, et la nappe de la Jeffara, qui représentent des ressources exploitables estimées à plus de 800 Mm^3/an. Avec une contribution des eaux de surface évaluées à 190 Mm^3/an, le potentiel mobilisable pour la région Sud est estimé à environ 1 km^3/an. La problématique de gestion de ce potentiel demeure cependant complexe en raison de la nature faiblement renouvelable d'une part importante des ressources disponibles, de leurs caractéristiques physico chimiques particulières (température et salinité élevées pour certaines), et de la nécessité de mettre en place des forages profonds souvent très coûteux et parfois éloignés des centres de consommation. Le PDES a établi un programme comprenant essentiellement :

- La satisfaction des besoins en eau potable des agglomérations de la région Sud, y compris la zone littorale de Djerba-Zarzis et le complexe industriel de Gabès. Les programmes de dessalement des eaux saumâtres ont permis d'améliorer d'une manière déterminante la qualité de l'eau potable d'importantes agglomérations de la région.

- La sauvegarde de 20 000 ha de terres anciennement aménagées pour l'irrigation (plus de cent oasis) et l'aménagement de 8 000 ha de nouvelles oasis, mais les réalisations de ces programmes sont aujourd'hui largement dépassées par les extensions illicites privées de la région de Kebili et la très forte surexploitation de la nappe.

2.3.3- Les Grands transferts hydrauliques de la Tunisie

2.3.3.1- Le Contexte et les conditions du transfert de l'eau

La Tunisie a toujours dû fournir des efforts pour surmonter une répartition spatiale très inégale de ses ressources hydrauliques en termes de quantité et de qualité. Cette répartition est aggravée par la forte irrégularité interannuelle des précipitations, et par le déséquilibre démographique qui a toujours favorisé l'installation des populations et des activités économiques sur la côte orientale. Destinés à corriger les inégalités spatiales et réduire les inadéquations ressources besoins, les grands transferts ont été rendus possibles par une large infrastructure hydraulique articulée sur la construction de grands ouvrages de stockage, sur l'exploitation des nappes souterraines et la réalisation de grands adducteurs pour l'interconnexion des réservoirs et le transport de l'eau des régions hydrologiquement favorables vers les régions réputées déficitaires, ou vers les régions où les possibilités de valorisation agricole sont plus favorables.

Outre la fourniture d'eau aux régions structurellement déficitaires, le transfert d'eau vise également d'autres objectifs : (i) une meilleure résilience du système d'alimentation en eau potable face aux risques de déficits locaux tout en assurant une sécurité d'approvisionnement plus élevée par la diversification des apports ; et (ii) une amélioration de la qualité des eaux par mélange de ressources de différentes origines.

2.3.3.2- La stratégie d'interconnexion des barrages

La réalisation des transferts à l'intérieur d'un même bassin ou entre bassins a exigé la mise en place d'une stratégie d'interconnexion assez complexe qui vise, outre la réalisation des objectifs mentionnés ci-dessus, à transférer et stocker l'excédent d'eau vers des barrages déficitaires, et à développer la recharge artificielle de nappes en surexploitation avec l'eau de barrages excédentaires en années pluvieuses.

Les résultats escomptés de cette stratégie consistent à accroître la capacité totale de transfert des eaux de surface mobilisées par barrages qui est de 360 Mm^3/an à l'heure actuelle, pour la porter à plus de 900 Mm^3/an sur le long terme. Les composantes essentielles de cette stratégie sont les connexions : (i) des barrages de l'extrême Nord, réputés par la bonne qualité de leurs eaux, aux barrages du bassin de la Medjerda ainsi qu'au réseau de transfert du Nord : Medjerda-Cap Bon-Sahel-Sfax ; (ii) des barrages du Centre, Sidi Saad et El Houareb, avec l'éventualité de les relier à terme au réseau de transfert du Nord.

2.3.3.3- Les Systèmes de transferts hydrauliques (Fig. 2.3)

La Tunisie compte dix grands systèmes de transferts (GEORE, 2001), qui se présentent ainsi :

- Système N°1 : Réseau de l'Extrême Nord, Sejnane - Joumine (eau potable –irrigation).

Ce réseau est alimenté par deux réservoirs : (i) Sejnane, qui doit recevoir les eaux des barrages interconnectés de Zerga, El Kebir, El Moula Sidi El Barrak, Gamgoume et Ziatine pour les besoins de périmètres irrigués locaux (5 900 ha) et l'alimentation de la conduite Sejnane-Sidi Mbarek, qui rejoint celle de Joumine-Bejaoua ; (ii) Joumine, qui alimente la ville de Bizerte, le périmètre irrigué de Mateur (1 650 ha), le lac Ichkeul, et la conduite Joumine – Béjaoua, qui rejoint les réseaux de la SONEDE à Mornaguia, et de la SECADENORD[6] à Béjaoua.

- Système N°2 : Réseau Nord Ben Mtir, Kasseb (vocation eau potable)

Destiné exclusivement à l'eau potable, ce réseau est alimenté par les barrages Ben Mtir et Kasseb dont les conduites aboutissent respectivement aux réservoirs de Gdir El Goulla et de Mornaguia (SONEDE).

- Système N°3 : Amont du Barrage Sidi Salem (vocation multiple)

A l'amont du barrage Sidi Salem, la Medjerda sert de canalisation principale pour les eaux des barrages Mellègue (affluent sud), et Bou Hertma (affluent Nord). Ce dernier, associé aux pompages sur la Medjerda, alimente les périmètres de Jendouba et Bousalem (25 000 ha). Ce réseau de voies d'eau artificialisées est renforcé par les barrages de l'extrême Nord-ouest,

---

[6] Société d'Exploitation des Canaux et des Adductions des Eaux du Nord

Mellila et Zouitina, connectés au Bou Hertma, pour desservir l'Oued Medjerda, puis la retenue de Sidi Salem.

- Système N°4 : Sidi Salem – Laroussia, Moyenne vallée de la Medjerda (vocation irrigation)

Le second tronçon artificialisé de la Medjerda se trouve entre le barrage de Sidi Salem et le barrage de dérivation de Laroussia. Il est alimenté par les lâchers de Sidi Salem et par les affluents, dont certains en rive sud sont régularisés. L'ouvrage de Laroussia forme le cœur du système en alimentant : (i) l'ancien grand canal de la basse vallée de la Medjerda (Taullerville), (ii) le Canal Medjerda-Cap Bon, et (iii) le lit de la basse vallée de la Medjerda jusqu'à l'embouchure de l'Oued. Le réseau Moyenne vallée assure l'irrigation de six grands périmètres publics, avec une superficie totale de 16 700 ha.

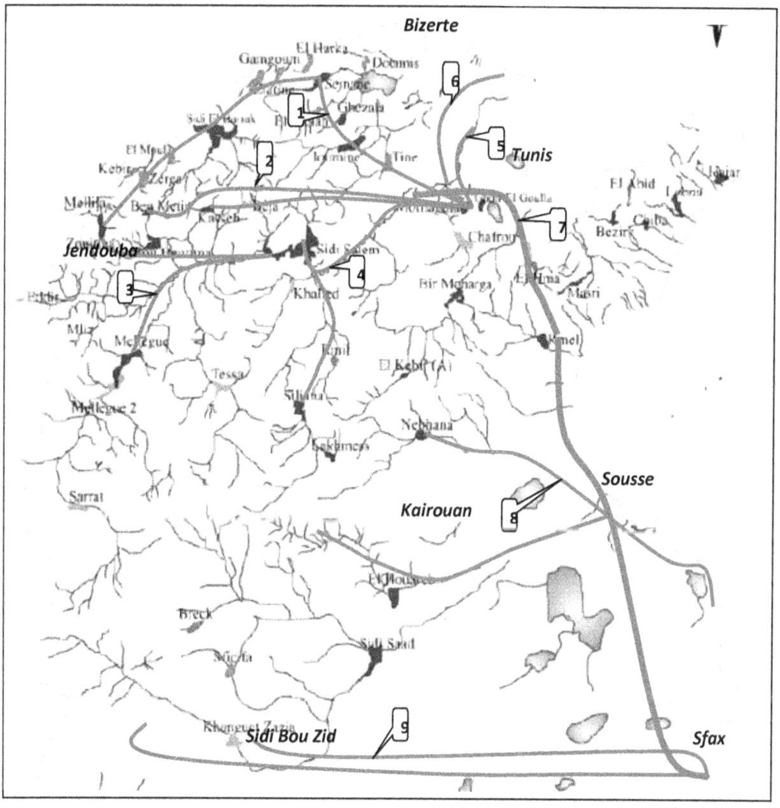

Fig. 2.3 : Schéma des grands systèmes de transferts des eaux
(les chiffres en étiquette se réfèrent aux numéros des systèmes de transferts indiqués dans le texte. Le système N°10 n'est pas figuré).

- Système N°5 : Ancien grand canal de la basse vallée de la Medjerda (vocation agricole)

C'est le plus ancien réseau de transfert d'eau agricole du Nord. Alimenté par la retenue de Laroussia, il a une longueur totale de 56 km et permet d'irriguer 28 000 ha.

- Système N°6 : Nouveaux périmètres de la basse vallée de la Medjerda (vocation agricole)

Ce réseau, appelé «complexe de Kalaât El Andalous-Ras Jebel », est constitué du lit aval de la Medjerda comme organe principal de transfert, avec prise sur l'Oued et divers ouvrages destinés à l'irrigation de 6 550 ha de périmètres publics et privés en sauvegarde.

- Système N°7 : Le canal Medjerda-Cap Bon [Canal MCB] (vocation multiple)

Mis en exploitation en 1984, il constitue l'ouvrage de transfert le plus important du pays, et possède un impact sur différentes régions. Il prend sa source au barrage Laroussia et se termine à Belli, avec une longueur totale de 120 km. Il reçoit des apports en route de la conduite Sejnane-Joumine à Béjaoua. Ce système fournit une part importante des besoins : (i) en eau potable du Grand Tunis (Station de pompage de Gdir El Goulla), du Cap Bon, du Sahel, et de Sfax ; (ii) en irrigation, avec la création du nouveau périmètre de Grombalia (5 500 ha), et notamment la sauvegarde des périmètres privés de Mornag, Menzel Bouzelfa, Soliman.

- Système N°8 : Belli-Kairouanais-Sahel (vocation multiple)

Ce réseau comporte trois sous systèmes : (i) la station terminale du canal MCB à Belli qui alimente en eau potable le sud du Cap Bon (Nabeul et Hammamet) et assure un complément important d'eau potable pour le Sahel de Sousse et de Sfax ; (ii) une canalisation partant du barrage Nebhana et des forages de Sisseb pour irriguer les périmètres publics du groupe Nebhana (Kairouan, Sousse et Monastir) et fournir un complément d'eau potable au Sahel de Sousse ; (iii) le réseau traditionnel d'AEP du Sahel alimenté par les eaux souterraines de Bou Hafna, Cherichira et Grine.

- Système N°9 : Belli - Centre-ouest - Sfax (vocation eau potable)

Il est composé d'un ensemble de canalisations convergeant vers Sfax : (i) la conduite traditionnelle provenant de Sbeitla ; (ii) la conduite alimentée par la nappe de Djilma ; (iii) la conduite des eaux du Nord alimentée par la station de Belli. Le système dessert en route les villes de Mahdia, Sidi Bouzid, Mahrès, et des agglomérations rurales.

- Système N°10 : Le réseau d'interconnexion Médenine-Tataouine (eau potable)

Les agglomérations de Médenine, Tataouine, Djerba, Zarzis et Ben Gardane sont alimentées en eau potable en bonne partie par les deux aquifères de Zeuss Koutine et des Grès du Trias, tous deux présentant des eaux de bonne qualité et situés au Nord et à l'Ouest de Médenine. L'ensemble des canalisations totalise une longueur d'environ 300 km. Le dessalement des eaux saumâtres à Jerba et Zarzis permet, par dilution, d'accroître les ressources disponibles.

2.3.4- Les Investissements dans le secteur de l'eau

2.3.4.1- Caractéristiques et évolution des investissements hydrauliques

Des investissements publics importants ont été consentis, dans le cadre des différents plans de développement économique et social, pour la mise en œuvre des infrastructures hydrauliques : ouvrages de mobilisation des ressources en eau, aménagements hydro agricoles, approvisionnement en eau potable, assainissement des agglomérations urbaines, protection contre les inondations, etc.

Investissements aux prix courants, en Millions de Dinars MD			Investissements Hydrauliques MD				MD	MD	%	%
			Hyd.Agric, Etat	H.Agr.Privé; & Entrep.pub	Hydraulique Urbaine**	Total Hydraulique	Investiss. Sect.Agric	Investissements Totaux Tunisie	Hyd Ag / Agriculture	Hyd tot / Invest tot
1ère Décennie: 1er, 2e, 3e Plan		1962-1971	63	18	36	117	278	700	29%	17%
4e Plan	Quadriennal	1973-1976	50	40	53	143	300	1560	30%	9%
5e Plan	Quinquennal	1977-1981	254	80	173	507	850	4447	39%	11%
6e Plan	Quinquennal	1982-1986	599	110	200	909	1548	8820	46%	10%
7e Plan	Quinquennal	1987-1991	680	130	250	1060	1750	10510	46%	10%
8e Plan	Quinquennal	1992-1996	750	280	450	1480	2410	20443	43%	7%
9e Plan	Quinquennal	1997-2001	1010	490	600	2100	4100	31700	37%	7%
10e Plan	Quinquennal	2002-2006	1098	600	700	2398	4170	41232	41%	6%
11e Plan	Quinquennal	2007-2011	1242	800	800	2842	5335	75000	38%	4%
*** AEP urbaine + Assainissement+Protection contre les Inondations ; 2011: valeurs estimées*										
Sources: Documents des Plans, MARH & Min.Plan et finances; & Annuaires des statistiques agricoles (1980 à 2010)										

Tab. 2.1 : Investissements dans le secteur de l'hydraulique.

Le Tab. 2.1, et les Fig. 2.4, 2.5 et 2.6 suggèrent un certain nombre d'observations :

(i) - L'hydraulique urbaine a occupé très tôt une place importante dans la stratégie tunisienne, en accaparant 25 à 35 % des investissements hydrauliques.

(ii) - La part de l'hydraulique agricole dans les investissements propres au secteur de l'agriculture a toujours été relativement forte et stable, variant entre 29 % et 46 %.

(iii) - Les Annuaires des statistiques agricoles, et les Bulletins économiques annuels, édités par le Ministère de l'Agriculture, permettent de reconstituer la série continue sur 40 ans des investissements dans le secteur de l'agriculture. La Fig. 2.4 indique comment ces investissements ont évolué : sur une première période (1971-1991) marquant une progression appréciable et continue, puis sur une seconde période (1992-2010) où la part des investissements agricoles va progressivement baisser, de 17 % à 7 %. Bien que cette baisse ait sans doute une origine multifactorielle, on peut la comparer à l'évolution de la contribution du secteur agricole dans le PIB national, qui passe en 40 ans de plus de 20 % à près de 10 %.

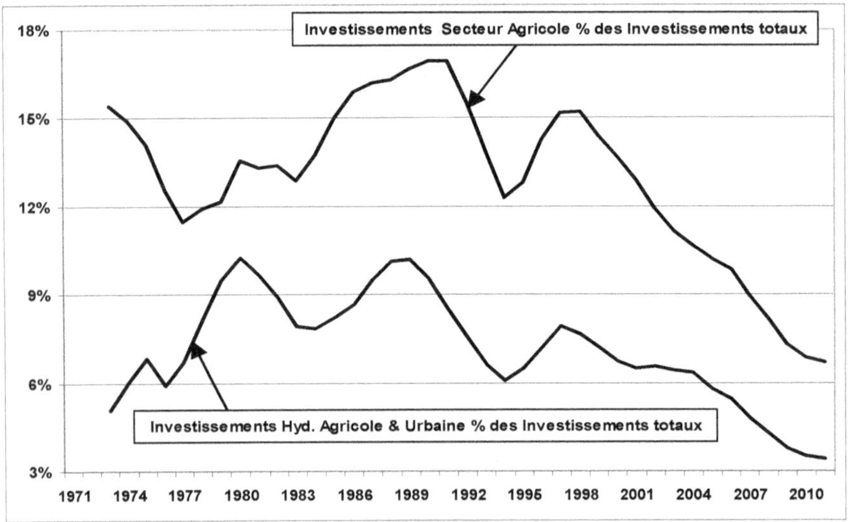

Fig. 2.4 : Part des investissements dans le secteur agricole et dans l'hydraulique agricole et urbaine, (Données : Annuaires des statistiques agricoles et Bulletins économiques du Ministère de l'Agriculture).

(iv) - La part de l'hydraulique agricole et urbaine dans l'effort d'investissement national est restée très forte (10 % en 1980-1990, puis 7 % en 1991-2000) jusqu'à la construction de la plupart des grands barrages et des grandes stations de traitement des eaux usées. Et bien qu'elle ne soit plus que de 4 % pour le XIème Plan, elle a continué d'augmenter très sensiblement en valeur absolue.

(v) - Les investissements publics d'hydraulique agricole servent pour plus de 90 % à la construction de barrages, à l'équipement et à la réhabilitation de périmètres publics irrigués, aux projets d'alimentation en eau potable rurale, et au creusement de forages de reconnaissance. Ces investissements publics sont demeurés quasiment constants depuis 2001, avec une tendance à la baisse (Fig. 2.6), et ce depuis la fin de la construction des principaux grands barrages et de la première décennie de mobilisation des ressources en eau. La Fig. 2.5, établie d'après les données des Bulletins économiques du Ministère de l'agriculture, précise les évolutions respectives des trois principales rubriques d'investissement public : barrages et conduites, irrigation et AEP rurale, évolution exprimée en pourcentage des investissements d'hydraulique agricole.

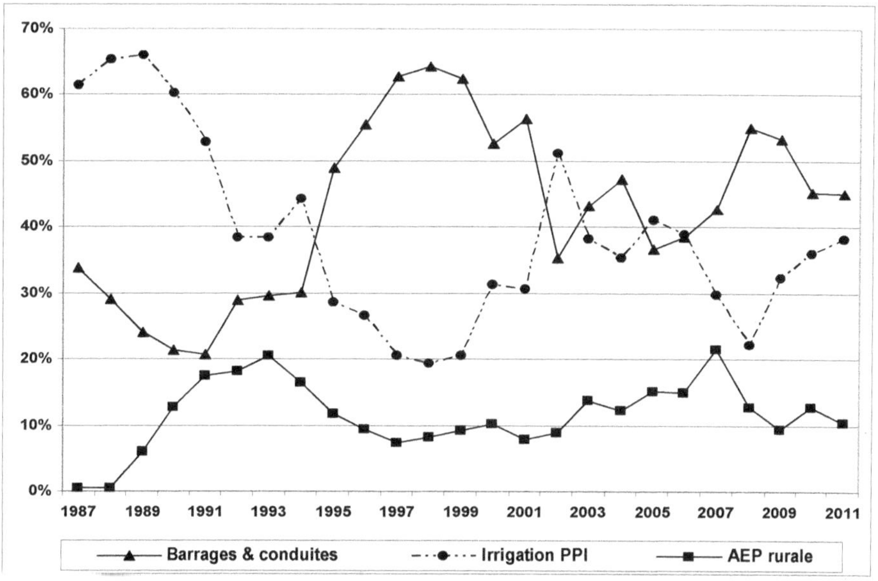

Fig. 2.5 : Parts respectives des barrages et conduites, de l'irrigation et de l'AEP rurale dans l'investissement public en hydraulique agricole.

(vi) - Les investissements d'hydraulique agricole sont fortement marqués par la progression régulière de l'initiative privée, dont la contribution passe de 14 % en 1987 à 42 % en 2010, avec certaines années des ordres de grandeur comparables au montant des investissements publics (Fig. 2.6). Pour très globalement positive qu'elle soit, qui marque l'implication forte de l'initiative privée dans l'investissement productif, cette évolution doit être étudiée dans sa possible relation avec les encouragements prévus par la loi 82-67[7] et l'accroissement concomitant de l'exploitation des nappes phréatiques, observé dès le milieu des années 1980, mais également avec l'augmentation considérable du nombre de forages privés, phénomène particulièrement crucial depuis le début des années 2000.

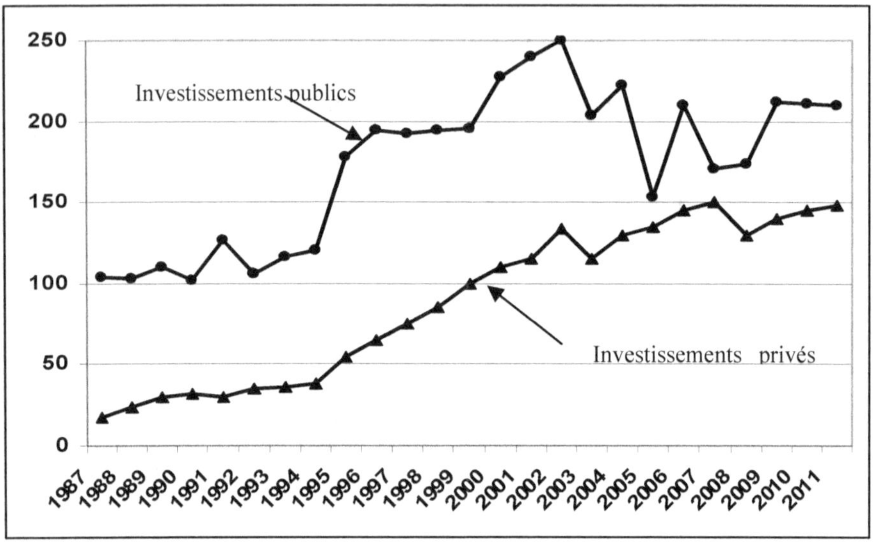

Fig. 2.6 : Evolution des investissements d'hydraulique agricole, publics et privés, en Millions de Dinars (1 Dinar tunisien équivaut à 0.45 € ou 0.62 US$ en 2014).

2.3.4.2- Les sources de financement

Les principaux partenaires de la politique tunisienne d'investissement hydraulique sont des bailleurs de fonds multilatéraux ou bilatéraux. Le recours au financement extérieur est quasi systématique dans le secteur de l'eau, considéré comme un secteur à forte intensité de capital « *capital intensive* ». La participation extérieure est estimée en moyenne à 60 % des investissements publics hydrauliques au cours des trois derniers plans quinquennaux. La demande d'investissements dans le secteur de l'eau reste forte pour répondre à deux exigences prioritaires : réaliser de nouvelles infrastructures et assurer la maintenance et la réhabilitation des infrastructures existantes. Elle s'inscrit dans un contexte international marqué par la crise de la dette et par une baisse constante des aides

[7] Loi no 82-67 du 6 Août 1982 portant encouragement aux investissements dans les secteurs de l'agriculture et de la pêche

publiques au développement. Une très faible part des financements, accordée dans la majorité des cas sous forme de dons, est destinée à la protection environnementale des ressources en eau, aux études générales ou à caractère stratégique relatives au secteur de l'eau (Stratégie Eau 2000, Etude du Secteur de l'Eau, Projet SINEAU[8], etc.), à la formation des opérateurs du secteur et à la sensibilisation des utilisateurs (formation des formateurs en économie d'eau d'irrigation, appui aux associations d'usagers), à la recherche-développement, aspects essentiels pour une meilleure gestion de l'eau.

Depuis les années 70, l'essentiel de la coopération financière a été consacré à la gestion de l'offre, et les investissements dirigés plus particulièrement vers les projets de mobilisation de la ressource par la création de barrages et de forages publics, d'aménagements hydro-agricoles, de desserte en eau potable et d'assainissement urbain. Les principaux partenaires de la mise en place de cette politique sont la Banque Mondiale (BM), la Banque Africaine de Développement (BAD), le Fonds International de Développement Agricole (FIDA), la Kreditanstallt Für Wiederaufbau (KFW), l'Agence Française de Développement (AFD), la Banque Japonaise de Coopération Internationale (JIBIC), le Fonds Arabe de Développement Economique et Social (FADES).

Le réexamen des politiques et la mise en place des réformes du secteur de l'eau ont débuté en 1986 dans le cadre d'un vaste programme d'ajustement structurel qui accordait la priorité aux mesures visant à améliorer l'efficacité économique des différents secteurs. Cette étape marque une nouvelle orientation des bailleurs de fonds, qui privilégient désormais l'accompagnement de leurs prêts d'investissement par des réformes structurelles et des mesures en rapport avec la gestion de la demande et la conservation de la ressource : tarification de l'eau et recouvrement des coûts, gestion associative, gestion des nappes phréatiques, lutte contre la pollution hydrique, renforcement des capacités, du cadre institutionnel et législatif. Le Projet PISEAU[9] est l'expression d'une nouvelle forme de coopération avec la mise en place par différents bailleurs de fonds d'investissements communs visant des objectifs similaires ou complémentaires.

Bien qu'il soit difficile d'apprécier l'effort consenti, parfois d'une manière continue et pendant des décennies par certains bailleurs de fonds pour le financement du secteur de l'eau, une indication sommaire peut être donnée par l'état, à la fin 2011, des portefeuilles de projets en cours destinés

[8] Système d'Information National sur l'Eau
[9] Projet d'Investissement dans le Secteur de l'Eau (2001-2015)

au secteur de l'eau par les principaux partenaires traditionnels en M$US : AFD (359 ; 36 %), KFW (255 ; 25 %), Banque Mondiale (195 ; 19 %) et BAD (144 ; 14 %).

2.4- Organisation institutionnelle et coordination intersectorielle

Le cadre institutionnel fondé sur une gestion publique a permis de mener à bien les stratégies de mobilisation des ressources en eau. L'organisation centralisée de la gestion de la ressource a permis d'accompagner la politique de développement de l'offre dans un cadre réglementaire propice à une gestion moderne de la ressource. Mais cette politique ne parait plus tout à fait compatible avec l'état de mobilisation totale et son corollaire le contexte de rareté qui caractérisent aujourd'hui l'état de la ressource en Tunisie.

2.4.1- Le Code des Eaux et les principales réformes

2.4.1.1- Dispositions essentielles du Code des Eaux

Le cadre législatif, les structures administratives et les instruments d'intervention en matière de gestion de l'eau constituent les moyens que l'Etat utilise pour encadrer le secteur de l'eau. Ce dernier est actuellement régi par le Code des Eaux (Loi n° 75-16 du 31 mars 1975) et par un certain nombre de textes ayant trait à l'environnement, à l'assainissement et à l'agriculture. Promulgué au milieu des années soixante dix, le Code des Eaux s'est inscrit dans l'esprit de son temps en introduisant des principes, à cette époque modernes, de gestion rationnelle de l'eau et de protection de l'environnement. Il est fondé sur trois grands principes : la Centralisation de l'Administration de l'eau, la Priorité à l'eau potable et la Valorisation maximale de la ressource.

Selon le Code des Eaux, toutes les ressources en eau sont considérées comme bien public et en tant que tel soumises au contrôle de l'Etat. Animé par la volonté politique de poursuivre et renforcer le projet hydraulique tunisien, le législateur a conservé l'esprit de la loi de 1920 en adoptant les principes fondateurs de l'ancien code : renforcement de la domanialité des ressources et de la centralisation de l'administration de l'eau. Les eaux continentales, qu'elles soient souterraines ou superficielles constituent le Domaine Public Hydraulique (DPH). Un fait marquant est le rôle central accordé au Ministre de l'Agriculture en tant qu'administrateur du Domaine Public Hydraulique. Des agents habilités du Ministère de l'agriculture sont chargés de la conservation du DPH et de la police des eaux.

Pour libérer encore plus l'action hydraulique de l'Etat, notamment pour promouvoir à grande échelle l'hydraulique agricole, le Code des Eaux a introduit un principe fondamental : la valorisation maximale du m^3 d'eau à l'échelle du pays. Dans sa signification hydraulique, le principe de valorisation maximale conduit à promouvoir l'exploitation de la ressource hydraulique dans les différents secteurs ouvrant la voie à la possibilité de transferts d'eau qui se justifient ainsi par des objectifs de valorisation.

Le Code des Eaux a prévu plusieurs dispositions pour assurer la conservation de la ressource et promouvoir son usage efficient en évitant gaspillage et dégradation. Il interdit ainsi toute action pouvant causer de manière directe ou indirecte la pollution des milieux hydriques, et le droit d'usage de l'eau est accompagné de conditions de nature à assurer le maintien et la préservation de la ressource. Lorsque le potentiel de fourniture d'une ressource d'eau se dégrade, le Code des Eaux prévoit de restreindre sa production par la création de Périmètres d'Interdiction et de Sauvegarde ou de réglementer son usage par l'instauration de Périmètre d'Aménagement et d'Utilisation des Eaux.

2.4.1.2- Les principales réformes du Code des Eaux

L'ensemble des études menées par le Ministère de l'agriculture au cours des années 1990, et en particulier l'Etude du Secteur de l'Eau, ont montré que les perspectives de mobilisation quasi-totale des ressources nécessitaient d'améliorer les modes de gestion et de réadapter les instruments institutionnels et de régulation de la gestion de l'eau, en particulier, par l'amendement du Code des Eaux. Les analyses proposées ont mis en évidence la nécessité de prendre en considération les aspects économiques et environnementaux, et de s'orienter vers des modes de gestion plus décentralisés avec un désengagement progressif de l'état favorisant la gestion participative des usagers et une implication plus forte des opérateurs privés.

A la lumière de ces conclusions, le dispositif législatif et réglementaire du secteur dc l'eau a fait l'objet de remaniements qui ont donné lieu à des réformes importantes. En particulier, l'amendement du Code des Eaux en 2001 (Loi N°2001-216) a apporté des dispositions qui visent à assurer une plus grande prise en compte des exigences environnementales et la promotion des économies d'eau dans les divers secteurs d'usages. Il a en outre élargi la notion de développement des ressources hydrauliques à l'exploitation des ressources non conventionnelles. Mais l'apport le plus significatif de la loi de 2001 a été celui de l'intégration de certains principes de base dans la qualification juridique de la ressource eau : le qualificatif de «richesse nationale» a été attribué à l'eau, intégrant d'une manière claire le concept du développement durable dans les modes de gestion des ressources en eau. En effet, la notion de richesse nationale renvoie à une certaine patrimonialisation de la ressource avec ce que cela implique en termes de devoir de protection. Cet amendement a en outre renforcé les mesures de conservation et de protection des ressources : il soumet la consommation des eaux, quand elle dépasse un certain seuil, à un diagnostic technique, périodique et obligatoire et instaure un régime d'incitations à l'économie d'eau notamment dans les secteurs agricole et de l'eau potable.

2.4.2- Le cadre institutionnel et la coordination intersectorielle

2.4.2.1- Le rôle central du Ministère de l'Agriculture

Le Ministre de l'Agriculture est désigné comme l'unique administrateur du Domaine Public Hydraulique (Cf. Fig. 2.7). Il est assisté à ce titre par deux instances consultatives : le Conseil National de l'Eau (CNE) et la Commission du Domaine Public Hydraulique (DPH). Le Conseil National de l'Eau est un organe consultatif, créé auprès du Ministère de l'Agriculture (MA), qui émet des recommandations sur les projets et les plans nationaux qui concernent les ressources en eau. Il s'agit, entre autres, des planifications à l'échelle nationale et des programmes des utilisations agricoles ou industrielles qui peuvent avoir des impacts significatifs sur les ressources en eau. La Commission du DPH, quant à elle, est chargée de donner un avis technique sur toute question relevant de la gestion du Domaine Public Hydraulique.

L'organisation administrative de l'eau au niveau central et au niveau régional s'articule essentiellement autour d'institutions spécialisées qui relèvent du Ministère de l'Agriculture. Au niveau central, certaines des Directions Générales assument les missions techniques relatives à la planification, au suivi – évaluation et au contrôle des ressources en eau, et à la gestion directe des grands ouvrages hydrauliques. Au niveau régional, les Commissariats Régionaux au Développement Agricole (CRDA) ont vocation à gérer les ressources en eau : ils animent et coordonnent la politique agricole de l'Etat, dans leurs domaines d'intervention respectifs correspondant aux limites administratives des gouvernorats. Ils comprennent des arrondissements thématiques qui leur sont administrativement rattachés mais qui restent, au niveau de la planification et au plan technique, en relation directe avec les directions centrales correspondant à leurs activités. Les CRDA sont relayés par des structures locales qui couvrent des limites administratives à l'intérieur des délégations et des imadas.

Le dispositif du Ministère de l'Agriculture comprend également des établissements publics autonomes : la Société Nationale d'Exploitation et de Distribution des Eaux (SONEDE) et la Société d'Exploitation des Canaux d'Adduction des Eaux du Nord (SECADENORD). La SONEDE est chargée de l'approvisionnement en eau potable des zones urbaines et de certaines agglomérations rurales ; elle fournit l'eau aux différents usages (domestique, collectif, industriel et touristique). La SONEDE dispose de ses propres districts régionaux et échappe ainsi à la tutelle régionale directe des CRDA. La Société d'Exploitation des Canaux d'Adduction des Eaux du Nord (SECADENORD) est responsable des adductions de transfert des Eaux du Nord et du système du Nebhana au Centre, et à ce titre fournit l'eau à la SONEDE et à certains CRDA.

2.4.2.2- La décentralisation et les groupements d'usagers

Pour encourager à la décentralisation de la gestion de l'eau, une série de textes législatifs régit le domaine de l'organisation collective des usagers de l'eau. Le Décret n° 87-1261 du 27 octobre 1987 a organisé le mode de constitution et de fonctionnement des Groupements d'Intérêt Collectif (GIC) qui reprennent les mêmes missions que les anciennes Associations d'Intérêt Collectif (AIC). La Loi n° 99- 43 du 10 mai 1999, a permis l'extension des activités des GIC à d'autres activités de développement agricole, et les GIC ont progressivement évolué en Groupements de Développement Agricole (GDA). Le Groupement d'Intérêt Hydraulique chargé de la régulation des GIC au niveau de chaque gouvernorat a été remplacé par un conseil régional de compétences beaucoup plus larges (Décrets 2005-2647 et 2009-2254).

En 2008, on dénombre 2 450 GDA dont 1 250 dans la gestion de l'eau potable en milieu rural, 1050 GDA en irrigation et 150 GDA d'intervention mixte (AEP/Irrigation). Les GDA d'irrigation gèrent directement environ 85 % des périmètres publics irrigués. La stratégie adoptée a un triple objectif : (i) un désengagement progressif de l'Administration de la gestion directe des infrastructures hydrauliques en confiant aux associations d'usagers l'exploitation et la maintenance des systèmes d'eau ; (ii) la réduction des subventions directes et indirectes accordées au secteur de l'eau visant à amener les GDA à payer à long terme le coût réel de l'eau ; (iii) un appui aux GDA (formation et encadrement technique, administratif et financier, prise en charge des grands travaux de maintenance ou renouvellement des équipements) qui leur permet de participer d'une manière plus dynamique à la gestion des infrastructures et à la mise en valeur agricole des périmètres irrigués. Cependant, malgré le succès relatif de la politique de promotion et d'extension des GDA, les difficultés sociales et financières que rencontrent les GDA (interventionnisme des autorités, conflits entre adhérents, faible recouvrement des coûts, etc.) persistent dans de nombreuses situations, ce qui limite en réalité leur autonomie, ainsi que leur capacité de gestion.

2.4.2.3- Les instances et les acteurs de l'eau

Bien que le Ministère de l'Agriculture soit investi de la charge de gestion des ressources en eau, d'autres départements ministériels interviennent, dans la limite de leurs prérogatives, dans le Domaine Public Hydraulique : Le Ministère de la Santé est chargé des aspects sanitaires de l'eau, le Ministère de l'Equipement intervient dans l'étude et la réalisation des aménagements hydrauliques de protection des villes contre les inondations, le Ministère de l'Intérieur intervient dans la gestion des épisodes d'inondation et coordonne les diverses interventions. Le Ministère de l'Environnement a, parmi ses missions, la conservation des ressources en eau et en particulier la lutte contre la pollution des milieux aquatiques et le contrôle et le suivi de la pollution hydrique. Le rôle du Ministère de l'Environnement dans la gestion des ressources en eau est renforcé par deux principaux organismes : l'Office National de l'Assainissement (ONAS) et l'Agence Nationale de Protection de l'Environnement (ANPE). L'ONAS est le principal intervenant dans le secteur de l'assainissement urbain, il a une mission de protection et de lutte contre la pollution des milieux hydriques. L'ANPE est chargée de la lutte contre toutes les formes de pollution et de dégradation des milieux. Elle a un rôle essentiel dans la préservation et la protection des ressources hydriques puisqu'il lui incombe, entre autres, la charge de l'examen des Etudes d'Impacts sur l'Environnement, dont l'approbation est préalable à la réalisation de tout projet soumis à cette procédure.

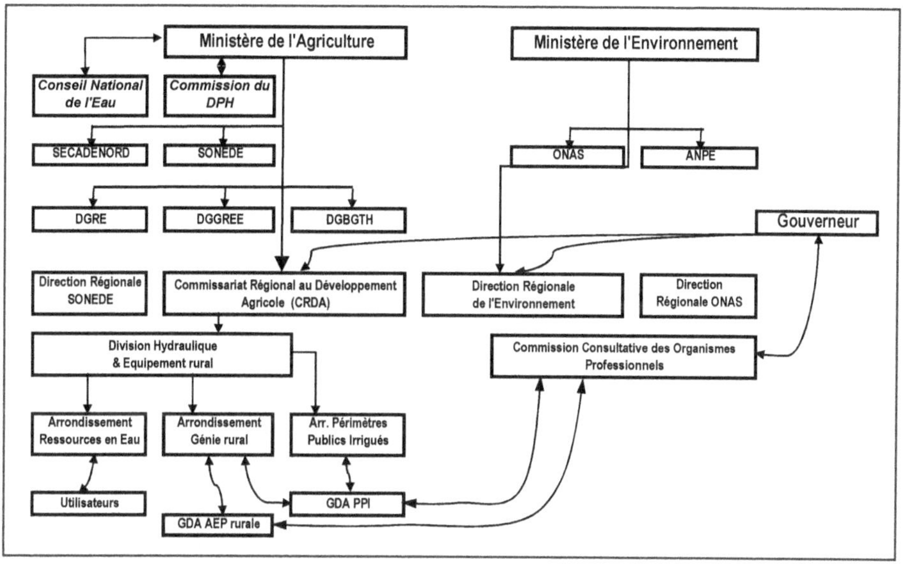

Fig. 2.7 : Organisation de l'administration de l'eau (en 2013)

2.5- Les Enjeux prioritaires et la gestion des risques

Les politiques de l'eau que la Tunisie a pu mener au cours des dernières décennies ont permis d'accroitre la productivité agricole et de soutenir la croissance économique en général. Le pays a enregistré ainsi d'importants taux de croissance et les populations ont bénéficié d'une certaine amélioration du bien être social, marquée notamment par l'amélioration des services d'approvisionnement en eau et d'assainissement, amélioration certes très sensible en milieu urbain, et assez inégale en milieu rural. Ces progrès commencent, cependant, à faire surgir des conflits entre les besoins d'une production économique accrue, notamment agricole, et la nécessité de conserver des ressources naturelles rares et fragiles.

L'exploitation des ressources hydrauliques conventionnelles devrait atteindre les limites physiques des ressources connues dans un avenir proche et la gestion au plus près de la ressource en eau renvoie à la nécessité de prendre en compte ses limites et d'anticiper les risques qu'elle encourt.

Le nouveau contexte de rareté qui caractérise désormais l'état des ressources en eau se traduit par des mutations profondes qui vont nécessiter de mobiliser tous les acteurs de l'eau, de maîtriser la production et l'utilisation des eaux non conventionnelles, de mieux gérer les risques encourus par la ressource, et d'anticiper les conflits d'usages. En examinant les politiques sectorielles de l'eau, les stratégies, les réalisations et les programmes en place ainsi que les risques associés à l'exploitation des ressources en eau, nous essayons dans ce qui suit de décrire l'état des usages de l'eau et des méthodes de gestion dans les différents secteurs et de dégager les difficultés et les limites des stratégies mises en œuvre dans l'objectif de mettre en perspective les orientations du secteur de l'eau.

2.5.1- L'eau potable et l'assainissement

2.5.1.1- Les services de l'eau potable

L'amélioration des services de l'eau potable a, depuis l'indépendance, occupé une place de choix dans les plans nationaux de développement économique et social. La Société Nationale d'Exploitation et de Distribution des Eaux (SONEDE) a joué un rôle essentiel dans le développement du secteur de l'eau potable, notamment en milieu urbain. Créée en 1968, la SONEDE avait pour mission la mobilisation, la production, le traitement et la distribution de l'eau. L'accès aux services publics de l'eau était alors dérisoire (Chebbi, 2006) : en 1966, dix années après l'indépendance, seuls 15 % de la population disposaient d'eau courante à domicile et le taux de branchement aux réseaux publics d'assainissement n'excédait pas 5 %.

Dans le domaine de l'eau potable, les deux dernières décennies ont été marquées par une politique soutenue d'amélioration des conditions d'approvisionnement en eau aussi bien en milieu urbain qu'en milieu rural (Fig. 2.8). En 2010, les réseaux d'alimentation en eau potable desservent la totalité des zones urbaines sur l'ensemble du pays et l'accès à l'eau potable s'est relativement généralisé dans les zones rurales. Le taux de desserte de l'eau potable est, en effet, estimé à 100 % dans les zones urbaines et à près de 94 % dans les zones rurales. Une partie (49 %) de la population rurale, dans les zones agglomérées, est desservie par la SONEDE, mais une part non moins importante (couvrant 45 % de la population rurale, située dans les zones dispersées) a été réalisée par la Direction Générale du Génie Rural et de l'Exploitation des Eaux (DGGREE), qui met en place des infrastructures et des équipements exploités par les GDA « eau potable ». Traduits non plus en termes de desserte, mais en termes de taux de branchement individuel [3], cet indicateur passe à 83 % au niveau national, 99 % en milieu urbain et 45 % en milieu rural aggloméré.

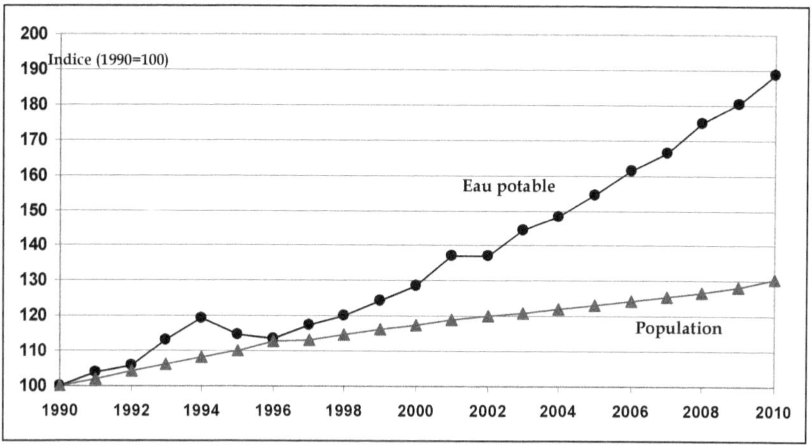

Fig. 2.8 : Evolution des indices de la population tunisienne et des volumes produits pour l'eau potable (Source : SONEDE).

Depuis la création de la SONEDE (Loi n°68-22 du 2 juillet 1968), les performances affichées par le secteur ont été édifiantes : la production d'eau est passée de 90 Mm^3 en 1968 à 540 Mm^3 en 2011 ; et entre 1975 et 2010, la consommation spécifique d'eau potable est passée de 35 à 90 litres/jour/habitant en moyenne nationale (Cf. Tab 2.2).

Année	Consommation L/j/hab
1975	35
1980	43
1985	56
1990	55
1995	59
2000	70
2005	78
2010	90

Tab. 2.2 : Evolution de la consommation en moyenne nationale, de 1975 à 2010 (d'après Annuaires statistiques SONEDE)

Dans les conditions moyennes des dernières années, la consommation domestique représente 87 % de l'eau distribuée par la SONEDE (y compris la part des établissements collectifs : 12 %), celle des industries branchées : 8 %, et la consommation touristique : 5 %. Par ailleurs, une part de la demande industrielle et touristique est assurée par des prélèvements directs sur les nappes souterraines. Les consommations spécifiques (tout usage confondu) sont variables : 121 l/j/hab. branché en milieu urbain, 85 l/j/ hab. branché en milieu rural et 40 l/j/hab. en milieu rural dispersé. Quant aux consommations spécifiques à l'usage domestique, elles s'établissent en 2010 et par habitant branché à 90 litres/jour en moyenne nationale, avec 93 litres/jour en milieu urbain, et 72 litres/jour en milieu rural.

Toutefois et comme l'indique la Fig. 2.9, ces moyennes nationales ne rendent pas compte des différences régionales, et cinq régions (gouvernorats) demeurent toujours sous la barre de 55 litres/jour/habitant, celles de Jendouba, Siliana, Kairouan, Sidi Bouzid, Kasserine, régions où la présence de la population rurale est précisément la plus forte : plus de 60 % avec un maximum de 76 % à Sidi Bouzid, alors que la Tunisie est en moyenne à 65 % urbaine selon le recensement 2004 de l'INS (INS, 2005).

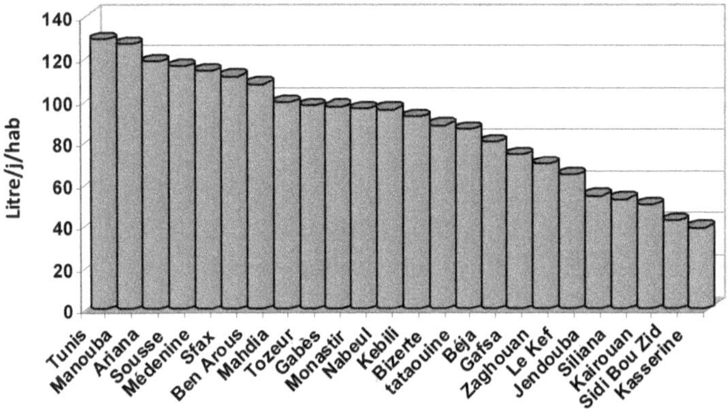

Fig. 2.9 : Consommation spécifique d'eau potable en 2011, valeurs régionales classées par gouvernorat, l/j/hab. (d'après données SONEDE et DGGREE).

Ainsi, malgré tous les efforts fournis par la Tunisie dans le domaine de la mobilisation de l'eau, malgré la priorité absolue accordée à l'eau potable dès 1975 par le Code des Eaux et les progrès relatifs enregistrés dans l'approvisionnement en eau potable des zones rurales (avec l'assainissement amélioré, l'accès à une eau potable salubre forme en effet l'un des principaux éléments constitutifs des indicateurs de pauvreté), et en dépit de toutes les performances affichées, des progrès sensibles restent à accomplir : un million et demi de ruraux, soit environ 15 % de la population tunisienne, sont encore desservis en eau potable par des systèmes collectifs et ne peuvent disposer directement de l'eau à domicile. D'autre part, 220 000 ruraux n'avaient pas encore, en 2012, accès à une eau potable de qualité requise. Les retards dans la desserte de cette frange de population concernent particulièrement les zones dont le coût d'approvisionnement collectif est prohibitif, en raison notamment de la forte dispersion de l'habitat, ou encore de l'absence, à proximité, de ressources en eau disponibles et de qualité satisfaisante.

2.5.1.2- Les services d'assainissement

En termes d'assainissement urbain, l'ONAS est l'opérateur unique chargé de la collecte des eaux usées et de leur traitement (Loi n°74-73 du 3 août 1974 portant création de l'ONAS) et le principal intervenant dans le domaine de la protection du milieu hydrique et de la lutte contre la pollution. Sur une population totale de 6,3 Millions qui résident dans les communes prises en charge par l'ONAS, 5,6 Millions d'habitants sont aujourd'hui raccordés au réseau public d'assainissement (Cf. fig. 2.10). Dans ces villes, l'ensemble des réseaux urbains permet de collecter un volume total de 246 Millions de m^3/an d'eau usée dont la majorité (240 Mm^3/an) est traitée dans 110 stations d'épuration de différentes tailles réparties sur l'ensemble du territoire national (fig. 2.12).

Au cours des dernières décennies, les performances du secteur de l'assainissement ont enregistré d'importantes améliorations en zones urbaines, mais ces performances cachent d'énormes disparités : disparités entre les communes prises en charge par l'ONAS et celles qui se trouvent encore sous la responsabilité des municipalités ; disparités entre les agglomérations urbaines et les agglomérations rurales. Les données de l'Institut National des Statistiques (INS) relatives aux indicateurs d'infrastructures indiquent qu'en 2010, le taux de branchement à l'eau potable qui avoisine 100 % en milieu urbain, n'est que de 85 % pour l'ensemble du pays : 15 % de la population tunisienne, essentiellement en milieu rural, ne disposent pas d'eau potable à domicile. Le contraste est plus net pour ce qui concerne les services d'assainissement : le taux de branchement au réseau s'élève à 84 % en milieu communal (89 % dans les communes prises en charge par l'ONAS) mais demeure inférieur à 60 % à l'échelle du pays (Cf. Tab 2.3).

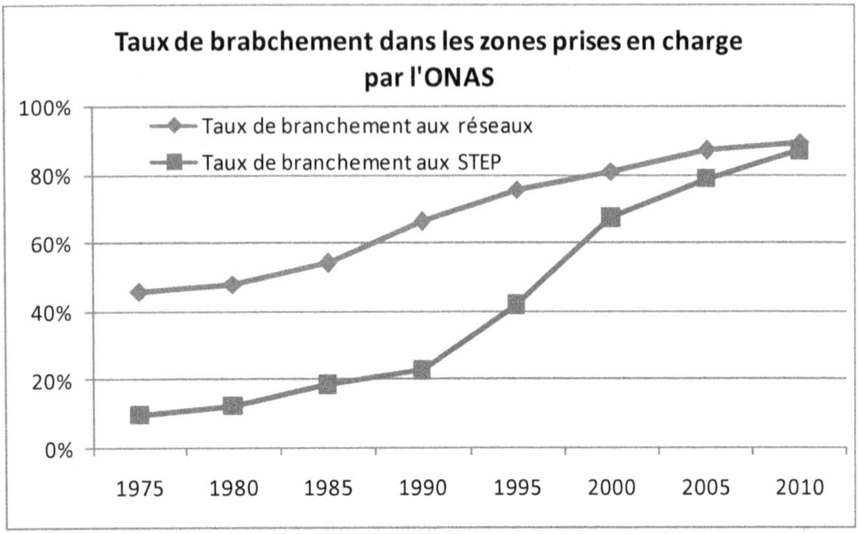

Fig. 2.10 : Taux de branchements aux réseaux d'assainissement et aux stations d'épuration dans les communes prises en charge par l'ONAS (ONAS, 2010)

Année		1994	2004	2010
Taux de branchement en milieu urbain %	Eau potable	95.3	97.9	98.8
	Assainissement	59.9	78.3	84.2
Taux global de branchement %	Eau potable	70.1	83.3	85.7
	Assainissement	38.5	53.5	58.7

Tab. 2.3 : Evolution du secteur de l'eau potable et de l'assainissement ; (Données INS, 2011).

Compte tenu de la distribution des zones rurales, les services de l'assainissement présentent des disparités régionales importantes : le taux de branchement passe de 96 % dans le gouvernorat de Tunis à 20 % dans le gouvernorat de Médenine (Cf. Fig. 2.11).

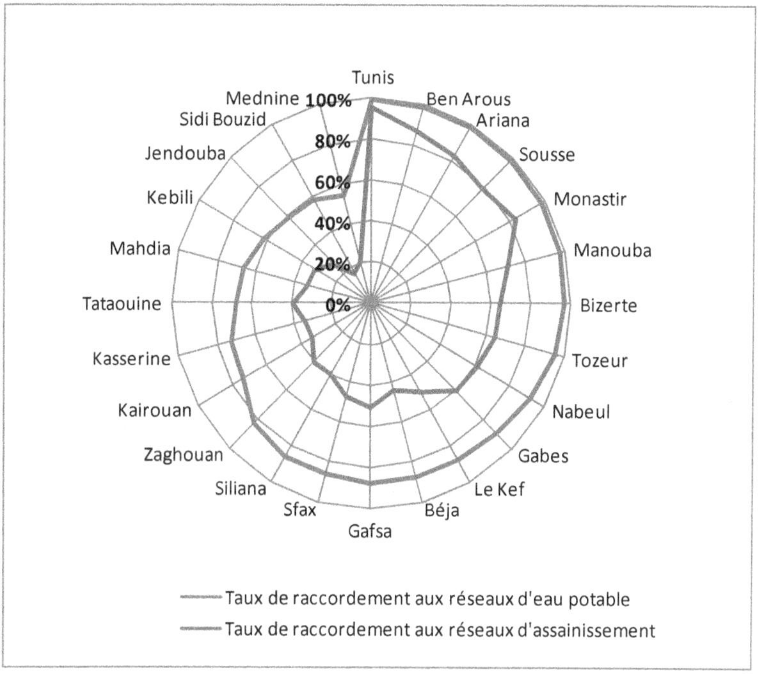

Fig. 2.11 : Taux globaux de branchement aux réseaux d'eau potable et aux réseaux d'assainissement en 2010, (Données INS, 2011)

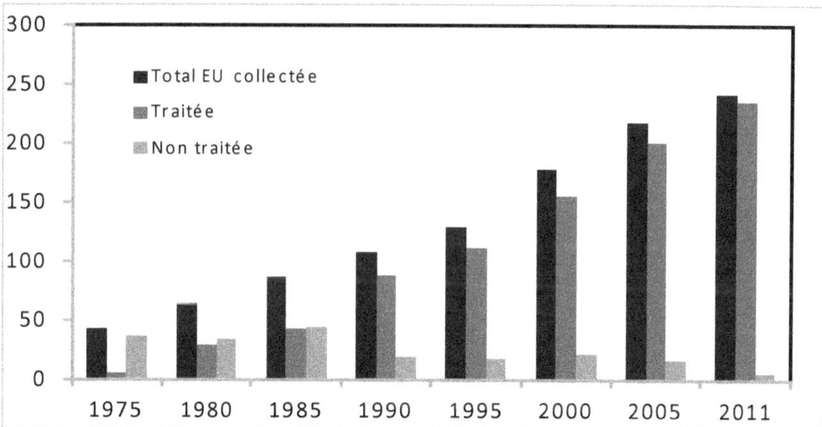

Fig. 2.12 : Evolution des volumes (en millions de m^3) d'eau usée collectée et traitée dans les stations d'épuration urbaines (source : ONAS)

2.5.1.3- Le problème de l'assainissement rural

Le problème du branchement à l'eau potable et à l'assainissement en milieu rural se pose aujourd'hui comme l'un des enjeux majeurs du secteur de l'eau. Si des progrès significatifs ont été enregistrés dans le domaine de l'eau potable, le problème de l'assainissement rural demeure entier. Très peu de logements ruraux disposent, en effet, d'installations sanitaires adéquates : les toilettes rudimentaires, situées le plus souvent à l'extérieur des habitations, sont reliées à des puits perdus ou des fosses sèches. Au plan institutionnel, l'assainissement en milieu rural ne relève pas des prérogatives de l'ONAS même si ce dernier intervient de façon ponctuelle et pour le compte de l'Etat dans certaines agglomérations rurales. L'ONAS s'implique de toute façon dans l'élaboration des programmes d'assainissement dans les agglomérations dépourvues de réseaux. C'est ainsi qu'il a conduit en 1999 une étude sur la stratégie d'assainissement dans les régions rurales. Cette étude a identifié 600 zones rurales d'intervention prioritaires dans lesquelles seulement 2 % des habitations sont branchées à un réseau d'assainissement, 23 % utilisent des fosses sceptiques et 75 % rejettent leurs eaux directement dans le milieu naturel. Elle propose des programmes conçus de manière à expérimenter tous les modes potentiels d'assainissement en milieu rural et à couvrir les différentes régions du pays.

La stratégie est mise en œuvre en deux phases : la première phase (1999-2006) a porté sur la mise en place d'un programme pilote et la deuxième (2007- 2016) prévoit la mise en œuvre pratique du programme. Outre les populations vivant en milieu rural, ces stratégies d'assainissement peuvent également s'appliquer aux populations des petites agglomérations communales qui ne sont pas prises en charge par l'ONAS : cela représente une population de 4,8 Millions d'habitants soit plus de 45 % de la population totale du pays en 2010. Un projet pilote d'assainissement de 57 zones rurales, démarré en 2001 et en bonne partie réalisé, vise à expérimenter les conditions d'adaptation des différentes technologies disponibles

Si des progrès réels ont été enregistrés sur le plan technique, les aspects institutionnels de l'assainissement rural n'ont pas encore été pris en considération dans le programme pilote et, de ce point de vue, la question reste totalement ouverte. Néanmoins, l'étude sectorielle de la stratégie d'assainissement en milieu rural propose des éléments pour le cadre institutionnel qui s'inspirent de l'expérience acquise dans la gestion participative de l'eau potable rurale et qui associe l'ONAS dans tous les aspects techniques et d'encadrement.

2.5.2- L'eau et l'agriculture

Le rôle de l'agriculture dans la croissance économique nationale demeure important, même si, en proportion, la part du PIB agricole tend à diminuer lentement. En 2010, le secteur agricole représente 10 % du PIB, occupe 25 % de la population active et compte 475 000 exploitations d'une superficie moyenne de 11 ha, tandis que le secteur de l'industrie et des mines, celui des services et les secteurs divers contribuent respectivement pour 32 %, 46 % et 12 % du PIB. Aux exportations de produits agricoles (principalement l'huile d'olive et les fruits) sont imputables plus de 20 % du total des exportations, mais l'agriculture reste tributaire de conditions climatiques aléatoires.

Les prélèvements d'eau totaux ont atteint 2,8 km^3/an en 2010, dont 2,2 km^3/an alloués à l'irrigation, soit 78 % (17 % étant prélevés pour les collectivités et 5 % pour l'industrie). Selon les enquêtes sur l'affectation des prélèvements d'eau (Annuaires d'exploitation des eaux souterraines et bases de données sur l'exploitation des barrages), la demande de l'irrigation en volumes provient pour 77 % des eaux souterraines, pour 22 % des eaux de surface, et pour près de 1 % de la réutilisation des eaux usées traitées.

Compte tenu des ressources en eau affectées au secteur de l'agriculture, le potentiel d'irrigation est estimé globalement à 560 000 ha, comprenant 410 000 ha en maîtrise totale ou partielle et 150 000 ha en irrigation de complément et épandages de crues. La superficie totale réellement aménagée avec contrôle de l'eau était de l'ordre de 405 000 ha en 2005, comprenant : (i) 175 000 ha d'irrigation de type informel équipés sur de petits périmètres privés (environ 75 000 exploitations) à partir de puits de surface, de forages peu profonds ou de prélèvements sur oueds ; et (ii) 230 000 ha équipés sur des périmètres à réseau collectif, à partir de forages profonds, barrages collinaires et grands barrages, réalisés grâce à des investissements publics.

En ce qui concerne la source d'approvisionnement en eau, l'enquête sur la structure des exploitations agricoles réalisée en 2005 (Min. Agri, 2005) révèle, en termes de superficies par origine de l'eau, les proportions suivantes : 48 % des superficies s'alimentent sur les puits de surface (194000 ha), 25 % sur forages (101 000 ha), 21 % sur grands barrages (85 000 ha), 2,7 % sur prises d'eau en oueds (11 000 ha), 1,2 % sur lacs collinaires (4 800 ha), 0,8 % sur barrages collinaires (3 200 ha), 0,6 % sur des sources naturelles (2 400 ha), 0,5 % par épandages de crues (2 000 ha), et 0,4 % à partir d'eaux usées traitées (1 600 ha). L'eau souterraine constitue la source d'approvisionnement pour 74 % de la superficie irriguée du pays. L'enquête sur les structures des exploitations confirme ainsi les ordres de grandeur déduits des données de prélèvements.

Par type de culture, la superficie irriguée se répartit ainsi : arboriculture : 160 000 ha (40 %) ; cultures maraîchères : 130 000 ha (32 %) ; céréales en irrigation d'appoint : 58 000 ha (14 %) ; fourrages : 52 000 ha (13 %) ; cultures industrielles : 3 000 ha (0,75 %) ; légumineuses : 2 000 ha (0,5 %). Les périmètres irrigués sont donc consacrés pour environ 72 % de leur superficie à des cultures considérées comme ayant une haute valeur économique.

En Tunisie, les réseaux collectifs d'irrigation sont généralement de type moderne. L'efficience de ces réseaux est estimée à 85 %. Un vaste programme d'économie d'eau en irrigation a démarré en 1995, et le taux d'équipement par des systèmes d'économie d'eau a atteint 87 % des superficies irriguées dans les périmètres en maîtrise totale en 2011. Ce taux n'était que de 37 % au départ du programme en 1995 (Cf. Tab. 2.4).

Année	1995	2000	2005	2011
S équipée/S irriguée	37	67	75	87
En irrigation localisée	4	17	26	37
En aspersion	17	25	26	28
En gravitaire amélioré	16	25	23	22

Tab. 2.4 : Evolution en % des superficies équipées de moyens d'économie d'eau, (DGGREE, 2012)

Cette stratégie a permis en une quinzaine d'années d'imprimer une certaine tendance à la stabilisation de la demande en eau d'irrigation malgré l'extension des superficies irriguées (Cf. Fig. 2.13). Cependant, des efforts importants restent encore à déployer en vue de maîtriser les techniques efficientes d'irrigation mises en place par les irrigants, afin d'en tirer le meilleur profit économique.

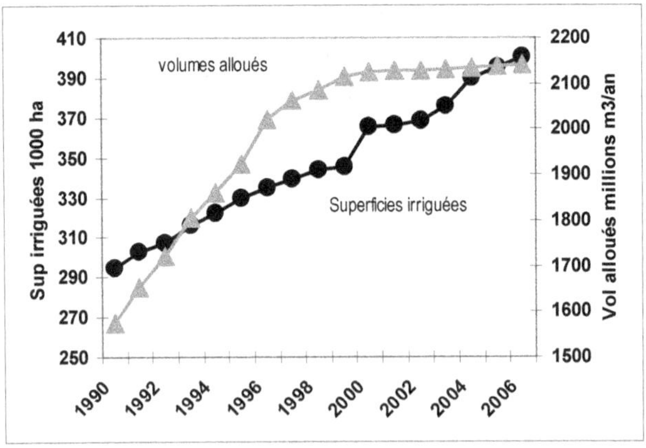

Fig.2.13: Evolution des superficies irriguées et de la demande en eau d'irrigation.

Dans l'ensemble, l'irrigation est consommatrice d'énergie et 95 % des périmètres sont munis de systèmes de pompage. La capacité totale de pompage était évaluée à environ 160 000 kW en 2005. La production du secteur irrigué est estimée à 35 % en valeur de la production agricole totale et sa contribution à l'exportation agricole est de 20 %, avec une contribution de 27 % à l'emploi agricole.

2.5.3- Energie, Industrie et Tourisme

2.5.3.1- L'énergie hydraulique

La Tunisie ne dispose pas de grands fleuves ni de sites adaptés à la production continue d'énergie hydraulique. Depuis les années 50, plusieurs projets de taille réduite ont été réalisés à l'occasion de la construction des barrages- réservoirs au Nord du pays. Actuellement, le potentiel hydro-électrique national est estimé à 1000 GWh. Le potentiel techniquement exploitable est de 250 GWh, la part économiquement réalisable est de l'ordre de 160 GWh, et la puissance installée est estimée à 66 MW (dont 36 MW sur Sidi Salem, 13 MW sur Nebeur, 9 MW sur Ben Metir). L'énergie hydro-électrique constitue près de 1 % de l'énergie totale produite dans le pays. Exprimée en tonnes équivalent pétrole (tep), la production hydro-électrique est passée de 13 tep en 2000 à 32 tep en 2005, et devrait se développer encore avec l'augmentation du prix des énergies fossiles.

2.5.3.2- Les usages industriels

Les données sur l'usage industriel de l'eau sont gérées par 3 organismes : (i) la SONEDE contrôle les volumes distribués aux industries connectées à son système d'eau et qui se sont élevés à 35 Mm^3/an en 2005 ; (ii) la DGRE, par ses enquêtes sur l'exploitation des nappes profondes, contrôle les industries non raccordées, lesquelles ont utilisé 60 Mm^3/an en 2005 ; (iii) l'ONAS, de son coté, a mis en place dans le cadre de sa mission de contrôle des pollutions d'origine industrielle une base de données exhaustive sur les rejets hydriques industriels : le « Cadastre des Rejets Hydriques Industriels (CADRIN) », régulièrement mis à jour et qui, moyennant la part des « consommations nettes » de certaines industries, corrobore les volumes enregistrés respectivement par la SONEDE et la DGRE. Etant donné que les quantités utilisées par l'industrie sont globalement modérées, et que la redevance de prélèvement sur les eaux souterraines est encore relativement basse, les industriels ne sont pas incités à introduire des procédés économes en eau. Il n'existe pas encore de normes tunisiennes pour les usages industriels et le recyclage n'est pratiqué que par quelques rares unités.

2.5.3.3- Le tourisme

Certes, la consommation individuelle du touriste (550 l/j/lit occupé en moyenne en 2006 ; 900 l/j/lit pour les hôtels 5 étoiles (Guefrej, 2007b)) est très élevée : en moyenne six fois, en consommation journalière, celle de l'usager domestique tunisien. Cependant, la somme des consommations de l'ensemble du secteur touristique atteint 25 Mm^3/an ce qui ne représente que 1 % de l'ensemble des ressources exploitées, y compris pour le secteur agricole, et 5 % des ressources allouées à l'eau potable. Ce taux est légèrement plus élevé dans le Sud où l'on prévoit un fort développement du secteur à l'avenir, mais ce développement devrait pouvoir être maîtrisé : d'une part par l'application des nouvelles dispositions réglementaires sur l'audit des gros consommateurs d'eau potable (objectif d'économie de 50 % en moyenne dans l'hôtellerie), d'autre part, par un recours à terme au dessalement de l'eau de mer.

2.5.4- Les ressources non conventionnelles

Pour équilibrer son bilan hydrique, la Tunisie a cherché à accroître ses disponibilités en eau par des moyens non conventionnels : réutilisation des eaux usées traitées et dessalement des eaux saumâtres et de l'eau de mer.

2.5.4.1- La réutilisation des eaux usées traitées

En raison de la nature des traitements appliqués aux eaux épurées (type secondaire), la réutilisation des eaux usées traitées (EUT) n'est permise en Tunisie qu'à des fins agricoles. Dans le domaine de l'irrigation, cette réutilisation obéit à une réglementation spécifique qui vise la protection sanitaire des utilisateurs et des produits agricoles consommés. Sont autorisées les cultures non consommées crues : cultures céréalières, fourragères, industrielles, forestières et florales. (Décret N° 89-1074 du 28 juillet 1989 fixant les conditions d'utilisation des EUT à des fins agricoles, et Arrêté Ministériel du 21 juin 1994 fixant la liste des cultures autorisées à l'irrigation avec les EUT).

Néanmoins, la réutilisation des eaux épurées ne semble pas suivre les performances du secteur de l'assainissement : plusieurs raisons techniques, socio-économiques et culturelles entravent encore la réutilisation effective des eaux résiduaires, qui atteint à peine 10 % du potentiel des eaux usées traitées. Les raisons techniques sont en relation avec la qualité des eaux produites et les restrictions édictées par la réglementation environnementale et sanitaire. D'autres difficultés d'ordre technique ont trait aux conditions de transfert et de régulation pour acheminer l'eau épurée vers les zones potentielles d'utilisation et adapter la cadence de sa production à celle de son usage. En effet la demande en eau de l'agriculture est saisonnière et variable, elle est tributaire des conditions climatiques ; et l'adoption de la réutilisation de l'eau épurée comme mode d'escamotage des eaux résiduaires renvoie à la nécessité de diversifier les possibilités de réutilisation des eaux usées traitées. Les projets de recharge des nappes côtières et des zones humides dans les régions de Nabeul et de Korba au Cap-Bon s'inscrivent dans cette perspective. Enfin, et malgré une tarification incitative, la réutilisation se heurte à une forte réticence des usagers : les agriculteurs préfèrent les eaux conventionnelles (lorsqu'elles sont disponibles), moins contraignantes vis-à-vis des spéculations autorisées et des conditions d'emploi.

En dépit de ces difficultés, la réutilisation des EUT a permis de maintenir ou de développer une activité agricole dans des zones où localement il y a carence structurelle en ressources conventionnelles, à l'exemple des régions de Monastir, de Sfax et de Gabès. Appliquée avec succès dans l'arrosage des terrains de golf, la réutilisation des EUT a permis de réduire la pression sur une ressource très sollicitée dans les zones côtières touristiques du Cap Bon et du Sahel. La réutilisation permet également de limiter les rejets dans les milieux naturels vulnérables contribuant ainsi à la réduction des impacts et permettant de réaliser dans le même temps d'importantes économies de traitement comme par exemple : (i) dans les zones à forte activité touristique du Sahel, où l'on a de plus en plus recours à de coûteux émissaires en mer pour disperser la pollution résiduelle des eaux épurées loin des plages utilisées pour la baignade, et (ii) dans les bassins de la Medjerda et de l'Ichkeul où l'on procède, dans les stations d'épuration urbaines, à des traitements complémentaires visant l'élimination des nutriments pour réduire les risques d'eutrophisation des cours d'eau, des retenues et des lacs.

2.5.4.2- Le dessalement

Le dessalement de l'eau saumâtre (de nappes profondes, de salinité comprise entre 3,5 et 6 g/l) est pratiqué par la SONEDE à Kerkennah (3300 m^3/j), Gabès (22500 m^3/j), Djerba et Zarzis (24000 m^3/j chacune), à des coûts de l'ordre de 0,800 DT/m^3 (SONEDE, 2006) : le volume d'eau dessalée a atteint 18 Mm^3 en 2007, soit environ 4 % de la production totale d'eau potable de la SONEDE. Le recours au dessalement des eaux constitue une option stratégique de la SONEDE pour améliorer d'une manière systématique la qualité de l'eau potable destinée aux agglomérations de la région sud du pays : extension des stations de dessalement de Gabès et Jerba, amélioration de la qualité des eaux de 14 localités du Sud et du Centre Ouest, projection pour l'approvisionnement futur de la ville de Sfax en eau de mer dessalée. Certaines unités touristiques et industrielles privées procèdent également au dessalement d'eaux saumâtres ou d'eau de mer pour leur propre compte.

2.5.4.3- Considérations économiques sur l'utilisation des eaux non conventionnelles

Les aspects socio-économiques jouent un rôle essentiel pour le développement des ressources en eau non conventionnelles. La politique de mise en valeur des ressources en eau naturelles a conduit à une forme de subvention de l'eau qui provoque chez l'usager l'illusion de l'abondance d'une ressource rare parce qu'accessible à des coûts relativement modérés : (i) tarification arrêtée à 0,02 DT/m^3 pour la réutilisation agricole d'eau usée traitée ; (ii) tarification sociale de la SONEDE ; (iii) redevance de prélèvement dans le DPH demeurée à des taux dérisoires : 0,005 DT/m^3 pour les usages industriels et 0,002 DT/m^3 pour les usages agricoles. Cela peut expliquer la réticence relative des agriculteurs envers la réutilisation des eaux épurées notamment dans les régions où l'irrigation est parallèlement pratiquée avec des eaux conventionnelles considérées plus chères donc plus « nobles » et utilisables sans restrictions.

D'autre part, la politique adoptée par la Tunisie et qui érige en principe la notion d'équité dans l'accès à l'eau potable conduit à distribuer et à utiliser au même coût et pratiquement dans les mêmes conditions techniques, les eaux quelles que soient leurs origines y compris les eaux produites par dessalement. C'est certes là une expression de solidarité à l'échelle nationale pour des usages strictement domestiques, mais qui ne conduit pas forcément aux meilleures conditions de conservation et de valorisation de la ressource pour des usages municipaux, industriels et touristiques.

2.5.5- La gestion des risques hydrologiques

Les risques peuvent avoir pour origine des aléas naturels (sécheresse, inondations) ou résulter de l'action anthropique, souvent en relation avec les modes de gestion et d'emploi de la ressource : salinisation des eaux et des sols, envasement des retenues, risques pour les écosystèmes hydrologiques, pollution hydrique[10].

2.5.5.1- La gestion des inondations

Dans un passé relativement récent, les inondations de 1969 ont été fortement dévastatrices sur le Centre et le Sud du pays, celles de 1973 ont frappé le Nord causant des dégâts considérables notamment dans la basse vallée de la Medjerda. La ville de Sfax a été, en 1982, gravement touchée par des inondations dont les conséquences économiques et en termes de pertes en vies humaines ont été importantes. La ville de Tunis a également subi de graves inondations en 2003. On peut multiplier les exemples. La lutte contre les inondations a souvent motivé la réalisation d'aménagements hydrauliques qui constituent aujourd'hui l'essentiel des mesures structurales de protection (barrages, digues, profilage de cours d'eau, réseaux d'évacuations urbains, bassins de retenue). Le rôle protecteur de ces aménagements est bien perçu techniquement car ces mesures sont en général assez efficaces contre les inondations. Mais la réalisation de ces ouvrages donne souvent à la population concernée l'illusion d'une protection totale et

[10] La surexploitation des eaux souterraines sera traitée dans une autre section, au chapitre 3.

définitive qui conduit à des comportements incompatibles avec les risques subsidiaires.

La gestion des inondations ne bénéficie pas d'un statut particulier et c'est le statut général de la gestion des risques naturels qui s'applique par défaut aux inondations. Aux termes de la Loi 91-39, les inondations sont considérées comme des calamités naturelles quand leur gravité et les séquelles qu'elles engendrent dépassent les moyens ordinaires pour y faire face. La prévention des calamités naturelles et les mesures d'intervention à l'échelle nationale sont organisées dans le cadre d'un plan national élaboré et suivi par la « Commission nationale permanente de lutte contre les calamités, leur prévention et l'organisation des secours », placée sous l'autorité du ministre de l'intérieur. A l'échelle régionale, ce sont les commissions régionales placées sous l'autorité des gouverneurs qui accomplissent ces missions dans le cadre de plans régionaux.

Encadré 2.1

Coordination de la lutte contre les inondations

« Sur le plan de la coordination institutionnelle de lutte contre les inondations, trois acteurs sont aujourd'hui impliqués : (i) le Ministère de l'Agriculture chargé de la protection des zones rurales en dehors des villes et des agglomérations ; les actions de mobilisation des eaux de surface, la construction des grands ouvrages hydrauliques et le traitement des bassins versants qu'il entreprend s'inscrivent dans cette mission ; (ii) le Ministère de l'Equipement, qui entreprend avec la Direction de l'Hydraulique Urbaine la réalisation d'études et de projets de protection des villes contre les inondations ; (iii) les collectivités locales qui doivent prévoir l'exécution de projets et la réalisation d'ouvrages de lutte contre les inondations. Les collectivités locales ont vu, depuis 1993, leurs attributions s'étendre considérablement en matière de gestion des eaux pluviales : suite à la modification en 1993 du texte constitutif de l'ONAS, celui-ci a été déchargé de la mission de gestion des eaux pluviales au profit des collectivités locales, mais ces dernières n'ont pas les moyens nécessaires ni sur le plan technique ni sur le plan financier pour s'acquitter convenablement de cette mission, et cette tâche peut être considérée vacante pour le moment. La décision un peu hâtive de décharger l'ONAS de la gestion des eaux pluviales urbaines a entrainé un vide institutionnel et un flou dans le partage des rôles et la délimitation des responsabilités de chacun des intervenants. Il faut rappeler par ailleurs que l'article 141 du Code des Eaux a prévu la constitution de "Groupements de Défense contre les Inondations", associations chargées d'appuyer les interventions des conseils de gouvernorats et des communes dans l'exécution des travaux de défense contre les inondations. Le même article avait prévu un décret fixant le mode de constitution de ces groupements. Le décret et les groupements n'ont pas encore vu le jour » (CNEA-DGRE, 2009).

Même si des représentants des Ministères impliqués dans la gestion des ressources en eaux siègent dans les commissions nationales et régionales, le dispositif général de gestion du risque reste confiné dans un cadre administratif peu favorable à la célérité nécessaire en pareille circonstance et à la coordination la plus efficace des efforts de lutte contre les inondations aux échelles appropriées. La lutte contre les excès d'eau met en jeu différents niveaux de décision et d'intervention qui couvrent différentes échelles d'espace et ne se superposent pas forcément au découpage administratif. C'est en effet à l'échelle du bassin versant que la planification, la prévention et la gestion de la lutte contre les inondations sont les plus efficaces.

2.5.5.2- Les Sécheresses

Les grandes sécheresses du XXème siècle (1937-38, 1947-48) sont encore dans les mémoires : elles ont été catastrophiques, provoquant d'importantes famines. Les barrages-réservoirs permettent aujourd'hui d'assurer la régulation interannuelle des ressources en eau de surface et d'atténuer les effets de la sécheresse. Mais les épisodes de sécheresse prolongée viennent rappeler que la Tunisie est un pays aride dont les ressources sont structurellement insuffisantes. Les préjudices socio-économiques des sécheresses restent extrêmement élevés, en particulier sur le niveau de la production agricole et sur la balance commerciale.

Le Code des Eaux ne traite pas de questions relatives à la sécheresse. Toutefois, et en cas de sécheresse, l'Administration doit déclarer l'état de pénurie, définir et délimiter les zones sinistrées et édicter les règlementations locales et conjoncturelles, y compris les mesures de rationnement, en vue d'assurer en priorité l'alimentation en eau des populations, l'abreuvement des cheptels et lorsque cela est possible la sauvegarde des plantations existantes. Au titre des mesures d'atténuation préventives, des plans de protection sont nécessaires en vue de modérer les risques liés à la sécheresse.

2.5.5.3- Irrigation et salinisation des sols

Plus de la moitié des eaux mobilisées affectées à l'irrigation sont considérées, à des degrés divers, comme «médiocres » à «mauvaises » pour l'irrigation. En effet, si 72 % des eaux de surface mobilisées présentent une salinité inférieure à 1,5 g/l, seulement 20 % des eaux souterraines se situent dans cette catégorie. Les risques encourus par l'utilisation d'une eau de qualité médiocre sont multiples (Mhiri, 2002) : (i) risques par rapport à l'espèce cultivée, selon sa tolérance, sur le rendement et la qualité du produit ; (ii) risques sur la fertilité des terres (*salinisation du sol*) qui peut être irréversible ; (iii) risque de salinisation des nappes.

Les règles de gestion de l'eau saumâtre à la parcelle susceptibles de minimiser les risques sont connues et vulgarisées : système de cultures tolérantes, technique d'irrigation appropriée, gestion de l'eau et du bilan des sels dans le sol (doses et fréquences des irrigations, drainage). Les conditions d'application de ces règles sont réunies dans la plupart des périmètres publics irrigués, mais tous les irrigants n'observent pas nécessairement les consignes de bonne pratique des irrigations, ou sous-utilisent les volumes d'eau mis à leur disposition pour assurer le lessivage adéquat des sels ; le réseau de drainage ne bénéficie pas toujours de l'entretien nécessaire, et dans certains cas où le drainage naturel est déficient et en l'absence de réseau de drainage artificiel, la remontée de la nappe finit par saliniser le sol. La Direction des Sols du Ministère de l'Agriculture dispose d'un programme de suivi-évaluation de la salinisation des sols dans les périmètres publics irrigués à risque, et d'un réseau de suivi de la salinité et des niveaux d'eau des nappes salées au droit des périmètres pouvant être affectés par l'hydromorphie en relation avec l'excès d'irrigation.

2.5.5.4- Envasement des retenues de barrages

La plus grande menace qui pèse sur les ouvrages de mobilisation des eaux de surface est l'envasement prématuré des retenues de barrages et des lacs collinaires, dû à la fréquence des précipitations orageuses intenses. L'ampleur du phénomène de l'érosion a assez tôt été analysée et ses effets sur les barrages réservoirs ont été soulignés dès les années cinquante. Compte tenu de la mise en œuvre des nouveaux ouvrages et de l'envasement prévisible, on estime que les volumes perdus par alluvionnement étaient de 500 Mm^3 en 2010 et devraient atteindre plus de 1 100 Mm^3 à l'horizon 2030, soit près de 40 % de la capacité de stockage des barrages (Ben Mammou et Louati, 2010). Un vaste programme de conservation des eaux et des sols est déjà engagé en vue de traiter dans le long terme près de 3 millions d'hectares (DG. ACTA, 2007) affectés par l'érosion et de réduire ainsi le risque d'envasement des retenues. Mais dans le secteur de la conservation des eaux et des sols, comme dans bien d'autres domaines, l'effort d'investissement financier consenti souvent dans l'urgence par la communauté nationale, n'est pas suivi d'efforts conséquents d'études et d'évaluations objectives de l'efficacité des programmes.

2.5.5.5- Risques environnementaux et protection des écosystèmes hydrologiques

La réalisation des différents programmes d'aménagements hydrauliques a conduit à une forte artificialisation du cycle de l'eau. Cela se traduit par une réduction de l'alimentation des hydro-systèmes, qui n'est pas sans conséquences sur les milieux et sur les écosystèmes aquatiques continentaux et littoraux. Dans ces conditions la protection des milieux passe par une prise en compte systématique de la demande en eau qu'il s'agit d'évaluer pour l'inclure dans les programmes d'allocation de la ressource : lâchers d'eau pour l'alimentation des milieux lacustres, des zones humides et pour la recharge des nappes. Certes, cette perception de la demande environnementale en termes d'allocation directe de ressources en eau mobilisées a été progressive ; mais elle est devenue un élément essentiel des programmes d'aménagement et des modes de gestion des ressources en eau,

(Saied et Elloumi, 2007), l'exemple le plus démonstratif étant celui de l'Ichkeul.

Le fonctionnement du lac Ichkeul et de ses marais a été menacé par les aménagements hydrauliques du Plan Directeur des Eaux du Nord, qui induisent un contrôle total du ruissellement : la réduction des apports au lac entraînait un dysfonctionnement hydrologique du système lac-marais, avec des risques de salinisation croissante des eaux et de disparition progressive de la végétation. Les différents acteurs se sont engagés dans une démarche concertée et mis en place des protocoles de gestion garantissant les apports en eau douce nécessaires au fonctionnement de l'écosystème. Le Plan Directeur des eaux du Nord a été actualisé pour intégrer la gestion du Parc National de l'Ichkeul comme un consommateur d'eau à part entière. Sa demande, estimée à 0,1 km^3/an, est assurée par un certain nombre de grands barrages de la région, qui intègrent désormais parmi leurs fonctions celle de garantir la demande environnementale.

2.5.5.6- Les risques de pollutions et le suivi de la qualité des ressources hydriques

L'article 125 du Code des Eaux (1975) prévoyait un inventaire du « degré de pollution » des eaux superficielles sans pour autant prévoir de texte d'application précisant les modalités d'un tel inventaire, et ce dernier n'a jamais eu lieu.

(i) - L'inventaire des sources de pollution hydrique : en 1994, la DGRE lance un premier inventaire des « sources de pollution hydrique », qui recense 1580 sources de pollution, essentiellement d'origines industrielles et urbaines, susceptibles de causer une nuisance aux ressources hydriques. L'inventaire réalisé en 2004 par le Ministère de l'Environnement (DGEQV) ne dénombre plus que 756 sources de pollution hydrique. Dans l'intervalle, on note une nette diminution des sources de pollution essentiellement du secteur agroalimentaire, due à l'organisation de la collecte des rejets des huileries, ainsi que des rejets d'eaux usées urbaines brutes. L'inventaire 2004 signale toutefois 48 rejets de STEP dont la qualité de certains n'est pas toujours conforme à la norme NT 106.02 (rejets dans le milieu hydrique) et plusieurs dépassements sont détectés.

(ii) Le suivi de la pollution hydrique par l'ANPE : la conception d'un réseau de surveillance et de Contrôle de la Pollution de l'Eau (COPEAU) fait suite à l'actualisation de l'inventaire des sources de pollution. Géré par l'ANPE, ce réseau permet dans un premier temps de dresser un état des lieux de la qualité de l'eau des différentes entités hydrologiques de Tunisie. Le

réseau COPEAU[11] comprend soixante points de mesure contrôlant les principaux paramètres de qualité. Ce réseau est appelé à se développer, sa vocation étant d'aider à anticiper les risques de pollution sur l'ensemble des systèmes hydrologiques.

(iii) - Le suivi de la qualité des eaux naturelles par la DGRE : les mesures de suivi régulier de qualité de l'eau sont enregistrées sur environ 1300 points répartis sur les nappes souterraines. Les évolutions des deux indicateurs mesurés, salinité et nitrates, montrent des tendances significatives sur de nombreux historiques, avec des évolutions continues mais parfois contradictoires au sein d'un même aquifère, ce qui indique que les interprétations doivent s'appuyer sur des études locales. En général, les augmentations de salinité sont plus fréquentes dans les zones côtières et dans certaines zones irriguées. Les évolutions des nitrates sont moins fréquentes sur les nappes profondes, en principe mieux isolées des pollutions d'origine superficielle. Mais la présence de nitrates dans la majorité des aquifères profonds suivis constitue une anomalie, probablement liée aux modes de captage, souvent hors norme, des forages d'exploitation privés qui ne prennent souvent pas la peine d'isoler les couches aquifères superficielles de la couche profonde recherchée (Concept et al., 2008).

Pour conclure sur les risques induits par les activités anthropiques, on peut considérer que le niveau atteint par un certain nombre d'indicateurs que nous avons passés en revue demeure très préoccupant pour l'avenir des ressources en eau. Malgré des investissements considérables, aussi bien en termes financiers que cognitifs, les impacts réels des stratégies de mobilisation massive des eaux ne sont pas encore cernés avec précision : diminution des réserves des nappes et devenir de la salinité des eaux souterraines, impacts réels des mesures d'économie d'eau en irrigation, possibilités de réutilisation des eaux usées traitées, impacts de l'irrigation sur la salinisation des sols et des nappes souterraines, impacts des travaux de CES sur la protection des retenues de barrages ou sur la recharge des nappes.

[11] Bulletin N°5 du COPEAU, Réseau de Contrôle de la Pollution de l'Eau, Ministère de l'Environnement, Juin 2010;

2.6- Les limites des politiques de l'eau et les défis à venir

2.6.1- Une exploitation souvent aux limites des potentialités des ressources en eau

Les études sur le secteur de l'eau conduites au cours des deux dernières décennies ont identifié les principaux problèmes et précisé les modes de gestion appropriés à la rareté de la ressource. Cela n'a pas ébranlé les choix politiques qui consistent à développer encore plus l'exploitation des ressources en eau pour accroître la production agricole et faire face au défi alimentaire. La rationalisation de l'usage de l'eau en agriculture a été un élément clé de la stratégie de gestion de l'eau et les importantes incitations financières ont provoqué une extension importante des équipements d'économie d'eau.

Le Programme National d'Economie d'Eau (PNEE) a permis de faire passer du simple au triple, entre 2000 et 2010, les superficies irriguées par les équipements économes modernes. Certes, les investissements effectués dans ce cadre ont permis d'accroître l'efficience générale de l'irrigation, mais globalement la consommation d'eau agricole ne semble pas pour autant diminuer ; les quantités économisées sont en effet réaffectées pour accroitre les surfaces irriguées, particulièrement dans les périmètres privés. D'une manière générale, les mesures d'amélioration des modes de gestion et de gouvernance fondées sur la décentralisation des services de l'Etat et la participation des usagers à la gestion de l'eau, et sur la mise en place d'outils de gestion de la demande en eau, n'ont pas encore permis d'obtenir des résultats significatifs en termes de réduction de la pression sur la ressource.

Les programmes d'aménagements hydro agricoles ont ainsi poussé la logique de développement de l'irrigation à des niveaux qui paraissent peu compatibles avec les niveaux déjà élevés d'exploitation des ressources en eau. Alors que le potentiel total d'irrigation était estimé à 405 000 ha (Hamdane, 1995) et que les programmes élaborés dans le cadre de la stratégie décennale de mobilisation des eaux devaient permettre d'atteindre 410 000 ha au terme du XIIème Plan de développement qui devait s'achever en 2014, la superficie irrigable a déjà atteint 407 000 ha en 2009. Dans ce contexte, il a été prévu de poursuivre les efforts pour atteindre un taux de mobilisation de 95 % en 2016 (programmes de grands barrages, de leur interconnexion et du transfert des excédents, nouveaux barrages de dimension moyenne et lacs collinaires, réalisation de forages) et de renforcer le développement des ressources non conventionnelles.

Cette gestion au plus près des ressources, presque totalement mobilisées, laisse peu de place aux considérations écologiques. A l'exception du lac Ichkeul, il n'existe aucune reconnaissance systématique de la demande spécifique à la préservation de l'environnement. Le Ministère de l'Environnement estime que les quantités allouées au Lac Ichkeul ne représentent que 15 % de la demande totale des zones humides (MEDD, 2008).

2.6.2- Forces et faiblesses de la politique d'investissement dans les ouvrages de mobilisation

La politique d'investissement menée par l'Etat a permis de développer une infrastructure hydraulique en mesure de mobiliser les neuf dixièmes du potentiel exploitable des eaux superficielles et souterraines. Les plus grands investissements ont permis d'édifier de grands barrages capables de stocker de très importants volumes d'eau. De telles retenues sont nécessaires pour une utilisation différée, dans le temps et dans l'espace, des quantités stockées, et sont particulièrement bien adaptées à la variabilité climatique, géographique et sociologique de la Tunisie où les ressources en eau de surface, et les sites de barrages, sont concentrés au Nord et à l'Ouest du pays, en contraste avec la côte sans ressources et où se concentrent les populations et les activités économiques. Cette équation a été résolue avec : (i) des capacités de stockage, nécessaires pour pouvoir être utilisées pendant les années sèches ; (ii) des transferts importants, avec une spécialisation progressive en régions exportatrices d'eau et régions importatrices. Un autre aspect de cette politique d'investissement est le rôle que jouent ces infrastructures dans la maîtrise des inondations, et qui constitue la première justification économique de certains grands réservoirs.

Les investissements en infrastructures hydrauliques de mobilisation ou d'aménagement des grands périmètres irrigués accaparent depuis des décennies une part importante des crédits alloués au Ministère de l'Agriculture en tant que département en charge de l'eau, ce qui ôte à ce dernier des possibilités d'agir pour améliorer les conditions de la mise en valeur des terres aménagées pour l'irrigation et l'encadrement général du secteur agricole en termes de vulgarisation, de formation et de recherche-développement.

Par ailleurs, la politique de financement effréné d'ouvrages de mobilisation et de travaux d'aménagement cache un certain nombre de dysfonctionnements, qui risquent de compromettre la durabilité des avancées chèrement acquises par le pays dans le domaine de l'eau : (i) réduction de la capacité des réservoirs et surexploitation des nappes phréatiques, (ii) utilisation intensive des ressources faiblement renouvelables dans le Sud, qui représentent le quart des volumes totaux alloués à l'irrigation et sur lesquelles, malgré une planification et un suivi rigoureux, des signes de surexploitation inquiétants se manifestent d'ores et déjà dangereusement, notamment dans les palmeraies de Kebili.

Dans le Nord du pays, une masse d'investissements considérable a été réservée à l'aménagement des grands périmètres publics irrigués, dans des régions où l'irrigation ne semble pas toujours être d'une grande nécessité, et ce en programme connexe à celui des grands barrages-réservoirs. Ceci amène à se poser la question de la rentabilisation de tels investissements. Certes, l'option de l'irrigation représente pour la Tunisie un choix fondamental, qui est synonyme d'intensification de la production agricole pour améliorer le niveau de sécurité alimentaire et de nouveaux paliers de compétitivité sur de nouveaux marchés au plan international, et l'irrigation demeure l'épine dorsale de l'économie rurale dans plusieurs régions du pays. Mais le niveau de mise en valeur agricole de ces périmètres est dans la majorité des cas modeste et l'assolement préconisé en fonction de la vocation des terres très souvent mal respecté. On constate en effet dans ces régions qu'une part non négligeable des terres aménagées pour l'irrigation maintient encore sa vocation initiale en pluvial.

L'analyse des réalisations en matière de superficies irriguées montre que le taux moyen d'intensification culturale (rapport de la superficie totale réellement irriguée au cours de la campagne à la superficie irrigable totale) est variable selon la pluviométrie de l'année, mais reste relativement stable au cours de la dernière décennie, de l'ordre de 90 %, pouvant varier entre 40 et 120 % selon les périmètres. Le taux d'intensification potentiel pour la majorité des périmètres irrigués est estimé à 120 à 130 %, autorisant en principe une superficie disponible à l'exploitation agricole irriguée de plus de 500 000 ha pour l'ensemble du pays avec la même allocation d'eau. Ce paradoxe relatif à la sous-exploitation des aménagements hydro-agricoles dans un pays à caractère aride et semi aride entraine une sous utilisation de l'ordre du tiers des ressources en eau de surface encore disponibles, sous utilisation qui ne fait en réalité que conforter la politique de report d'importants volumes d'eau dans les réservoirs, à utiliser les années de pénurie.

Suite à une mobilisation des eaux en phase de saturation, Il est donc important que la politique d'investissement intensif dans les grandes infrastructures soit réévaluée et revue dans une optique de rentabilisation des installations déjà existantes, et que soient libérés les financements, devenant de plus en plus rares, pour d'autres besoins prioritaires, en particulier la conservation des eaux et du sol pour lutter contre l'envasement des ouvrages, la maintenance et la réhabilitation des équipements, la vulgarisation, la formation et la recherche.

Chapitre 3. Le bilan hydrique national

Le présent chapitre se propose d'établir le bilan hydrique national résultant d'une confrontation de l'offre et de la demande en eau, ces deux termes étant compris dans leur acception la plus large : offre naturelle totale des précipitations d'eau sur l'ensemble du pays, demande intégrale qui inclut les besoins de la société, de l'économie et de l'environnement.

Une première partie introduit au contexte hydrologique général de la Tunisie : contexte physique, régime des précipitations, systèmes hydrographique et hydrogéologique. Dans une seconde partie, et dans une perspective historique de connaissance du bilan en eau de la Tunisie, est présenté l'état général des ressources en eau : d'abord la ressource générique ou ressource pluviale, l'état des ressources en eau de surface et souterraines, avec un focus sur les ressources faiblement renouvelables, et une première mise au point sur les ressources exploitables avec prise en compte du critère de salinité. La réserve offerte par le sol agricole forme le dernier grand gisement naturel du volet des ressources en eau, qui se termine par un bref examen des impacts, sur la ressource, des changements climatiques en perspective.

La troisième partie s'intéresse à la mobilisation des ressources en eau et présente les informations actualisées sur le développement par les grands barrages, les lacs et barrages collinaires, les nappes phréatiques et profondes, mais également par l'évapotranspiration sous forme d'eau verte, et évoque la mobilisation des eaux de surface par les ouvrages de conservation des eaux et des sols.

La quatrième partie fait le point sur les différents usages de l'eau : eau potable, industrie, agriculture, environnement, et dresse l'évolution des bilans ressources-usages, bilans qui mettent à jour les déséquilibres régionaux à l'origine des grands transferts interbassins, présentés dans la cinquième partie.

Une sixième partie établit le constat de la surexploitation des nappes souterraines, qui forme la menace la plus terrible qui pèse sur le devenir des ressources en eau dans le pays, menace susceptible de transformer considérablement et durablement le bilan hydrique national. La septième partie est consacrée au cycle anthropique de l'eau, où l'on tente de dresser un bilan précis de l'ensemble des usages de l'eau : de la mobilisation de l'eau à la source, en passant par les différentes étapes de l'allocation et de l'utilisation effective, jusqu'à la consommation nette et aux retours au milieu récepteur. La huitième et dernière partie tente d'établir le bilan d'eau intégral de la Tunisie, où l'on propose une première version du devenir de la totalité des ressources pluviales du pays.

3.1- Le contexte hydrologique

Sur une superficie de 164 420 km^2 et avec une population de 10,7 millions d'habitants en 2011, la Tunisie est dotée de ressources pluviales estimées à 36 km^3 /an. Les ressources hydrauliques totales (eau bleue) sont évaluées à 4,85 km^3/an, dont 2,7 km^3/an constituent les ruissellements moyens ou ressources en eaux de surface. En 2010, les prélèvements d'eau souterraine étaient estimés à 2 km^3, ce qui représente un taux d'exploitation moyen de 93 % des ressources exploitables estimées à 2 ,15 km^3/an, mais cette moyenne cache de fortes disparités régionales et de nombreux systèmes aquifères sont soumis à une forte surexploitation.

La ressource en eau du sol agricole, part de l'eau pluviale infiltrée dans le sol et disponible à l'évaporation et à la consommation par les plantes, rapportée aux terres cultivables (5 millions d'hectares), est estimée en année moyenne à 13 km^3/an, qui constitue le potentiel total d'eau verte utilisable à des fins agricoles. Ce potentiel passe à près de 19 km^3/an si l'on y intègre l'évapotranspiration des terres de parcours (5 M ha).

Le total des prélèvements d'eau bleue atteint 2,8 km^3 en 2010, dont 0,54 km^3 ont été alloués à l'eau potable (55 % d'eau de surface et 45 % d'eau souterraine) et 2,2 km^3 à l'irrigation. La demande de l'irrigation provient pour 77 % des eaux souterraines, 22 % des eaux de surface, et près de 1 % de la réutilisation des eaux usées traitées. Compte tenu des ressources en eau affectées au secteur de l'agriculture et des niveaux possibles d'intensification agricole, le potentiel d'irrigation permanente et de complément est estimé à 560 000 ha. La majeure partie de la demande en eau émane des zones côtières à grande densité de population, et certains des principaux périmètres irrigués (Basse vallée de la Medjerda, Grombalia, Sahel) sont situés loin des grands gisements de ressources du pays. Les zones côtières utilisent plus d'eau qu'elles n'en disposent, ce qui les amène à importer de l'eau d'autres régions mieux pourvues : le pays entier est marqué par de grands transferts d'eau d'Ouest en Est.

Cette situation exige des efforts considérables de surveillance des ressources : le réseau d'observation de la pluviométrie se compose de plus de 900 stations de mesures régulières ; le réseau de mesures du ruissellement compte 60 stations permanentes et 60 points de mesures régulières ; et le réseau d'observations régulières des eaux souterraines comprend 3 800 points de mesures piézométriques et 1200 points de surveillance des paramètres de qualité. Ces informations, continuellement mises à jour, permettent d'actualiser régulièrement l'évaluation de la ressource, concentrée notamment sur les eaux souterraines, l'exploitation de ces dernières ayant augmenté de 330 % au cours des 40 dernières années.

La réalisation de grands programmes a notamment réduit les apports aux systèmes hydrologiques, aux écosystèmes continentaux et littoraux, et entrainé une certaine dégradation de sols irrigués par salinisation. Les allocations de quantités d'eau pour le lessivage des sols irrigués ont été consenties très tôt alors que la définition des autres besoins de l'environnement nécessitant une allocation directe des ressources mobilisées a été plus tardive à concevoir. La demande environnementale directe (zones humides et recharge artificielle) demeure certes encore faible comparée à celles des agglomérations et de l'agriculture, mais représente un défi émergent pour la planification des programmes hydrauliques futurs.

3.1.1- Le contexte physique et le relief

Située à la pointe Nord de l'Afrique et allongée sur sept degrés de latitude, la Tunisie offre une succession de faciès hydro-climatiques : (a) subhumide à semi-aride au Nord, (b) aride en Tunisie Centrale, (c) hyper aride et désertique pour l'ensemble du Sud. Ces faciès climatiques s'articulent avec les quatre grandes provinces géographiques du pays :

(i) - Au Nord Ouest, les reliefs du Tell et de la Dorsale, orientés SW-NE entre 500 et 1500 m d'altitude, encadrent les plaines les plus fertiles du pays. Orthogonale à la direction des vents humides dominants du NW, l'orientation des reliefs favorise des précipitations notables, qui font de ce territoire la région la plus arrosée du pays : le principal cours d'eau, l'Oued Medjerda, aujourd'hui entièrement contrôlé par une série de grands barrages réservoirs, traverse la région d'Ouest en Est pour déboucher au Nord du golfe de Tunis.

(ii) - Au Centre Ouest, c'est le pays des steppes qui s'étendent depuis la Dorsale jusqu'aux massifs de Gafsa : massifs montagneux et hauts plateaux arides, alternant avec de grandes plaines alluviales richement pourvues en eaux souterraines, étroitement liées au régime des oueds Merguellil, Zeroud et Bayech.

(iii) - La Tunisie Orientale, région des plaines côtières comprenant le Sahel septentrional et le Sahel de Sfax pauvrement dotés en ressources en eau, et la plaine de Gabès – Médenine gisement du système aquifère de la Djeffara.

(iv) - Le Sud correspond à la Plateforme Saharienne ; marqué par l'immensité du bassin du Chott Djérid et des dunes du Grand Erg Oriental, il se raccorde à la Djeffara vers l'Est par le plateau désertique du Dahar. C'est le domaine des grands systèmes aquifères sahariens du Continental Intercalaire et du Complexe Terminal.

3.1.2- Variabilité du régime des précipitations

La répartition des pluies est liée au climat, à la disposition des reliefs et à la direction des vents NW dominants d'hiver. Si la pluviométrie moyenne atteint 1500 mm/an dans l'extrême Nord, elle est de l'ordre de 500 mm/an dans le Nord, 250 mm/an dans le Centre et ne dépasse guère 50 mm/an dans l'extrême Sud situé au cœur du Sahara : la carte des pluies moyennes interannuelles indique un fort gradient Nord Sud (Fig.3.6), témoignant du passage de l'aire méditerranéenne à l'influence saharienne. Ces facteurs de position sont accentués par la fréquence du relief de plaines dominé par la chaîne de la Dorsale tunisienne formant écran vis à vis des perturbations du NW originaires de l'Atlantique. L'influence de la Dorsale est très nette sur la répartition des pluies à l'intérieur de l'année : entre Tunis et Kairouan, on passe clairement du climat méditerranéen typique avec un hiver nettement marqué, à un régime saharien où l'hiver a disparu laissant place à un climat à deux saisons : l'été et le reste de l'année.

Par ailleurs, les pluies moyennes annuelles cachent d'importantes fluctuations inter annuelles. Selon Frigui et Touzi (2009), une année hydrologique est considérée sèche ou humide lorsque sa pluviométrie correspond respectivement à un déficit ou à un excédent compris entre 30 % et 50 % de la valeur moyenne annuelle . Par ailleurs, une année hydrologique est considérée comme étant à très forte sécheresse ou à très forte humidité si respectivement le déficit ou l'excédent correspondant dépasse 50 % de la valeur moyenne annuelle. Si l'on distingue entre les trois grandes régions naturelles caractérisées par des conditions relativement homogènes, le Nord, le Centre et le Sud, et considérant une longue série historique d'observations de l'ordre de 100 ans, on constate que :

(i) - dans le Nord, 15 % des années ont été sèches et une année extrêmement sèche ;

(ii) - dans le Centre, 21 % des années ont été sèches, et 6 % extrêmement sèches ;

(iii) - dans le Sud, 13 % des années ont été sèches, et 12 % extrêmement sèches.

3.1.3- Le système hydrographique

Au Nord de la Dorsale tunisienne, le réseau hydrographique est assez bien hiérarchisé et s'organise en trois bassins hydrologiques structurés (Fig.3.1) : (i) le bassin de l'extrême Nord – Ichkeul, (ii) celui de la Medjerda dont le tiers amont se trouve en Algérie, (iii) le bassin du Miliane et des oueds du Cap-Bon. En raison de son climat, de son relief et de sa pluviométrie, la Tunisie du Nord est la seule région en mesure d'entretenir des cours d'eau aux écoulements exoréiques pérennes, et fournit 82 % (2,2 km^3/an) des apports totaux en eau de surface du pays.

Au sud de la Dorsale, le climat aride, la végétation dégradée et l'évaporation intense ne permettent pas la constitution d'un réseau hydrographique aussi bien organisé, et le concept de bassin hydrographique perd souvent de sa pertinence ; la structure du réseau d'écoulement est généralement dégradée excepté dans les hauts bassins des cours d'eau : en dehors des bassins proprement côtiers, les oueds n'arrivent plus à se frayer un chemin jusqu'à la mer et leurs eaux s'infiltrent à la traversée des plaines alluviales perméables ou sont drainées et s'évaporent dans les grandes dépressions intérieures : Chotts et Sebkhas. C'est le domaine privilégié des grands systèmes endoréiques (Frigui, 2005) : (i) le bassin de la Sebkha Kelbia, aujourd'hui entièrement artificialisé et que composent les oueds Nebhana, Merguellil et Zeroud, (ii) le bassin du Chott El Gharsa-Sebkhet Noual, (iii) le bassin du Chott Djerid qui draine la plateforme saharienne, (iv) les bassins côtiers du Sahel de Sousse et de Sfax, (v) le bassin versant de la plaine côtière de la Djeffara.

L'Oued Medjerda forme l'artère centrale du système hydrographique tunisien et le cours d'eau le plus aménagé du pays. Avec un bassin versant de 23700 km^2 dont 16100 en Tunisie, la Medjerda comporte dix affluents, dont 5 en rive droite (Mellègue, Tessa, Siliana, Khalled, Chafrou) et 5 en rive gauche (Rarai, Bou Heurtma, Kasseb, Béjà, Zerga). La Medjerda représente dans sa partie aval, tunisienne, un apport moyen de 1 km^3/an, mais avec des débits très variables au cours de l'année : en moyenne de 3 m^3/s en étiage à 90 m^3/s en hiver, et jusqu'à 1000 m^3/s en crue, un débit extrême de 3500 m^3/s ayant été enregistré lors de la crue de Mars 1973.

Les Bassins de l'extrême Nord (Oueds Barbara, Mellila, Kebir, Zouara) et de l'Ichkeul (Joumine, Rhezala, Sejenane, Douimis) s'étendent sur une superficie totale de 5000 km^2 et présentent un apport moyen remarquable de 0,96 km^3/an, en raison d'une pluviosité bien fournie.

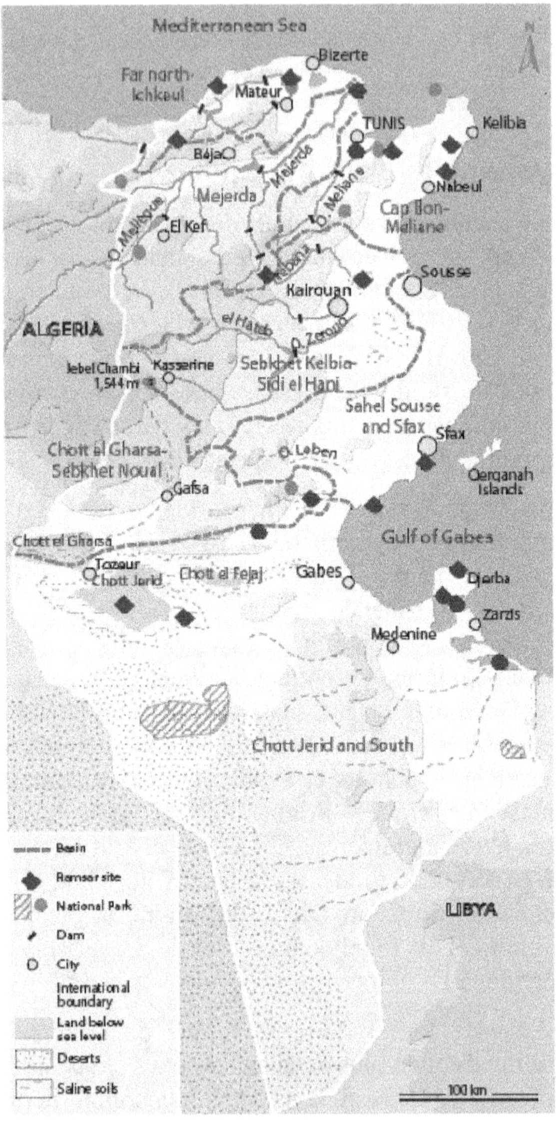

Fig.3.1 : Carte générale de situation et des bassins versants. (D'après World Water Assessment Programme, 2009).

3.1.4- Aquifères et nappes souterraines de Tunisie

L'histoire géologique a doté la Tunisie de riches gisements aquifères, avec au Sud l'immense bassin saharien renfermant des réserves considérables, une multitude de nappes souterraines de dimensions réduites jalonnant le Nord du pays, et des bassins aquifères de dimensions relativement importantes au Centre.

Sur le plan structural, la Tunisie est nettement divisée en une partie septentrionale, soumise à la tectonique alpine, où les couches géologiques sont fortement plissées et propices à l'accumulation d'aquifères de moyenne envergure, et une partie méridionale caractérisée par une tectonique de plateforme, où prédomine le grand bassin sédimentaire du Sahara septentrional.

La Tunisie est relativement pauvre en eaux de surface, et les aquifères y constituent, depuis toujours, la principale ressource en eau. L'apparent paradoxe de la Tunisie est la spécificité régionale des ressources : eaux de surface quasi exclusivement au Nord, eaux souterraines au Centre et au Sud, distribution qui conjugue fidèlement la géologie à la pluviométrie. L'extrême Nord est pauvre en aquifères, malgré une pluviométrie supérieure à 1000 mm/an mais en raison d'un sous sol où prédomine le flysch numidien peu perméable. Dans le Nord de la Tunisie, où les couches géologiques sont tectonisées et plissées, on trouve de nombreuses nappes de faible envergure, qui peuvent se développer dans des plaines où les réserves d'eau souterraine sont exclusivement liées aux remplissages alluvionnaires tels ceux de Ghardimaou ou Mornag.

La structure géologique de la Tunisie centrale est quant à elle dominée par l'Atlas Saharien, qui traverse le pays en une diagonale SW-NE, la Dorsale tunisienne. Cette structure atlasique est affectée de nombreuses fosses d'effondrement, siège d'importants gisements aquifères atteignant des centaines de mètres d'épaisseur : Gafsa, Kasserine, Sidi Bou Zid, Kairouan, Grombalia (Archambault, 1947 ; Castany, 1948). Le Sud de la Tunisie, en grande partie désertique, est dominé par la plateforme saharienne où les grands systèmes aquifères s'étendent sur des centaines de milliers de km^2, c'est le cas des nappes du Continental Intercalaire et du Complexe Terminal, dont les réserves, gigantesques, ne sont exploitables qu'en partie et se renouvellent peu, et que la Tunisie partage avec l'Algérie et la Libye.

Les hydrogéologues tunisiens distinguent conventionnellement des nappes phréatiques, à faible profondeur et exploitables par puits de surface à grand diamètre, généralement construits en maçonnerie, et des nappes profondes exploitables par forages de plusieurs centaines de mètres.

La fig.2 illustre la répartition spatiale des aquifères tunisiens. La Direction Générale des Ressources en Eau (DGRE, Annuaires d'exploitation des nappes profondes, Etats d'exploitation des nappes phréatiques) en dénombre plusieurs centaines : 210 nappes phréatiques et 195 nappes profondes[12]. L'extension de tous ces aquifères dont de grandes parties se superposent, projetée au niveau du sol, représente une superficie de 120 000 km^2 : 73 % du territoire national est aquifère.

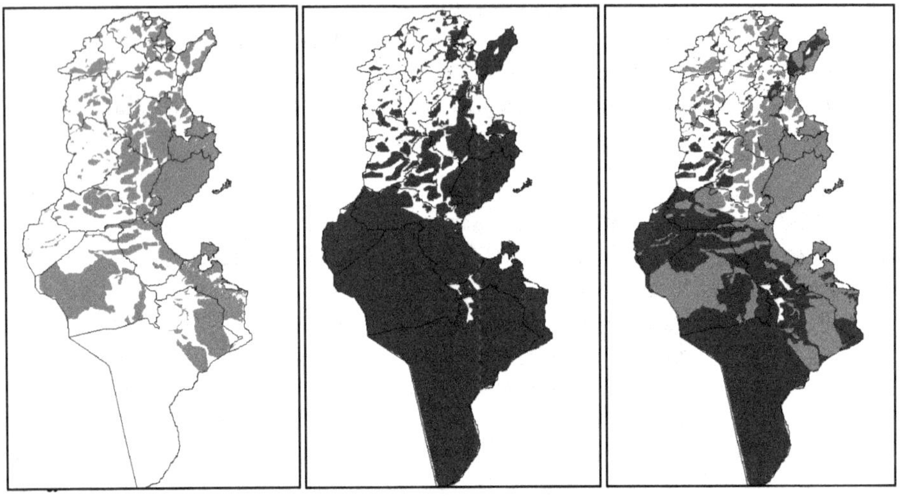

(a) (b) (c)

Fig.3.2 : (a) Extension des nappes phréatiques ; (b) extension des nappes profondes ; (c) superposition des nappes phréatiques et profondes (D'après les bases de données DGRE).

[12] En réalité, cette profusion d'unités aquifères ne correspond pas toujours à un découpage géologique et cède parfois à des limites administratives, entre gouvernorats. En tout état de cause, l'on s'en tient ici à la nomenclature de la DGRE, où une réflexion est en cours sur la délimitation des nappes souterraines. Un nouveau découpage devrait se fonder sur les structures géologiques, et faire autant que possible correspondre limites de bassins superficiels et souterrains.

3.2- L'état des ressources en eau

3.2.1- Connaissance et évolution du bilan hydrique national

La première estimation du bilan hydrique global de la Tunisie est due à Tixeront et Berkaloff (1954). Elle attribue « au ruissellement les débits de crue observés dans les principaux bassins hydrographiques, et le débit d'étiage au drainage des nappes souterraines ». Le volume annuel moyen des précipitations est évalué d'après la carte pluviométrique au 1/500000ème établie par H.Gaussen et A.Vernet (1952), carte basée sur les observations enregistrées de 1900 à 1940 par l'ensemble des postes du réseau météorologique tunisien. De l'étude des bassins hydrographiques, les auteurs déduisent que : (i) dans les régions au ruissellement actif, avec une hauteur moyenne de précipitations supérieure à 300 mm/an, le drainage souterrain après percolation représente en moyenne un tiers du ruissellement superficiel (soit ¼ de l'écoulement total de surface, exemple : Medjerda à Medjez-el-Bab) mais localement la percolation peut atteindre des valeurs élevées, le ruissellement étant nul (cas de certains massifs calcaires) ; (ii) dans les régions où les précipitations sont inférieures à 300 mm/an, en majorité des bassins endoréiques, le ruissellement est localisé et rare et la percolation très faible et difficile à évaluer.

Le Tableau 3.1 résume le détail des observations de Tixeront et Berkaloff sur les principaux bassins en termes de précipitations, de ruissellement et de percolation-drainage. Ce qui est important à noter ici est la part occupée par le drainage souterrain dans l'écoulement superficiel total, part souvent comptabilisée « eau de surface » dans les estimations des ressources.

	O. Ellil Barrage	Kasseb B11	Rhezala B20	Medjerda Ghardimaou	Medjerda Medjez Bab	Kebir Si Aouidat	Nebana Si Messaoud	Mellègue K13	Zeroud Sidi Saad	Total
Précipitations mm/an	1260	990	940	670	510	540	470	425	330	
Ruissellement mm/an	456	388	276	102	34	37	33	18	6	
Percolat./drainage mm/an	51	132	67	42	11	8	7	2	1	
Ruissellement %	36.2%	39.2%	29.4%	15.2%	6.7%	6.9%	7.0%	4.2%	1.8%	
Percolat./drainage %	4.0%	13.3%	7.1%	6.3%	2.2%	1.5%	1.5%	0.5%	0.3%	
Superficie Bassin km2	108	100	140	1560	20930	225	958	8800	8940	40201
Précipitations Mm3/an	136	99	132	1045	10674	122	450	3740	2950	18303
Ruissellement Mm3/an	49	39	39	159	712	8	32	158	54	1090
Percolat./drainage Mm3/an	6	13	9	66	230	2	7	18	9	293

Tableau 3.1 : Bilan d'eau de différents bassins, d'après Tixeront et Berkaloff (1954)

Tixeront et Berkaloff ont étendu cet échantillon d'observations à l'ensemble du territoire tunisien, pour déterminer et présenter ainsi les termes du bilan global de la Tunisie :

- Entées : (i) Précipitations : 32,5 km^3/an, (ii) Apports en surface d'Algérie (Medjerda et Mellègue) : 0,37 km^3/an, (iii) Apports souterrains d'Algérie (nappes sahariennes) : 0,18 km^3/an ; total : 33 km^3/an ;

- Sorties : (i) Ecoulements totaux par les cours d'eau (en mer, dans les chotts et sebkhas) : 2 km^3/an, (ii) Fuites souterraines en mer (golfe de Gabès et littoral Nord) : 0,2 km^3/an, (iii) reprise atmosphérique : 30,8 km^3/an ; total : 33 km^3/an ;

Ces résultats appellent deux commentaires : (i) sur les 2 km^3/an d'écoulements totaux, le quart environ représente ce que les auteurs appellent « percolation-drainage », soit 500 Mm^3/an pour la recharge des eaux souterraines et cela ne concerne que les régions les plus arrosées ; cette estimation était donc vouée à être révisée à la hausse ; (ii) les auteurs précisent que le volume de 32,5 km^3 correspond à une lame d'eau moyenne de 250 mm ; la superficie correspondante est donc bien de 130 000 km^2, excluant les territoires sahariens

En 1957, les précipitations sur la Tunisie (Tixeront, 1957) sont portées à 33 km^3/an, et le ruissellement moyen confirmé à 2 km^3/an répartis ainsi : Medjerda 1 km^3/an ; Ichkeul 0,25 km^3/an ; Extrême Nord 0,25 km^3/an ; reste de la Tunisie 0,5 km^3/an.

Dans une note intitulée « le problème de l'eau en Tunisie », M.Chaumont (1963) propose un nouveau bilan global de la Tunisie où « le Ruissellement total » est porté à 2,5 km^3/an, et où les « ressources annuelles moyennes exploitables » de toutes les nappes souterraines sont estimées à 700 Mm^3/an, dont 250 Mm^3 pour les « nappes profondes », et 450 Mm^3 pour les « nappes phréatiques ». Cette estimation du ruissellement global sera confirmée par les hydrologues tunisiens, puis légèrement réévaluée grâce à l'évolution des observations, jusqu'à se stabiliser à 2700 Mm^3/an dès 1990.

H.Zebidi (1966) puis le BIRH (1967) publient deux notes établissant l'état des ressources des nappes respectivement phréatiques et profondes, état résumé par le Tableau 3.2.

	Nappes phréatiques	Nappes profondes	Total
Nombre de nappes	50	35	85
Ressources dynamiques Mm^3/an	180	700	880
Exploitation estimée Mm^3/an	150	350	500
Exploitation supplémentaire possible Mm^3/an	100	350	450

Tableau 3.2 : Ressources en eau des nappes souterraines de Tunisie, d'après Zebidi (1966) et BIRH (1967)

En 1974, les ressources en eaux souterraines (DRE, 1974) seront portées à 1135 Mm^3/an, dont 615 Mm^3/an sont exploités, laissant une disponibilité de 520 Mm^3/an. En 1980, la DRE publie un nouveau bilan (Zebidi, 1980) des ressources en eau où :

(i) - Les ressources en eaux de surface sont portées à 2580 Mm^3/an dont 860 pour l'Extrême Nord et l'Ichkeul, 1000 pour la Medjerda, 225 pour le Cap Bon et Miliane, 325 pour le Centre, 170 pour le Sud.

(ii) - Les ressources en eaux souterraines sont réévaluées à 1517 Mm^3/an qui se répartissent en : a) nappes phréatiques (ressources 486 Mm^3/an, exploitation 395 Mm^3/an), b) nappes profondes (ressources 1031 Mm^3/an, exploitation 530 Mm^3/an).

M. Hamza (1991) et R. Kallel (1995) feront encore le point des nouvelles estimations de ressources. Le tableau 3.3 enfin tente de récapituler l'ensemble des évaluations successives des ressources en eaux de surface et souterraines, de l'origine à 2010, les plus récentes (1995 à 2010) se référant aux valeurs publiées respectivement dans : (i) les Annuaires d'exploitation des nappes profondes et les Situations d'exploitation des nappes phréatiques de la DGRE ; (ii) l'exploitation des barrages enregistrée dans les bases de données de la Direction Générale des Barrages et Grands Travaux Hydrauliques, DGBGTH ; (iii) les archives du BIRH relatives au recouvrement des redevances de prélèvement par les prises d'eau en oueds.

Année	1954	1963	1967	1974	1980	1985	1990	1995	2000	2005	2010
Ressources en Eaux de surface estimées	2000	2500	2500	2500	2580	2580	2700	2700	2700	2700	2700
Ressources des Nappes phréatiques estimées		450	180	300	486	586	669	718	737	746	746
Ressources des Nappes profondes estimées		250	700	834	1031	1139	1171	1211	1330	1410	1421
Ressources en Eaux souterraines, total	500*	700	880	1134	1517	1725	1840	1929	2067	2156	2167
Mobilisation Eaux de surface				344		1390	1450	1580	1750	1900	1940
Prélèvements eaux de surface **								450	550	710	850
Prélèvements Nappes phréatiques			150	200	395	563	699	745	778	807	810
Prélèvements Nappes profondes			350	415	530	669	851	928	1078	1150	1188
Prélèvements Eaux souterraines, total			500	615	925	1232	1550	1673	1856	1957	1998
Ressources Totales	2000	3200	3380	3634	4097	4305	4540	4629	4767	4856	4867
Prélèvements Totaux								2123	2406	2667	2848

*Percolation-drainage, incluse dans le ruissellement total; **Barrages, prises d'eau, épandages, lacs collinaires*

Tableau 3.3 : Estimations successives, de 1954 à 2010, des ressources en eau de la Tunisie et des prélèvements d'eau, en Mm³/an

Dans le détail, les apports en eau de surface se manifestent essentiellement en Tunisie du Nord, qui concentre 82 % du total des ruissellements du pays. Le tableau 3.4 présente les dernières évaluations des apports par bassin publiées par la DGRE en 2005.

Région naturelle	Ensemble hydrographique	Bassin hydrographique	Apport Mm3/an	Total ensemble	Total Région
		Cotiers Extrème Nord	590		
	Extrème Nord & Ichkeul	Ichkeul Bizerte	370	960	
		Haute Medjerda Jendouba	215		
		Mellègue	190		
		Tessa	100		
		Bou Heurtma	135		
		Kasseb	59		
		Khalled	35		
		Siliana	80		
	Medjerda	Bassin intermédiaire	186	1000	
		Miliane & cotiers	50		
		Cap Bon	160		
Nord	Cap Bon, Miliane, Sahel Nord	Sahel Nord	40	250	2210
		Nebhana	25		
		Merguellil	35		
		Zeroud	105		
	Sebkhet Kelbia	Sisseb & S.Kelbia	25	190	
		Sahel Sousse, Si El Hani	42		
		Sahel de Sfax	18		
Centre	Sahel	Oued Leben	25	85	275
		Sebhet Nouail	25		
	Nouail Gharsa	Chott Gharsa	70	95	
		Cotiers Gabès	23		
		Djeffara	40		
		Chotts Djerid & Fejej	32		
Sud	Djeffara Extrème Sud	Extrème Sud	25	120	215
Total Tunisie Mm3/an			2700		

Tableau 3.4 : Apport moyen interannuel en eau de surface par bassin hydrographique (DGRE, 2005)

Ainsi, et au terme de plusieurs décennies d'études et de recherches, et d'évolution continue des termes du bilan, la connaissance de base des ressources en eaux, notamment souterraines, corollaire du niveau d'exploitation et d'analyse des réseaux de suivi hydrologique et hydrogéologique, parait encore manifestement insuffisante. C'est ce que souligne la figure 3.3 qui présente, sur l'exemple de la Tunisie, les évolutions qu'ont connu respectivement les estimations des ressources en eaux de surface, des ressources en eaux souterraines exploitables, et le niveau des prélèvements, entre 1954 et 2010.

Si pour les eaux superficielles, dont les flux sont visibles et mesurables, on a pu très tôt accéder à des ordres de grandeur plausibles, et où l'on observe très rapidement une certaine stabilisation des valeurs estimées, il n'en est pas de même pour les eaux souterraines, dont la valeur actuelle des ressources représente plus du quadruple des estimations initiales. Il s'agit bien entendu ici de ressources évaluées, dont la croissance traduit bien les progrès de la connaissance des prélèvements. Une telle évolution montre à quel point la réduction des incertitudes d'estimation est stratégique en Tunisie, où le bilan besoins-ressources est si serré. Cela traduit clairement la nécessité d'investir encore et bien plus dans la connaissance des éléments qui déterminent la ressource en eau souterraine.

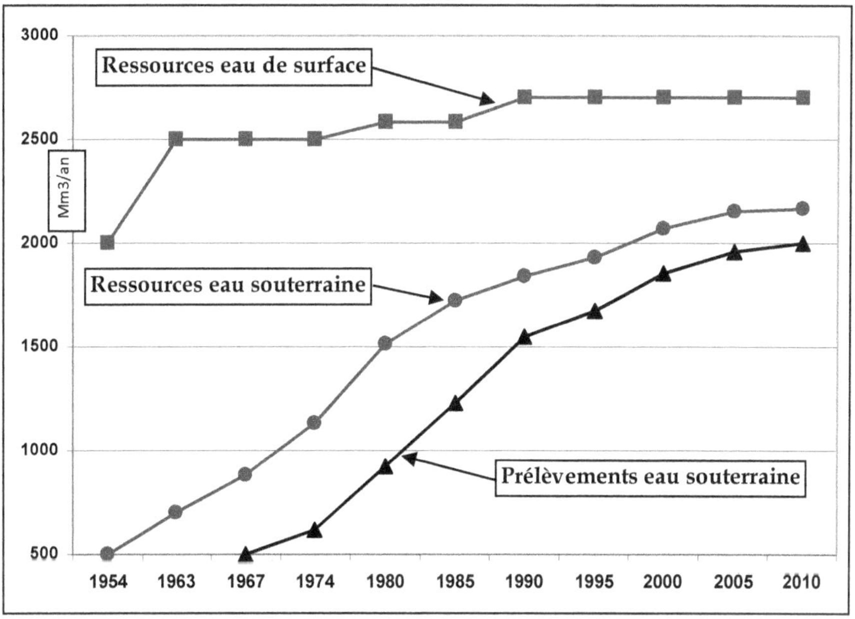

Fig.3.3 : Evolution, de 1954 à 2010, des ressources en eau de surface, des ressources et des prélèvements d'eau souterraine.

Par ailleurs, les grands changements hydrologiques observés ou pressentis (artificialisation quasi-totale du cycle hydrologique national, changement climatique), nécessitent également de réviser en permanence nos connaissances sur les précipitations et sur les écoulements de surface, et de redéfinir le régime des cours d'eau superficiels.

3.2.2- Les ressources en eaux pluviales

Les ressources en eaux pluviales sont définies comme le volume des précipitations mesurées en année hydrologique moyenne sur l'ensemble du territoire tunisien. Calculée sur une série de près de 90 ans couvrant l'ensemble des régions[13] allant de 1916 à 2004, la pluviométrie moyenne de Tunisie, pondérée par les superficies des régions, s'établit à 220 mm/an, présentant un maximum de 387 mm et un minimum de 127 mm. Cette série historique n'indique aucune tendance d'évolution à long terme (Fig.3.4). Cela correspond, pour une superficie de 164 420 km^2 incluant le territoire national continental et insulaire, à un volume moyen précipité égal à 36 km^3/an, avec un maximum de 63,6 km^3/an (1969-70) et un minimum de 21 km^3/an (1946-47).

3.2.3- Les ressources en eau de surface

Les ressources en eau de surface représentent la partie du ruissellement qui, ayant échappé à l'évaporation et à l'infiltration, se trouve concentrée par le bassin versant dans les cours d'eau, sous forme de débit de crue et débit de base.

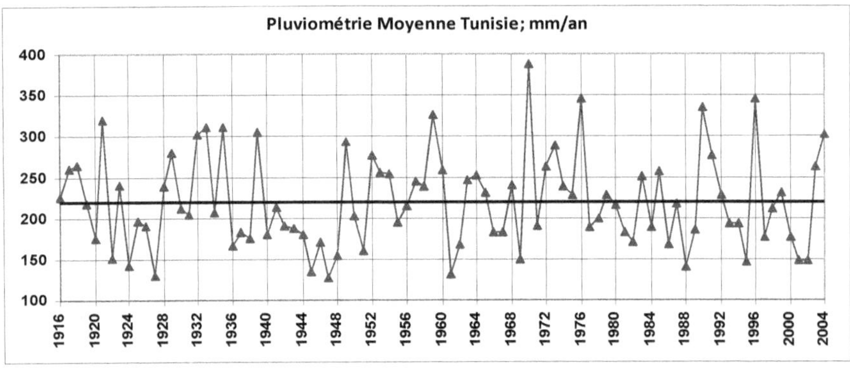

Fig.3.4 : Lame d'eau précipitée moyenne sur la Tunisie et tendance à long terme (1916-2004)

[13] Séries observées synchrones représentatives des 24 gouvernorats ; pluies moyennes pondérées d'après les séries de valeurs annuelles communiquées par Mustapha Saadaoui (DGRE), Communication personnelle aux auteurs.

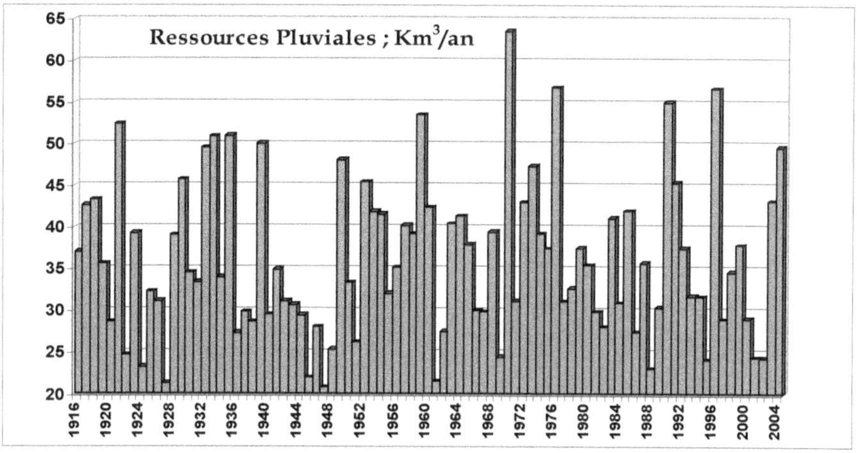

Fig.3.5 : Ressources pluviales de la Tunisie de 1916 à 2004.

Pour les trois grandes régions naturelles du pays, les apports en eaux de surface se présentent comme suit : (i) Le Nord, qui couvre 28 % de la superficie du pays, fournit des apports en eaux de surface réguliers et importants évalués à 2,2 km^3/an, soit 82 % du potentiel total du pays ; (ii) Le Centre couvre 28 % en superficie et apporte des ressources irrégulières estimées à 0,28 km^3/an soit 10 % du total ; (iii) Le Sud hyperaride, qui couvre 44 % en superficie ne fournit que 0,22 km^3/an soit 8 % du total. Le potentiel national des ressources en eau de surface est estimé à 2,7 km^3/an en année moyenne, mobilisable par grands barrages, barrages et lacs collinaires, diguettes d'épandage de crues, ouvrages de recharge de nappe, banquettes antiérosives, citernes.

La ressource superficielle présente une très forte variabilité interannuelle, avec un minimum de 0,78 km^3/an observé[14] en 1993-94 et un maximum de 11 km^3/an en 1969-70. Le rapport max/min des apports annuels varie entre 9 au Nord et 180 dans le Sud. Les apports de base moyens des cours d'eau sont évalués à 0,415 km^3/an, et en cas de sécheresse généralisée, l'apport d'étiage absolu minimum sur l'ensemble du pays est réduit à près de 0,150 km^3/an (Frigui, 2005). Par ailleurs, la qualité des eaux de surface varie beaucoup selon les régions : alors qu'au Nord, 82 % des eaux de surface ont une salinité inférieure à 1,5 g/L, cette proportion n'est plus que de 48 % au Centre et de seulement 3 % au Sud (Kallel, 1994).

---

[14] le minimum pluviométrique a été observé en 1946-47, mais à cette époque le réseau hydrométrique n'était pas suffisant pour permettre une évaluation exhaustive des écoulements de surface.

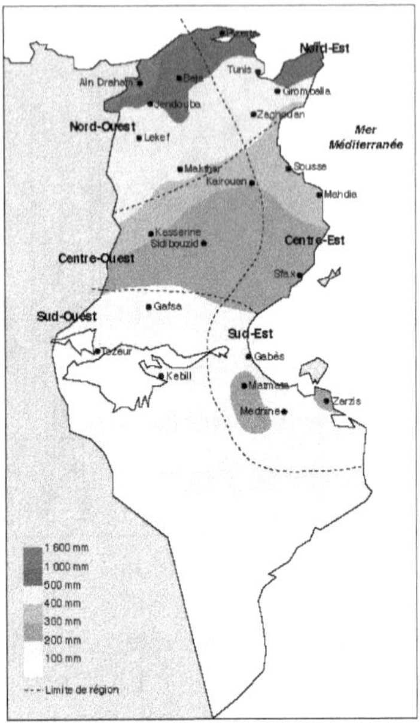

Fig.3.6 : Isohyètes moyens (mm/an) (source : Benzarti et Habaieb, 2001)

Les Eaux de surface transfrontières

Les principales entités hydrologiques transfrontières s'inscrivent dans les trois ensembles hydrographiques suivants :

(i) - L'extrême Nord comprenant notamment les Oueds Barbara et Mellila, se développe en Tunisie sur un bassin de 240 km^2, traverse la frontière et rejoint l'Oued Kebir de Annaba, véhiculant un apport moyen de 180 Mm^3/an ;

(ii) - La Medjerda Nord et le Mellègue, prend sa source et se développe en Algérie sur 7500 km^2, puis traverse la frontière avec un apport moyen de 250 Mm^3/an;

(iii) - Le Centre-Sud, comprend les Oueds Safsaf et Kebir, affluent du Bayech de Gafsa, et apporte 25 Mm^3/an en provenance de l'Algérie.

Depuis 25 ans, les deux pays ont respectivement, unilatéralement et sans convention préalable, opté pour une mobilisation quasi totale des eaux de surface s'écoulant sur leur propre territoire : l'Algérie avec la construction d'une série de barrages sur la Medjerda et le Mellègue, la Tunisie par des barrages sur les bassins de l'extrême Nord.

3.2.4- Les ressources en eau souterraine exploitables

Les Ressources en eaux souterraines exploitables de la Tunisie sont évaluées par la DGRE à 2,17 km^3/an, qui se décomposent comme suit :

(i) - 0,745 km^3/an représentent les ressources renouvelables de l'ensemble des nappes phréatiques, selon l'Annuaire 2005 de l'exploitation des nappes phréatiques (DGRE, 2005).

(ii) - 1,42 km^3/an représentent les ressources exploitables de l'ensemble des nappes profondes, selon l'Annuaire 2007 de l'exploitation des nappes profondes (DGRE, 2007).

Les volumes prélevés, selon les mêmes sources, sont estimés à 2 km^3/an : 0.81 sur les nappes phréatiques, 1,19 sur les nappes profondes, ce qui représente un index d'exploitation [Rapport Prélèvements / Ressources] de 92 %. La figure 3.7 montre comment cet index a évolué au cours des 40 dernières années, avec un accroissement régulier de 1980 à 2000, puis une légère amorce de stabilisation entre 2005 et 2010, mais sur une période trop courte pour être significative.

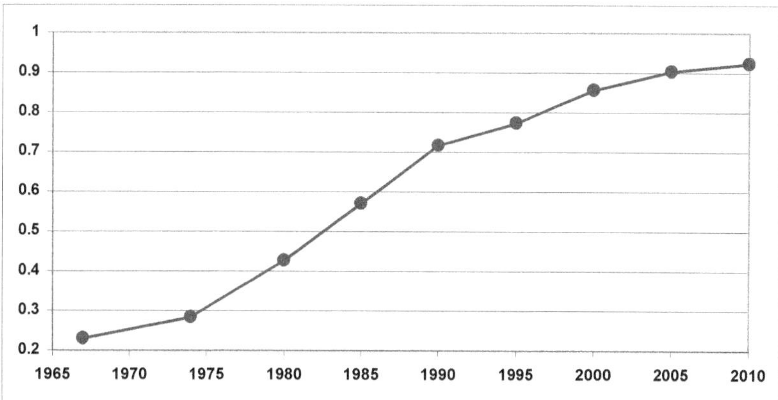

Fig. 3.7 : Index d'exploitation des eaux souterraines de 1968 à 2010.

La valeur de cet indicateur au plan national cache des disparités à deux niveaux. D'abord entre nappes phréatiques et nappes profondes : alors que l'index d'exploitation des nappes profondes par forages est de 83 %, il dépasse 108 % pour ce qui concerne les nappes phréatiques exploitées par puits peu profonds. Ensuite, au niveau régional : sur 24 gouvernorats, cinq [Nabeul, Kairouan, Tozeur, Kébili et Gabès] concentrent à eux seuls près de 50 % des ressources nationales et 50 % des prélèvements. Les plus forts taux de surexploitation des nappes (index d'exploitation > 100 %) se situent à Nabeul, Kairouan et Kébili.

Les observations qui précèdent sont fondées sur l'évaluation des prélèvements et des ressources exploitables, mais chacun de ces termes du bilan est lui même sujet à de fortes incertitudes. Il faut donc confirmer ces estimations et ces tendances par l'enregistrement de paramètres mesurables, le plus accessible et le plus significatif de la ressource quantitative étant le niveau piézométrique de la nappe. A cet égard, l'observation régulière du niveau des eaux souterraines a débuté en Tunisie il y a plus de soixante ans. Depuis, le réseau d'observation n'a cessé d'évoluer. Composé aujourd'hui de 3800 points de surveillance (puits, forages et piézomètres), le réseau piézométrique national (Horriche, 2006) permet l'observation de 150 systèmes aquifères (composés de 160 nappes phréatiques et 120 nappes profondes) et comporte des séries de mesures parfois longues de cinquante ans.

3.2.5- Ressources renouvelables et faiblement renouvelables ; retour sur les ressources en eaux souterraines exploitables

Sur le plan quantitatif et selon leurs modalités de recharge, les nappes souterraines de Tunisie peuvent, en toute première analyse mais sur un mode assez réducteur, être classées en deux grandes catégories : (i) les nappes souterraines renouvelables, (ii) les nappes souterraines faiblement renouvelables.

Les ressources en eaux souterraines renouvelables résultent de la partie infiltrée des précipitations, et du ruissellement de crues d'oueds, qui rejoint en profondeur les nappes souterraines, définies en année hydrologique moyenne. L'estimation des ressources renouvelables, ou recharge des nappes souterraines, nécessite des protocoles longs et rigoureux, utilisés lors de travaux de recherche scientifique sur des aquifères particuliers. Il n'existe encore aucun programme de recherche d'envergure nationale dédié à la question, et à fortiori pas de synthèse au niveau national.

Quant aux ressources en eaux souterraines faiblement renouvelables, la gestion de leur exploitation fait simultanément appel aux concepts de flux et de stock. Les quantités extraites proviennent à la fois : (i) du flux de renouvellement de la nappe, (ii) du stock de réserves accumulées sur des périodes d'échelle géologique. Cette situation caractérise certes toutes les nappes souterraines (où toute exploitation prélève obligatoirement mais en proportion inégale dans les réserves géologiques) mais plus particulièrement les aquifères des grands bassins sédimentaires, dans lesquels la part empruntée aux réserves peut devenir prépondérante et déterminante.

Dans les grands bassins aquifères, au delà du taux de recharge moyen, l'utilisation de la part jugée exploitable, prélevée sur les réserves, devrait produire un impact environnemental (baisse des niveaux et évolution des salinités) considéré admissible pour la communauté nationale et pour les générations futures. En Tunisie, ces considérations concernent exclusivement le Sud tunisien : c'est notamment le cas du Système Aquifère du Sahara Septentrional, le SASS, comprenant les nappes profondes du Continental Intercalaire (CI) et du Complexe Terminal (CT), et dans une certaine mesure celui de la plaine de la Djeffara, la plaine côtière de Gabès-Médenine.

Les aquifères du Sud tunisien ont fait l'objet d'études hydrogéologiques récentes approfondies, et de simulations sur des modèles numériques validés sur des séries historiques consistantes : le modèle de la Djeffara (OSS, 2006) et le modèle du SASS (OSS, 2003). Le bilan de la partie tunisienne du SASS, calculé sur un siècle de 1950 à 2050 (Tab.3.5), indique que les flux d'entrée du système se répartissent actuellement en trois parts équivalentes : (i) la recharge locale des aquifères, (ii) les flux entrant aux frontières, (iii) les prélèvements sur les réserves géologiques, et que ces proportions pourraient garder des ordres de grandeur comparables à l'avenir.

	1950	2000	2050
Entrées Mm^3/an			
Recharge locale	*210*	*210*	*210*
Flux aux frontières (Algérie; Libye)	*180*	*205*	*182*
Contribution des Réserves		*215*	*321*
Sorties Mm^3/an			
Drainage Chotts	*185*	*40*	*0*
Exutoire Tunisien (Chott Fejej)	*105*	*49*	*3*
Sources	*60*	*1*	*0*
Pompages	*40*	*540*	*710*

Tab.3.5 : Bilan de la partie tunisienne du Système Aquifère du Sahara Septentrional (nappes du Complexe Terminal (CT) et du Continental Intercalaire (CI)), respectivement en 1950, 2000 et 2050.

Sur le Modèle SASS, le scénario dont les impacts ont été jugés admissibles à l'horizon 2050, aussi bien en Tunisie, qu'en Algérie et en Libye, est le scénario dénommé CI8-CT5, défini en commun et en concertation par les trois pays (OSS, 2003), scénario selon lequel les prélèvements tunisiens sont portés de 540 Mm^3/an qui est leur niveau actuel, à 710 Mm^3/an, soit 155 et 560 pour le CI et le CT respectivement. Dans ce scénario : (i) au CI, les prélèvements additionnels sont pour l'essentiel délocalisés dans l'extrême sud, pour le reste dispersés et qui garantissent le maintien de l'artésianisme dans le Djérid et la Nefzaoua ; (ii) au CT, les prélèvements additionnels sont minimes autour du Chott Djérid, zone à haut risque, mais garantissent la poursuite du projet de Rjim Maatoug ; le reste est redéployé dans des secteurs éloignés au sud de la Nefzaoua (Tembain, El Ouaar), et pourrait constituer à moyen terme une solution alternative par pompage et transfert pour contribuer à une éventuelle sauvegarde future des oasis de Nefzaoua.

Sur le Modèle Djeffara, qui intègre nappes profondes et nappes phréatiques, la recharge du système est estimée à 110 Mm^3/an, et le scénario acceptable selon les résultats du modèle porte l'exploitation du système de 151 Mm^3/an qui est son niveau actuel, à 210 Mm^3/an à long terme. Avec ce scénario, le risque d'invasion marine est inexistant à l'horizon 2050, et les rabattements sont faibles et localisés aux champs de pompage.

Si l'on tient compte des ressources des nappes phréatiques locales du Djérid et Nefzaoua, estimées à 38 Mm^3/an, les deux modèles auront ainsi permis de définir à 958 Mm^3/an l'ensemble des ressources en eau exploitables dans le Sud tunisien, parmi lesquelles 358 Mm^3/an, soit près de 38 % constituent la part strictement renouvelable "in situ". Le reste, soit 600 Mm^3/an, provient sur le long terme à raison de 66 % par prélèvement sur les réserves géologiques, qui se manifeste par des rabattements de niveaux, et pour 33 % à partir des pays voisins, cette dernière partie étant elle même pour une part prélevée sur les réserves et pour le reste renouvelée et alimentée à l'extérieur du territoire national.

Sur le reste de la Tunisie, qui recouvre les régions du Nord et du Centre, ce dernier qui inclut la région de Gafsa, les eaux souterraines sont entièrement renouvelables et les ressources exploitables sont conformes à celles recensées dans les derniers Annuaires, qui permettent de définir : (i) les ressources renouvelables du Nord à 676 Mm^3/an (ii) les ressources renouvelables du Centre à 699 Mm^3/an.

Ainsi et pour conclure sur cette question, l'ensemble des **ressources en eaux souterraines renouvelables en Tunisie** peut être estimé à :

676 + 699 + 358 = 1733 Mm^3/an,

Et l'ensemble des ressources en eaux souterraines exploitables à long terme, sans considération de critères de qualité, est quant à lui évalué à :

1733 + 600 = 2333 Mm^3/an,

dont environ 200 Mm^3/an proviennent en permanence de l'extérieur des frontières du pays.

3.2.6- Ressources exploitables avec prise en compte du critère de salinité

Sur le plan qualitatif, le gisement géologique tunisien, où prédominent les formations tertiaires parfois riches en éléments argilo-gypseux, a doté les eaux souterraines de Tunisie de concentrations en sels, d'origine tellurique, parfois non négligeables. Si l'on mesure le niveau d'acceptabilité d'usage des ressources en eau par rapport au seuil de 1,5 g/l qui constitue l'objectif de qualité d'approvisionnement des deux secteurs vitaux que sont l'eau potable et l'irrigation, et par rapport au seuil de 4 g/l qui constitue une limite d'utilisation en irrigation sous certaines conditions, on peut considérer que :

(i) seuls 18 % des eaux souterraines ont une salinité inférieure à 1,5 g/l,

(ii) 63 % ont une salinité située entre 1,5 et 4 g/l,

(iii) 19 % [29 % des nappes phréatiques, 13 % des nappes profondes] présentent une salinité supérieure à 4 g/l, qui les classe dans la catégorie des eaux saumâtres.

(iv) en définitive, 81 % sont réellement exploitables dans les divers secteurs d'usages en toute sécurité et d'une façon durable en irrigation, et seulement 18 % le sont pour l'eau potable.

Cette distribution dépend par ailleurs de la configuration des systèmes aquifères : le tableau 3.6 et la figure 3.8 indiquent bien comment cette distribution est plus favorable dans les nappes profondes, alors que les nappes phréatiques présentent des eaux d'une qualité globalement plus médiocre.

Appliqués aux ressources exploitables, que nous avons précédemment estimées à 2 333 Mm^3/an sans prise en compte du critère de qualité, les ratios du tableau 3.6 suggèrent d'éliminer 19,6 % de ressources souterraines classées comme saumâtres, soit 457 Mm^3/an, dont l'utilisation sur le long terme comporte un certain nombre de risques, notamment pour l'irrigation. Cela ramènerait l'estimation des **ressources en eau souterraines exploitables, avec une qualité acceptable, à la valeur de 1 875 Mm^3/an.**

	RS < 1.5 g/L	1.5 < RS < 3 g/L	3 < RS < 4 g/L	4 < RS < 5 g/L	5 g/L < RS	Total
Prélèvements nappes phréatiques Mm3/an	52	302	215	60	179	808
Prélèvements nappes phréatiques %	**6%**	**37%**	**27%**	**7%**	**22%**	
Prélèvements nappes profondes Mm3/an	302	653	83	102	51	1191
Prélèvements nappes profondes %	**25%**	**55%**	**7%**	**9%**	**4%**	
Prélèvements totaux Mm3/an	354	955	298	162	230	1999
Prélèvements totaux %	**17.7%**	**47.8%**	**14.9%**	**8.1%**	**11.5%**	

Tab.3.6 : Classes de salinité des prélèvements d'eaux souterraines, reconstituées d'après les Annuaires DGRE 2005 et 2007, et les Bases de données DGRE.

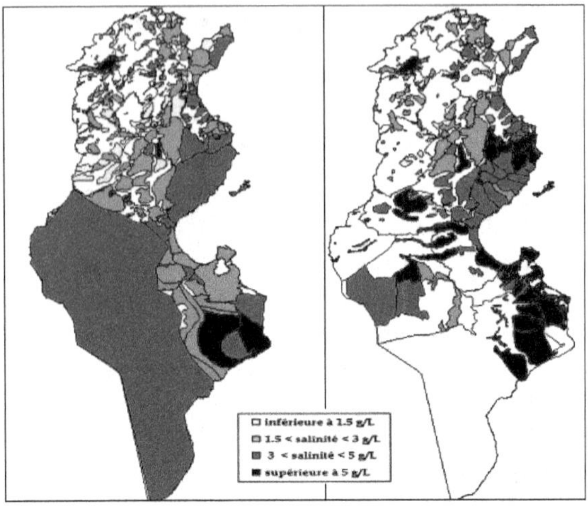

Fig.3.8: Salinités des eaux des nappes profondes et phréatiques ; source : Base de données DGRE.

Concentrées dans les régions bien arrosées du Nord, les eaux de surface présentent des qualités considérablement plus favorables puisque 72 % des ressources y ont des salinités inférieures à 1,5 g/l. Si bien que, en moyenne nationale, l'ensemble des ressources en eau se répartissent quasiment à égalité par rapport au seuil de 1,5 g/l : 49 % avec des concentrations inférieures, 51 % avec des concentrations supérieures (Tab.3.7).

Salinité	Ressources totales	Eaux de surface	Eaux souterraines
inférieure à 1.5 g/L	49 %	72 %	16 %
supérieure à 1.5 g/L	51 %	28 %	84 %

Tab.3.7 : Répartition de la qualité des ressources par rapport au seuil de 1.5 g/l.

Au niveau des diverses catégories d'usages par classe de salinités, l'Annuaire 2007 de la DGRE présente les estimations de l'année pour les nappes profondes. Si l'on admet que les eaux de toutes les nappes phréatiques servent essentiellement pour l'irrigation, que 72 % des eaux d'irrigation prélevées sur les eaux de surface ont une salinité inférieure à 1,5 g/l, que le reste des eaux d'irrigation de surface a une salinité comprise[15] entre 1,5 et 3 g/l, que 100 % des eaux de surface captées pour l'eau potable ont une salinité inférieure à 1,5 g/l, et que les prélèvements sur les eaux de surface totalisent 780 Mm^3/an en 2010 (Cf. tab.3.11 plus loin), le tableau 3.8 présente l'estimation des volumes exploités par catégorie d'usages et classe de salinités.

Nous reviendrons, au cours du chapitre 5, sur les contraintes qu'exerce la salinité au niveau de chacune des catégories d'usages, mais ces premiers résultats suggèrent d'ores et déjà une remarque essentielle, assez paradoxale : alors que les ressources en eau de la Tunisie sont globalement à près de 50 % d'une bonne qualité physico-chimique (salinité < 1,5 g/l), le mode de gestion actuel, qui privilégie l'exploitation des eaux souterraines et minimise l'exploitation des eaux de surface, ne permet d'utiliser que 35 % d'eaux de bonne qualité.

Salinité	Prélèvements Mm^3/an	%	Eau Potable Mm^3/an	%	Irrigation Mm^3/an	%	Industries non-raccordées Mm^3/an	%
inférieure à 1.5 g/L	962	35%	425	80%	527	25%	10	16%
1.5 < salinité < 3g/L	861	32%	58	11%	791	37%	12	19%
3 < salinité < 5 g/L	631	23%	30	6%	586	28%	15	24%
supérieure à 5 g/L	260	10%	15	3%	220	10%	25	40%
	2714		528		2124		62	

Tab. 3.8 : Volumes exploités par catégorie d'usages et classe de salinités

3.2.7- La ressource en eau du sol

La ressource en eau du sol est définie comme la part infiltrée des précipitations, momentanément stockée dans le sol, qui se trouve disponible : soit pour l'évaporation directe dans le cas d'un sol nu, soit pour l'évaporation du sol et l'évapotranspiration des végétaux si le sol est couvert. Elle correspond au concept de Réserve Utile (RU) des agronomes, notion utilisée dans les modèles hydrologiques conceptuels. En théorie, la totalité du stock d'eau du sol dans les limites de la RU peut être utilisée par les

[15] Avec quelques exceptions telle la retenue de Sidi Saad où la salinité de l'eau prélevée pour l'irrigation peut dépasser 4 g/l en été, et qui nécessite l'application de doses de lessivage. Sur le bilan national, l'impact de l'usage d'eaux de surface présentant de telles salinités est minime.

plantes dans le cas d'une couverture très fournie comme une forêt dense ou un gazon.

La ressource en eau du sol de Tunisie va concerner les terres cultivables (5 millions ha), les terres de parcours (5 millions ha) et les forêts (près de un million d' ha), sur la superficie desquelles s'intègre la ressource pluviale. L'évaluation de cette ressource à l'échelle de la Tunisie constitue une entreprise complexe. Un certain nombre d'estimations hydrologiques limitées à la ressource en eau du sol des terres cultivables ont pu être proposées, qui la situent aux environs de 12 à 15 km^3/an en année hydrologique moyenne. Une estimation indirecte, par le calcul de l'équivalent eau de la production agricole nationale (Besbes et al, 2002), en fournit une évaluation par défaut (car ne concernant que les quantités effectivement utilisées par les cultures pluviales et irriguées), sur la période 1990-1997, établie à près de 7 km^3/an. Lors de l'étude de l'évapotranspiration réelle, nous verrons qu'une évaluation plus extensive (concernant la totalité des terres cultivables potentielles) en fournit une estimation bien plus élevée, de l'ordre de 13 km^3/an pour les seules terres cultivables, auxquels devraient s'ajouter les contributions des terres de parcours et des forêts.

3.2.8- L'impact des changements climatiques

Au niveau de la planète, le tableau 3.9 indique les changements de précipitations calculés pour un scénario probable du Groupement Intergouvernemental pour l'Etude du Climat (GIEC, ou IPCC en anglais). Les résultats fournis par les derniers rapports du GIEC (IPCC, 2008 et 2009 ; GIEC, 2013 ; Collins et al, 2013), fondés sur une moyenne de différents modèles, sont cohérents avec ces prédictions.

Zone géographique	Déc. À Mars	Juin à Septembre
Afrique équatoriale	+ 25%	+ 10%
Afrique Sahélienne	incertain	+ 30%
Afrique du Nord	- 15%	- 10%
Sud de l'Europe	incertain	- 20%
France	+ 15%	incertain
Scandinavie	+ 25%	+ 15%

Tableau 3.9 : Variation des précipitations moyennes de la deuxième moitié du XXIe siècle par rapport à celles de la deuxième moitié du XXe siècle, (D'après de Marsily, 2006)

Ces prédictions sont, il est vrai, entachées d'incertitudes. Parmi les conséquences majeures prévues concernant la distribution des ressources en eau dans la région méditerranéenne, on prévoit :

(i) - une forte baisse, en moyenne, du taux d'humidité dans le sol (évapotranspiration plus forte due à l'augmentation de la température et diminution de la pluviométrie, en particulier en été) avec comme conséquence une baisse de la production de l'agriculture pluviale ;

(ii) - un risque accru de sécheresses agricoles, qui se produisent au printemps et en été ;

(iii) - un risque plus fort de sécheresses hydrologiques, survenant en automne et en hiver, influençant le débit des cours d'eau et l'alimentation des aquifères.

Il faut souligner que, si les incertitudes des modèles utilisés pour les simulations sont inégalement réparties à la surface du globe, la plupart des projections climatiques convergent sur un plus grand assèchement du pourtour méditerranéen.

Scénarios pour la Tunisie :

En ce qui concerne plus particulièrement la Tunisie (MARH, GTZ et al, 2007), l'analyse de l'évolution des températures et des pluviométries moyennes sur la Tunisie au cours du siècle passé (Fig. 3.9) indique (King et al, 2007) :

(i) - Pour la température, la principale observation est une hausse significative de +1,2 °C au cours du siècle. Cette hausse s'avère supérieure à la hausse moyenne globale de +0,7 °C indiquée par le rapport 2001 de l'IPCC.

(ii) - Pour les précipitations, aucune tendance significative n'est décelée. On notera toutefois que la période de référence 1961-1990 est caractérisée par la variabilité la plus forte (écart type le plus élevé) en comparaison avec les périodes précédentes 1931-1960 et 1901-1930.

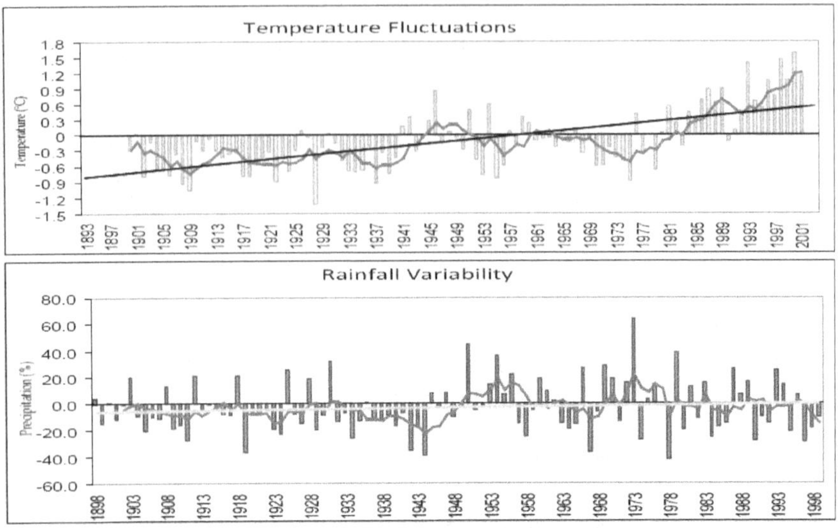

Fig.3.9. Evolution des températures et des précipitations moyennes au cours du 20ème siècle en Tunisie ; (*Source :* MARH, GTZ et al, 2007)

Dans le contexte des changements climatiques, l'évolution à venir de la pluviométrie et de la température ont pu être modélisées à l'échelle globale mais avec des incertitudes relativement importantes. L'ampleur et la nature exacte des changements futurs restent à préciser, c'est pourquoi des précautions doivent être prises pour transposer des informations globales à des échelles régionales ou locales. Le scénario moyen retenu confirme ces difficultés : si l'augmentation générale des températures est admise par tous, l'évolution de la pluie est tantôt positive tantôt négative, variable selon les régions et les saisons, et à l'échelle globale, la diminution est très faible, ce qui n'affectera pas sensiblement les écoulements et les apports aux retenues des barrages (Lahache Gafrej, 2007).

Mais la diminution des précipitations estivales et l'augmentation des températures et de l'ETP vont accroître le déficit hydrique du sol. Ceci va engendrer des difficultés supplémentaires pour l'agriculture pluviale, et une exploitation encore plus importante des eaux souterraines. Par ailleurs, l'élévation du niveau de la mer peut aggraver la salinisation de certaines nappes littorales et contribuer à la diminution du potentiel des eaux souterraines à long terme. Les changements climatiques se traduisent pour la Tunisie par une variabilité accrue du climat. En particulier, les phénomènes extrêmes (sécheresses, inondations) devraient augmenter en fréquence et en intensité, les années très sèches devant se succéder plus souvent à l'avenir.

3.3- La mobilisation des ressources en eau

3.3.1- Grands barrages, lacs et barrages collinaires

En 2010, la Tunisie comptait 30 grands barrages, dont la capacité utile est estimée à 2,75 km^3, permettant de régulariser un apport total de 1,7 km^3/an (l'apport moyen observé au cours des 20 dernières années s'établit à 1,65 km^3/an). A cela s'ajoutent 225 barrages de petite dimension et 750 lacs collinaires, mobilisant respectivement 0,15 et 0,05 km^3/an. L'ensemble de cette infrastructure hydraulique permet de mobiliser 1,9 km^3/an, soit 70,4 % de l'ensemble des ressources en eau de surface.

Les ressources en eau de surface (écoulements annuels moyens) ont été évaluées à 2,7 km^3/an, valeur consolidée et validée par l'analyse des apports sur des séries de 45 valeurs annuelles (1960-2005) observées sur l'ensemble du pays (Frigui et Touzi, 2009). Cette analyse confirme la grande variabilité des apports en eau de surface : une année sur deux, le volume des apports disponibles ne dépasse pas 2,3 km^3/an, et 1,4 km^3/an une année sur cinq. Pour disposer de la valeur moyenne une année sur deux, la capacité de stockage doit donc prévoir, par rapport aux allocations, une réserve additionnelle de 400 Mm^3, et plus encore lorsqu'on s'assigne une plus grande sécurité, tenant compte notamment de l'évaporation dans les retenues.

3.3.2- Nappes phréatiques et nappes profondes

Les ressources des nappes phréatiques représentent 50 % des ressources en eaux souterraines renouvelables de la Tunisie. Avec l'évolution des connaissances, l'estimation du volume global de la ressource disponible renouvelable est passée de 486 Mm^3/an en 1980 à 746 Millions de m^3/an en 2005, et le volume total exploité est passé de 395 Mm^3/an en 1980 (avec 23000 puits équipés de pompes) à 810 Mm^3/an en 2010 (avec plus de 100000 puits équipés de pompes).

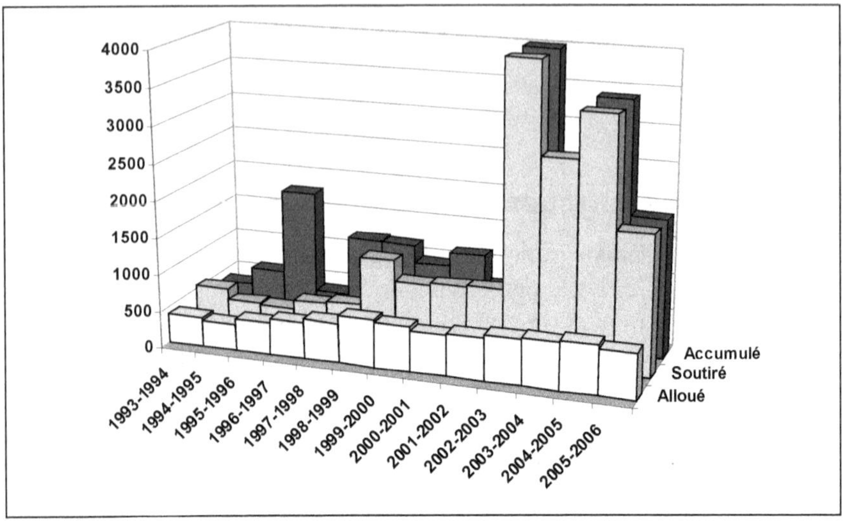

Fig.3.10 : Bilan des Grands Barrages, en Millions de m^3
(Base de données des Grands Barrages[16], DGBGTH)

L'estimation des ressources exploitables des nappes profondes est quant à elle passée de 1000 Mm3/an en 1980 à 1420 Mm3/an en 2010 ; avec une exploitation qui progresse de 530 Mm^3/an à 1190 Mm^3/an durant la même période.

Le nombre de forages réalisés en Tunisie de 1991 à 2010 s'élève à 9300 forages, soit près de 470 forages/an en moyenne. Ces forages se répartissent en 2900 forages publics (forages de reconnaissance, forages SONEDE, autres forages publics) et 6400 forages privés autorisés.

Dans l'espace et dans le temps, on peut observer des tendances tout à fait significatives :

(i) - Le nombre de forages privés, dérisoire au cours des années 80, dépasse celui des forages publics en 1996, puis définitivement depuis 2000 (Fig.3.11). Cette tendance va s'accentuant, jusqu'à atteindre 92 % du total des forages en 2010. Ce constat ne concerne que les forages privés régulièrement autorisés.

---

[16] Eléments fournis par M.H. Louati, Directeur à DGBGTH, communication personnelle à l'auteur.

(ii) - Par gouvernorat, la distribution des forages est très inégale : les 3 gouvernorats de Nabeul, Ben Arous et Kasserine comptent à eux seuls pour plus de 50 % du nombre de forages réalisés.

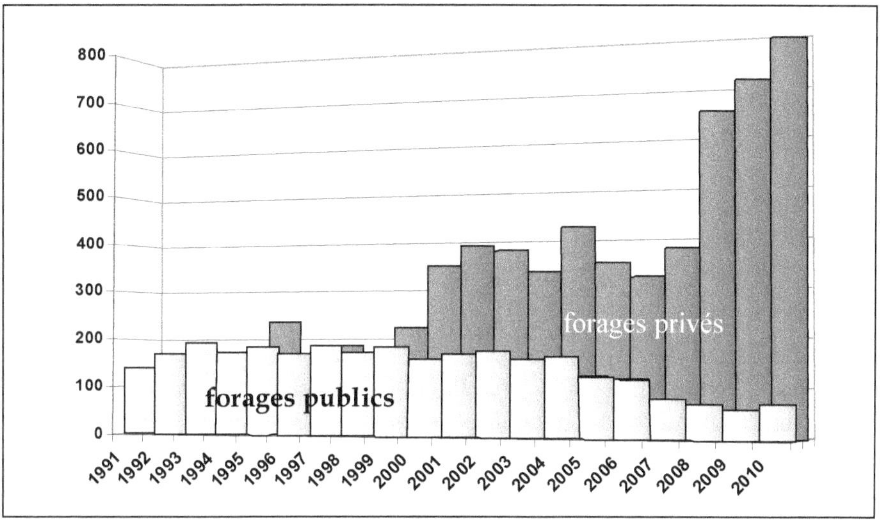

Fig.3.11 : Evolution du nombre de forages publics et privés, réalisés de 1991 à 2007 (Base de Données Forages ; DGRE).

3.3.3- L'Evapotranspiration et l'eau verte

L'Evapotranspiration (ET), somme des quantités d'eau dégagées dans l'atmosphère par évaporation à la surface du sol et par transpiration des plantes, constitue un élément essentiel du cycle de l'eau. Dans une région donnée et à l'échelle de la saison ou de l'année, les quantités d'eau mobilisables par l'homme et par les écosystèmes représentent généralement la différence entre les précipitations cumulées et l'ET. Or la détermination précise de ces deux quantités est confrontée aux mêmes difficultés, en raison des très fortes hétérogénéités spatiales et temporelles dues aux variations des faciès géographiques et climatiques. Les données de télédétection peuvent alors fournir des observations continues du champ des précipitations et de l'ET. A cet effet, le MODerate Resolution Imaging Spectroradiometer (MODIS), embarqué sur les satellites TERRA et AQUA, fournit des informations précises sur la végétation et le bilan d'énergie à la surface du sol, autorisant une modélisation fiable de l'ET (Qiaozhen Mu et al, 2007). Cette modélisation est validée par un réseau mondial de stations de mesures au sol, et fournit les cartes mondiales de l'Evapotranspiration, des Précipitations, et de P-ET qui représente l'écoulement total, le tout intégré sur les superficies de terres agricoles.

En Tunisie, la connaissance du bilan annuel de l'ET permet de préciser, sur les quantités d'eau appliquées, provenant des précipitations et de l'irrigation, quels sont les volumes effectivement consommés et dégagés dans l'atmosphère. La mission WaterWatch utilise les signaux TRMM (Tropical Rainfall Measuring Mission, une mission commune NASA-Agence aérospatiale japonaise JAXA), calés sur le réseau de l'Institut National de la Météorologie (INM), pour la génération des pluies mensuelles sur l'ensemble des terres agricoles cultivées. Sur les deux années de référence choisies, 2000-2001 et 2006-2007, la modélisation de l'ET réelle sur ces deux années fournit les cartes de l'évapotranspiration réelle sur les terres cultivées, qui est comparée à la carte des précipitations (WaterWatch, 2008). Le tableau 3.10 présente l'ensemble des résultats obtenus.

Le résultat final de l'étude peut se résumer au bilan hydrique des terres agricoles présenté sur les dernières lignes du tableau 3.10. Sur l'année 2006-2007, année humide, le bilan est positif : l'évapotranspiration réelle est inférieure à la somme des apports (pluie et irrigation) ; l'excédent va alimenter les ressources hydrauliques : ruissellement et infiltration en profondeur. Quant à l'année 2000-2001, qui est une année sèche, elle indique un bilan négatif : l'évapotranspiration réelle est supérieure à la somme des apports, le déficit est prélevé sur la réserve en eau du sol constituée l'année précédente. On notera que le bilan des zones irriguées est quasiment nul en année sèche : la dose d'irrigation suffit tout juste à compenser l'ET.

L'étude WaterWatch constitue une étude expérimentale à caractère démonstratif, appelée à connaître des développements, notamment par une extension temporelle et spatiale (bilan hydrique des terres de parcours et des forêts), et par des campagnes consistantes de calage sur le terrain.

		Cultures Irriguées	Cultures Pluviales	Total Terres cultivables
Superficie	km^2	3950	41000	44950
Apport Pluviométrique, km^3	2000-2001	**1.02**	**8.90**	**9.92**
	2006-2007	**1.60**	**14.86**	**16.46**
Apport à la parcelle, eau superficielle et eau souterraine, km^3	2000-2001	**0.71**		**0.71**
	2006-2007	**0.56**		**0.56**
Apport d'eau total, km^3	2000-2001	**1.73**	**8.90**	**10.63**
	2006-2007	**2.15**	**14.86**	**17.02**
Evapotranspiration des zones irriguées , km^3	2000-2001	**1.69**		**1.69**
	2006-2007	**1.85**		**1.85**
Evapotranspiration des zones pluviales, km^3	2000-2001		**9.56**	**9.56**
	2006-2007		**12.38**	**12.38**
Evapotranspiration totale des zones cultivées, km^3	2000-2001	**1.69**	**9.56**	**11.26**
	2006-2007	**1.85**	**12.38**	**14.22**
Bilan Hydrique , km^3	2000-2001	**0.03**	**-0.66**	**-0.63**
	2006-2007	**0.31**	**2.49**	**2.80**

Tab.3.10 : Résultats de la Mission WaterWatch pour les deux années de référence : 2000-2001 et 2006-2007 (valeurs en km^3/an).

3.3.4- Mobilisation des eaux de surface et ouvrages de CES

Il est classiquement admis que sur les 2,7 km^3/an d'eaux de surface, une partie, qui est de l'ordre de 0,6 km^3/an de ruissellement faiblement concentré, est considérée comme ne pouvant être mobilisée que par des techniques classiques de CES dont les plus répandues sont les ouvrages de collecte des eaux de ruissellement ou les terrasses de niveau traditionnelles, mécanisées depuis plusieurs décennies sous forme de banquettes DRS (Défense et Restauration des Sols) ou CES (Conservation des Eaux et du Sol). Au cours des 40 dernières années, ces banquettes antiérosives mécanisées ont recouvert en Tunisie près d'un million ha de terres labourables et de parcours. Lorsque ces aménagements sont complétés par la mise en défens, ils ont provoqué une régénération spectaculaire des terres de parcours. Mais quel a été l'impact de ces ouvrages sur le bilan hydrique ? Si ces ouvrages, réalisés dans les règles de l'art, sont incontestablement efficaces pour limiter l'érosion, ils ne le sont pas toujours pour les ressources hydrauliques car ils diminuent sûrement le ruissellement et n'augmentent l'infiltration efficace que s'ils sont situés sur des aires de recharge de nappe, ce qui arrive exceptionnellement. Ces ouvrages sont en tout cas reconnus pour augmenter un peu plus l'évapotranspiration, en favorisant l'accumulation des ressources en eau du sol et la production d'eau verte.

3.4- L'état des usages de l'eau

3.4.1- Les usages industriels

Les données sur l'usage industriel de l'eau sont gérées par 3 organismes : (i) la SONEDE contrôle les volumes distribués aux industries connectées au réseau et qui se sont élevés à 35 Mm^3/an en 2005, (ii) la DGRE, par ses enquêtes sur l'exploitation des nappes profondes, contrôle les prélèvements des industries non raccordées, lesquelles ont utilisé 60 Mm^3/an en 2005, (iii) l'ONAS de son côté, dans le cadre de sa mission de contrôle des pollutions d'origine industrielle, a mis en place une base de données exhaustive sur les rejets hydriques industriels : le « Cadastre des Rejets Hydriques Industriels », régulièrement mise à jour et qui, moyennant la prise en compte de la part des « consommations nettes » de certaines industries[17],

[17] La part de consommation nette varie avec le type d'industrie: inférieure à 10% pour le textile ou la mécanique, supérieure à 80% pour une briqueterie (Ben Messaoud, 1998)

corrobore les volumes enregistrés respectivement par la SONEDE et la DGRE. Etant donné que les quantités utilisées par l'industrie sont globalement modérées, et que la redevance de prélèvement sur les eaux souterraines est encore relativement dérisoire, les industriels ne sont pas fortement incités à introduire des procédés économes en eau. Il n'existe pas encore de normes tunisiennes pour les usages industriels et le recyclage n'est pratiqué que par quelques rares unités.

3.4.2- L'usage d'eau potable

Les volumes distribués par les réseaux de la SONEDE s'élevaient à 495 Mm^3 en 2011. La consommation domestique représente 72 % de ces quantités, la part des établissements collectifs 13 %, celle des industriels branchés 9 % et la consommation touristique 6 %. Par ailleurs, une part des besoins est assurée par des prélèvements directs sur les nappes souterraines : 66 % de la consommation du secteur industriel et 15 % de la consommation touristique.

3.4.3- L'usage touristique

La consommation individuelle du touriste (550 l/j/lit occupé en moyenne en 2006 ; 900 l/j pour les hôtels 5 étoiles (Guefrej, 2007b)) est très élevée : en moyenne cinq fois, en consommation journalière, celle d'un résident. Cependant, la somme des consommations de l'ensemble du secteur touristique atteint 30 Mm^3/an ce qui ne représente que 1 % de l'ensemble des ressources exploitées, y compris pour le secteur agricole, et 6 % des ressources allouées à l'eau potable.

3.4.4- Usage agricole

Les prélèvements d'eau totaux ont atteint 2,8 km^3/an en 2010, dont 2,185 km^3/an alloués à l'irrigation, soit 78 % (17 % étant prélevés pour les collectivités et 5 % pour l'industrie et le tourisme). La demande de l'irrigation provient pour 77 % des eaux souterraines, pour 22 % des eaux de surface, et pour 1 % de la réutilisation des eaux usées traitées.

3.4.5- Demande en eau environnementale et bilan des usages

La réalisation des différents programmes d'aménagement hydraulique a conduit à une forte artificialisation du cycle de l'eau. Cela se traduit par une réduction de l'alimentation des hydro-systèmes, qui n'est pas sans conséquences sur les milieux et sur les écosystèmes aquatiques continentaux et littoraux. Dans ces conditions, la protection des milieux passe par une prise en compte systématique de la demande en eau qu'il s'agit d'évaluer pour l'inclure dans les programmes d'allocation de la ressource : lâchers d'eau pour l'alimentation des milieux lacustres, des zones humides et pour la recharge des nappes.

Les caractéristiques de l'environnement tunisien, dont le climat est la manifestation la plus évidente, nécessitent par ailleurs de préserver un certain volume stocké dans les barrages pour une utilisation différée, qui peut représenter près du tiers des eaux de surface mobilisées. En effet, lorsqu'on mobilise en la régularisant une grande partie ou même l'ensemble de la ressource en eau de surface, le volume annuel réellement utilisable doit toujours rester inférieur au volume régularisé, pour que les réservoirs assurent leur fonction de stockage non seulement saisonnière mais aussi interannuelle.

Le tableau 3.11 récapitule l'ensemble des allocations d'eau répertoriées entre 1990 et 2010, classées par origine de la ressource.

Une première lecture de ce tableau semble indiquer que les eaux souterraines sont aujourd'hui exploitées à un taux de 93 %, alors que les eaux de surface ne seraient exploitées qu'à seulement 29 %. Mais si l'on ne se limite pas aux usages traditionnellement comptabilisés, et directement valorisables, de l'eau (AEP, industrie, irrigation), et que l'on étende l'exercice à d'autres types d'usages, notamment aux usages environnementaux qui regroupent pour le cas particulier de la Tunisie :

(i) - l'alimentation artificielle des zones humides, de l'ordre de 100 Mm^3/an (actuellement limitée au système Ichkeul) ;

(ii) - l'alimentation artificielle des nappes souterraines surexploitées, estimée à 50 Mm^3/an en moyenne;

(iii) - l'évaporation dans les retenues, évaluée à 150 Mm^3/an ;

Dans ce cas, l'exploitation des eaux de surface comptabilisée en 2010 passerait de 780 Mm^3/an (Tab.3.11) à un total de 1080 Mm^3/an, ce qui représente un taux d'exploitation effectif de 40 %. Une telle description doit toutefois tenir compte du fait que les grands projets hydrauliques (eau potable et irrigation) exploitent progressivement les allocations qui leur sont réservées et cette sous exploitation momentanée des eaux de surface est généralement vouée à être oblitérée sur le moyen terme.

	Nappes souterraines							Eaux de Surface						Total					
	Ressources Mobilisable	Prélev Agric.	Prélev AEP	Prélev Ind.	Tourisme	Total exploité	% Exploité	Ressources Mobilisable	Agric. Barrag	Agric. Divers **	AEP barrag	Total exploité	% Exploité	Ressources Mobilisable	Agriculture	Eau Potable	Ind non connec	Total exploité	% Exploité
1990	1840	1330	148	56		1534	83%	2700	200	45	143	388	14%	4540	1575	291	56	1922	42%
1991	1846	1333	142	59		1534	83%	2700	250	71	151	472	17%	4546	1654	293	59	2006	44%
1992	1851	1364	152	60		1576	85%	2700	250	106	152	508	19%	4551	1720	304	60	2084	46%
1993	1856	1381	153	78		1612	87%	2700	250	175	162	587	22%	4556	1806	315	78	2199	48%
1994	1871	1431	163	63		1657	89%	2700	250	179	170	599	22%	4571	1860	333	63	2256	49%
1995	1929	1440	168	65		1673	87%	2700	250	282	155	687	25%	4629	1972	323	65	2360	51%
1996	1940	1524	154	70		1748	90%	2700	250	341	163	754	28%	4640	2115	317	70	2502	54%
1997	1942	1541	152	67		1760	91%	2700	294	309	175	778	29%	4642	2144	327	67	2538	55%
1998	1955	1544	158	66	6	1774	91%	2700	300	327	175	802	30%	4655	2171	333	72	2576	55%
1999	2111	1562	166	67	6	1801	85%	2700	402	151	194	747	28%	4811	2115	360	73	2548	53%
2000	2135	1608	175	69	5	1857	87%	2700	400	116	193	709	26%	4835	2124	368	74	2566	53%
2001	2140	1640	184	69	5	1898	89%	2700	400	88	193	681	25%	4840	2128	377	74	2579	53%
2002	2118	1662	195	58	5	1920	91%	2700	361	107	213	681	25%	4818	2130	408	63	2601	54%
2003	2136	1644	195	55	5	1899	89%	2700	403	85	214	702	26%	4836	2132	409	60	2601	54%
2004	2155	1653	213	58	3	1927	89%	2700	405	77	232	714	26%	4855	2135	445	61	2641	54%
2005	2155	1660	213	58	3	1934	90%	2700	409	69	237	715	26%	4855	2138	450	61	2649	55%
2006	2155	1680	218	58	3	1959	91%	2700	382	98	240	720	27%	4855	2160	458	61	2679	55%
2007	2155	1700	228	58	4	1990	92%	2700	382	98	263	743	28%	4855	2180	491	62	2733	56%
2008	2165	1705	232	58	4	1999	92%	2700	382	98	277	757	28%	4865	2185	509	62	2756	57%
2009	2165	1705	240	58	4	2007	93%	2700	382	98	287	767	28%	4865	2185	527	62	2774	57%
2010	2165	1705	250	58	4	2017	93%	2700	382	98	301	781	29%	4865	2185	551	62	2798	58%

***Divers: prises d'eau, oueds, sources, épandages, lacs collinaires,erreurs de comptage,etc...*

Références: "la politique de l'eau dans le domaine agricole"; DGGREE, Juin 2001 , + Notes inéd. DGGREE; + Situation ann. Barrages DGBGTH ; + Annuaires DGRE nappes profondes et phréatiques; + Rapports Statistiques SONEDE

Tab.3.11 : Les différents usages des ressources en eau de 1990 à 2010, exprimés en Mm^3/an.

3.5- Bilans ressources usages : déséquilibres régionaux et grands transferts

Par grande région et par gouvernorat, la répartition géographique des ressources hydrauliques est présentée dans le tableau 3.12. Ce tableau indique également la répartition des quantités allouées aux divers usages de l'eau : (i) irrigation, avec indication des diverses sources d'eau, (ii) eau potable, (iii) industries raccordées et non raccordées (incluant le tourisme). Cette esquisse de bilan régional résulte du croisement et du traitement de multiples sources de données, qui ne sont pas toujours synchrones ni homogènes : Annuaire des nappes profondes DGRE 2007, Annuaire des nappes phréatiques 2005, Rapport SONEDE 2010, plusieurs notes inédites de la DGGR. Cette diversité des sources incite à considérer avec beaucoup de prudence le détail des résultats obtenus au terme de cet exercice. On peut toutefois, sur un plan global, admettre ces bilans régionaux comme plausibles et acceptables.

Ces données ont permis de construire le graphique de la fig.3.12 qui indique, par gouvernorat, les excédents et les déficits des prélèvements d'eau (valeurs 2010) par rapport aux ressources locales reconnues. Ce graphique montre clairement et quantifie les vocations de chaque gouvernorat : ceux du Nord et, dans une moindre mesure, du Centre Ouest, voués à l'exportation, et ceux du Grand Tunis et de la côte Est voués à l'importation, tandis que les gouvernorats du Sud (excepté Kébili siège d'une très forte surexploitation de nappe, cause du déficit constaté) sont généralement équilibrés.

Région	Gouvernorat	Ressource	Irrigation Nappe. Prof	Irrigation N. Phreat	Irrigation Barrages	Irrig. divers surface**	total irrigation	Eau potable sonede	Industries raccordées	Industries non raccord.	Allocations tous usages	Bilan Ressource Allocation
Nord	Bizerte	590	4	52	46	15	117	25	2.5	0.6	145	445
	Béja	530	3	8	41	10	62	12	1.0	0.0	75	455
	Jendouba	719	6	11	67	10	94	12	0.5	0.5	107	612
	Le Kef	201	4	22	1	10	37	9	0.1	0.5	47	155
	Siliana	212	6	10	16	12	44	7	0.0		51	161
S/total		2253	24	104	171	57	355	64	4.1	1.6	425	1827
Tunis - Cap Bon	Tunis	18	0	3	0		3	68	5.3		76	-58
	Ariana	16	0	4	20		24	32	0.5		57	-41
	Ben Arous	55	24	15	16	3	58	22	5.5	0.4	86	-31
	Manouba	53	3	11	49		63	40	1.5	0.9	106	-54
	Zaghouan	130	7	12	2	17	37	7	0.5		45	85
	Nabeul	364	29	245	59	12	345	32	8.2	1.7	387	-24
S/total		634	64	289	146	32	531	202	21.4	2.9	757	-123
Sahel	Sousse	48	3	14	6		23	33	6.6	0.5	64	-16
	Monastir	23	3	8	6		17	23	6.6		46	-23
	Mahdia	40	2	19	0		21	19	2.0	0.0	42	-2
	Sfax	98	7	51	0		59	53	3.9	13.7	130	-32
S/total		209	16	92	12	0	120	129	19.1	14.2	282	-73
Centre Ouest	Kairouan	266	50	92	21	6	169	15	0.2	2.1	187	79
	Kasserine	198	55	43	0	10	108	9	0.2	4.8	122	75
	Sidi Bou Zid	192	33	80	0	5	118	10	0.1	0.2	128	64
	Gafsa	150	39	34	0		73	14	0.2	14.0	102	48
S/total		805	177	249	21	21	468	49	0.7	21.1	539	266
Sud	Tozeur	227	140	32	0		172	5	0.5	10.1	188	39
	Kebili	277	370	0	0		370	8	0.1	0.3	379	-102
	Gabès	217	97	28	0		125	4	10.1	3.5	142	75
	Médenine	113	5	14	0		19	20	7.0	2.2	48	66
	Tataouine	132	7	7	0		14	7	0.1	6.2	27	105
S/total		966	619	82	0	0	701	43	17.8	22.4	784	182
Total		4868	899	816	350	110	2175	490	63	62	2791	
*** Divers: prises d'eau, oueds, sources, épandages, lacs collinaires,etc...*												

Tab.3.12 : Esquisse de Bilan régionalisé 2010, par source d'eau et par usage, en Mm^3/an

Pour faire face à la rareté des ressources en eau et pallier toutes ces disparités régionales en termes de ressources et de demandes, la mise en œuvre de plans de mobilisation et de répartition de l'eau s'est traduite par la construction de grands ouvrages de transfert inter régionaux. En termes de quantités véhiculées, le schéma de la fig. 3.13 résume l'ensemble des systèmes de transfert inter régionaux, qui totalisent en 2010 un volume de 400 Mm^3/an, au sein duquel la SONEDE prélève l'essentiel avec 325 Mm^3/an, les transferts d'irrigation étant limités au Cap Bon, avec 60 Mm^3/an provenant du Canal, et aux périmètres du Sahel qui prélèvent 15 Mm^3/an sur le Nebhana.

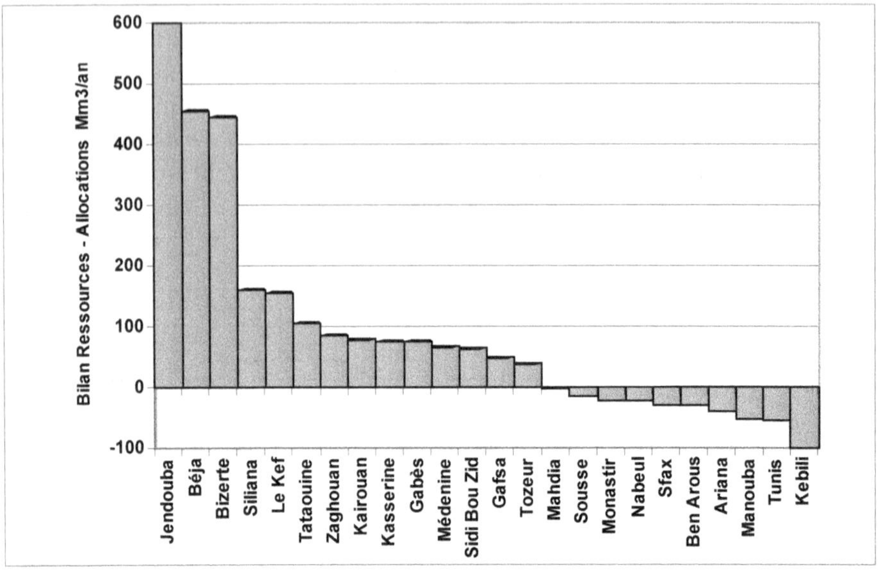

Fig. 3.12 : Bilans régionaux Ressources - Allocations par gouvernorat, année de référence 2010.

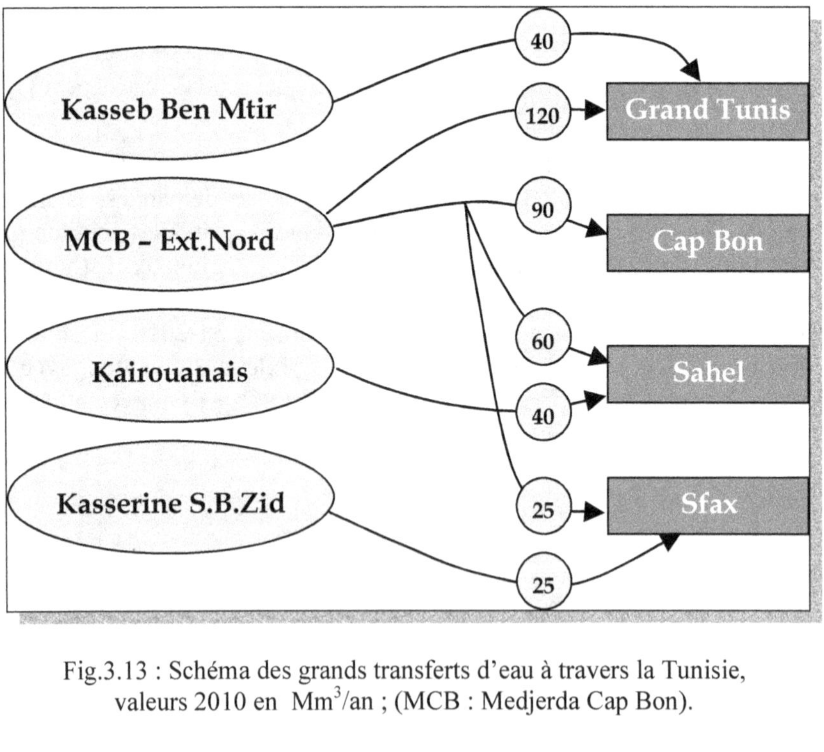

Fig.3.13 : Schéma des grands transferts d'eau à travers la Tunisie, valeurs 2010 en Mm^3/an ; (MCB : Medjerda Cap Bon).

3.6- La surexploitation des nappes souterraines

3.6.1- Un état de surexploitation avancé

Au cours des trois dernières décennies, l'effort d'investissement dans le secteur hydro agricole a été accompagné par une politique d'encouragement à l'intensification des pompages en nappes : électrification des forages et des puits, mise en place de subventions pour la construction des puits et les équipements de pompage (loi 82-67). Ces mesures ont eu pour effet une rapide et importante augmentation des prélèvements avec : (i) la création de forages et de puits nouveaux, (ii) le passage du mode traditionnel de puisage au pompage mécanique et électrique, (iii) l'acquisition d'équipements de pompage de plus en plus puissants. Ainsi, et depuis que le Ministère de l'Agriculture a pu mettre en place un système fiable d'évaluation et de comptage des prélèvements en nappes, on peut estimer que ces derniers ont plus que doublé : passant de 0,9 à 1,95 km^3/an entre 1980 et 2005. Ces quantités sont proches ou dépassent les limites d'exploitabilité des eaux souterraines du pays.

Malgré l'impact économique et social important dû à l'extension d'une activité d'irrigation très riche, cela a entrainé d'importants rabattements de nappes (Fig.3.14), et une forte proportion de ces nappes sont aujourd'hui labellisées surexploitées par la DGRE (2007) : près de 55 nappes phréatiques et 30 nappes profondes, d'inégale importance il est vrai. Ces nappes présentent un prélèvement excédentaire (de surexploitation) estimé à 400 Mm^3/an pour l'ensemble de la Tunisie. Les gouvernorats de Kébili, Nabeul, Kairouan et Sidi Bou Zid prélèvent à eux seuls plus de 75 % de ces quantités. Par ailleurs, une estimation séparée des prélèvements sur les réserves géologiques des aquifères faiblement renouvelables du Sud (Complexe Terminal et Continental Intercalaire) les situent à près de 200 Mm^3/an, soit 50 % de l'ensemble des débits de surexploitation des eaux souterraines de Tunisie.

De nombreuses nappes phréatiques sont déclarées « périmètre de sauvegarde» par décret. Mais ces mesures n'ont pu stopper la prolifération des puits. Certes, aucune subvention n'est plus accordée pour la construction de puits nouveaux dans ces zones, ce qui contribue au ralentissement de leur progression. Les agriculteurs ne demandent pas d'autorisation pour la création de nouveaux puits et nombreux sont ceux qui construisent leur puits sans subvention aucune. Par ailleurs, et en raison de l'abaissement régulier de la nappe, les agriculteurs procèdent à l'approfondissement de leurs puits par des sondes manuelles qui les amènent au delà de la limite des 50 mètres de profondeur réglementaires, limite au delà de laquelle une autorisation préalable est nécessaire quelle que soit l'état d'exploitation de la nappe.

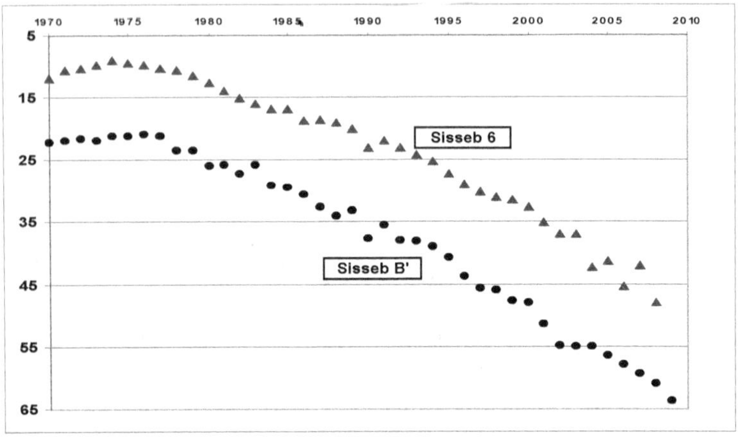

Fig.3.14 : Rabattements de nappe en mètres, observés au Bled Sisseb, au Nord de Kairouan, de 1970 à 2010 (Bases de données DGRE).

La surexploitation diminue les réserves géologiques des aquifères ; les abaissements continuels du niveau des nappes surexploitées sont alors susceptibles, à terme, de provoquer le tarissement total des nappes les plus vulnérables. La figure 3.15 présente respectivement : (i) la délimitation des nappes phréatiques, (ii) les nappes phréatiques actuellement surexploitées, (iii) les nappes phréatiques qui seront totalement épuisées avant la fin du XXIe siècle au rythme actuel des prélèvements.

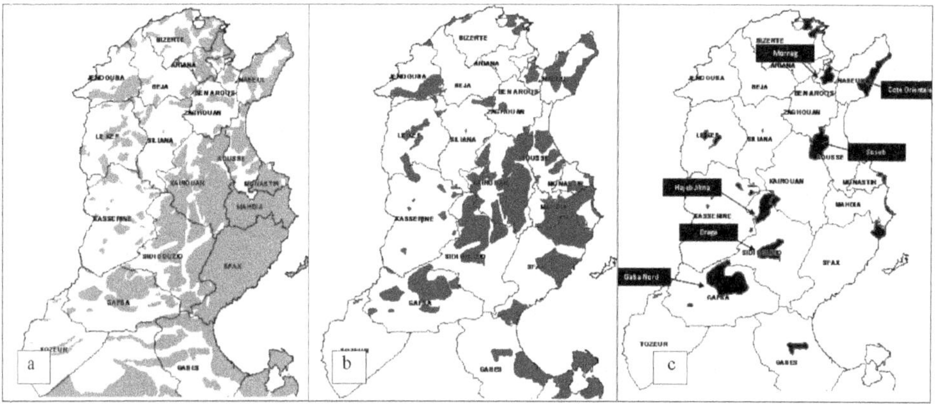

Fig.3.15 : (a) Nappes phréatiques, (b) nappes phréatiques surexploitées, et (c) celles qui seront totalement épuisées avant la fin du XXIe siècle.

L'eau souterraine constitue une ressource distribuée, naturellement partagée : la nappe souterraine se présente comme un réseau, exploité collectivement et inter activement par des centaines, voire des milliers d'utilisateurs. Pour éviter les abus, on doit favoriser les processus de négociation entre usagers. Au plan des ressources transfrontières, un mécanisme de concertation se met en place pour rationaliser l'exploitation, avec l'Algérie et la Libye, des grandes nappes sahariennes du Sud. Au plan local, la gestion participative d'une nappe souterraine surexploitée a été tentée : pour préserver la nappe côtière fortement sollicitée au Nord de Gabès, près de 300 agriculteurs ont créé le Groupement de développement, d'exploitation et de surveillance des eaux souterraines de Bsissi. Cette association a obtenu que les forages illégaux soient rebouchés et que le creusement de nouveaux forages soit arrêté. Le Groupement est chargé de contrôler les débits de pompage alloués et de suivre le niveau de la nappe. Cette expérience positive demeure toutefois fragile et unique en Tunisie.

Dans la perspective d'une reproduction de cette expérience de gestion communautaire, le MARH tente de faire évoluer le cadre règlementaire et législatif des associations d'usagers pour le rendre compatible avec la gestion d'une nappe souterraine : ressource invisible, répartie et difficilement maîtrisable, alors que le cadre actuel concerne les usagers d'une ressource visible et ponctuelle (forage, oued, barrage). Toutefois, ce type de mesure intervient à postériori, lorsque le phénomène de surexploitation est déjà consommé. Il serait plus efficace d'imaginer un cadre de planification et d'allocation à priori, comme c'est le cas des eaux de surface et des eaux souterraines profondes. C'est ce que tente de mettre en place le projet de nouveau Code des Eaux (BIRH, 2013), qui généralise le système de l'autorisation y compris pour les puits dont la profondeur est inférieure à 50 m. Mais pour être effective, cette mesure doit être admise et appliquée par tous, avec une gestion plus rigoureuse de la police des nappes, et des protocoles de gestion participative négociés en bonne concertation ; le problème, c'est qu'il n'existe aujourd'hui aucun cadre de concertation adéquat.

3.6.2- Menace sur les grands systèmes aquifères

Parmi les nappes souterraines surexploitées, un certain nombre occupe, en termes de risques, une position particulière du fait de l'importance de leurs ressources intrinsèques et de leur niveau de surexploitation. Regroupées en grandes régions hydrogéologiques, ces nappes sont présentées dans le tableau 3.13.

De la lecture de ce tableau, il ressort que ces cinq grands systèmes aquifères de Kébili, Nabeul, Kairouan, Kasserine – Sidi Bouzid et Gabès représentent :

(i) 25 % des ressources en eau souterraine officiellement reconnues de Tunisie (507 Mm^3/an sur 2 160)

(ii) 45 % de l'exploitation des eaux souterraines du pays (865 Mm^3/an sur 1 950)

(iii) 90 % en volume, de la surexploitation des nappes de toute la Tunisie (357 Mm^3/an sur 400).

Ce dernier indicateur suffit à qualifier l'urgence qu'il y a à mettre en place des dispositions exceptionnelles pour assurer la préservation et la sauvegarde de ces ressources en eau, capitales pour l'avenir de notre pays.

Région hydrogéologique	Ressources Mm3/an	Exploitation Mm3/an	Taux de Surexploitation
Kebili	173	341	97%
Nabeul	147	226	54%
Kairouan	73	120	64%
Kasserine-Sidi BouZid	65	113	74%
Gabès	50	65	31%

Tableau 3.13 : Etat de surexploitation des grandes régions hydrogéologiques en 2005 (source : Annuaire des nappes profondes et situation des nappes phréatiques, DGRE)

Fig.3.16 : Réalisation d'un forage illicite, de 120 m de profondeur par une sondeuse artisanale ; Bled Sisseb au Nord de Kairouan, 21 Janv. 2013. On estime, à cette date, à plus de cinq cents le nombre des forages non autorisés réalisés dans le secteur, et le niveau de la nappe a baissé de 40 mètres en 30 ans.

Fig.3.17 : Nouvelle palmeraie dans les environs de Kébili ; extension illicite sur forage non autorisé ; photo prise le 26/6/2007. Le nombre des forages illicites à Kébili, inventoriés en 2008, est supérieur à 3000.

3.7- Le cycle anthropique et le bilan total de la Tunisie

3.7.1- Mobilisation, utilisation, consommation : Le cycle anthropique de l'eau

Le résultat de la compilation d'un grand nombre de données relatives à la mobilisation des ressources hydrauliques est présenté par le graphe suivant, Fig.3.18 : « le cycle anthropique de l'eau », où l'on tente de distinguer entre les ressources mobilisées, les ressources exploitables, les allocations et exploitations, les ressources effectivement utilisées, les consommations nettes, et les retours au milieu récepteur.

Les Ressources Mobilisées sont les quantités effectivement développées au moyen des ouvrages hydrauliques existants. Ces quantités représentent un potentiel annuel moyen égal à 3960 Mm^3/an (année hydrologique moyenne, base : 2010)

Les Ressources Exploitables diffèrent des ressources mobilisées par les quantités effectivement mobilisées [disponibles dans les barrages-réservoirs] mais dont on ne procède pas à l'utilisation immédiate pour tenir compte des allocations prévisionnelles des nouveaux projets déjà décidés lors de la création des ouvrages. Cette réserve transitoire peut être estimée à 600 Mm^3/an

Les Exploitations sont déterminées ainsi par type de ressource :

Dans les barrages réservoirs, le volume exploitable utile [930 Mm3/an] se décompose en :

- 150 Mm^3/an qui forment l'évaporation des retenues d'eau[18],
- 100 Mm^3/an qui sont réservés à la régulation des zones humides (lac Ichkeul),
- 300 Mm^3/an prélevés par la SONEDE,
- 600 Mm^3/an réservés à l'irrigation des PPI,

[18] On admet généralement que cette évaporation représente 7% des volumes retenus. En Tunisie, (Abbassi, 2000) l'évaporation des grands barrages a été estimée à 100 M m^3/an, à une période où l'équipement hydraulique du pays était encore incomplet.

- 50 Mm^3/an (en moyenne) affectés à la recharge des nappes souterraines,

- 140 Mm^3/an ne sont pas explicitement affectés et représentent la fermeture du bilan des retenues des barrages, qui intègre les incertitudes sur les termes du bilan, aussi bien sur les entrées (apports superficiels) que les sorties (débits de fuites, prélèvements non comptabilisés).

Dans les nappes phréatiques, 820 Mm^3/an sont prélevés pour l'irrigation des fermes privées (supérieurs aux ressources renouvelables, en raison de la surexploitation)

Dans les nappes profondes, les volumes exploités [1 200 Mm^3/an] sont répartis ainsi :

- 240 Mm^3/an prélevés par la SONEDE,

- 60 Mm^3/an prélevés par les Industries non raccordées aux réseaux publics,

900 Mm^3/an prélevés pour l'irrigation des PPI et des PIP (Périmètres Irrigués Privés).

Les Ressources effectivement utilisées :

Sur un volume alloué de 3020 Mm^3/an[19] seuls 2095 sont effectivement utilisés, soit près de 70 % ; le reste, soit près de 925 Mm^3/an, se répartit comme suit :

- 145 Mm^3/an représentent les diverses formes de pertes des réseaux publics (d'eau potable),

- 660 Mm^3/an constituent les pertes totales du système d'irrigation[20],

- 120 Mm^3/an représentent l'estimation du volume, dans les barrages réservoirs, réservé aux PPI et non utilisé par les agriculteurs.

Les pertes que représentent toutes ces quantités par rapport aux volumes alloués sont momentanées ou définitives, parfois incompressibles comme certaines pertes sur les réseaux, certaines enfin sont volontaires et souhaitables, comme les sur irrigations à la parcelle nécessaires au lessivage des sels. Les besoins du lessivage ne constituent certes pas des pertes lorsqu'elles sont, c'est le cas le plus souvent, intégrés dans les allocations.

[19] Si l'on y inclut les prélèvements directs des industries non raccordées

[20] Dont une bonne partie est récupérée par ré infiltration et drainage dans le milieu naturel

En définitive, les 2095 Mm^3/an effectivement utilisés se répartissent selon les usages en :

- 350 Mm^3/an pour l'eau potable,
- 100 Mm^3/an pour les écosystèmes humides,
- 105 Mm^3/an pour l'industrie,
- 1540 Mm^3/an pour l'irrigation.

Les consommations nettes constituent la partie « irrécupérable » de la ressource utilisée, celle qui est effectivement consommée et qui de ce fait a définitivement quitté soit la partie continentale du cycle de l'eau soit l'intégralité du cycle de l'eau ; c'est :

- En agriculture, la quantité évapotranspirée par les plantes (majoritaire) et celle entrant dans la constitution de la biomasse des plantes et des produits alimentaires. La part de la consommation nette en agriculture est généralement estimée à 66 %.

- Pour l'eau potable, la consommation nette est estimée à 20 %

- Dans l'industrie, l'examen des données enregistrées dans le « Cadastre des Rejets Industriels » élaboré par l'ONAS[21] permet d'évaluer la part effectivement consommée à 20 % en moyenne (Ben Messaoud, 1998).

C'est enfin la partie ré-évaporée des pertes sur les réseaux, dont l'essentiel revient aux pertes des réseaux d'irrigation.

La somme générale des consommations nettes (prélevées sur les ressources hydrauliques) s'établit à 1580 Mm^3/an.

Les retours au milieu récepteur :

Les pertes de l'irrigation, aussi bien sur les réseaux qu'au niveau de la parcelle, et les pertes des réseaux publics, reviennent en partie au milieu naturel continental et se trouvent donc susceptibles de réintégrer le cycle naturel de l'eau. Cette quantité, en toute première approximation, n'est pas du tout négligeable puisqu'elle se situe dans les mêmes ordres de grandeur (1480 Mm^3/an) que les consommations nettes effectives. Une partie de ces retours au milieu récepteur est recyclée par mélange dans l'Oued Medjerda, mais d'autres parties, parfois importantes, ne peuvent plus être réutilisées du fait de la dégradation de la qualité de l'eau après usage, et notamment

---

[21] La consommation nette varie avec le type d'industrie considéré : inférieure à 10% pour le textile ou la mécanique, supérieure à 90% pour une briqueterie

lorsque, en irrigation, les eaux utilisées possèdent déjà à l'origine des salinités non négligeables.

La reconstitution du Cycle Anthropique de l'Eau a nécessité un certain nombre de recoupements, de simplifications et d'hypothèses, qui sont présentées sur la légende ci-après. Ce bilan est relatif aux données moyennes rapportées à l'année 2010 prise comme année de référence.

Encadré 3.1

Le Cycle anthropique : Légende.

1. Marge inter annuelle de régularisation des apports aux barrages, ou épargne sècheresse
2. Disponible en année moyenne dans les barrages réservoirs
3. Nappes phréatiques
4. Nappes profondes
5. Evaporation dans les barrages (7 % du stock #150 Mm3/an) et allocation aux zones humides
6. Prélèvements SONEDE sur les barragers
7. Eaux de barrages allouées à l'irrigation des PPI
8. Non explicitement alloués: erreur de fermeture ou alloués et non utilisés
9. Recharge des nappes
10. Prélèvements SONEDE sur les nappes profondes
11. Ressources souterraines allouées à l'irrigation
12. Industries et Tourisme non raccordées
13. Industries et tourisme sur réseau SONEDE
14. Facturé aux collectivités
15. Fuites des réseaux, y compris pertes de service
16. Les PPI utilisent 80 % des eaux de surface allouées
17. Un tiers des pertes du système d'irrigation, réseaux et parcelles, est ré-évaporé
18. Les 2/3 des pertes du système d'irrigation retournent au milieu récepteur
19. Quantités effectivement délivrées aux cultures, compte tenu des efficiences
20. Consommation effective des collectivités
21. Effluents des réseaux urbains
22. Consommation effective des industries
23. Rejets hydriques industriels
24. Evapotranspiration réelle et intégration à la biomasse
25. Part rejoignant le milieu récepteur

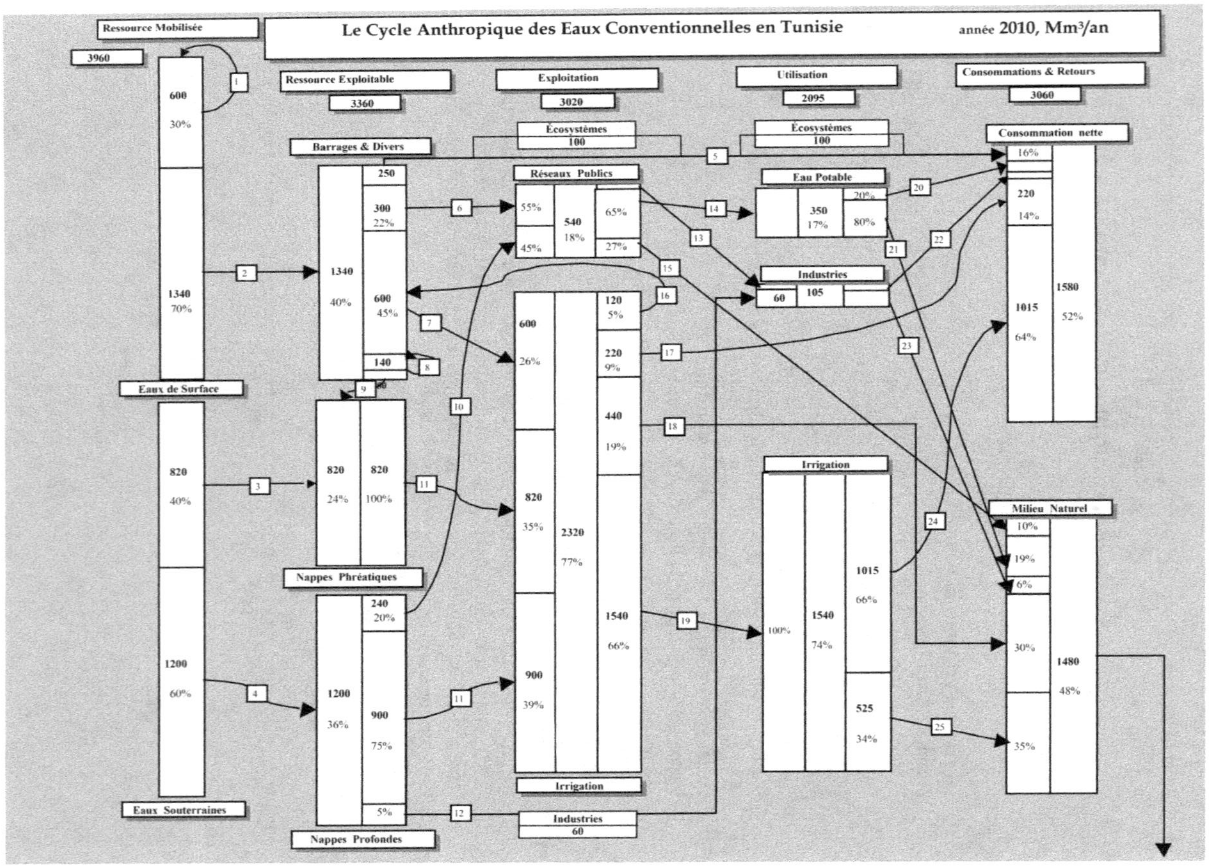

Fig.3.18 :
Le cycle anthropique de l'eau en Tunisie, année 2010.

3.7.2 - Bilan total de la Tunisie : le devenir des ressources pluviales

On est légitimement en droit de se poser la question du devenir des précipitations tombées sur le territoire national, les fameux 36 km^3/an. A vrai dire, cette question a intéressé jusqu'ici peu d'experts et il n'existe pas de référence documentaire à laquelle on puisse se fier. Les estimations qui suivent, présentées sur le graphique de la figure 3.19, constituent donc une pure spéculation intellectuelle aux fondements scientifiques incertains, et sont à considérer comme une première hypothèse de travail, plausible malgré tout, destinée à fixer des ordres de grandeur. Les hypothèses utilisées, sur lesquelles se basent ces premières estimations, sont présentées plus loin.

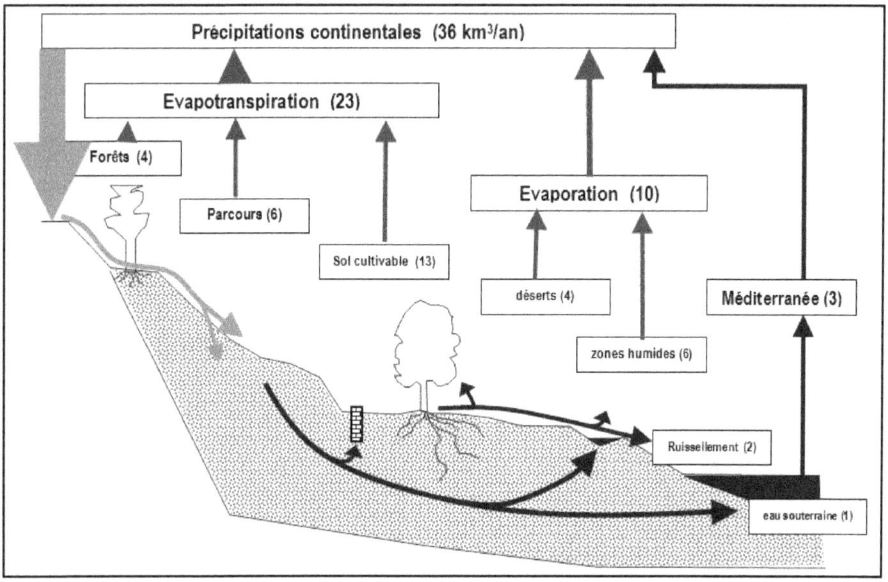

Figure 3.19 : Le cycle des eaux pluviales de Tunisie, en km^3/an.

Hypothèses utilisées :

- Terres cultivables (5 Millions ha) : ETR moyen selon WaterWatch (année 2001 : 11,2 km^3, année sèche ; année 2007 : 14 km^3, année légèrement humide).

- Forêts (800 000 ha) : 6000 km^2 dans le Nord (Pluie moyenne=600 mm/an) ; 200 km^2 au Centre (P moyenne=350 mm/an).

- Parcours (5 Millions ha) : Pluie moyenne des gouvernorats pondérée par superficie des parcours par gouvernorat (Annuaire des Statistiques Agricoles 2005) ; avec application du coefficient empirique de 0,64.

- Terres désertiques stériles (4 Millions ha) : Pluie moyenne = 100 mm/an entièrement ré évaporée. [ces quantités ne sont pas perdues ; elles entretiennent la vie des écosystèmes désertiques].

- Zones humides (800 000 ha) : Pluie moyenne = 400 mm entièrement ré évaporée (soit 3,2 km^3/an), auxquels s'ajoutent : les apports en ruissellement du bassin versant inférieur (1,6 km^3), ainsi que les exutoires d'une majorité de nappes souterraines phréatiques et profondes (1,2 km^3).

- Ruissellement en mer : eaux de surface non mobilisées, bassins côtiers, rejets, apports exceptionnels.

- Flux souterrain en mer : estimation des exutoires marins des nappes phréatiques et profondes.

Chapitre 4. Le bilan hydrique intégral : eau bleue, eau verte et eau virtuelle

Ce chapitre est consacré à l'établissement des éléments du bilan hydrique des besoins alimentaires de la Tunisie. La quantification de l'équivalent-eau des différentes contributions aux besoins alimentaires permet de préciser la relation entre les politiques agricoles et les politiques de l'eau, fournissant de précieux éléments d'aide à la décision. Ce chapitre comporte cinq parties : (i) la première se consacre à l'évaluation de l'équivalent-eau verte de la production de l'agriculture pluviale ; on y développe un modèle global original de régression linéaire entre la pluie et les rendements agricoles. Validé par un modèle plus classique de bilan hydrique du système sol-plante, ce modèle global sert à déterminer l'équivalent-eau de la production des cultures céréalières et oléicoles, ainsi que le potentiel eau verte des cultures pluviales pratiquées en Tunisie ; (ii) les seconde, troisième et quatrième parties traitent respectivement des évaluations de l'équivalent-eau de l'ensemble des productions agricoles de la Tunisie : cultures irriguées, productions végétales, productions animales, puis établit l'équivalent-eau et les bilans hydriques des besoins alimentaires du pays ; (iii) la cinquième partie est consacrée à l'analyse de la sécurité hydrique dans sa relation aux bilans hydriques de la balance commerciale des produits agro-alimentaires et à la sécurité alimentaire de la Tunisie.

Introduction : l'eau et l'agriculture en Tunisie

Les programmes réalisés dans la mobilisation, l'aménagement et le transfert des eaux ont conduit à un développement presque total des ressources disponibles et à une tendance à la stabilisation de l'offre. A la faveur du programme hydraulique de la Tunisie, le secteur de l'irrigation a marqué des progrès substantiels : la superficie totale équipée pour l'irrigation a été multipliée par un facteur 7 au cours des quatre dernières décennies ; elle se développe maintenant sur plus de 410 mille hectares, environ 8 % du total de la superficie agricole utile. L'irrigation est, pour une grande part, pratiquée pour les cultures maraîchères dans les diverses régions du pays, pour l'arboriculture fruitière, notamment les agrumes au Cap Bon et le palmier dattier dans les oasis du Sud et accessoirement pour les cultures céréalières et fourragères. Le secteur de l'irrigation accapare 78 % des ressources mobilisées (eau-bleue) et contribue à près du tiers de la production agricole en valeur. Cela signifie que près des deux tiers de la production agricole est assurée par l'agriculture pluviale. Néanmoins, la stratégie du développement agricole a profité en priorité au secteur irrigué ; l'agriculture pluviale n'a pas toujours bénéficié de la même attention et elle n'a pas connu un essor comparable.

La superficie cultivée en régime pluvial (environ 4 millions d'hectares) est variable en raison des conditions pluviométriques aléatoires. Les deux principaux systèmes agricoles à dominante pluviale sont les cultures de céréales et l'arboriculture (essentiellement l'olivier). Ils occupent plus des deux tiers des terres arables dans différents contextes pédoclimatiques plus ou moins favorables à l'intensification. L'agriculture céréalière s'étend dans les régions du Nord tandis que l'olivier est plutôt cultivé dans les régions centrales et méridionales du pays. Même si l'agriculture pluviale n'a pas enregistré d'extension significative au cours des dernières décennies, le secteur a vu ses performances s'améliorer : les rendements moyens des cultures de céréales ont, par exemple, plus que doublé au cours des trente dernières années ; et il semble qu'il y ait encore d'importantes marges d'amélioration (Rezgui et al., 2000, 2005).

Selon ses besoins, et l'état d'humidité du sol, la plante puise l'eau du sol qu'elle restitue à l'atmosphère sous forme d'évapotranspiration. Cela correspond ce qu'il est convenu d'appeler l'eau verte, qui se réfère aux eaux de pluie stockées dans le sol et disponibles pour la plante, appelées aussi Ressources en Eau du Sol. En rapportant les volumes des ressources hydriques, abstraction faite de leurs origines (ressources pluviales, irrigation), aux productions agricoles, on définit l'équivalent-eau des produits agro-alimentaires. Cette interprétation en termes d'équivalent-eau s'applique également aux flux d'eau virtuelle associés aux échanges extérieurs des produits agro-alimentaires.

Le concept d'équivalent-eau a été appliqué à l'analyse des ressources hydriques mises en jeu dans la production agricole de la Tunisie. Les résultats obtenus ont été à l'origine d'un ensemble de travaux qui ont permis d'identifier les différentes formes de ressources hydriques, leurs natures et leurs origines et de préciser certains aspects de la sécurité alimentaire en confrontant l'ensemble des besoins en équivalent-eau à l'ensemble des potentialités hydriques du pays. L'analyse du bilan hydrique global national entamée et poursuivie en Tunisie depuis une quinzaine d'années (Besbes et al., 2002 ; Chahed et al., 2008 ; Besbes et al., 2010), s'inscrit dans le cadre d'une approche qui se généralise un peu partout dans le monde. Plusieurs travaux récents se sont en effet attachés à établir des évaluations intégrales précises des bilans hydriques dans de nombreux pays : Chine (Liu et Savenije, 2008), Inde (Kampman et al., 2008) , Pays Bas (Van Oel et al., 2009), Espagne (Aldaya et al., 2010), Belgique (Vincent et al., 2011), France (WWF, 2012).

Les contributions importantes de l'eau verte dans la production alimentaire ne sont pas directement prises en compte dans la planification des ressources en eau. Celle-ci s'appuie sur une approche hydraulique qui ne considère que le potentiel des ressources en eau bleue, de sorte que le potentiel des ressources hydriques en eau verte associé à la production des denrées alimentaires par l'agriculture pluviale est le plus souvent mal connu. Compte tenu de l'importance de ces ressources dans le dispositif de production alimentaire, l'élaboration de méthodes précises pour l'identification et l'estimation de leur potentiel, leur distribution spatiale et leur variabilité recouvre des enjeux majeurs vis-à-vis des objectifs de la sécurité alimentaire.

4.1- Evaluation de l'équivalent-eau verte de l'agriculture pluviale

4.1.1- Modélisation du bilan hydrique du système sol-plante

4.1.1.1- Principe du modèle

Pour représenter globalement et à l'échelle régionale, le bilan hydrique du système sol-plante, nous utilisons un modèle conceptuel à réservoirs représentant le sol superficiel, de type fonction de production fonctionnant au pas journalier. Le modèle comprend : (i) deux entrées : la pluie journalière (P) mesurée dans une station représentative du domaine, et l'évapotranspiration potentielle journalière (ETP) ; (ii) les paramètres définissant la plante (son état de développement et sa capacité à puiser l'eau du sol), la Réserve Utile du sol (Rmax) et sa capacité d'infiltration profonde Imax ; (iii) une fonction de production qui établit le bilan en eau du sol ; (iv) cinq sorties : l'évapotranspiration réelle totale du système sol-plante, somme de l'évaporation du sol nu et de l'évapotranspiration des plantes (ETRt), l'état de la réserve du sol R, le ruissellement RU, l'infiltration profonde I, l'évapotranspiration réelle effective des cultures (ETRc).

La fonction de production répartit les précipitations à la surface entre infiltration, ruissellement, évapotranspiration totale et stockage dans le sol (Fig.4.1). La plante puise dans le réservoir sol, selon son calendrier de développement et son état éventuel de stress hydrique fonction du degré d'humidité du sol. Le système est décrit par une série d'équations de bilan qui déterminent, à la fin de chaque pas de temps, l'état de chacune des sorties du système.

Encadré 4.1

Modèle de bilan hydrique sol - plante

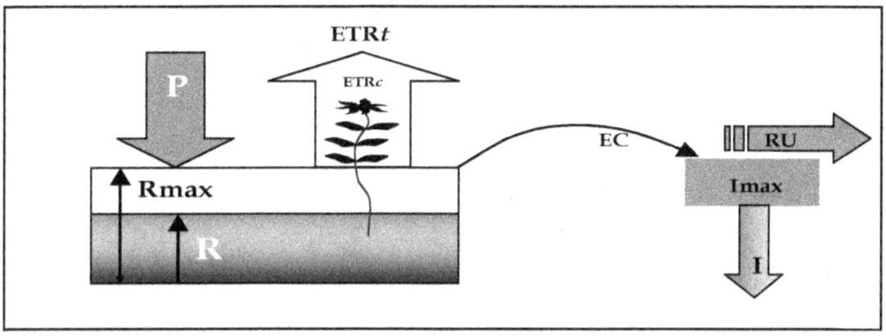

Fig. 4.1 : Schéma de principe du Modèle

L'évapotranspiration réelle d'une culture donnée ETRc est fonction : (i) des données climatiques et de l' ETP ; (ii) des caractéristiques de la culture ; (iii) de la structure du sol et de la disponibilité de l'eau dans le sol. A l'échelle journalière et pour un jour donné j, l'évapotranspiration réelle totale $ETRt_j$, égale à $Min[ETP_j ; R_{j-1}+P_j]$, découle du bilan hydrique du réservoir sol. L'évapotranspiration réelle des cultures s'exprime par la relation : $ETRc_j = Min[ETRt_j; Kc_j \times Ks_j \times ETP_j]$, où Kc est le coefficient cultural de la plante considérée, Ks est un coefficient de stress traduisant la plus grande difficulté à transpirer en cas de stress hydrique et ETP l'évapotranspiration de référence. La valeur du coefficient Kc dépend du type de culture et de son stade de développement. Le Guide de la FAO (Allen et al., 1998) fournit les évolutions de Kc pour les différentes cultures et contextes. Quant au coefficient de stress Ks, son expression est de la forme : $Ks_j = Min[1; (R_j /(\theta \times R\max))]$; R_j étant le niveau de la réserve totale en eau du sol au jour j, déterminé par la fonction de production, itérativement avec $ETRt_j$, et $R\max$ la Réserve Utile du sol. θ est la fraction de Rmax que la plante peut extraire du sol sans souffrir de stress hydrique. Si l'on admet θ=0,5, Ks est à son maximum, égal à 1, lorsque l'humidité du sol atteint la Réserve Facilement Utilisable RFU ($RFU = 0{,}5 \times R\max$). En deçà, $Ks < 1$ et la plante souffre de stress hydrique. Les paramètres du modèle, qui peuvent faire l'objet d'un ajustement par approximations successives sont : (i) la réserve utile $R\max$ du sol dont l'atteinte déclenche l'infiltration, assimilable à la capacité au champ ; (ii) la capacité d'infiltration Imax, au-delà de laquelle il y a ruissellement.

4.1.1.2- Domaine de Référence, Entrées et Sorties.

Nous avons choisi de travailler par gouvernorat, division administrative, pour laquelle il existe des informations pertinentes. Le modèle, qui fonctionne pour chaque gouvernorat d'une manière autonome, admet en entrée les pluies journalières observées en l'une des stations représentatives[22]. L'année 2004-2005, dont la pluviométrie générale est proche de celle d'une année hydrologique moyenne, a été retenue pour conduire cet exercice. L'ETP mensuelle dans les chefs lieux de gouvernorats est celle de Penman-Monteith, publiée par Henia et al. (2008). L'ETP journalière est obtenue en divisant la valeur mensuelle par le nombre de jours du mois.

Le Domaine de référence choisi, domaine d'application du modèle, est celui des céréales : l'exercice porte sur les 3 gouvernorats de Béjà, Le Kef et Siliana, dont la production cumulée couvre près de 50 % de la production nationale de céréales, et où l'irrigation de complément constitue une source d'eau négligeable. Comme grandeurs de référence en sortie du modèle, on dispose uniquement des ordres de grandeur de l'équivalent-eau des produits céréaliers, qui exprime l'évapotranspiration réelle des céréales et pour laquelle de nombreuses valeurs sont publiées dans la littérature ; les valeurs les plus fréquentes varient entre 1,5 et 2 m^3/kg de grains.

4.1.1.3- Mise en œuvre et résultats obtenus.

Pour chacune des 3 régions-gouvernorats choisies, le Tab.4.1 présente l'ensemble des données et des résultats obtenus en sortie du modèle, où l'on observera que les valeurs d'équivalent-eau verte fournies par le modèle s'échelonnent entre 1500 et 2000 m^3 d'eau par tonne, exprimée en matière sèche, de céréales, ce qui parait conforme aux valeurs que l'on retrouve généralement citées dans la littérature. En se fondant sur l'hypothèse, vraisemblable, d'une allocation uniforme en fertilisants entre les gouvernorats, ces premiers résultats indiquent bien que les rendements seraient directement liés aux apports pluviométriques.

---

[22] Valeurs de pluies journalières des bases de données DGRE, communiquées par H.L. Frigui, Directeur de l'hydrologie (Sept. 2012)

Gouvernorat	Béja	Le Kef	Siliana
Données du Gouvernorat			
Superficie céréales 1000 ha **	137	208	158
Rendement moyen Qx/Ha **	24.9	13.3	15.1
Production de céréales 1000 ton/an **	341	277	240
Entrée du Modèle			
Pluie mm/an ***	676	442	550
Résultats du Modèle			
ETRt mm/an	640	394	514
ETRc mm/an	470	233	290
Eau Verte Utile m3/an	6.4E+08	4.8E+08	4.6E+08
Equivalent Eau Verte Utile 1000 m3/tonne	1.9	1.7	1.9
*** moyenne 2002-2007; *** année 2004-2005*			

Tab.4.1 : Données du Modèle et Résultats obtenus.

4.1.2- Modélisation globale de l'équivalent-eau de la production des cultures pluviales

La notion d'eau verte associée à la production des cultures pluviales suggère que dans des conditions données, la variation des rendements des cultures est proportionnelle à la variation de la quantité d'eau consommée au cours du cycle de la culture. Les travaux de Rezgui et al. (2000, 2005) ont été consacrés à l'étude de la variabilité de la production des cultures du blé conduite dans des conditions pluviales et irriguées sur cinq sites appartenant à trois régions bioclimatiques différentes. Les données recueillies sur une période de sept années indiquent que, sur l'ensemble des sites, les rendements en grains sont linéairement corrélés à la consommation nette en eau mesurée à la parcelle. Ces travaux indiquent également que, dans tous les cas, le seuil hydrique à partir duquel il y a production de grains, s'établit autour d'une valeur de l'ordre de 210 mm. On peut penser que ce seuil, qui inclut les précipitations durant la saison sèche, peut dépendre de la région. La hauteur seuil inclut également la part des précipitations qui alimente les écoulements, ruissellement rapide et infiltration profonde, part qui échappe à la réserve en eau du sol et à la plante : ce schéma est vérifié par les résultats du modèle de bilan hydrique sol-plante Tableau 4.1. On peut, par souci de simplification de notre modèle, admettre que, pour une région donnée, cette hauteur-seuil est indépendante de l'année hydrologique ; elle est notée h_S.

L'ensemble des ces résultats expérimentaux suggère qu'il est possible de calculer le volume d'eau verte en effectuant une régression linéaire de la production de céréales par les précipitations annuelles à condition que l'année hydrologique, qui commence en Septembre, couvre tout le cycle de la culture.

Encadré 4.2

Modèle de régression linéaire pour le calcul de l'équivalent-eau des cultures pluviales

La quantité d'Eau verte mise en jeu dans la production d'une culture pluviale au cours de l'année hydrologique (n) dans une région donnée est exprimée en hauteur d'eau (volume par unité de surface). Cette hauteur, notée $h_V(n)$ représente la part des précipitations effectivement utilisée par les plantes ou pluie efficace : $h_V(n) = (h_r(n) - h_S)$; $h_r(n)$ est la hauteur des précipitations de l'année hydrologique (n) et h_S est la hauteur-seuil en dessous de laquelle le rendement $R_V(n)$ est nul. Il en résulte que $R_V(n)$ est directement proportionnel à h_V. En choisissant d'exprimer R_V en Quintaux à l'ha et h_V en mm, on peut écrire : $h_V(n) = h_r(n) - h_S = 10EE_P \times R_V(n)$, où EE_P est l'équivalent-eau verte spécifique en m^3 par kg du produit agricole dans la région considérée.

La même analyse étendue à toutes les régions du pays conduit à des résultats similaires. Le volume d'Eau verte à l'échelle du pays s'exprime naturellement comme la somme des contributions régionales. Cela revient à appliquer un opérateur de moyenne spatiale ($\overline{\ }$) en pondérant les grandeurs par la part de la superficie cultivée dans chaque région. Par ailleurs, si on assimile la part de la superficie cultivée dans chaque région à sa valeur moyenne interannuelle on peut déterminer le volume d'Eau verte, en moyenne interannuelle à l'échelle nationale. On notera par $<\overline{\ }>$ l'opérateur spatio-temporel correspondant. Le volume d'Eau verte (en m^3) de la culture pluviale, qui occupe en moyenne interannuelle la superficie $< S >$ à l'échelle nationale, s'obtient à l'aide des deux formulations suivantes :

Eq.1 : $<\overline{EV_1}> = 10(<\overline{h_r}> - \overline{h_S}) < S >$ et Eq.2 : $<\overline{EV_2}> = 100\overline{EE_P} <\overline{R_V}>< S >$

4.1.3- Equivalent-eau de la production des cultures céréalières

En s'appuyant sur les statistiques régionales de l'agriculture, on se propose de vérifier si la formulation de l'équivalent-eau verte a un sens statistiquement acceptable pour les cultures de céréales aux échelles régionale et nationale. Dans la formulation nationale, les grandeurs sont pondérées par les proportions régionales des surfaces cultivées. Comme dans la section précédente, on identifie la région aux limites administratives du gouvernorat. Ce découpage administratif correspond également à la régionalisation adoptée dans les statistiques agricoles publiées par le Ministère de l'Agriculture[23].

Dans une première étape, on applique le modèle aux cultures céréalières dans les principaux gouvernorats producteurs (Béja, Le Kef et Siliana) en adoptant des données hydrologiques et de production sur une période de sept ans (2001-2007) autour de la période pour laquelle le modèle du bilan hydrique du système sol-plante a été implémenté.

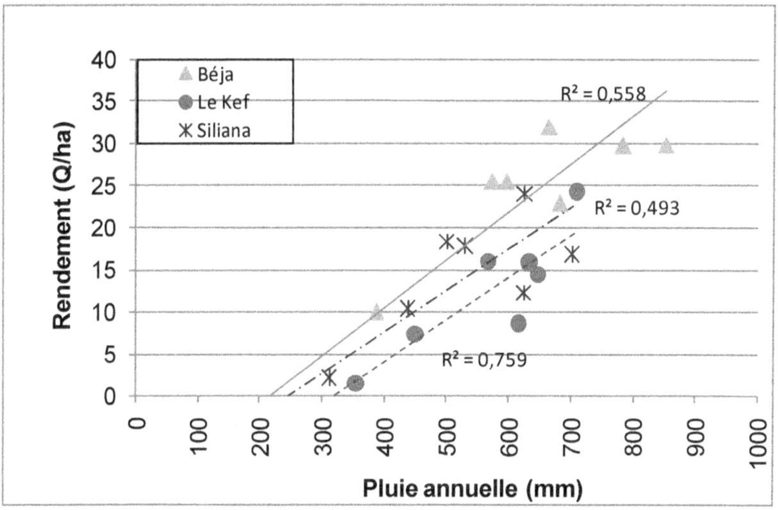

Fig.4.2 : Rendement des cultures céréalières dans les principaux gouvernorats producteurs en fonction des précipitations annuelles (2001-2007).

La Fig.4.2 montre l'évolution des rendements de l'ensemble des cultures céréalières en fonction des précipitations annuelles dans ces régions. Ce modèle se fonde sur l'hypothèse d'uniformité d'application des fertilisants dans les trois régions. Les courbes obtenues indiquent bien que l'on peut retrouver une relation de linéarité entre les précipitations et les rendements des cultures céréalières. Les coefficients de ces régressions linéaires, certes de qualités inégales, permettent de déterminer les paramètres du modèle. L'abscisse à l'origine de la droite de régression fournit la hauteur seuil h_S et l'inverse de sa pente permet de déterminer l'équivalent-eau spécifique (EE_P) des productions céréalières.

---

[23] Les données hydrologiques et de production sont issues des annuaires des statistiques agricoles, Ministère de l'Agriculture

Ces paramètres sont présentés dans le Tab.4.2 où l'on compare les valeurs de l'équivalent-eau spécifique des productions céréalières des différentes régions obtenues aux paramètres issus de l'étude du bilan hydrique du système sol-plante. Il apparait que le modèle de régression linéaire fournit, pour les différentes régions, des ordres de grandeur de l'équivalent-eau des produits céréaliers comparables aux valeurs issues du bilan hydrique sol-plante.

Gouvernorats	Pluie annuelle $< h_r >$ [mm]	Hauteur-seuil $< h_S >$ [mm] (3)	Equivalent-Eau (1) EE_P [m^3/kg] (4)	Equivalent-Eau (2) EE_P [m^3/kg]
Béja	658	222	1,8	1,9
Le Kef	589	320	2,0	1,7
Siliana	550	249	2,0	1,9

(1) Modèle de régression linéaire, (2) Modèle du bilan hydrique sol-plante, (3) Abscisse à l'origine de la droite de régression , (4) Calculé comme l'inverse de la pente de la droite de régression

Tab.4.2 : Paramètres des régressions linéaires dans les principaux gouvernorats producteurs de céréales (2001-2007).

On se propose à présent d'étendre l'analyse à l'ensemble des cultures céréalières nationales en pondérant les paramètres régionaux par les surfaces cultivées conformément à la formulation du modèle en exploitant les données statistiques relatives à la production céréalière nationale. L'examen de ces données indique une évolution significative des rendements des cultures céréalières au cours des quatre dernières décennies avec une relative stabilisation au cours de la dernière décennie, (Fig.4.3). La céréaliculture s'est intensifiée par un ensemble de mesures appliquées grâce à la vulgarisation et à l'encadrement des agriculteurs : utilisation de semences certifiées, fertilisation, désherbage chimique, traitements préventifs.

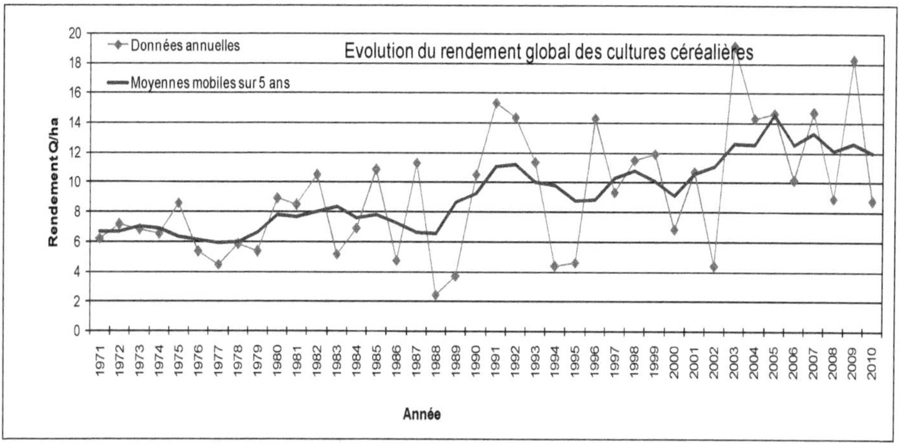

Fig.4.3. Evolution du rendement des cultures céréalières.

Il convient de noter que la production céréalière irriguée ne concerne qu'une superficie de l'ordre de 5 % de la superficie moyenne emblavée. Elle a de ce fait peu d'effet sur les résultats de l'analyse, d'autant plus qu'une partie importante de ces cultures ne bénéficie que d'une irrigation de complément qui ne la met pas totalement à l'abri des aléas climatiques. Le modèle de régression linéaire n'intègre pas l'amélioration des rendements et on se limite donc dans cette analyse aux données de la décennie (2001-2010) en supposant que les rendements moyens des cultures ont peu évolué au cours de cette période.

On observe que les corrélations à l'échelle nationale sont de bien meilleure qualité que celles établies à l'échelle régionale (Fig. 4.2 et 4.4) ; en effet, la pondération des pluviométries par les surfaces régionales se traduit par une forme de lissage qui fournit des corrélations meilleures. Quoi qu'il en soit, et étant données les hypothèses adoptées et les approximations qui en résultent, les résultats obtenus nous paraissent constituer des estimations raisonnables, et acceptables, compatibles avec l'échelle et le caractère, globaux, du modèle de régression.

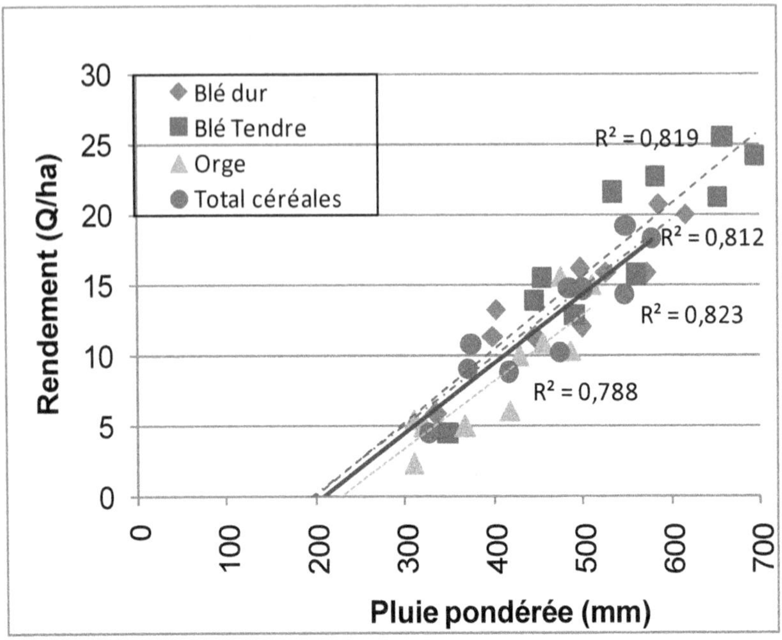

Fig.4.4 : Evolution des rendements des cultures céréalières en fonction de la hauteur pondérée des précipitations, (Période 2001-2010)

Conformément aux hypothèses du modèle, les rendements des cultures céréalières s'expriment en fonction de la hauteur des précipitations pondérées selon des lois linéaires avec des corrélations statistiquement significatives. Les paramètres de cette corrélation ont été déterminés pour les principales cultures céréalières (blé dur, blé tendre, orge) ainsi que pour l'ensemble des céréales. Ces paramètres permettent de calculer les hauteurs des lames d'eau équivalentes aux ressources d'eau verte pour les cultures considérées. Appliquées aux superficies cultivées, ces hauteurs permettent de calculer des volumes moyens d'eau verte des cultures céréalières. L'ensemble des résultats est récapitulé dans le Tab.4.3.

Culture	Pluie Pondérée $<\overline{h_r}>$ [mm]	Hauteur-seuil (1) $\overline{h_S}$ [mm]	Equivalent-Eau (2) $\overline{EE_P}$ [m³/kg]	Hauteur Eau Verte $<\overline{h_V}>$ [mm]	Surface emblavée [10³ ha]	Volume Eau Verte [km³]
Blé Dur	487	198	2,1	289	735	2,1
Blé Tendre	542	204	2,0	3 38	132	0,4
Orge	407	228	2,1	179	526	1,0
Total					1392	3,5
Total Céréales	462	210	2,0	252	1392	3,5
(1) Abscisse à l'origine de la droite de régression, (2) Calculé comme l'inverse de la pente de la droite de régression						

Tab.4.3 : Paramètres des régressions linéaires à l'échelle nationale, (période 2001-2010).

L'analyse de l'équivalent-eau verte de l'ensemble des productions céréalières sur la période 2001-2010 indique que la hauteur des précipitations moyennes pondérées par les superficies ensemencées dans les différentes régions s'élève à $<\overline{h_r}> = 462$ mm. La hauteur-seuil des précipitations issue des corrélations s'établit à $\overline{h_S} = 210$ mm de sorte que la production de l'ensemble des cultures céréalières représente une hauteur d'eau égale à $<\overline{h_V}> = 252$ mm, soit un volume spécifique de 2520 m³/ha. Rapporté à la production céréalière nationale moyenne, ce volume correspond à un volume spécifique d'eau verte de 2 m³/kg. Il convient de souligner que les corrélations obtenues pour chacune des cultures céréalières fournissent au total, le même équivalent-eau verte calculé pour l'ensemble des productions céréalières.

4.1.4- Equivalent eau verte des productions du secteur oléicole

La surface totale des plantations d'oliviers s'élève à 1,666 millions d'ha conduites à 97 % en pluvial (Karray et al., 2009). Les superficies exclusivement plantées d'oliviers à huile sont estimées à 1,375 millions d'ha essentiellement cultivées en pluvial. Le cycle cultural de l'olivier s'étend sur deux années hydrologiques. De mars à juin, les besoins en eau et en nutriments de l'arbre sont les plus intenses. Durant l'été, l'olivier passe par une période de développement et grossissement des olives qui s'achève, en automne, par une phase de maturation du fruit et son enrichissement en huile. La cueillette des olives se situe entre la fin de l'automne et le début de l'hiver.

Le cycle cultural de l'olivier recouvre donc deux années hydrologiques : l'année où se produit la récolte et l'année qui la précède. On considère à cet effet que les précipitations des deux années successives participent à la production de l'année (n) avec deux facteurs de pondération, α pour l'année

(n) et β pour l'année (n-1) tel que $\alpha+\beta=1$. On définit ainsi la hauteur des précipitations sur une année couvrant le cycle de production de la culture par : $h_W(n)=\alpha h_r(n)+(1-\alpha)\, h_r(n-1)$. On admet que dans chaque région, la production est proportionnelle à la hauteur $h_W(n)$. La hauteur moyenne à l'échelle du pays est calculée en pondérant les hauteurs $h_W(n)$ par les surfaces des plantations régionales.

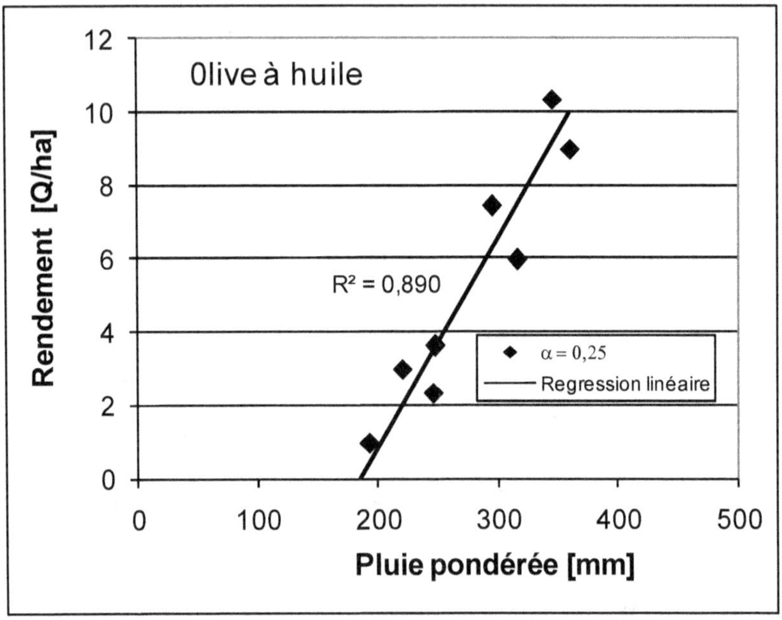

Fig.4.5 : Rendement de la production d'olive à huile en fonction de la hauteur pondérée des précipitations (α = 0,25) pour la période (1996-2004)

L'application du modèle global aux cultures de l'olivier à huile porte sur la période 1996-2004. L'ajustement du coefficient α montre que la meilleure corrélation est obtenue pour la valeur α = 0,25, ce qui suggère, qu'en moyenne, l'année hydrologique précédant celle de la récolte contribue aux trois quarts des besoins de l'olivier. Les résultats relatifs à l'évolution des rendements à l'hectare de la production nationale d'olive à huile en fonction des précipitations pondérées par les superficies régionales des plantations d'oliviers sur la période 1996-2004 sont présentés Fig.4.5.

Les résultats (Tab.4.4) indiquent que la hauteur seuil s'établit à $\overline{h_S}=186$ mm et la hauteur des précipitations annuelles pondérées par les superficies régionales des plantations d'olivier est $<\overline{h_W}>=294$ mm. Le volume moyen d'eau verte associé à la production de l'olive à huile représente alors une hauteur d'eau égale à $<\overline{h_V}> = 108\,\text{mm}$, soit un volume spécifique de 1080 m^3/ha. Appliqué à la superficie oléicole moyenne cultivée en plein, estimée à environ 1,375 millions d'hectares, le volume d'eau verte de la production d'olive à huile, moyenné sur la période 1996-2004, s'élève à 1,5 km^3/an. La corrélation indique également que le volume spécifique d'eau verte s'établit à 1,75 m^3/kg d'olive.

Culture	Pluie Pondérée $<\overline{h_W}>$ [mm]	Hauteur-seuil $\overline{h_S}$ [mm]	Equivalent-Eau $\overline{EEp}$ [m^3/kg]	Hauteur Eau Verte $<\overline{h_V}>$ [mm]	Surface des plantations [10^3 ha]	Volume Eau Verte [km^3]
Oliviers à huile	294	186	1,75	108	1375	1,5

Tab.4.4 : Paramètres des corrélations entre les rendements des plantations d'oliviers à huile et la hauteur pondérée des précipitations (α =0,25)

Rappelons que les oliveraies tunisiennes ont des densités (pieds d'oliviers à l'hectare) très variables. La densité est élevée dans les régions humides du Nord où elle atteint près de 100 pieds/ha, elle diminue de manière significative dans les régions du Centre (environ 50 pieds/ha dans la région du Sahel) et s'établit à moins de 20 pieds/ha dans la région de Sfax. La densité des plantations d'oliviers s'est en quelque sorte adaptée aux ressources hydriques disponibles.

En appliquant le volume total d'eau verte au nombre total d'oliviers estimé à 65 millions de pieds, on aboutit à un volume spécifique moyen annuel de près de 22 m^3/pied. Il n'y a pas de littérature spécifique qui puisse permettre une comparaison systématique avec ce résultat, mais il est possible de faire quelques recoupements avec certaines données espagnoles. Salmoral et al. (2010) ont estimé l'équivalent-eau verte des productions des plantations d'oliviers espagnoles en culture pluviale à 1971 m^3/ha ce qui représente une hauteur d'eau de 197 mm, près de deux fois plus importante que les valeurs trouvées pour les oliveraies tunisiennes. Comme les oliveraies espagnoles ont des densités relativement élevées (typiquement 100 arbres/ha), le volume d'eau verte spécifique s'établit à près de 20 m^3/olivier, très proche des valeurs calculées pour les oliviers en Tunisie.

4.1.5- Le Potentiel eau verte des cultures pluviales

Les cultures céréalières sont largement pratiquées dans les régions septentrionales humides du pays, tandis que les plantations d'oliviers sont plutôt situées dans les régions centrales où les précipitations sont beaucoup plus faibles. Il en résulte que le volume d'eau pluviale mobilisé par les oliveraies par unité de surface est beaucoup plus faible que le volume utilisé par unité de surface de cultures céréalières.

Si on applique la lame d'eau verte associée aux cultures céréalières (252 mm) à la superficie totale emblavée au cours de l'année 1996 (2,023 millions d'hectares), ce qui correspond à la superficie maximale emblavée entre 1984 et 2010, on peut estimer le potentiel moyen de l'agriculture tunisienne des céréales à environ 5,1 km^3. De même, si on applique la hauteur d'eau verte associée aux plantations d'oliviers (108 mm) à l'ensemble des oliveraies tunisiennes dont la superficie s'élève au total à 1,666 million d'hectares, on peut évaluer le potentiel d'eau verte associé aux plantations d'oliviers à environ 1,8 km^3.

En moyenne, le potentiel associé à ces deux cultures s'élève à près de 6,9 km^3 prélevés sur une superficie totale de 3,7 millions d'hectares soit, en moyenne nationale, un volume spécifique de 1870 m^3/ha. Si on suppose que ce volume spécifique s'applique à l'ensemble des superficies cultivées sous le régime pluvial dont le potentiel s'élève à près de 4,5 millions d'hectares (superficie maximale cultivée en pluvial entre 1984 et 2010), on peut estimer le potentiel de l'eau verte relatif à l'agriculture pluviale à près de 8,5 km^3. Remarquons que cette ressource puisée par l'agriculture pluviale à partir des ressources en eau du sol représente un volume quatre fois plus important que celui des ressources en eau bleue brutes allouées au secteur de l'agriculture irriguée. L'ensemble de ces résultats est récapitulé dans le Tab.4.5.

Cultures	Pluie Pondérée $<\overline{h_w}>$ [mm]	Hauteur-seuil $\overline{h_s}$ [mm]	Hauteur-Eau Verte $<\overline{h_v}>$ [mm]	Surface cultivée [10^3 ha]	Volume Eau-Verte [km^3]
Cultures céréalières	462	210	252	2023	5,1
Plantations d'oliviers	294	186	108	1666	1,8
Autres cultures pluviales			187	834	1,6
Agriculture pluviale	Total			4523	8,5

Tab.4.5 : Potentiel d'eau verte de l'agriculture pluviale tunisienne

4.1.6- Variabilité des ressources en eau verte

Le calcul de la lame d'eau verte a permis d'évaluer le potentiel hydrique de l'agriculture pluviale en utilisant l'Eq.1 (Encadré 4.2). Les paramètres obtenus à partir des corrélations entre les précipitations et la production des cultures pluviales permettent, à l'aide de l'Eq.2 (Encadré 4.2), de fournir une nouvelle évaluation du volume d'eau verte à l'échelle nationale. Le Tab.4.6 compare les volumes moyens d'eau verte calculés par les deux formulations, respectivement pour les cultures céréalières (2001-2010) et pour le secteur oléicole (1996-2004). Ce résultat indique que les deux équations (Eq.1 et Eq.2) fournissent des évaluations tout à fait concordantes de la moyenne de l'équivalent-eau verte de la production des cultures pluviales.

Cultures	Superficie moy. cultivée [10^3 ha]	Production moyenne [10^3 Tonnes]	Hauteur Eau Verte $<\overline{h_V}>$ [mm]	Equivalent-Eau $\overline{EEp}$ [m^3/kg]	Volume Eau Verte [km^3]	
					Eq.1	Eq.2
Total Céréales	1392	1762	252	2,0	3,6	3,5
Olivier à huile	1375	831	108	1,75	1,5	1,5

Tab.4.6 : Comparaison des méthodes d'évaluation de l'équivalent-eau verte de la production des principales cultures pluviales

Il convient de noter que la comparaison présentée dans le Tab.4.6 ne constitue pas une validation du modèle parce que les paramètres des deux formulations (Eq.1 et Eq.2) ont été estimés à partir des mêmes données statistiques. Cela confirme tout simplement que la production des cultures pluviales et sa valeur moyenne en équivalent-eau verte évoluent d'une manière homothétique. Cette vérification de la cohérence du modèle est très utile pour étudier la variabilité de la ressource en eau verte. En effet, en s'appuyant sur les statistiques relatives à la production de l'agriculture pluviale, on peut évaluer l'équivalent-eau verte non seulement en grandeur moyenne, mais aussi en grandeur statistique caractérisant sa fluctuation, de sorte qu'il devient possible d'associer des fréquences d'occurrence des valeurs extrêmes (minimales et maximales).

Cultures	Pluie Pondérée $<\overline{h_V}>$ [mm]		Production [10^3 Tonnes]		Volume Eau-Verte [km^3]	
	Moyenne	Ecart-type	Moyenne	Ecart-type	Moyen	Ecart-type
Total Céréales	462	86	1762	742	3,6	1,5
Olivier à huile	294	72	831	389	1,5	0,7

Tab.4.7 : Valeurs moyennes et écarts-types des pluies pondérées, de la production et de l'équivalent-eau verte des principales cultures pluviales

Le Tab.4.7 montre que la variabilité annuelle de l'équivalent-eau verte est significative. Pour l'ensemble des céréales, l'écart type des volumes en eau verte a un ordre de grandeur de l'ordre de 40 % de sa valeur moyenne (37 % pour le blé dur, 40 % pour le blé tendre et 60 % pour l'orge) ; alors que les écarts-types des pluies pondérées sont bien plus faibles. Elles ne représentent que moins de 20 % de la moyenne pour l'ensemble des céréales (19 % pour le blé dur, 20 % pour le blé tendre et pour l'orge). En ce qui concerne les plantations d'oliviers, l'écart-type des volumes d'eau verte s'élève à près de 50 % de la valeur moyenne alors que la pluie pondérée présente un écart-type de l'ordre de 25 % de sa valeur moyenne.

En caractérisant la variabilité des équivalents-eau verte des cultures pluviales, il devient possible d'évaluer, pour les différentes cultures et pour le potentiel des ressources pluviales, des valeurs extrêmes et de leur associer des fréquences d'apparition. Les résultats sont présentés dans le Tab.4.8.

Cultures	Volume Moy. Eau-Verte [km^3]	Ecart-type [km^3]	Volume Eau-Verte [km^3]			
			Fréquence 20 % Max - Min	Fréquence 10 % Max - Min	Fréquence 5 % Max - Min	Fréquence 2 % Max - Min
Total Céréales	3,6	1,5	4,7 - 2,3	5,5 - 1,7	6,1 - 1,1	6,7 - 0,5
Olivier à huile	1,5	0,7	2,1 - 0,8	2,3 - 0,6	2,6 - 0,4	2,9 - 0,1
Agriculture pluviale (potentiel 8,5 km^3)			11,6 - 5,4	13,2 - 3,8	14,5 - 2,4	16,1 - 0,9

Tab.4.8 : Variabilité des ressources en eau verte

D'une façon générale, la variabilité des ressources en eau verte associée à la production des cultures pluviales est grosso modo deux fois plus élevée que celle des précipitations. Il est intéressant de noter que la variabilité de la production des cultures céréalières ne dépend pas seulement de la variabilité des précipitations, elle dépend aussi de la variabilité des superficies emblavées. Celles-ci sont également corrélées aux précipitations et leur variabilité a des conséquences évidentes sur l'évaluation de l'équivalent-eau verte des cultures. Il apparaît également que la variabilité de la production de l'orge est plus élevée que celle des autres céréales en raison d'une variabilité plus élevée des précipitations dans les régions où l'orge est préférentiellement cultivée. Il en va de même pour les régions oléicoles du pays où les fluctuations de l'équivalent-eau verte sont plus élevées que celles des céréales (Cf. Tab.4.8). La variabilité de la production oléicole est amplifiée par le cycle bisannuel de la fructification de l'olivier qui entraîne de considérables fluctuations de la production.

4.2- Evaluation de l'équivalent-eau des productions végétales

On se propose dans cette section d'évaluer l'équivalent-eau de l'ensemble des productions agricoles nationales. En s'appuyant sur les données statistiques relatives à la production végétale (pluviale et irriguée), on cherche à en évaluer l'équivalent-eau. Dans une première partie, on développe une modélisation de l'équivalent-eau de la production des cultures irriguées en s'appuyant sur celle élaborée pour l'agriculture pluviale. Les méthodologies d'évaluation sont adaptées en fonction des données disponibles et appliquées aux différents éléments de la production agricole nationale.

4.2.1- Méthode d'évaluation de l'équivalent-eau de la production des cultures irriguées

4.2.1.1- Modélisation de l'équivalent-eau de la production des cultures irriguées

La même démarche développée pour l'agriculture pluviale conduit à une formulation similaire du modèle de régression linéaire pour les cultures irriguées. Ce modèle exprime le rendement $R_I(n)$ de la culture irriguée en fonction des ressources pluviales et des apports artificiels d'eau d'irrigation. La contribution des précipitations directes est très variable et dépend des conditions climatiques, elle est quasiment négligeables pour l'irrigation des oasis. La distinction entre l'eau verte et l'eau bleue dans la production agricole permet de mieux préciser l'Empreinte-Eau de l'agriculture sur les écosystèmes et sur les ressources naturelles.

Comme pour les cultures pluviales, l'équivalent-eau de la production des cultures irriguées EI(n) (en m^3) est proportionnel à la surface cultivée $S_I(n)$ (en hectares) de sorte qu'il est possible de l'exprimer en hauteur d'eau effectivement utilisée par les cultures. Cette hauteur comprend (i) la hauteur $h_I(n)$ (en mm) qui correspond à la lame d'eau effectivement utilisée par l'irrigation, déduction faite des pertes à la parcelle, de l'évaporation non transpirée et des infiltrations profondes ; et (ii) la hauteur $h_V(n)$ qui correspond, à l'apport eau verte qui comme pour les cultures pluviales, cette hauteur se calcule comme la différence entre la hauteur des précipitations sur une durée couvrant tout le cycle cultural $h_W(n)$ et la hauteur-seuil h_S à partir de laquelle il y a production ($h_V(n) = h_W(n) - h_S$).

Le modèle de régression linéaire formulé pour une culture irriguée dans une région donnée s'écrit : $h_I(n) + h_V(n) = 10 \times EE_P \times R_I(n)$. Rappelons que EE_P est l'équivalent-eau spécifique en m^3 par kg de produit agricole

Les équations du modèle permettent de distinguer entre les contributions de l'eau verte et de l'eau bleue à l'équivalent-eau de la production des cultures à condition de préciser les différents éléments du bilan. Comme pour l'agriculture pluviale, la pluie pondérée par les surfaces cultivées peut être calculée, pour chaque culture pluviale ou irriguée, à partir de la distribution des surfaces cultivées et des données hydrologiques régionales. Les expériences de terrain pour les cultures céréalières et les analyses développées dans la section précédente pour les cultures pluviales suggèrent que la hauteur seuil s'établit à une hauteur de l'ordre de $\overline{h_S} = 200\,\text{mm}$. On admettra qu'il en est de même pour les autres cultures.

4.2.1.2- Evaluation de la lame d'eau efficace relative à l'irrigation

Il est possible d'estimer la lame d'eau efficace relative à l'irrigation pour les différentes cultures en s'appuyant sur les besoins en eau des cultures par région, appliqués aux distributions spatiales des surfaces irriguées des différentes cultures à travers l'ensemble du pays. Le Ministère de l'Agriculture (DGGREE) définit ces besoins en eau, régionalisés, pour les différentes spéculations (MARH-DGGREE, 1995). Ces données indiquent d'une façon générale que les besoins des cultures céréalières, des cultures fourragères, des légumineuses et des cultures maraichères d'hiver sont plutôt modérés de l'ordre de 2 000 à 3 000 m^3/ha alors que les besoins en eau des cultures maraichères d'été et des cultures arboricoles sont relativement élevées (de 5 000 à 6 000 m^3/ha). Les besoins les plus élevés sont ceux du palmier dattier dans les oasis avec des volumes de l'ordre de 14 000 à 15 000 m^3/ha.

Il convient néanmoins de remarquer que les volumes délivrés sont plus importants que les besoins nets des cultures, pour tenir compte des pertes dans les réseaux d'adduction et de distribution. D'autre part, les ressources livrées à la parcelle ne sont qu'en partie utilisées par les plantes et l'efficacité d'utilisation de l'eau dépend du mode d'irrigation utilisé. Si l'on admet que le rendement des réseaux hydrauliques est de 80 % en moyenne et que l'efficacité de l'utilisation de l'eau au niveau de la parcelle s'élève à 70-80 %, le rendement global de l'irrigation serait, en moyenne nationale, de l'ordre de 60 %.

4.2.2- Bilans hydriques des productions végétales

Les méthodes d'évaluation de l'équivalent-eau des cultures pluviales et irriguées seront appliquées pour estimer l'équivalent-eau des différentes cultures. On s'appuie pour cela sur les statistiques agricoles nationales durant la période allant de 1996 à 2010, ce qui permet de préciser les contributions des cultures pluviales et irriguées à l'équivalent-eau et d'en analyser l'évolution sur une période de quinze années.

Les résultats des évaluations de l'équivalent-eau des cultures pluviales et irriguées permettent de dresser le bilan hydrique de l'ensemble des productions végétales. La Fig.4.6 présente l'évolution du bilan hydrique global des productions végétales où l'on peut distinguer les contributions en eau bleue et en eau verte issues des cultures pluviales et irriguées. Il y apparaît que l'équivalent-eau de l'ensemble des productions végétales représente un potentiel moyen de ressources hydriques qui s'élève à plus de 9 milliards de m^3.

Ce potentiel est cependant soumis à des variations très importantes dues essentiellement à la variabilité de la production des cultures pluviales en relation avec les aléas des précipitations. La Fig.4.6 montre en effet que l'équivalent-eau de la production des cultures pluviales est passé de moins de 2 milliards de m^3 en 2002 à plus de 11 milliards en 2004. La variabilité de l'équivalent-eau de la production des cultures irriguées est beaucoup plus faible. Au cours de la période de quinze années 1996-2010, l'équivalent-eau de l'agriculture irriguée s'est inscrit dans l'intervalle de 1,5 à 2,5 milliards soulignant le rôle de l'irrigation dans la régulation de la production agricole. L'équivalent-eau bleue des productions des cultures irriguées est resté stable et a progressivement crû de 1,1 milliard de m^3 en 1996 à plus de 1,5 milliard de m^3 en 2010, croissance qu'il convient d'associer au développement de l'agriculture irriguée.

La Fig.4.7 présente la structure de l'équivalent-eau moyen des productions agricoles au cours de la deuxième moitié des années 2000. Il apparait que la contribution de l'eau bleue ne représente qu'environ 15 % de l'eau agricole. La ressource en eau verte s'élève donc à 85 % des ressources hydriques mises en jeu dans la production agricole.

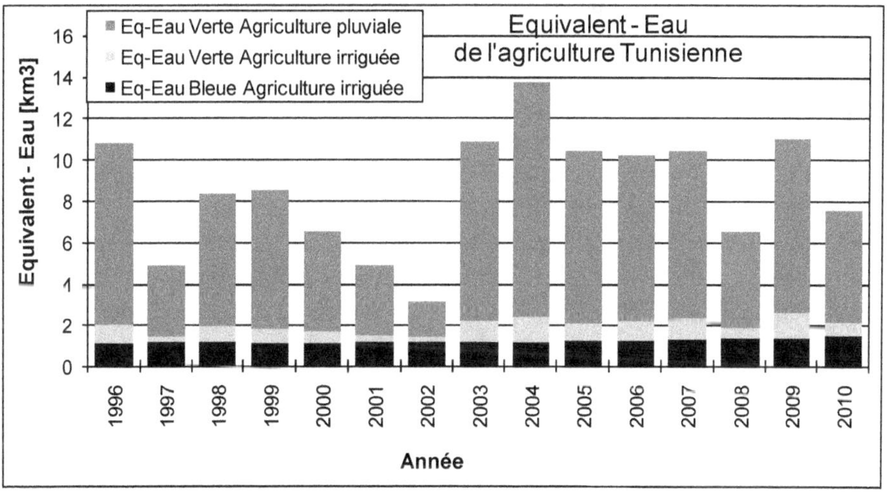

Fig.4.6 : Evolution de l'équivalent-eau bleue et de l'équivalent-eau verte des productions végétales

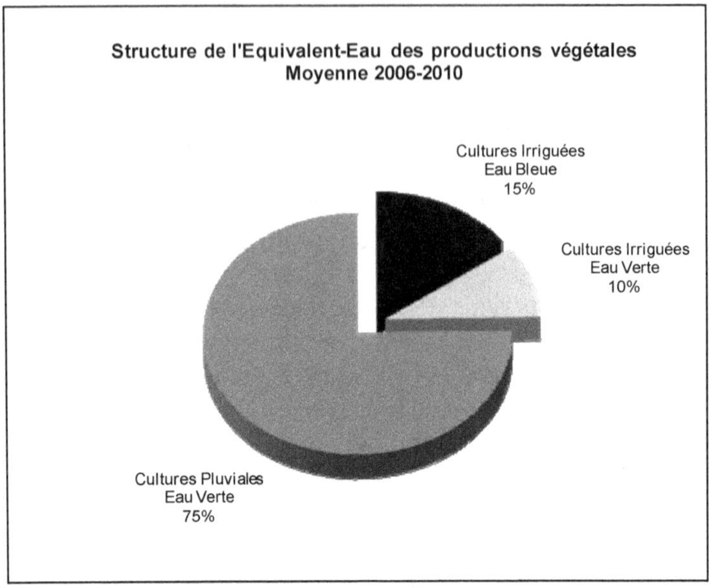

Fig.4.7 : Structure de l'équivalent-eau des productions végétales

En équivalent-eau moyen, la production de l'agriculture irriguée ne représente finalement que le quart des ressources hydriques mises en jeu dans la production agricole totale. Sa contribution, essentielle dans les différents secteurs de l'agriculture, n'est pas en mesure de stabiliser l'ensemble de la production agricole. La contribution de l'agriculture pluviale représente en moyenne trois quarts de la production agricole. Très variable, sa production dans les différents secteurs n'est pas en mesure de répondre de manière continue à la demande alimentaire et la Tunisie a structurellement besoin d'apports supplémentaires, notamment pendant les épisodes de sécheresse ou de faible pluviométrie, pour combler le déficit de la production locale, en particulier dans les secteurs des cultures à dominante pluviale : cultures céréalières, fourragères et oléicoles.

Le Tab.4.9 met en évidence la structure des bilans hydriques moyens des productions agricoles au cours des années 2006-2010. Il apparait qu'en termes d'équivalent-eau, les cultures céréalières, fourragères et oléicoles représentent 85 % des ressources en eau verte de l'agriculture pluviale. L'équivalent-eau des productions des cultures maraîchères et arboricoles, y compris la culture du palmier-dattier, représente 70 % de l'équivalent-eau de la production de l'ensemble du secteur irrigué et emploie 80 % des ressources en eau bleue agricole. L'arboriculture fruitière est donc la plus grande bénéficiaire des ressources en eau du pays, elle accapare 50 % des ressources en eau bleue dont la moitié est allouée à la culture du palmier-dattier.

Cultures	Equivalent-Eau des productions végétales (En millions de m^3 – Moyenne des années 2006-2010)				
	Cultures pluviales	Cultures irriguées		Total Eau Verte	Total
		Eau Verte	Eau Bleue		
Cultures céréalières	3220	169	90	3389	3479
Cultures fourragères	942	175	92	1117	1209
Cultures légumineuses	307	10	4	317	321
Cultures maraîchères	36	285	432	321	753
Olivier	1619	50	74	1668	1742
Palmier dattier	0	0	338	0	338
Autres arbres fruitiers	703	180	331	883	1214
Cultures industrielles	59	17	12	75	87
Production agricole totale	**6885**	**885**	**1372**	**7770**	**9142**

Tab.4.9 : Equivalent-eau moyen des productions végétales, (2006-2010)

4.2.3- Equivalent eau des produits agro-alimentaires

L'analyse de l'équivalent-eau de la production des cultures permet de déterminer l'équivalent-eau des différents produits végétaux. Il suffit pour cela de confronter les volumes d'eau consommés par les différentes cultures à leurs productions. Ces calculs permettent de préciser les contributions de l'eau bleue et de l'eau verte aux productions des cultures. Les résultats sont présentés dans le Tab.4.10 et comparés aux valeurs publiées par Mekonnen et Hoekstra (2010). Ces derniers ont quantifié les équivalents-eau des productions mondiales pour 126 cultures à l'aide d'un modèle de bilan hydrique à discrétisation spatio-temporelle analogue à celui utilisé plus haut pour le calcul de l'équivalent-eau de la production des cultures céréalières tunisiennes (Cf. § 4-1).

Les équivalents-eau des différentes productions agricoles peuvent servir comme bases d'évaluation permettant d'estimer les équivalents-eau spécifiques des principaux produits agroalimentaires. Ces derniers sont présentés dans le Tab.4.11.

Moyenne 2006-2010	Equivalent Eau [10^6 m^3]	Production [10^3 Tonnes]	Equivalent Eau spécifique [m^3/kg]			Eq. Eau spécifique* [m^3/kg]
			Eau Bleue	Eau Verte	Total	
Cultures céréalières						
Blé dur	2054	991	0,050	2,023	2,073	
Blé tendre	424	226	0,041	1,835	1,876	1,639
Orge et triticale	1001	462	0,070	2,095	2,165	1,292
Cultures fourragères						
Avoine	582	723	0,061	0,744	0,805	1,560
Culture de légumineuses						
Fève et fèverole	202	57	0,039	3,527	3,566	1,522
Pois et pois chiche	82	20	0,046	4,115	4,161	3,196
Cultures maraîchères						
Pomme de terre	89	357	0,113	0,135	0,248	0,224
Tomate	155	1103	0,093	0,047	0,140	0,171
Piment	118	283	0,275	0,141	0,416	0,282
Oignon	47	358	0,050	0,079	0,129	0,220
Artichaut	11	17	0,313	0,337	0,651	0,720
Pastèque et melon	99	493	0,118	0,083	0,201	0,172
Autres prod. Maraîchers	234	347	0,377	0,300	0,677	
Cultures arboricoles						
Olive	1742	900	0,082	1,853	1,936	2,969
Amande sèche	254	56	0,928	3,645	4,573	6,540
Dattes	338	147	2,293	0,001	2,294	2,180
Agrumes	129	283	0,261	0,196	0,456	0,511
Raisin	141	122	0,615	0,532	1,148	0,522
Autres prod. Arboricoles	690	428	0,306	1,307	1,613	
Cultures industrielles						
Betterave à sucre**	7	55	0,060	0,067	0,127	0,108
Autres prod. Cult indust.	87	57	0,203	1,324	1,527	

* Moyennes mondiales d'après Mekonnen et Hoekstra (2010)
** Moyenne 1996-2000

Tab.4.10 : Equivalents-Eau spécifiques des principaux produits agricoles en Tunisie d'après nos calculs (2006-2010) et dans le monde (dernière colonne)

Produits agro-alimentaires	Equivalent Eau spécifique [m^3/kg]		
	Eau Bleue	Eau Verte	Total
Huile d'olive	0,410	9,270	9,680
Sucre	1,198	1,344	2,542
Conserve de tomate	0,558	0,282	0,84
Jus de fruit	0,306	1,307	1,613
Conserves de fruit	0,612	2,614	3,226
Harissa	0,605	0,310	0,915
Vin	0,861	0,745	1,607
Bière	0,023	0,698	0,722

Tab.4.11 : Equivalent-eau de produits Agro-alimentaires

4.3- Bilans hydriques des productions animales

4.3.1- Equivalent- eau des productions animales

L'équivalent-eau des productions animales peut être déterminé à partir de l'équivalent-eau des produits qui ont servi à la nutrition des animaux. En Tunisie, une proportion non négligeable des produits fourragers et des céréales servant à la nutrition animale est importée et une part non moins négligeable provient de pâturages extensifs, en relation avec l'activité pastorale, et pour lesquels on ne dispose pas de données suffisantes pour en évaluer la contribution. On se propose donc de s'inspirer des méthodes globales d'évaluation utilisées à l'échelle internationale pour estimer l'équivalent-eau des productions alimentaires d'origine animale.

La FAO s'appuie sur le facteur de conversion aliment/viande pour estimer l'équivalent-eau des produits animaux. En considérant que l'équivalent-Eau du blé est de 1,5 m^3 par kg en moyenne, la FAO estime l'équivalent-eau de la viande bovine à 15 m^3 par kg (Facteur de conversion de 10 : 1), celui de la volaille à 6 m^3/kg (Facteur de conversion de 4 : 1) et celui des ovins à 10 m^3/kg (Facteur de conversion 6,67 : 1). En suivant la démarche de la FAO, et en utilisant les mêmes facteurs de conversion, on peut s'appuyer sur notre estimation de l'équivalent-eau des céréales qui s'établit en Tunisie à environ 2 m^3 par kg pour estimer celui des productions animales. Les estimations qui en résultent sont présentées dans le Tab.4.12.

Produit	Facteur de conversion kg de céréales/kg de produit	Equivalent-Eau m^3/kg de produit
Céréales		2,0
Bœuf	10 :1*	20
Ovin	6,67 :1*	13,3
Volaille	4 :1*	8
Œuf	2,5 :1**	5
Lait	0,67 :1***	1,33
*FAO. (1997a), **Maulfair (2011), ***FAO (2009)		

Tab.4.12 : Equivalent-eau des produits animaux

L'analyse de l'évolution de la production alimentaire d'origine animale indique une progression continue au cours des années 1980-2000 et une tendance à la stabilisation au cours de la décennie 2000-2010. La Tunisie a en effet atteint, au cours de cette dernière période une autosuffisance en production animale grâce à sa politique d'intensification soutenue notamment par des incitations à la production fourragère. Les valeurs spécifiques de l'équivalent-eau présentées dans le Tab.4.12 permettent d'estimer l'équivalent-eau de la production animale. Les résultats des calculs de l'équivalent-Eau de la production des viandes, du lait et des œufs sont présentés dans la Fig.4.8.

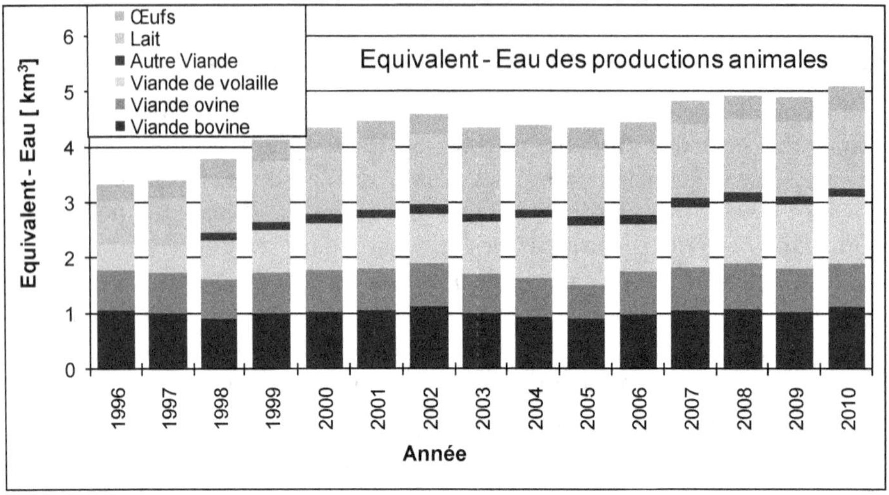

Fig.4.8 : Equivalent-eau des productions alimentaires d'origine animale

4.3.2- Structure de l'équivalent eau des productions animales

Il est difficile à ce stade de déterminer l'origine et la nature de l'équivalent-eau des productions animales. Celles-ci comprennent l'équivalent-eau des fourrages produits localement en pluvial et en irrigué (eau bleue et eau verte), l'équivalent-eau des produits fourragers importés (eau virtuelle), ainsi que l'équivalent-eau des pâturages naturels qu'on pourrait qualifier d'eau verte puisque la végétation qui s'y développe est exclusivement arrosée par les précipitations.

En Tunisie, les parcours naturels s'étendent sur de grandes superficies (4706 000 ha) mais leur valeur pastorale est en général faible, même si le potentiel fourrager des prairies naturelles, des maquis et garrigues du Nord dépasse celui des steppes du Centre et du Sud. Il est possible d'estimer l'équivalent-eau des pâturages en déterminant les différents éléments du bilan de la nutrition animale. Celui-ci comprend les céréales (produites localement ou importées) destinées à la préparation d'aliments fourragers ainsi que les productions et importations de produits fourragers. En confrontant l'équivalent-eau des productions animales à celui de l'ensemble des produits agricoles locaux ou importés destinés à la nutrition animale, il devient possible d'en déduire l'équivalent-eau des pâturages naturels qui apparaît donc comme une variable d'ajustement permettant de fermer le bilan.

Cependant, le stockage des produits fourragers et des produits animaux est une forme de stockage d'eau virtuelle qui permet la régulation interannuelle en écrêtant les pics de production (voire même d'importation) en année favorable pour les restituer en année défavorable. Sa contribution, en moyenne nulle, n'est pas prise en compte. Il en résulte que la fermeture du bilan n'a de sens que vis-à-vis de son interprétation en moyenne interannuelle pour déterminer les apports en équivalent-eau des pâturages.

En moyenne, l'ensemble des produits locaux destinés à la nutrition animale, y compris la contribution des parcours, ne représente en équivalent-eau que moins des 2/3 des productions animales. La filière de la production animale a structurellement besoin d'un apport supplémentaire de produits fourragers. L'autosuffisance en produits alimentaires d'origine animale affichée par la filière depuis plus d'une décennie est somme toute relative : du point de vue du bilan hydrique, le déficit de la filière s'élève à plus du tiers. En effet, si on exprime en équivalent-eau les importations de produits alimentaires d'origine animale et les importations de produits fourragers il apparait que les performances du secteur n'ont été possibles que grâce à l'apport en eau virtuelle associée à l'importation de fourrages et de céréales destinées à la nutrition animale.

La Fig.4.9 présente l'évolution moyenne (moyenne mobile sur 5 ans) de l'équivalent-eau des importations de fourrages et de produits alimentaires d'origine animale. Elle indique, en effet, que la diminution des importations de produits animaux qui s'est amorcée vers la fin des années 1980, s'est accompagnée d'une amplification considérable des importations fourragères dès le début des années 1990. Cela se traduit en termes de bilan hydrique par un accroissement considérable des importations d'eau virtuelle destinées à soutenir la filière de la production animale locale. En une décennie ces importations ont presque doublé passant de près de 1 milliard de m^3 au début des années 1990 à environ 2 milliards de m^3 au début des années 2000 et elles semblent se stabiliser depuis.

Le Tab.4.13 présente les résultats des calculs des différentes contributions à l'équivalent-eau moyen des productions animales. Il précise les apports en équivalent-eau de la production des fourrages ou des céréales fourragères, du bilan Import-export des produits destinés à la nutrition animale ainsi que l'équivalent-eau de l'apport des parcours. On distingue entre les productions des cultures irriguées et des cultures pluviales, et l'équivalent-eau de la production des cultures irriguées est décliné en contributions en eau bleue et en eau verte. La contribution du secteur irrigué reste faible et la part de l'eau bleue représente 2 % à 3 % de l'équivalent-eau des productions animales.

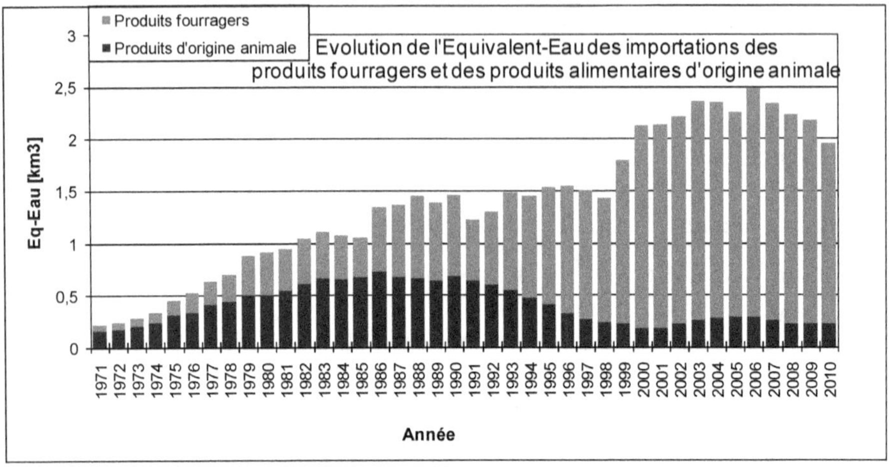

Fig.4.9 : Evolution de l'équivalent-eau des importations de fourrages et de produits alimentaires d'origine animale.

Produits	Equivalent-Eau des productions animales (En millions de m^3/an – Moyenne des années 2006-2010)					
	Eau Bleue	Eau Verte			Eau Virtuelle*	Total
		irrigué	Pluvial	Total		
Viande bovine	24	44	365	409	325	734
Viande ovine	18	32	274	306	244	750
Volaille	25	45	374	419	333	752
Autres viandes	4	7	56	63	50	113
Lait	31	56	469	525	417	542
Œufs	9	17	139	156	123	179
Pâturage				1348		1348
Total	**111**	**201**	**1677**	**3226**	**1492**	**4829**

* L'eau virtuelle représente la somme algébrique des imports-exports en Equivalent-Eau

Tab.4.13 : Equivalent-eau moyen des productions animales, (2006-2010)

L'ensemble de ces résultats montre que c'est l'eau verte, sous toutes ses formes (en culture ou sur les parcours), qui assure une part importante de la production des produits fourragers. Le parcours intervient pour plus du quart du bilan hydrique des productions animales. Cela correspond à l'équivalent de près de 1,7 million de tonnes d'avoine soit plus de deux fois la production moyenne nationale. Cette contribution non négligeable est néanmoins fournie par des surfaces très importantes (4,7 millions ha). Il est connu que le secteur de l'élevage est de loin le plus gros utilisateur anthropique de terres et c'est particulièrement vrai dans les régions arides et semi-arides.

4.4- Bilans hydriques des besoins alimentaires

4.4.1- Equivalent-eau des besoins alimentaires

Cette section est consacrée à l'analyse de l'équivalent-eau de l'ensemble des besoins alimentaires. On tente d'évaluer ces besoins et d'analyser leur évolution. On cherche également à préciser les différentes formes de ressources hydriques mises en jeu dans les productions des denrées alimentaires associées aux productions végétales et animales et à caractériser leur origine. Cette analyse doit conduire à dresser le bilan hydrique des besoins alimentaires et à mettre en évidence certains aspects essentiels de la relation entre l'agriculture et la ressource en eau.

L'analyse de l'équivalent-eau de la production des différentes spéculations agricoles a permis d'évaluer les volumes des ressources hydriques mises en jeu dans les productions qui leur sont associées. Elle a également permis de préciser l'origine de la production agricole (culture pluviale-culture irriguée) et de caractériser la nature des ressources hydriques mises en jeu (eau bleue et eau verte). La même démarche a permis d'évaluer l'équivalent-eau des productions animales : en évaluant l'équivalent-eau des pâturages, des productions agricoles destinées à nutrition animale et des flux résultant de leurs échanges, on détermine l'équivalent-eau des produits alimentaires d'origine animale (viande, lait, œufs). Le bilan des échanges commerciaux de produits agro-alimentaires représente aussi un flux d'eau virtuelle qui participe de manière effective au bilan hydrique de la demande alimentaire. En appliquant l'équivalent-eau spécifique aux échanges commerciaux des produits agro-alimentaires, on aboutit à une évaluation des flux d'eau virtuelle qui leurs sont associés.

L'interprétation, en termes d'équivalent-eau de la production agricole globale, des exportations et des importations des produits agro-alimentaires permet de dresser le bilan de la demande alimentaire. Tous ces éléments, une fois rassemblés, vont permettre d'établir le bilan hydrique global de la demande alimentaire

4.4.2- Bilans hydriques des productions alimentaires

L'équivalent-eau de l'ensemble des productions alimentaires représente en moyenne un potentiel de ressources hydriques d'environ 12 milliards de m^3. Ces derniers proviennent des ressources hydriques mises en jeu dans les productions des cultures pluviales et irriguées, de l'équivalent-eau des pâturages et du bilan importations-exportations des produits fourragers et des céréales destinées à la nutrition animale. Le Tab.4.14 présente l'évolution des différentes contributions (moyennes sur cinq ans) et met en évidence la structure des bilans hydriques des productions agricoles d'origines végétale et animale.

Equivalent-Eau [Million de m^3]		1971-1975	1976-1980	1981-1985	1986-1990	1991-1995	1996-2000	2001-2005	2006-2010
Produits d'origine animale	**Eau Bleue**	35	46	48	57	67	88	102	111
	Eau Verte	1018	1332	1406	1661	1952	2543	2957	3226
	Eau Virtuelle	471	616	650	769	903	1176	1368	1492
	Total	**1524**	**1994**	**2105**	**2487**	**2923**	**3807**	**4427**	**4829**
Produits d'origine végétale	**Eau Bleue**	544	589	664	735	792	914	1021	1249
	Eau Verte	3417	3309	3682	3426	4909	5299	5294	5686
	Total	**3961**	**3898**	**4346**	**4161**	**5700**	**6213**	**6315**	**6935**
Total des productions alimentaires	**Eau Bleue**	579	635	712	792	859	1001	1123	1360
	Eau Verte	4435	4641	5088	5088	6861	7842	8251	8912
	Eau Virtuelle	471	616	650	769	903	1176	1368	1492
	Total	**5485**	**5892**	**6451**	**6648**	**8623**	**10020**	**10743**	**11764**

Tab.4.14 : Equivalent-eau moyen des productions alimentaires. (Données sources : Annuaires des statistiques Agricoles 1971-2010)

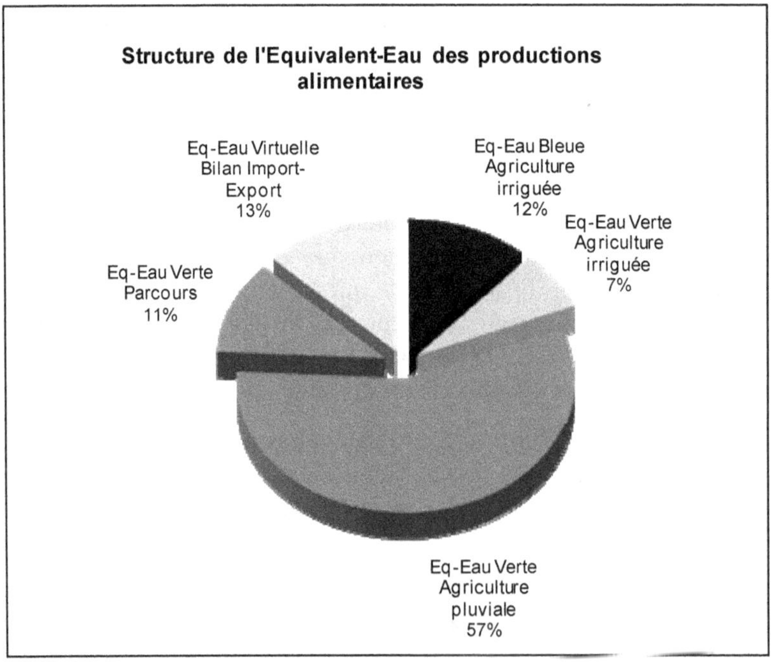

Fig.4.10 : Structure de l'équivalent-eau des productions alimentaires (moyennes 2006-2010)

La Fig.4.10 montre l'origine et la nature des ressources hydriques mises en jeu dans la production agro-alimentaire au cours de la période (2006-2010). Il apparaît que les productions agricoles issues de l'agriculture pluviale représentent 57 % des ressources hydriques, la contribution des parcours naturels s'élève à 11 % et l'agriculture irriguée représente 19 % (12 % en eau bleue et 7 % en eau verte) de l'ensemble de l'équivalent-eau de la production agricole totale. Globalement, la contribution eau verte (y compris celle des parcours) représente trois quarts de la production agricole. Le quart restant correspond pour moitié à l'équivalent-eau bleue associé à l'irrigation et pour l'autre moitié aux apports en eau virtuelle qui résulte des importations de produits fourragers et de céréales destinées à la production animale. Abstraction faite de la contribution de l'eau virtuelle à la production animale locale, l'examen de l'évolution des différentes formes de l'équivalent-eau des productions agricoles, indique que le potentiel hydrique local mis en jeu dans la production agricole (eau bleu et eau verte) a plus que doublé au cours des quatre dernières décennies suivant en cela l'accroissement de la population qui est passée de près 5,1 millions d'habitants en 1971 à plus de 10,5 millions d'habitants en 2010. C'est une performance remarquable de l'agriculture tunisienne qui a pu ainsi maintenir une production agricole spécifique (en équivalent-eau par habitant) stable malgré l'accroissement significatif de la population.

Il apparaît que l'essor de l'agriculture irriguée, dont l'apport en eau bleue est passé de 0,58 à 1,36 km^3 n'a pas fondamentalement modifié la structure des productions agricoles dont une grande part continue à être assurée par les cultures pluviales qui, de leur coté ont enregistré des améliorations significatives de leurs productivités. Il apparaît également que la croissance des productions alimentaires d'origine animale a été plus rapide que celles des productions d'origine végétale. Soutenu par des importations de produits fourragers en nette progression, l'équivalent-eau de la production de la filière a plus que triplé entre le début des années 1970 et la fin des années 2000. Corrélativement, la part des ressources hydriques mises en jeu dans la production alimentaire d'origine animale a considérablement progressé passant de 28 % début des années 1970 à 41 % à la fin des années 2000. Par conséquent la part de la production alimentaire d'origine végétale a accusé une régression équivalente de près de 13 %. Cette évolution de la structure de la production agro-alimentaire traduit par ailleurs une évolution dans la structure de la ration alimentaire moyenne qui voit la part des produits d'origine animale augmenter au détriment des produits d'origine végétale.

4.4.3- Bilans hydriques de la balance agro-alimentaire

L'interprétation des échanges commerciaux, en termes d'équivalent-eau permet de calculer les flux d'eau virtuelle et d'évaluer leur contribution au bilan hydrique global de la demande alimentaire. L'analyse de l'équivalent-eau de la production des différentes cultures a permis d'évaluer l'équivalent-eau spécifique des productions animales et végétales locales en précisant l'origine et la nature des ressources hydriques employées dans la production des denrées alimentaires. L'évaluation des flux d'eau virtuelle associés aux échanges commerciaux des produits agro-alimentaires nécessite que l'on élargisse la liste aux denrées alimentaires qui ne sont pas produites localement. On s'appuie pour cela sur des données issues de la littérature notamment sur les données globales de Mekonnen et Hoekstra (2011 ; 2012). Le Tab.4.15 présente l'équivalent-eau virtuelle de certains produits agro-alimentaires importés.

Produits	**Base d'évaluation références**	**Equivalent-Eau m^3/kg**
Epices		6,616
Fromage	12 kg lait :1kg	15,96
Lait concentré	2,2 kg lait :1kg	2,936
Lait en poudre	8 kg lait : 1kg	10,65
Huile de colza	Mekonnen et Hoekstra (2011)	3,664
Riz	id	1,913
Huile de soja	id	4,117
Huile de tournesol	id	6,387
Huile végétale	id	5,818
Graisse animale	id	4,703
Luzerne	id	0,134
Banane	id	0,757

Tab.4.15 : Equivalent-eau de certains produits agro-alimentaires importés

La Fig.4.11 présente l'évolution des productions, des importations et des exportations agro-alimentaires exprimées en équivalent-eau. Dans un sens comme dans l'autre, la production locale, très variable en raison de l'impact des conditions climatiques sur le rendement des cultures notamment les cultures pluviales, détermine les flux d'eau virtuelle : les exportations fluctuent au rythme des fluctuations de la production et il en va de même pour les importations qui constituent un complément à la production locale.

La Fig.4.12 présente l'évolution moyenne de l'équivalent-eau des importations et des exportations des produits agro-alimentaires (moyenne mobile sur 5 ans). L'examen de cette figure indique qu'en eau virtuelle les importations des produits agro-alimentaires ont enregistré d'importantes augmentations au cours des dernières décennies passant de moins de 2 milliards de m^3 en début des années soixante-dix à plus de 8 milliards à la fin de la décennie 2000-2010. Durant la même période, les exportations d'eau virtuelle ont doublé passant d'environ 1 milliard de m^3 à plus de 2 milliards de m^3. Ces chiffres indiquent que le bilan hydrique de la balance agro-alimentaire est déficitaire et que le déficit s'est considérablement amplifié au cours des dernières décennies. Le taux de couverture des flux d'eau virtuelle associés aux échanges agro-alimentaires qui avoisinait 80 % au début des années 1970 s'est progressivement dégradé pour se stabiliser à près de 30 % à la fin des années 2000.

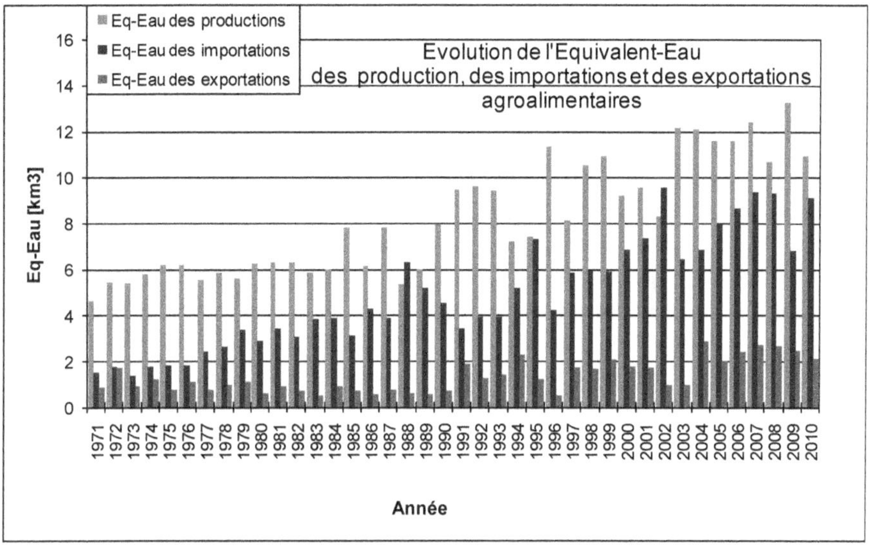

Fig.4.11 : Evolution de l'équivalent-eau des productions, des importations et des exportations agro-alimentaires

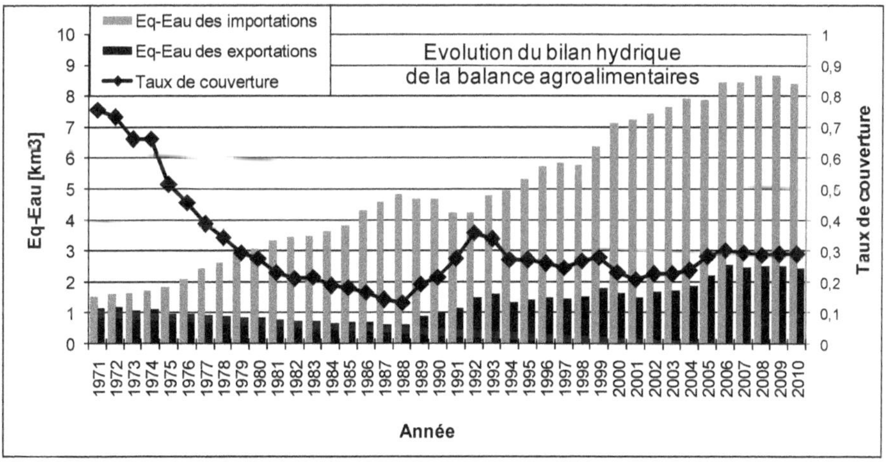

Fig.4.12 : Evolution de l'équivalent-eau moyen des importations et des exportations agro-alimentaires

La structure de l'équivalent-eau moyen des importations et des exportations agro-alimentaires durant les années 2006-2010 montre les importants flux, dans les deux sens, d'eau virtuelle, relatifs aux échanges commerciaux de céréales et d'huiles. Les exportations d'huile d'olive représentent 59 % (1,470 km^3) de l'équivalent-eau des exportations agro-alimentaires. Néanmoins, la Tunisie importe de grandes quantités d'huile végétale, qui en équivalent-eau sont supérieures aux exportations d'huile d'olive et qui représentent 18 % (1,570 km^3) de l'équivalent-eau virtuelle de l'ensemble des importations agro-alimentaires.

La part la plus importante des importations revient aux produits céréaliers. Elle représente en équivalent-eau, un apport de 3,190 km^3 soit 37 % des flux d'eau virtuelle associés aux importations. Cet apport est déterminant dans l'adéquation offre demande en produits céréaliers dont la production locale est structurellement insuffisante. La production céréalière destinée à la consommation alimentaire représente en équivalent-eau moyen environ 3,48 km^3 soit un peu plus que la moitié de la demande alimentaire.

La Fig.4.13 présente la nature de l'équivalent-eau des exportations de produits agro-alimentaires. Elle indique que la part eau verte représente plus des trois quarts de l'équivalent-eau des exportations soulignant le rôle majeur de l'agriculture pluviale dans l'équilibre de la balance agro-alimentaire. Néanmoins la contribution du secteur irrigué n'est pas négligeable. La part de l'eau bleue représente 12 % des flux exportés dont plus de la moitié provient de l'exportation des dattes. Il convient de noter que 12 % de l'équivalent-eau des exportations proviennent des flux d'eau virtuelle associés à l'importation de denrées qui ne sont pas produites localement (sucre, café, etc.) ou à la transformation de produits importés notamment les produits de base (céréales, fourrages).

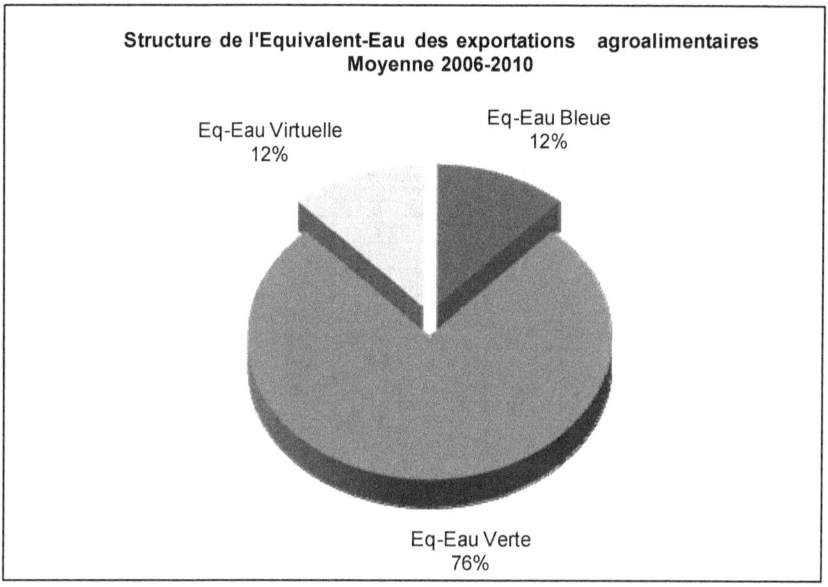

Fig.4.13 : Structure de l'équivalent-eau des exportations de produits agro-alimentaires

Les principaux résultats relatifs aux bilans hydriques moyens de la balance agro-alimentaire sur la période (2006-2010) sont récapitulés dans le Tab.4.16 et l'évolution des différents éléments de ces bilans au cours des quatre dernières décennies est présentée dans le Tab.4.17.

Produits	Equivalent-Eau des importations et des exportations (En millions de m^3/an - Moyenne des années 2006-2010)				
	Importations	Exportations			
		Eau Bleue	Eau Verte	Eau Virtuelle	Total
Produits d'origine animale	229	14	28		**42**
Huile et graisses	1570	62	1409		**1471**
Légumineuses	115	0	5		**5**
Céréales -produits céréaliers	3191	5	228		**233**
produits maraichers	25	27	16		**43**
Produits fourragers	1997	11	137		**148**
Fruits	58	173	69		**242**
Café, Thé Epices	353			5	**5**
Sucre et sucreries	1100			278	**278**
Vins et boissons	14	14	9		**23**
Total	**8650**	**307**	**1901**	**283**	**2490**

Tab.4.16 : Bilan hydrique de la balance agro-alimentaire, (2006-2010)

Eléments du Bilan			1971-1975	1976-1980	1981-1985	1986-1990	1991-1995	1996-2000	2001-2005	2006-2010
Exportations	Produits d'origine Animale	Eau Bleue	0	0	0	0	0	0	1	1
		Eau Verte	1	2	3	1	5	9	16	28
		Eau Virtuelle	1	1	1	1	2	4	7	13
		Total	2	3	4	2	8	14	24	42
	Produits d'origine Végétale	Eau Bleue	141	93	98	95	131	140	202	293
		Eau Verte	925	728	627	525	1444	1358	1378	1873
		Eau Virtuelle	24	82	23	27	32	35	119	283
		Total	1090	903	748	647	1608	1533	1699	2448
	Total		**1092**	**906**	**752**	**649**	**1616**	**1546**	**1723**	**2490**
Import	Prod. d'origine Animale		199	444	625	666	549	231	253	229
	Prod. d'origine Végétale		1455	2186	2756	4167	4232	5535	7391	8421
	Total		**1654**	**2630**	**3381**	**4834**	**4781**	**5765**	**7644**	**8650**
Déficit	Prod. d'origine Animale		197	441	622	665	541	217	229	187
	Prod. d'origine Végétale		365	1283	2008	3521	2625	4002	5692	5973
	Total		**562**	**1724**	**2629**	**4185**	**3165**	**4219**	**5921**	**6159**

Tab.4.17 : Evolution des éléments du bilan hydrique de la balance agroalimentaire.

L'examen de l'évolution des bilans hydriques de la balance agro-alimentaire montre l'important accroissement des importations dont le volume en équivalent-eau a été multiplié par un facteur supérieur à cinq entre le début des années 1970 et la fin des années 2000. Au cours de la même période, l'équivalent-eau des exportations n'a progressé que de près de deux fois et demie. Il en résulte que le rythme de croissance des importations d'eau virtuelle a été supérieur à celui des exportations et le déficit hydrique s'est considérablement creusé passant de 560 millions de m^3 (environ 100 m^3/habitant/an) au début des années 1970 à 6160 millions de m^3 (près de 600 m^3/habitant/an) à la fin des années 2000.

Comme le rythme de croissance de la production agro-alimentaire locale a, à peu de chose près, suivi celui de la croissance de la population (cf. §4.4.2), l'amplification des importations agro-alimentaires et le déficit hydrique qui en est résulté sont à interpréter vis-à-vis de l'amélioration et de la modification de la structure de l'alimentation notamment en ce qui concerne l'augmentation relative des produits d'origine animale dans la ration alimentaire.

4.4.4 – Equivalent-eau des besoins alimentaires

Après avoir évalué l'équivalent-eau de la production agricole et les flux d'eau virtuelle associés aux échanges commerciaux de produits agro-alimentaires, il devient possible d'établir les bilans hydriques des besoins alimentaires. Rappelons que ces bilans ne prennent pas en compte le rôle régulateur des stockages des produits agro-alimentaires. Le Tab.4.18 présente l'évolution de l'équivalent-eau des besoins alimentaires déclinés selon leur origine et leur nature et présentés en moyenne mobile sur cinq an.

Les résultats des calculs indiquent qu'en termes d'équivalent-eau, la demande alimentaire a plus que triplé au cours des quatre dernières décennies. Elle se monte à plus de 16 k m^3 en 2010. Comme la population a presque doublé au cours de la même période, il en résulte que l'équivalent-eau des besoins alimentaires individuels a enregistré une augmentation d'environ 50 %. L'accroissement significatif de la demande alimentaire spécifique par habitant s'est naturellement traduit par l'augmentation des importations agro-alimentaires et par l'augmentation de la contribution de l'eau virtuelle au bilan hydrique global des besoins alimentaires.

Equivalent-Eau [km^3]		1971-1975	1976-1980	1981-1985	1986-1990	1991-1995	1996-2000	2001-2005	2006-2010
Produits d'origine Animale	Eau Bleue	0	0	0,1	0,1	0,1	0,1	0,1	0,1
	Eau Verte	1,0	1,3	1,4	1,7	1,9	2,5	2,9	3,2
	Eau Virtuelle	0,7	1,1	1,3	1,4	1,4	1,4	1,6	1,7
	Total	1,7	2,4	2,7	3,2	3,5	4,0	4,7	5,0
Produits d'origine Végétale	Eau Bleue	0,4	0,5	0,6	0,6	0,7	0,8	0,8	1,0
	Eau Verte	2,5	2,6	3,1	2,9	3,5	3,9	3,9	3,8
	Eau Virtuelle	1,0	1,5	2,1	3,4	3,3	4,3	5,9	6,6
	Total	3,9	4,6	5,7	6,9	7,4	9,0	10,6	11,4
Total des besoins alimentaires	Eau Bleue	0,4	0,5	0,6	0,7	0,7	0,9	0,9	1,1
	Eau Verte	3,5	3,9	4,5	4,6	5,4	6,5	6,9	7,0
	Eau Virtuelle	1,6	2,5	3,4	4,8	4,7	5,7	7,5	8,4
	Total	5,6	7,0	8,4	10,1	10,9	13,1	15,3	16,4

Tab.4.18 : Equivalent-eau moyen des besoins alimentaires

Le Tab.4.19 présente l'évolution de la demande alimentaire spécifique et précise quelques aspects de la dépendance alimentaire et hydrique de la Tunisie. En équivalent-eau, le taux de couverture des besoins alimentaires par la production locale s'est globalement dégradé tombant en dessous de 50 % en 2010 ; même si le taux de couverture des produits animaux s'est légèrement amélioré. Des résultats similaires sont enregistrés pour le coefficient de dépendance hydrique qui représente le rapport du bilan hydrique net de la balance commerciale agro-alimentaire à l'équivalent-eau de la demande alimentaire. L'indice global de dépendance hydrique est passé de 10 % au début des années 1970 à près de 40 % au cours de la décennie 2000-2010.

Produits		1971-1975	1976-1980	1981-1985	1986-1990	1991-1995	1996-2000	2001-2005	2006-2010
Population [Milliers hab]		5335	6046	6894	7738	8572	9333	9840	10329
Produits d'origine animale	Besoins spécifiques*	323	403	395	407	404	431	473	486
	Taux de couverture	0,61	0,57	0,53	0,54	0,58	0,65	0,65	0,66
	Indice Dép. Hyd	0,39	0,43	0,47	0,45	0,42	0,35	0,34	0,33
Produits d'origine végétale	Besoins spécifiques*	723	755	827	893	866	968	1081	1105
	Taux de couverture	0,75	0,67	0,63	0,51	0,56	0,52	0,45	0,42
	Indice Dép. Hyd	-0,03	0,15	0,24	0,40	0,23	0,31	0,41	0,39
Total des besoins	Besoins spécifiques*	1045	1158	1223	1301	1270	1400	1554	1591
	Taux de couverture	0,71	0,64	0,60	0,52	0,56	0,56	0,51	0,49
	Indice Dép. Hyd	0,10	0,25	0,31	0,42	0,29	0,32	0,39	0,37
* Besoins spécifiques [m3/hab/an]									

Tab.4.19 : Evolution de l'équivalent-eau spécifique des besoins alimentaires

4.5- Sécurité hydrique et sécurité alimentaire

4.5.1- Autosuffisance vs sécurité alimentaire

Les besoins en eau de l'agriculture et de l'alimentation sont élevés et peuvent évoluer en raison des changements dans les habitudes alimentaires associés notamment à l'amélioration du niveau de vie et du pouvoir d'achat. Les implications de tels changements sur les bilans hydriques et sur l'agriculture sont considérables.

Les besoins alimentaires individuels ont enregistré une augmentation significative, aussi bien pour les produits d'origine végétale que pour ceux d'origine animale, même si on note un accroissement plus important pour les viandes de volaille et les produits laitiers. En équivalent-eau, la demande alimentaire est passée d'environ 1000 m^3/hab./an au début des années 1970 à près de 1600 m^3/habitant/an en 2010. Il convient de rappeler que les ressources en eau allouées au secteur de l'irrigation et qui représentent, à la fin des années 2000, 80 % des ressources hydrauliques nationales, ne représentent qu'une allocation spécifique d'environ 200 m^3/habitant/an, soit environ un huitième de l'équivalent-eau de la demande alimentaire.

En Tunisie, comme dans toutes les régions arides et semi-arides, l'intensification agricole est apparue comme un moyen formidable pour accroître la production et pour faire face au défi alimentaire. De vastes programmes de mobilisation des ressources en eau ont ainsi été réalisés et diverses mesures incitatives et de soutien ont été mises en place pour promouvoir l'irrigation. Le fait central est que l'irrigation consomme beaucoup d'eau et que son développement dépend d'abord et avant tout de la disponibilité des ressources en eau et en sols. La stabilisation de l'offre, la perspective de réaffectation des disponibilités en eau au détriment du secteur agricole est une question clé de la problématique de l'eau en Tunisie.

Il s'agit de trouver les moyens les mieux appropriés pour répondre aux besoins croissants qu'exprimeront dans l'avenir les différents secteurs de l'économie sans grever le secteur agricole. Le potentiel de production de l'ensemble des ressources en eau et en sols s'avère insuffisant pour faire face à la demande alimentaire, sans cesse croissante en termes de quantité et de qualité, et on a recours à l'importation et à l'exportation de produits agro-alimentaires pour équilibrer offre et demande. L'enjeu crucial pour la Tunisie est d'optimiser ces échanges en tenant compte des limites des ressources en eau, en tirant profit des avantages comparatifs que peut développer l'agriculture locale et en anticipant les impacts des éventuels changements qui peuvent se produire aux échelles nationale et internationale et qui pourraient provoquer la dégradation des termes d'échange : libéralisation des marchés, modification des politiques de subventions agricoles et alimentaires etc.

4.5.2- Bilans de la balance agro-alimentaire

L'analyse des bilans de la balance agro-alimentaire indique, d'une façon générale, que l'accroissement de la demande alimentaire en Tunisie s'est accompagné d'un accroissement significatif de la contribution de l'eau virtuelle aux bilans hydriques. La Fig.4.14 montre l'évolution en moyenne (moyenne mobile sur 5 ans) du taux de couverture en équivalent-eau des importations des produits alimentaires par les exportations. Il y apparaît qu'en termes de bilan hydrique le taux de couverture des importations alimentaires s'est progressivement dégradé. Le taux de couverture des besoins alimentaires est passé de près de 80 % au début des années 1970 à environ 30 % à la fin des années 2010.

Le bilan hydrique de la balance agro-alimentaire est très favorable à la Tunisie : le taux de couverture de la balance agro-alimentaire, qui atteint 80 % à la fin des années 2010, ne représente que moins de 30 % en termes d'équivalent-eau, Fig.4.14. Cela veut dire que, par m^3 d'eau virtuelle échangé, les recettes issues des exportations des produits agro-alimentaires sont plus importantes que les dépenses affectées aux importations.

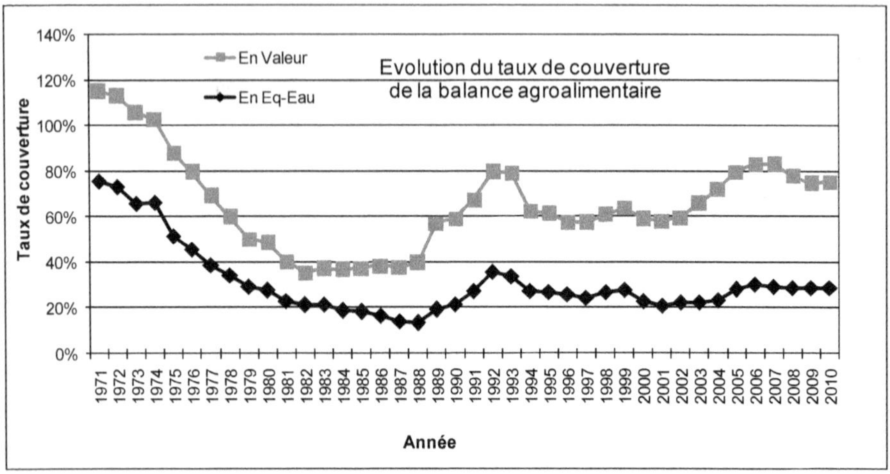

Fig.4.14 : Taux de couverture de la balance commerciale des produits agro-alimentaires

Produits	Equivalent-Eau des importations et des exportations (Moyenne des années 2006-2010)					
	Importations			Exportations		
	Eq-Eau Mm³	Valeur MDT	Valeur 10^{-3}DT/m³	Eq-Eau Mm³	Valeur MDT	Valeur 10^{-3}DT/m³
Produits d'origine animale	229	89	389	42	42	980
Huile et graisses	1570	377	240	1471	837	569
Légumineuses	115	12	101	5	<1	140
Céréales et produits céréaliers	3191	999	313	234	131	559
Produits maraîchers- conserves	25	47	1929	43	81	1894
Produits fourragers	1997	137	68	148	27	184
Fruits et jus de fruits	58	37	636	242	275	1139
Café. Thé, épices	353	64	181	5	24	4622
Sucre et sucreries	1100	246	223	278	56	201
Vins et boissons	14	13	933	23	54	2345
Total	8650	1972	228	2490	1528	614

Tab.4.20 : Bilan de la balance agro-alimentaire en valeur, (2006-2010)

Le Tab.4.20 précise les flux annuels moyens d'eau virtuelle sur la période 2006-2010 ainsi que les flux financiers qui leurs sont associés pour les différents produits agro-alimentaires échangés. Les avantages tirés de l'échange commercial des produits agro-alimentaires sont dus aux termes d'échange, qui au niveau hydrique, sont favorables pour la Tunisie notamment en ce qui concerne l'exportation de l'huile d'olive et des produits agro-alimentaires qui ont une valeur ajoutée industrielle (produits céréaliers, fruits, conserves…).

4.5.3- La balance commerciale des produits agro-alimentaires

L'agriculture irriguée a occupé une place de choix dans la stratégie de la valorisation des échanges commerciaux de produits agro-alimentaires. Les deux produits phares de l'exportation des produits agricoles issus de l'agriculture irriguée ont été les agrumes et les dattes. Les exportations de dattes ont beaucoup évolué en volume et en valeur au cours des quinze dernières années ; elles représentent 70,6 % des recettes à l'exportation provenant des cultures irriguées et 21,6 % proviennent des agrumes. Néanmoins, cette stratégie n'a pas beaucoup bouleversé la structure de la balance commerciale des produits agro-alimentaires qui, dans un sens comme dans l'autre, reste dominée par les productions des cultures pluviales. Les cultures pluviales jouent, en effet, un rôle essentiel dans la sécurité alimentaire ; leur rôle dans l'équilibre de la balance alimentaire est double : d'une part, la production de l'agriculture pluviale représente une part importante des exportations des produits alimentaires ; d'autre part, les importations de denrées de base notamment les céréales, qui constituent un poste important des importations de denrées alimentaires, visent à couvrir le déficit de la production locale cultivée principalement en sec et dont le rendement est fortement dépendant des contraintes climatiques.

Il convient, cependant, de souligner que le bilan hydrique national ne tient pas compte du rôle régulateur du stockage des produits agro-alimentaires. La contribution du stockage est en moyenne interannuelle nulle, et le modèle de bilan hydrique doit, en toute rigueur, être interprété en moyenne. Le stockage des surplus de la production agricole des années humides représente une forme de stockage de ressource hydrique pouvant provenir de ressources en eau bleue et en eau verte. De même, le stockage de denrées alimentaires importées représente une forme de stockage d'eau virtuelle. Cette correspondance entre réserves de denrées alimentaires et réserves hydriques est pertinente : elle permet d'interpréter les capacités de stockage des produits agro-alimentaires en capacité de stockage de ressources hydriques, même si ces stockages ne s'effectuent que sur le court terme sans impact majeur sur la régulation interannuelle des ressources.

Ainsi, par exemple la capacité nationale de stockage des céréales estimée à 6,4 mois de consommation (Banque Mondiale, 2009), soit environ 12 millions de Quintaux, serait équivalente à un potentiel de stockage d'environ 2,4 milliards de m^3. De même, la capacité de stockage d'huile d'olive qui s'élève à 350 000 tonnes serait équivalente à un potentiel de stockage de plus de 3 milliards de m^3. Vu sous cet angle, le stockage des denrées alimentaires est une forme pratique de stockage de ressources hydriques qui, de plus, est peu coûteuse et sans conséquences sur l'environnement. En Tunisie les frais de stockage d'une tonne de céréales s'élèvent à 42 dollars/an. Convertis en ressources hydriques, cela correspond à un prix de revient de 2,1 cents (environ 0,035 DT) par m^3 d'équivalent-eau stocké ; dérisoire en comparaison avec le coût de mobilisation des ressources hydrauliques. D'autant plus que de larges marges d'amélioration sont possibles, car les frais annuels de stockage des céréales en Tunisie sont parmi les plus élevés : ils ne sont que de 25 dollars aux Etats Unis et de 22 dollars au Maroc (Banque Mondiale, 2009).

Ces chiffres montrent que la Tunisie a intérêt à élaborer et à affiner ses stratégies de production, d'approvisionnement et de gestion des stocks alimentaires. Outre leur aspect stratégique, les réserves alimentaires peuvent contribuer à la régulation des stocks pour gérer les épisodes de sécheresse. La gestion des sécheresses nécessite la mise en place d'un programme global et cohérent qui vise à développer et à promouvoir les cultures pluviales et les activités pastorales à l'échelle du pays.

4.5.4- Empreinte - eau des besoins alimentaires de la Tunisie : les résultats et les ordres de grandeur

Les résultats obtenus montrent que la plus grande part des eaux mobilisées est destinée au secteur agricole, la plus grande part de la production agricole est fournie par l'agriculture pluviale et une part non négligeable de la demande alimentaire est assurée par les apports de la balance agro-alimentaire. L'équivalent-eau moyen de l'ensemble des productions alimentaires de la Tunisie s'élève à près de 12 milliards de m^3. Cette ressource provient des ressources hydriques mises en jeu dans les productions des cultures pluviales et irriguées, de l'équivalent-eau des pâturages naturels et du bilan importations-exportations des produits fourragers et des céréales destinées à la nutrition animale. La part des productions végétales s'élève à près de 60 % de l'équivalent-eau des productions alimentaires, celle des productions animales représente 40 % environ.

D'autre part, les calculs indiquent que les productions alimentaires issues de l'agriculture pluviale représentent 56 % de l'équivalent-eau de la production agro-alimentaire, la contribution des parcours s'élève à 11 % et l'agriculture irriguée fournit 19 % (12 % en eau bleue et 7 % en eau verte) de l'ensemble de l'équivalent-eau de la production alimentaire. Globalement, la contribution de l'eau verte (y compris celle des parcours) représente trois quarts de la production alimentaire. Le quart restant correspond pour environ la moitié aux apports en eau virtuelle qui résultent des importations de produits fourragers et de céréales destinés à la production animale ; et pour l'autre moitié à l'équivalent-eau bleue associé à l'irrigation. Il apparaît, donc, que l'ensemble des ressources en eau bleue alloué au secteur de l'irrigation et qui représente 80 % des ressources hydrauliques mobilisées, contribue pour 12 % de l'équivalent-eau de la production agricole locale. Il est intéressant de noter que les calculs de l'équivalent-eau bleue de la production de l'agriculture irriguée ont abouti à une valeur de 1,4 km^3. On vérifie que si on applique à ces « besoins nets » le rendement des systèmes hydrauliques estimé à 60 %, on retombe avec une précision remarquable sur le volume « utilisé » par l'irrigation dans la période 2006-2010 et qui s'élève à 2,2 km^3

	Equivalent-Eau des productions agricoles [km^3] Moyenne des années 2006-2010						
	Eau Bleue	**Eau Verte**				**Eau Virtuelle**	**Total**
		Irrigué	**Sec**	**Parcours**	**Total**		
Productions végétales	1,3	0,7	5		5,7		7
Productions animales	0,1	0,2	1,7	1,3	3,2	1,5	4,8
Total	1,4	0,9	6,7	1,3	8,9	1,5	11,8

Tab.4.21 : Récapitulatif de l'équivalent-eau des productions agricoles, (2006-2010)

L'analyse des bilans hydriques des besoins alimentaires indique qu'en termes d'équivalent-eau, la demande alimentaire a plus que triplé au cours des quatre dernières décennies. Elle se monte à 16,4 milliards de m^3 en 2010. Pour compléter ses besoins, la Tunisie importe en équivalent-eau un total de 8,3 km^3/an sous forme de produits agro-alimentaires (céréales, fourrages, huile végétale, sucre etc.) ; dans le même temps, elle exporte en équivalent-eau 2,5 km^3/an sous forme de produits agricoles (agrumes, dattes, primeurs, huile d'olive etc.) ; il en résulte un apport net d'eau virtuelle de 5,8 km^3/an (soit plus du tiers de l'ensemble des besoins alimentaires). Cet apport est pour une part (4,3 km^3) associé aux bilans de la balance commerciale des denrées alimentaires ; et pour le reste (1,5 km^3) aux apports en eau virtuelle associés aux importations fourragères destinées à soutenir la production animale locale. Ces chiffres, avec les ordres de grandeur qu'ils impliquent, indiquent que la question de la sécurité hydrique ne peut être posée à l'échelle nationale qu'en relation avec la question essentielle de la sécurité alimentaire et de sa relation avec la production agricole et avec les bilans de la balance agro-alimentaire.

	Bilan hydrique de la demande alimentaire [km³] Moyenne des années 2006-2010			
	Eau Bleue	**Eau Verte**	**Eau Virtuelle**	**Total**
Production	1,4	8,9	1,5	11,8
Importation			7,1	7,1
Exportation	0,3	1,9	0,3	2,5
Bilan	1,1	7	8,3	16,4

Tab.4.22 : Bilan hydrique de la demande alimentaire, (2006-2010)

	Bilan hydrique de la demande alimentaire [km³] Moyenne des années 2006-2010			
	Eau Bleue	**Eau Verte**	**Eau Virtuelle**	**Total**
Production	1,4	8,9	1,5	11,8
Importation			7,1	7,1
Exportation	0,3	1,9	0,3	2,5
Bilan	1,1	7	8,3	16,4

Tab.4.22 : Bilan hydrique de la demande alimentaire, (2006-2010)

Chapitre 5. La gestion de la demande en eau et les ressources non conventionnelles

Dans une première partie de ce chapitre, nous aborderons les aspects relatifs aux conditions d'approvisionnement et de gestion de la demande en eau, ainsi que les grands défis rencontrés dans les principaux secteurs d'usages de l'eau, secteurs vitaux ou prioritaires (besoins domestiques), et secteurs à caractère essentiellement économique et sujets à concurrence (agriculture, industrie et tourisme). La deuxième partie du chapitre est consacrée aux possibilités et aux conditions d'utilisation des eaux non-conventionnelles, étant donné le caractère stratégique conféré à ces ressources dans une optique de gestion de la demande, par l'effet qu'elles induisent en réduisant la pression sur l'exploitation des ressources renouvelables devenues de plus en plus rares.

Un préambule introductif du chapitre est consacré à l'exposé des principes généraux de gestion de la demande en eau et à l'impact de la traduction de ces principes sur la politique générale de l'eau en Tunisie.

5.1- Les principes de gestion de la demande en eau en Tunisie

En raison de la rareté de ses ressources, la gestion parcimonieuse de l'eau se situe au cœur des défis auxquels devra faire face la Tunisie au cours des prochaines décennies. Paradoxalement, mais en raison d'impératifs sociaux, le faible niveau dans lequel a été maintenu le prix de l'eau a entraîné, en règle générale, un déséquilibre entre le coût de revient et les coûts nécessaires à l'équilibre d'exploitation et à la pérennisation des systèmes hydrauliques et de la ressource même. Cela a eu pour conséquences un usage peu rationnel de l'eau, la persistance dans le secteur agricole de choix culturaux souvent exigeants en eau ou de faible plus-value et l'adoption de modèles alimentaires insoutenables eu égard aux ressources disponibles.

La politique de l'eau fondée sur la croissance de l'offre a constitué la réponse traditionnelle à l'augmentation de la demande. Aujourd'hui, cette politique atteint ses limites et se heurte à des obstacles sociaux, économiques et écologiques croissants, et ce dans toutes les régions du pays. Prenant conscience de ces enjeux, la Tunisie évolue progressivement mais encore timidement vers une politique de gestion de la demande en eau ; tout en poursuivant l'aménagement de ressources supplémentaires. Cette politique, qui dénote une rupture assez marquée avec la politique « dure » de l'offre, s'impose en raison du stade de développement socio-économique de certaines régions encore démunies du pays, qui nécessite de poursuivre encore l'effort d'approvisionnement en eau dans les zones rurales, la promotion des activités industrielles et l'intensification agricole par l'irrigation. Dans les autres régions, où les grands aménagements hydrauliques sont d'ores et déjà en place, l'amélioration de la sécurité d'approvisionnement en eau des différents secteurs nécessitera encore de mettre en œuvre des interconnections entre grands réservoirs et de grands transferts.

Cette étape de « *gestion de la demande au sens faible* » est caractérisée par la mise en œuvre d'instruments techniques, économiques et réglementaires qui ont pour objectifs essentiels de réduire les pertes et les mauvaises utilisations dans les systèmes d'eau , de stabiliser les consommations des divers secteurs d'usage, de contribuer à modérer les pressions sur les ressources , notamment à réduire ou arrêter les exploitations non durables (objets de pollutions, de surexploitations). Ce premier stade de la gestion de la demande suppose, en vérité, des reformes politiques relativement peu profondes. Il s'agit là d'une solution de transition qui vise au maintien de l'intervention directe de l'Etat dans l'allocation des ressources ainsi que dans l'amélioration de l'efficacité intra sectorielle de l'utilisation de l'eau, avec l'objectif d'assurer un meilleur usage de l'eau dans chacun des secteurs pris d'une façon indépendante et sans tenir compte de la relation concurrentielle pouvant exister entre eux. Ainsi, l'Etat continue-t-il toujours à assumer son rôle fondamental dans l'allocation des ressources pour subvenir aux besoins des différents secteurs et des différentes régions.

Sur le long terme, l'avenir du problème de l'eau demeure tributaire de la place réelle qu'occupera le secteur de l'agriculture irriguée dans l'économie générale du pays, en tant que consommateur principal des ressources en eau disponibles. Si les évolutions générales observées aujourd'hui se confirment, il est fort probable qu'à des horizons moyennement éloignés, dans 20 ou 30 ans, l'évolution de l'industrie et des services entraine une forte diminution de la part relative de l'agriculture dans l'économie générale du pays et parmi la population active. Cette situation, conditionnée par l'équilibre demande-ressource, conduira à accepter le fait que la saturation de la mobilisation des ressources disponibles puisse modifier à terme les conditions actuelles d'accès à l'eau établies entre les différents types d'usages et entre les différentes régions du pays. Dans ces circonstances, des solutions plus pertinentes devront être trouvées au problème du développement des espaces ruraux, à travers une agriculture pluviale plus performante et une diversification des activités économiques, ainsi qu'au problème de la sécurité alimentaire par la maîtrise des consommations des produits alimentaires et par une meilleure optimisation de la balance commerciale du pays.

Par ailleurs, il faut signaler qu'il n'existe à l'heure actuelle aucune reconnaissance systématique de la demande ayant pour but la préservation de l'environnement, à l'exception des volumes d'eau alloués pour la sauvegarde écologique du lac Ichkeul. Au terme d'une mobilisation effrénée des ressources en eau, cette carence devra nécessairement évoluer à l'avenir en tant que conséquence de la fragilité du milieu naturel occasionnée par l'exploitation accélérée des ressources et des impacts probables du changement climatique. Au fur et à mesure que la Tunisie se développe, la protection de l'environnement est appelée à devenir l'une des préoccupations majeures des politiques de l'eau.

Sur le long terme, et notamment en cas de déséquilibre entre les disponibilités et la demande en eau, des réformes plus radicales du secteur de l'eau devront être envisagées, qui permettront d'atteindre un niveau supérieur de gestion de la demande, un niveau qui s'intéresse à augmenter l'efficacité « inter sectorielle » de l'utilisation de l'eau, en privilégiant les secteurs les plus compétitifs. Il s'agit dans ce contexte de «*la gestion de la demande au sens fort* », qui vise à déconnecter la demande en eau de la croissance économique et de la croissance démographique. A un stade avancé, cette déconnexion utilise des instruments permettant de nouvelles réallocations des ressources en eau, et une telle redistribution pourrait privilégier le secteur de l'environnement, les secteurs de haute performance économique et ceux possédant un degré stratégique élevé pour le pays, comme la sécurité alimentaire. Comme tout changement majeur, une telle redistribution risque certes d'engendrer des problèmes sociaux et politiques sur le court terme, en raison des rapports de force, des lobbys constitués et de leur poids politique, mais elle pourrait malgré tout offrir des orientations de long terme pour la réallocation des faibles ressources en eau sur des bases plus objectives (concurrence et régulation entre secteurs, cas extrême des marchés de l'eau) que celles de l'allocation par la force de la réglementation administrative où l'Etat est le seul arbitre.

Cette nouvelle étape, qui vise la mise en place d'une politique privilégiant la recherche d'une efficacité accrue de l'utilisation de l'eau, nécessite deux conditions préalables :

a- L'existence d'une vision sur les voies et les possibilités d'optimisation de l'usage de l'eau dans tous les secteurs. Une telle optimisation s'impose aujourd'hui comme un outil d'anticipation des enjeux de long terme pour les politiques de l'eau et des instruments fondamentaux de gestion de la ressource.

b- Le renforcement de la *« capacité adaptative »* du pays aux situations hydrologiques extrêmes et de sa capacité de gestion des situations de pénurie structurelle, dans laquelle toute mobilisation supplémentaire de la ressource, déjà presque entièrement exploitée, devient extrêmement coûteuse. Cette capacité représente en réalité « l'ensemble des ressources sociales comme le capital intellectuel, les compétences scientifiques et techniques, la capacité institutionnelle, la capacité financière ou la mobilisation des individus qu'une société peut solliciter pour faire face à la rareté de l'eau » (Treyer, 2006)

5.2- Le secteur de l'eau potable

5.2.1- La gestion de la demande dans le secteur de l'eau potable.

Dans le cadre de sa politique de gestion de la demande et afin de maîtriser les consommations d'eau, la SONEDE a établi au cours des deux dernières décennies un plan d'action ambitieux comportant des mesures techniques et financières, ainsi que des programmes intensifs de médiatisation et de sensibilisation du public à l'économie d'eau :

5.2.1.1- Les mesures techniques

La gestion technique de l'eau potable comprend notamment les composantes relatives à : (i) la sécurisation de l'approvisionnement en eau en mettant à profit le système national de transfert d'eau et les interconnexions régionales propres aux réseaux de la SONEDE ; (ii) l'amélioration des systèmes de régulation dans les réseaux d'adduction et les réservoirs (robinets à flotteurs, obturateurs, manostats, lignes pilotes...), et la mise en place de systèmes de gestion automatique dans les réseaux étendus ; (ii) la généralisation du système de comptage et de mesure des volumes d'eau au niveau des abonnés ; (iii) la lutte contre les pertes et les fuites dans les réseaux , avec l'amélioration des matériaux utilisés par la généralisation des branchements en polyéthylène, la réhabilitation des réseaux vétustes, la régulation de la pression par l'installation d'appareils réducteurs ou stabilisateurs de pression dans les zones appropriées et la mise en œuvre de campagnes de recherche de fuites, notamment pour les zones qui connaissent des difficultés saisonnières d'approvisionnement.

Ces actions ont eu un impact favorable sur certaines des performances techniques des réseaux, qui se maintiennent à des niveaux jugés satisfaisants malgré les tendances observées ces dernières années : l'indice moyen des pertes d'eau linéaires a évolué d'une moyenne de 4,5 m^3/jour/km au cours de la période 2000-2005 à des valeurs de 6,3 m^3/jour/km en 2010 et 7 m^3/jour/km en 2011. Cette situation est à rapporter au vieillissement des canalisations et des équipements dans les systèmes d'eau anciens. Le rendement global des réseaux a quant à lui connu des évolutions mitigées, passant de 73 % en 1995 à près de 77 % en 2005 puis à 75 % en 2011. Le rendement des réseaux d'adduction est relativement stable et se maintient à près de 92 % sur la période 2005-2011, tandis que celui du réseau de distribution est en régression, passant de 84 % en 2005 à 80 % en 2011.

Toutefois, des progrès sont encore possibles en matière d'amélioration de l'efficience : les rendements potentiels dans les systèmes d'eau potable peuvent atteindre des valeurs supérieures à 90 % au moyen d'actions continuelles de maintenance, de réhabilitation, de modernisation. Ceci suppose également de pouvoir appliquer des tarifs conséquents qui soient en mesure de couvrir le coût élevé des actions évoquées, ce qui n'est pas le cas à la SONEDE, du moins au stade actuel de ses préoccupations et de ses priorités qui privilégient l'amélioration de la qualité de l'eau. La SONEDE aura intérêt à viser les objectifs de rendement élevé d'une manière progressive et lorsque les conditions de rentabilité des actions à réaliser deviennent propices. Les mêmes objectifs seraient aussi à assigner aux réseaux en gestion par les associations d'usagers, surtout qu'ils se situent dans leur majorité dans des zones de faibles ressources en eau.

Les économies d'eau potable ont longtemps été perçues uniquement à travers les actions directes de la SONEDE sur ses propres réseaux ou par l'impact que peut avoir son système tarifaire sur le comportement des clients. Appliquées isolément, ces mesures risquent de s'avérer insuffisantes si l'on désire s'attaquer réellement au nœud du problème de la conservation de l'eau, qui se situe au niveau des usages proprement-dits, là où un vaste gisement d'économie reste encore à prospecter et à valoriser. Bien qu'elles dépassent les missions propres à la SONEDE, certaines actions à caractère technique ont pu prouver leur efficacité dans d'autres situations et méritent d'être adaptées au contexte de la Tunisie. Nous pouvons évoquer les actions suivantes :

(i) - L'encouragement de l'innovation technologique dans le domaine de l'eau domestique en imposant des normes et des directives pour la fabrication locale, et une réglementation pour l'importation, des équipements efficients tels que les robinets économiseurs, les réservoirs de chasse de toilettes, les pommes de douche, les machines à laver, lave-vaisselles, etc. L'exemple récent du succès des ampoules électriques économes en énergie, malgré leur prix élevé à l'achat, est significatif de ce qui peut être obtenu dans le domaine de l'eau ;

(ii) - La généralisation, avec la collaboration du corps des architectes, de normes obligatoires pour les bâtiments civils, administratifs ou collectifs ainsi que des établissements publics (écoles, lycées, universités, etc.), qui déterminent les dispositions les plus efficaces pour la conservation de l'eau , la collecte des eaux pluviales , le recyclage éventuel des eaux usées traitées ou des eaux grises ;

(iii) - L'introduction de modèles esthétiques économiseurs d'eau pour l'arrosage des espaces verts publics et des jardins particuliers (hôtels, villas, etc.), qui soient fondés sur l'utilisation de systèmes d'irrigation performants et des espèces végétales résistantes à la sècheresse et peu consommatrices d'eau (plantes grasses, etc.). Les paysagistes sont en mesure de concevoir de tels modèles en fonction de la nature des jardins et des spécificités climatiques et culturelles des régions et localités du pays ;

(iv) - La création d'un «centre des métiers de l'eau» spécialisé dans toutes les questions de formation à caractère professionnel en relation avec le secteur de l'eau, s'impose au vu de l'évolution du problème de l'eau en Tunisie. En outre, Il pourrait être utile de confier à ce centre certaines actions d'évaluation des appareils ou des procédés d'économie d'eau pour les divers usages.

5.2.1.2- Les mesures financières

Le système de tarification de l'eau potable dans les zones desservies par la SONEDE a évolué d'un système monôme adopté pendant les années 70, vers un système binôme à tarifs progressifs selon les tranches de consommation, avec un double objectif : aider les catégories sociales les plus démunies à s'approvisionner en eau de qualité satisfaisante grâce un tarif réduit, et pénaliser financièrement les surconsommations d'eau. Le système actuellement en vigueur est du type progressif selon l'usage et la tranche de consommation, et distingue trois catégories : (i) les usages domestique, public, commercial et industriel ; (ii) le tourisme (hôtellerie) ; (iii) les bornes fontaines publiques (gérées par les Groupements de Développement Agricoles chargés d'approvisionner les zones rurales). La première catégorie comporte sept tranches de consommation trimestrielle correspondant chacune à un tarif spécifique. Le terme fixe de la tarification binôme est en rapport avec le diamètre des compteurs installés au niveau des utilisateurs (Fig. 5.1).

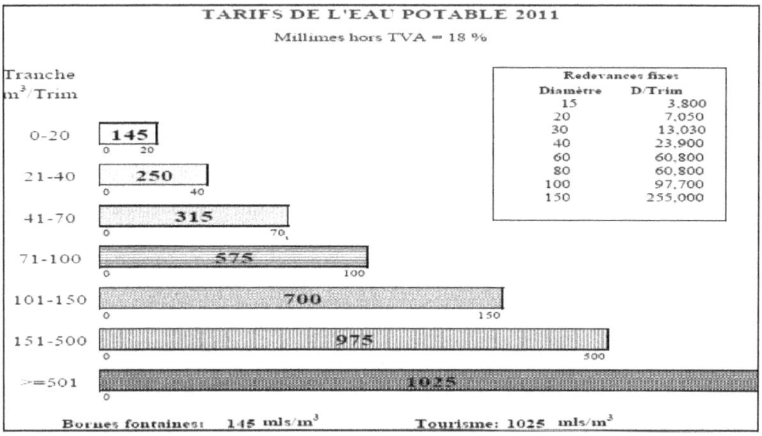

Fig.5.1 : Le système tarifaire trimestriel de l'eau potable en 2011, (SONEDE, 2012)

Parallèlement à la rémunération du service de distribution d'eau potable proprement-dit, les usagers de la SONEDE se trouvant dans les zones prises en charge par l'ONAS doivent acquitter la redevance d'assainissement, dont les tarifs sont également progressifs et calculés par tranche trimestrielle de consommation d'eau. Il existe trois catégories de redevances selon l'usage : domestique, touristique et industriel. La qualité du rejet dans le réseau ONAS est quant à elle classée en trois catégories : pollution faible, moyenne et forte. La grille de la redevance est donc assez complexe et composée de 8 tarifs variables et de 5 tarifs fixes (Fig. 5.2).

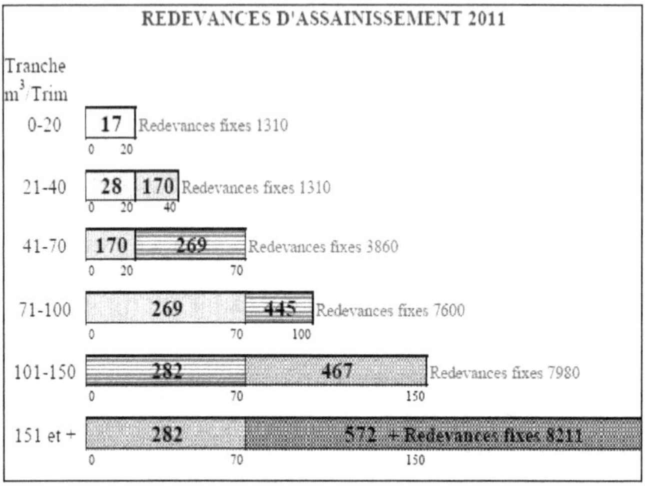

Fig. 5.2 : Le système tarifaire trimestriel de l'assainissement en 2011 (SONEDE, 2012)

Le mode de tarification binôme et progressif est l'un des outils-clés utilisés par la SONEDE dans le cadre de sa politique de gestion de la demande. Chaque consommateur est, en effet, amené par ce mode de tarification à veiller à ne pas dépasser la limite supérieure de sa tranche habituelle de consommation. Le dépassement de la borne supérieure d'une tranche se traduit, en réalité, par un relèvement substantiel du montant de la facture d'eau. On estime ainsi inciter les consommateurs à éviter le gaspillage et à optimiser et rationaliser l'usage de l'eau à leur niveau.

5.2.1.3- Des mesures spécifiques

En 2001, plusieurs mesures spécifiques ont été initiées par le gouvernement (Conseil des Ministres Restreint du 21 Juin 2001) en vue d'appuyer les différents programmes de préservation des ressources hydrauliques et d'inciter les usagers à économiser l'eau :

- Etablissement d'une stratégie pour l'horizon 2030 ayant pour objectifs : (i) la maîtrise de la demande en eau et la réduction des consommations avec une base d'économie de 30 % sur les différents usages ; et (ii) la préservation de 7 % des ressources naturelles par l'utilisation des eaux non conventionnelles (dessalement et réutilisation des eaux usées traitées).

- Plus grande sensibilisation des usagers à l'économie d'eau pour développer la prise de conscience individuelle et collective de la nécessité de maîtriser les gaspillages d'eau.

- Adoption du principe de l'audit hydraulique périodique et obligatoire pour les gros consommateurs dans une première phase, en vue d'inciter à l'évaluation de l'efficacité des systèmes internes d'eau, de réguler et rationaliser, en conséquence, l'utilisation de l'eau. Les programmes d'audit devaient concerner environ 800 organismes publics et privés par an. Des incitations financières sont par ailleurs octroyées pour encourager les consommateurs concernés à pratiquer l'audit hydraulique et à réhabiliter les systèmes d'eau au vu des rapports d'audit.

- L'instauration de normes obligatoires pour les équipements utilisés dans la distribution de l'eau au profit du public, avec élaboration d'un programme de mise à niveau des industries tunisiennes de fabrication de ces équipements.

- L'introduction du principe de la participation du secteur privé dans la production et la distribution de l'eau non conventionnelle (eau usée traitée, eau dessalée), à condition que cette participation se réalise dans des zones limitées et dans le cadre de projets intégrés industriels ou touristiques, conformément à un cahier des charges.

- L'élaboration d'une stratégie spécifique au secteur touristique visant à réduire les consommations d'eau à une moyenne de 300 litres par nuitée.

Ces différentes mesures ont introduit deux orientations innovantes majeures par rapport à la politique précédente de gestion de l'eau potable : (i) d'abord l'intérêt capital donné au rôle des usagers dans la préservation de la ressource et qui dépasse les efforts déjà engagés par l'opérateur public de l'eau potable au niveau de ses propres systèmes d'adduction et de distribution collectifs ; (ii) ensuite la « brèche » introduite dans le caractère sacro-saint du monopole de la SONEDE pour la production de l'eau potable en donnant la possibilité , certes encore limitée, au secteur privé d'y participer pour satisfaire des besoins publics au moyen de ressources en eau alternatives.

Le Code des Eaux a été amendé par la loi N° 2001-116 du 26 Novembre 2001 en vue d'intégrer l'essentiel du cadre juridique nécessaire à la mise en œuvre des mesures précitées. Certaines ont été mises en œuvre, notamment la pratique de l'audit hydraulique, avec la publication du décret[24] précisant le cadre règlementaire, les incitations financières, la formation des auditeurs. Une étude à caractère stratégique a été réalisée pour déterminer les moyens les plus efficaces de réduire les consommations dans le secteur touristique (ONTT, 2004). Quant aux dispositions relatives à la normalisation des équipements et à la participation du secteur privé dans la production d'eau,

---

[24] Décret N°2002-335 du 14 février rendant obligatoire l'audit des systèmes internes de distribution d'eau chez les gros consommateurs d'eau potable et d'irrigation.

elles peinent encore à voir le jour. La raison essentielle en est due à la multitude des intervenants dans la mise en œuvre effective des mesures et aux conflits de compétences institutionnelles qui en découlent ; aucun organisme en effet n'a été chargé de superviser et de coordonner l'ensemble des opérations.

5.2.2- Les principaux défis du secteur de l'eau potable

Malgré les efforts déployés en matière d'approvisionnement en eau potable, plusieurs défis se profilent à l'horizon en rapport avec l'évolution sociale et économique générale du pays, mais aussi en fonction d'un certain nombre de facteurs de nature structurelle qui vont s'exprimer progressivement, tant au niveau national qu'au niveau local en particulier. Les questions jugées les plus marquantes pour l'avenir sont les suivantes :

5.2.2.1- L'accroissement de la demande en eau

En dépit des moyens déployés en Tunisie pour maîtriser l'accroissement de la population, celui-ci demeurerait relativement important au cours des décennies à venir et la population passerait de 10 millions d'habitants à la fin des années 2000 à 12,5 millions à l'horizon 2030[25]. La population rurale représente actuellement 35 % de la population totale du pays, soit 3,5 millions, et se stabiliserait à 3 millions au cours des prochaines décennies. Parallèlement, le niveau de la population urbaine devrait s'accroitre encore pour atteindre un taux de plus de 75 % à l'horizon 2030, en raison notamment d'une migration préférentielle des populations des régions intérieures vers les régions côtières.

A l'avantage de la Tunisie, on doit toutefois noter que les consommations spécifiques actuelles en eau potable domestique (90 l/j/hab.) se situent à des niveaux raisonnablement bas par rapport aux normes internationales (Fig.5.3). Les indicateurs de l'OMS préconisent des besoins moyens pour des régions similaires à l'Afrique du Nord de l'ordre 125 l/j/hab. et 100 l/j/hab., respectivement en branchement individuel et en desserte collective (Gleick, 1996). Outre la croissance de la population, d'autres facteurs tels que l'élévation générale du niveau de vie, la tendance à l'agglomération, l'atomisation des familles par réduction des membres et l'augmentation du nombre des foyers, l'évolution du comportement des individus, sont susceptibles de provoquer à l'avenir une assez forte croissance des consommations spécifiques.

---

[25] Projection de la population, réalisée en 2009 par l'INS ; http://www.ins.nat.tn/fr/donnee _demografiques0.php?code_theme =0203, consulté ce 18/11/2013.

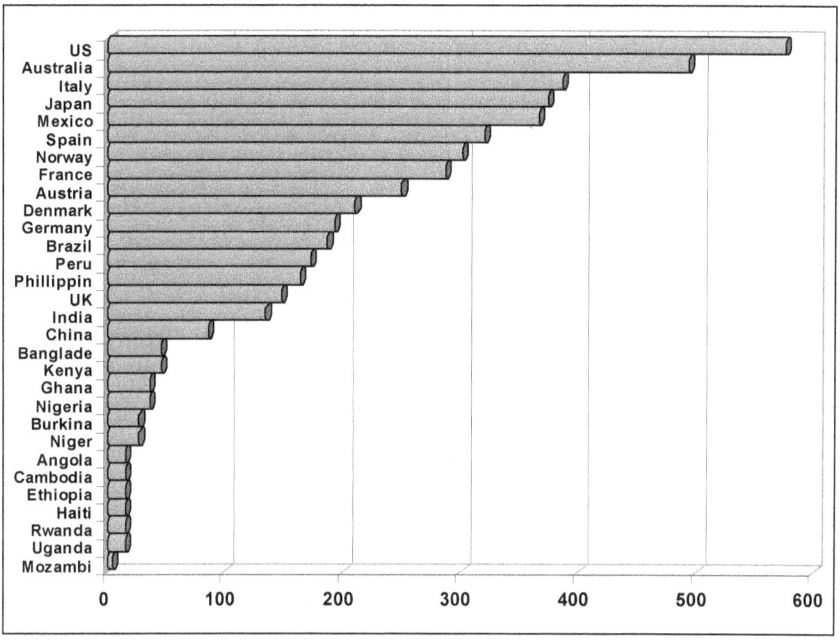

Fig. 5.3 : Consommations moyennes d'eau potable par pays, en litres/jour /habitant (source : UNDP, HDR 2006, in www.data360.org).

5.2.2.2- Qualité saline des eaux de boisson et normalisation

Bien que la qualité sanitaire de l'eau potable distribuée en Tunisie soit relativement satisfaisante, le niveau élevé de salinité des eaux naturelles dans beaucoup de régions peut poser des problèmes de qualité gustative ou organoleptique souvent mal acceptée par les consommateurs. On peut estimer que près de 7 % de la population desservie par la SONEDE reçoit une eau potable qui, par certains aspects, n'est pas conforme à la norme tunisienne provisoire NT 09.14. Cette dernière s'inspire fondamentalement des directives de l'Organisation Mondiale de la Santé en la matière, avec des tolérances notamment en ce qui concerne la concentration maximale de sels dissous, fixée à la limite de 2,5g/l par la norme tunisienne alors qu'elle est de l'ordre de 0,5 g/l pour l'OMS. La norme tunisienne a été adoptée à titre transitoire pour autoriser l'alimentation en eau potable de zones où les ressources en eau de qualité requise en termes de concentration totale sont rares (le Sud et certaines zones rurales), ce qui ne permet pas toujours de se conformer aux dispositions générales. Bien que les directives de l'OMS ne constituent pas un caractère normatif obligatoire, le projet de norme tunisienne n'a pas pu obtenir le consensus interne nécessaire entre les divers intervenants ; il conserve encore, 30 années après sa parution, un statut provisoire et n'a fait l'objet d'aucune actualisation ou évaluation objective permettant de juger encore de sa pertinence.

Ces dispositions « adaptatives » ont certes permis aux opérateurs de l'eau potable (SONEDE, Génie Rural) d'assurer des taux honorables d'approvisionnement en eau potable des centres urbains et du milieu rural. Globalement 98 % de la population desservie par la SONEDE bénéficie d'une eau de salinité inférieure à 2,5 g/l. Toutefois cette proportion descend à 93 % si l'on considère la satisfaction d'autres paramètres de qualité, notamment les sulfates (teneur inférieure à 600 ppm) et la dureté (valeur inférieure à 100°F). A titre indicatif, la répartition de la population totale desservie en fonction de la salinité de l'eau potable se présente comme suit :

- 89 % de la population sont alimentés par des eaux ayant une salinité inférieure à 1,5 g/l.
- 6 % par des eaux ayant une salinité comprise entre 1,5 et 2 g/l,
- 3 % reçoivent une eau comprise entre 2 et 2,5 g/l,
- 2 % sont alimentés par des eaux ayant une salinité supérieure à 2,5 g/l.

L'élévation progressive du niveau de vie de la population au cours de la dernière décennie a créé une demande de plus en plus pressante pour une eau de qualité saline meilleure, demande qui se mesure par la croissance de la consommation des eaux minérales et des eaux de table, et par la mise en place, par des porteurs privés, de circuits informels, généralement mal contrôlés, de vente d'eau de boisson. D'autre part, l'indice de satisfaction du public vis à vis de la qualité de l'eau potable est au plus bas ; c'est ce que révèle le PNUD dans son rapport sur le développement humain (PNUD, 2011), où la Tunisie recueille un taux de seulement 50,3 % de satisfaits vis-à-vis de la qualité de l'eau, qui la classe au 125ème rang sur 150 pays classés selon cet indicateur.

Cette situation a incité la SONEDE à réviser sa stratégie et à renforcer ses programmes de dessalement des eaux saumâtres pour toutes les zones desservant des eaux à salinité supérieure à 1,5 g/l, notamment dans les régions du Sud et du Sud Ouest. De telles options risquent toutefois de s'imposer à terme dans de nombreuses autres régions du pays. Le recours systématique au dessalement pour résoudre le problème de la qualité saline de l'eau potable entraînerait le renchérissement de celle-ci et mettrait en péril les équilibres financiers de la SONEDE à défaut d'un système de tarification conséquent.

En considérant les faibles quantités d'eau de boisson de qualité adéquate strictement nécessaires par jour et par individu (2 à 4 l), il est difficile de concevoir, pour les zones concernées, des solutions systématiques de transferts d'eau très coûteux ou une généralisation du dessalement à l'ensemble des approvisionnements en eau domestique, de l'ordre de 100 l/j par individu, et dont la part la plus importante est en réalité utilisée pour d'autres usages domestiques non vitaux (hygiène, cuisine, lavage, etc.), usages dont l'exigence de qualité en termes de concentration saline n'est pas aussi stricte. Il est donc important d'imaginer des solutions alternatives d'amélioration de la qualité chimique des eaux qui tiennent compte de ces contraintes. A cet égard et à titre d'exemple, la mise en vente de gros récipients d'eau destinée strictement à la boisson à un prix modique pourrait certainement éviter les lourds investissements nécessaires au transfert des eaux ou au dessalement systématique. En tout état de cause, une évaluation des différentes alternatives possibles mérite certainement d'être engagée sur les plans technique, économique et environnemental.

Ce problème de la salinité de l'eau potable touche également une part importante des populations rurales desservies dans un cadre associatif par les GDA et qui s'alimentent, par nécessité, à partir de ressources locales dont la qualité n'est pas toujours conforme à la Norme NT 09.14. Pour un certain nombre de zones rurales, il ne semble pas qu'il existe des alternatives hormis le transfert d'eau de bonne qualité, le dessalement ou le traitement spécifique des ressources locales, ou encore l'intégration progressive aux systèmes d'eau de la SONEDE. La SONEDE a prévu dans ce cadre la réalisation de grands axes de transfert d'eau de surface traitées au profit des zones rurales du Nord et Nord-Ouest dépourvues de ressources souterraines présentant la qualité requise.

Quels que soient les efforts engagés, il semble certain que l'objectif de limite supérieure de salinité, fixé aujourd'hui par la SONEDE à 1,5 g/l pour l'eau potable, ne sera que provisoire et que des améliorations de la qualité seront encore exigées les prochaines décennies ou même les prochaines années sous la pression des consommateurs. Dans le futur, la viabilité du secteur de l'eau potable sera intimement liée à la question de la qualité chimique des eaux naturelles qui risque d'être exacerbée encore par la pollution industrielle et agricole diffuse. La Tunisie est donc appelée à déterminer des choix stratégiques clairs en ce qui concerne la qualité de l'eau potable et à adopter une politique dynamique en fonction des priorités dans les différentes régions du pays.

5.2.2.3- Des questions financières et institutionnelles

a- La gestion dichotomique des services de l'eau

L'avènement de la SONEDE et de L'ONAS, respectivement en 1968 et 1974, en tant qu'organismes à caractère public et dans un cadre de monopole pour le développement de l'eau potable et de l'assainissement à grande échelle, a été un pari relativement réussi pour une grande partie du territoire national. Ce modèle d'intervention a été, en effet, à la base de l'extension des services publics de l'eau dans des régions parfois très reculées et traditionnellement assoiffées. Il est toutefois légitime de se demander si le modèle dichotomique actuel de gestion séparée de l'eau potable et de l'assainissement pourrait conserver sa vigueur initiale pour encore longtemps, et si la SONEDE et l'ONAS seraient en mesure de maintenir leurs mêmes missions à l'avenir, étant données la nature nouvelle des contraintes et des pressions auxquelles elles sont soumises.

Une réflexion stratégique sur l'eau potable et l'assainissement en Tunisie (Banque Mondiale, 2009) a tenté de préconiser des solutions institutionnelles au problème de l'équilibre financier des entreprises publiques chargées du service de l'eau. Elle a abouti à des recommandations relatives à : (i) la création d'un holding national pour l'eau et l'assainissement ; (ii) la mise en place d'une instance de régulation pour la coordination, l'orientation et l'évaluation du secteur ; (iii) la participation du secteur privé (sous-traitance, délégation de gestion, partenariat public-privé). Ces conclusions méritent d'être approfondies en vue d'engager les réformes institutionnelles nécessaires à la durabilité conjointe du secteur de l'eau potable et du secteur de l'assainissement.

b- Les coûts de gestion de l'eau potable et de l'assainissement

Les coûts dans les secteurs de l'eau potable et de l'assainissement sont sans cesse croissants et ont souvent atteint des niveaux considérés comme critiques. Ils s'aggraveront dans le futur en raison de la nécessité d'engager des améliorations onéreuses pour subvenir aux besoins de renouvellement et de modernisation des infrastructures et parvenir au niveau requis de qualité de service de l'eau (techniques avancées de traitement et dessalement notamment). Les modalités de prise en charge de ces coûts par les bénéficiaires sont importantes à définir pour assurer la durabilité des secteurs en question. En Tunisie, les augmentations tarifaires de l'eau potable et de l'assainissement possèdent une dimension sociale et politique prépondérante, et ne peuvent, de ce fait, suivre l'accroissement des coûts réels des facteurs de production ou encore ceux de l'extension des services au profit des zones marginales peu rentables. Les systèmes de tarification des services publics de l'eau semblent à l'heure actuelle avoir atteint un niveau limite pour ce qui concerne la récupération des coûts, et les équilibres financiers de la

SONEDE et de l'ONAS commencent déjà à être sérieusement menacés sans que l'Etat ne puisse apporter les compensations financières inhérentes à la politique menée. A titre indicatif et pour le cas de la SONEDE, le taux de recouvrement du coût de l'eau (rapport du tarif de l'eau potable à son coût) est en régression passant de 108 % en 1997 à 87 % en 2007 (SONEDE, 2012). Cette situation, insoutenable sur le moyen terme pour une entreprise publique, risque de mettre en grande difficulté le modèle de gestion publique centralisée de l'eau potable actuellement en vigueur en Tunisie.

Un certain nombre de réformes du secteur de l'eau potable mériteraient d'être initiées sur les moyen et long termes, et devraient concerner notamment :

(i) - L'introduction du facteur eau comme l'un des éléments fondamentaux de l'aménagement du territoire, qui doit orienter le choix des zones industrielles ou touristiques et des grands ensembles urbains. L'eau est devenue une denrée rare et coûteuse, et l'aménagement du territoire devra refléter d'une manière transparente la disponibilité et la valeur de la ressource en eau au plan local, ainsi que la rentabilité des investissements à mettre en jeu en cas d'éventuel transfert de l'eau ;

(ii) - La refonte du modèle actuel de tarification de l'eau potable de la SONEDE et des conditions de péréquation entre secteurs de consommation pour qu'ils tiennent mieux compte, d'une part de la consommation strictement domestique avec sa composante sociale, et d'autre part des autres consommations à caractère économique et concurrentiel. Ces dernières, relatives aux activités industrielles, touristiques et commerciales, devraient supporter la réalité des coûts et être tarifées en fonction de la valeur économique de l'eau. Par ailleurs, s'il est admis qu'un système unique de tarification des eaux domestiques peut, pour des raisons d'équité être appliqué à tous les citoyens sur l'ensemble du territoire, il serait plus judicieux pour les activités à caractère économique d'établir dans le long terme une tarification régionalisée qui prenne en considération d'une manière plus rationnelle les disponibilités en eau et les exigences du développement socio économique dans les diverses régions du pays. La valorisation de l'eau potable dans les activités économiques est une orientation nécessaire à la durabilité du secteur.

On doit observer que la différentiation des systèmes tarifaires est actuellement une réalité dans les zones rurales supervisées par les associations d'usagers. Chaque GDA d'eau potable est tenu de fixer ses propres tarifs d'eau en fonction du coût de revient de la gestion de son système d'eau au niveau local. Il parait donc naturel, dans une situation de rareté de la ressource et pour des raisons d'équité, de s'interroger sur la raison pour laquelle seuls les clients de la SONEDE profitent sur l'ensemble du territoire d'une péréquation tarifaire à l'échelle nationale quel que soit le coût réel de l'eau au niveau local, et quel que soit la plus-value générée par l'eau à travers les activités économiques.

c- La dualité du système d'approvisionnement en eau potable

La SONEDE opère dans les zones urbaines ou rurales agglomérées et les GDA d'eau potable (au nombre de 1 248 en 2008) interviennent dans les zones rurales dispersées (15 % de la population totale). En raison du développement de l'urbanisation, la SONEDE devra intégrer dans le futur une part de plus en plus importante des zones rurales qui relèvent actuellement de la compétence des GDA, ce qui impliquera des investissements importants pour la reconversion des réseaux, puis une augmentation de la demande en eau du fait de l'extension des branchements individuels. Ces évolutions seront difficilement supportables pour la SONEDE sans un appui financier conséquent de l'Etat. L'idée de créer un organisme public similaire à la SONEDE et spécifique aux zones rurales (SONEDE rurale) ne ferait qu'accentuer les déséquilibres financiers du secteur et risque de rendre encore plus profonde la dualité milieu rural-milieu urbain.

Seuls les systèmes d'eau potable dans les zones rurales à population dispersée et en gestion par les GDA peuvent présenter certaines conditions favorables à leur durabilité dans le long terme, dans la mesure où ils conservent un rôle multiple comprenant, outre l'alimentation humaine en eau, l'approvisionnement du cheptel, l'irrigation de complément et la lutte contre la sècheresse, fonctions considérées essentielles au développement agricole et rural dans les zones arides et semi-arides.

d- La problématique de l'assainissement dans les zones rurales

Dans le milieu rural, le développement de l'assainissement présente un retard important vis-à-vis du milieu urbain avec des risques sérieux pour la santé des populations concernées et de possibles contaminations des eaux et du sol à l'échelle du territoire. Cette situation est due, d'une part à l'absence de cadre institutionnel clair concernant l'assainissement en milieu rural, d'autre part à l'absence d'une politique nationale concertée en la matière, définissant les types d'interventions techniques et financières adaptées. En raison de l'amélioration profonde de la desserte en eau potable en milieu rural, il est souhaitable qu'une amélioration conjointe puisse être apportée en termes d'assainissement dans des délais réalistes.

Actuellement, les zones rurales qui comprennent de petites agglomérations, des villages et des habitats dispersés, n'apparaissent pas clairement dans les plans d'intervention, en matière d'assainissement, sauf au niveau de zones pilotes. Ces zones représentent une population très importante et l'ONAS, qui a développé une politique d'assainissement urbain moderne, n'intervient pas dans les petites agglomérations (sauf exception) et dans le milieu rural. Les GDA n'ont pas la charge de gérer l'assainissement; leurs moyens techniques, humains et financiers demeurent très réduits et beaucoup de GDA sont en difficulté. Les réflexions en cours recommandent l'élaboration et la mise en œuvre d'un Plan National pour l'assainissement rural (SWIM, 2013) qui s'articule autour des éléments suivants :

(i) - Définition d'un nouveau cadre institutionnel au niveau administratif et clarification des missions et des responsabilités dans le secteur ;

(ii) - Etude des technologies adaptées, économiques à l'investissement et à la maintenance, efficaces et faciles à exploiter et à entretenir ;

(iii)-Mise en place, dans certaines conditions, de solutions d'assainissement semi- collectif limitant la construction et la maintenance de réseaux disproportionnés par rapport au nombre d'usagers collectés ;

(iv) - Elaboration de solutions techniques adaptées à l'habitat dispersé, en normalisant et en diffusant les techniques d'assainissement autonome. Ceci implique la réalisation et la diffusion de guides pratiques auprès des usagers et des entrepreneurs de la construction ;

(v) - Développement de l'information, la formation et la participation des acteurs et des usagers, condition nécessaire de réussite d'une politique d'assainissement en milieu rural ;

(vi) - Prévoir la gestion et le devenir des boues issues des traitements ainsi que des eaux usées traitées, y compris la réutilisation ;

(vii) - Encadrer tous ces aspects sur le plan règlementaire et mettre en place des contrôles adaptés.

5.3- Le secteur de l'irrigation

5.3.1- La situation actuelle et les acquis

5.3.1.1- Configuration générale du secteur irrigué

L'irrigation a toujours joué un rôle vital dans l'histoire agricole et économique de nombreuses régions de Tunisie, et les liens entre l'eau et l'agriculture occupent désormais une place primordiale :

- le secteur agricole accapare une part importante des ressources en eau et l'irrigation représente près de 80 % de la demande en eau totale ;

- une partie importante de l'accroissement et de la diversification de la production agricole doit provenir de l'agriculture irriguée, considérée comme un enjeu capital pour la sécurité alimentaire ;

- l'irrigation constitue l'un des éléments privilégiés du développement rural et de l'aménagement du territoire, et un levier d'équilibre de l'économie agricole notamment en périodes de sècheresse.

D'importants investissements publics et privés ont donc été consentis pour la mobilisation des ressources hydriques et l'aménagement de périmètres irrigués. Dans les limites des ressources en eau et en sol exploitables pour l'irrigation, le potentiel des superficies irrigables (MARH, 2006) en maîtrise totale ou partielle est de l'ordre de 418 000 ha, soit 8 % de la surface agricole utile. Le potentiel d'irrigation semi intensif ou de complément à caractère conjoncturel, incluant les épandages de crue, est estimé d'une manière très globale à 150 000 ha. La superficie physique réellement irriguée n'est que de 330 000 ha. La superficie des cultures réellement irriguées en maîtrise totale et qui est aménagée par des systèmes modernes d'irrigation atteint actuellement 405 000 ha, compte tenu du jeu de l'intensification, des double cultures et des cultures en intercalaire. Le taux annuel moyen d'extension de cette superficie au cours de la dernière décennie a été de l'ordre de 1,9 %. Quant aux périmètres publics irrigués en intensif, ils couvrent une superficie de 225 000 ha (55 % de la surface totale irrigable) et sont alimentés à partir de barrages (140 000 ha), de forages (77 000 ha) et des eaux usées traitées (8 000 ha). Les périmètres irrigués privés, réalisés par les exploitants agricoles eux-mêmes, couvrent 180 000 ha, (45 % de la superficie totale irrigable) et sont alimentés essentiellement à partir de puits de surface (150 000 ha) et de forages privés profonds (30 000 ha). Le rôle de l'Etat dans le développement des périmètres privés est indéniable, grâce à un système d'incitations financières à l'investissement pour l'aménagement de l'irrigation dans les exploitations agricoles, ainsi que pour la mise en valeur des terres irriguées en général.

Les superficies irrigables sont appelées à se stabiliser au cours des prochaines années, et les superficies nouvellement aménagées devraient tout juste compenser les pertes occasionnées par la salinisation des sols dans certains périmètres suite à l'emploi des eaux de mauvaise qualité, d'une part, et par la réduction locale des prélèvements d'eau suite à la surexploitation intensive d'un certain nombre de nappes phréatiques, d'autre part.

La demande en eau annuelle du secteur irrigué dépend de plusieurs facteurs mais reste notamment sensible à l'accroissement de la superficie réellement irriguée et aux conditions climatiques de l'année. Elle est passée de 1 575 Mm^3 en 1990 à 2 210 Mm^3 en 2010. En prospective, et en raison de la concurrence d'autres secteurs d'usages considérés prioritaires ou économiquement plus compétitifs, cette demande serait, selon les auteurs de l'étude « Eau 21 », appelée à diminuer au niveau de 2035 Mm^3 à l'horizon 2030. Nous reviendrons sur les estimations de la demande future dans l'exercice de prospective proposé au chapitre 6.

Les parts en volume des différentes sources d'approvisionnement en eau du secteur de l'irrigation sont de 22 % pour les eaux de surface, 77 % pour les eaux souterraines (parmi lesquels 24 % proviennent des eaux faiblement renouvelables dans le Sud), et 1 % pour les eaux usées traitées. La demande moyenne en eau par hectare réellement irrigué en intensif est estimée à 5 500 m^3, mais cette quantité peut atteindre 1 000 à 2 000 m^3/ha pour les céréales et fourrages au Nord et 15 à 20 000 m^3/ha pour les palmiers-dattiers dans les oasis du Sud.

Le système cultural dans les périmètres est très diversifié et l'intensification agricole y est dans certains cas très élevée, engendrant très souvent la surexploitation des ressources souterraines en accès libre. Par nature de cultures, les superficies réellement irriguées (en intensif et semi intensif) sont réparties entre l'arboriculture (34 %), les cultures maraîchères (30 %), les céréales (17 %), les fourrages (15 %), et autres cultures diverses (4 %). Les productions de haute valeur ajoutée priment dans les périmètres irriguées, en raison principalement de la taille réduite des exploitations irriguées.

Sur le plan économique, l'agriculture irriguée participe aujourd'hui à hauteur de 35 % de la valeur totale de la production agricole, à 95 % de la production maraîchère et 30 % des produits laitiers. Elle contribue à un niveau de 20 % de la valeur des exportations agricoles et compte pour 27 % de la création d'emplois dans l'agriculture.

Au début des années 90, le secteur irrigué s'est engagé dans une politique de rationalisation de la gestion de l'eau et la recherche d'une meilleure efficience, pour asseoir les premiers instruments de la gestion de la demande en eau, orientation devenue incontournable pour maintenir la demande de l'eau d'irrigation à un niveau compatible avec les ressources disponibles et préparer le secteur à une situation de concurrence qui risque de lui être désavantageuse.

5.3.1.2- Les instruments de la gestion de la demande

La stratégie de gestion de la demande du secteur irrigué se fonde sur un certain nombre d'approches et d'instruments : (i) passage d'une approche de gestion technique à une démarche intégrée ; (ii) réhabilitation et modernisation des réseaux collectifs pour en améliorer le rendement et la qualité de service ; (iii) instauration d'une démarche participative avec une responsabilisation accrue des usagers lors de la création des nouveaux périmètres irrigués et en phase d'exploitation et de maintenance ; (iv) mise en place d'un système de tarification de l'eau visant le rattrapage progressif du recouvrement des coûts et alliant la souplesse avec les objectifs de sécurité alimentaire ; (v) incitations financières pour la promotion des techniques modernes et efficientes d'irrigation à l'intérieur des exploitations agricoles.

a- Modernisation des systèmes d'irrigation collectifs et amélioration des efficiences

D'une conception moderne et majoritairement mis en place dans les années 70 et 80, les systèmes collectifs d'irrigation se sont peu à peu dégradés et devenus obsolètes, souvent par insuffisance d'entretien et de maintenance des équipements d'irrigation et de drainage, ainsi que des aménagements connexes (pistes, brise-vent), avec des conséquences néfastes sur la qualité du service rendu aux irrigants et la réduction, en conséquence, du niveau d'intensification agricole. Un effort important a été engagé au cours des deux dernières décennies pour initier de vastes programmes de réhabilitation et de modernisation des systèmes les plus importants, dont notamment : (i) le projet de modernisation des périmètres irrigués de petite et moyenne hydraulique de la Tunisie Centrale sur 12 000 ha , achevé en 2007 ; (ii) le projet d'économie d'eau dans les oasis du Sud sur 22 000 ha, dont une première phase a été achevée en 2005, la seconde phase étant prévue pour 2016 ; et (iii) le projet de modernisation d'une première tranche de 5 000 ha des anciens périmètres de la basse vallée de la Medjerda étendus sur 20 000 ha.

Les opérations de réhabilitation/modernisation, devenant cycliques, sont totalement prises en charge par l'Etat. Pour en minimiser le coût, des solutions institutionnelles et financières devront impérativement être trouvées pour assurer une maintenance continue et préventive jugée moins coûteuse, et pour faire participer les usagers aux frais engendrés par cette nécessaire modernisation.

Pour l'ensemble du pays, l'on peut estimer au stade actuel à 60 % environ le rendement des anciens systèmes collectifs de canalisations gravitaires, en cours de modernisation, et à 90 % celui des systèmes sous pression de conception récente. Un rendement moyen global de l'ordre de 80 % peut être considéré comme réaliste pour l'ensemble des réseaux collectifs du pays. L'objectif de long terme étant d'atteindre un taux de 95 % au terme de la généralisation des modernisations et par application d'une gestion rationnelle des systèmes d'eau.

b- L'économie d'eau à la parcelle

Bien que des efforts importants aient été déployés depuis les années 70 pour la promotion des techniques modernes d'irrigation à la parcelle, l'irrigation gravitaire traditionnelle persistait d'une façon quasi-générale sur les périmètres d'irrigation, même de conception récente, avec des pertes énormes en eau qui limitaient sérieusement l'effort d'intensification agricole des terres aménagées. Une nouvelle approche a été mise en œuvre en 1993, consistant à aborder le problème d'une façon intégrée : vaste programme de sensibilisation des agriculteurs, formation spécifique des techniciens-vulgarisateurs et des ingénieurs chargés du secteur de l'irrigation, dynamisation de la recherche-développement en matière de techniques performantes d'irrigation, mise en place d'un cadre organisationnel adéquat au niveau national (cellule nationale de suivi-évaluation) et régional (cellule d'intervention et de coordination locale), implication du secteur privé (fournisseurs d'équipements et de services).

Le programme national d'économie d'eau (PNEE), visait à généraliser à l'ensemble des périmètres irrigués la réduction des gaspillages d'eau au niveau des exploitations. Ce programme a connu un élan considérable à partir de 1995, favorisé par l'augmentation des primes d'investissement accordées aux équipements performants d'irrigation : de 30 %, ces primes sont passées à 40 %, 50% et 60 % respectivement pour les grandes, moyennes et petites exploitations agricoles. En termes de taux d'équipement des superficies irriguées en matériels d'économie d'eau, les résultats atteints sont encourageants. Au niveau national, 85 % de la superficie totale irriguée étaient équipés en 2010, parmi lesquels 62 % par les techniques modernes les plus économes en eau : aspersion et irrigation localisée (Fig.5.4 et Fig.5.5).

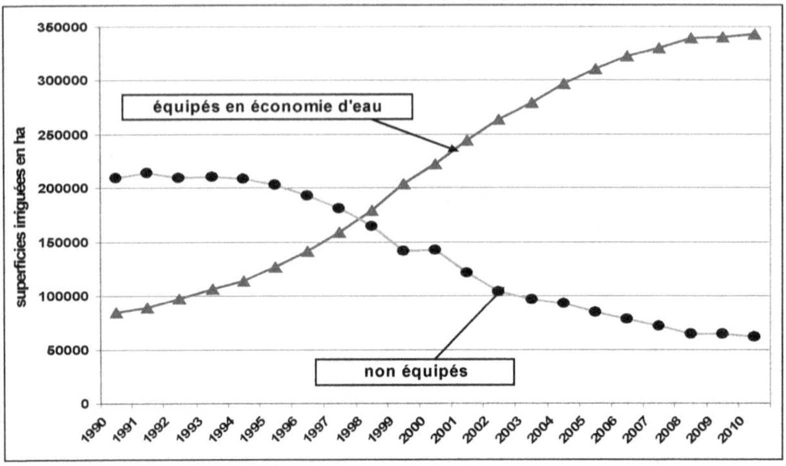

Fig.-5.4- Evolutions respectives des superficies irriguées équipées et non équipées en matériels d'économie d'eau

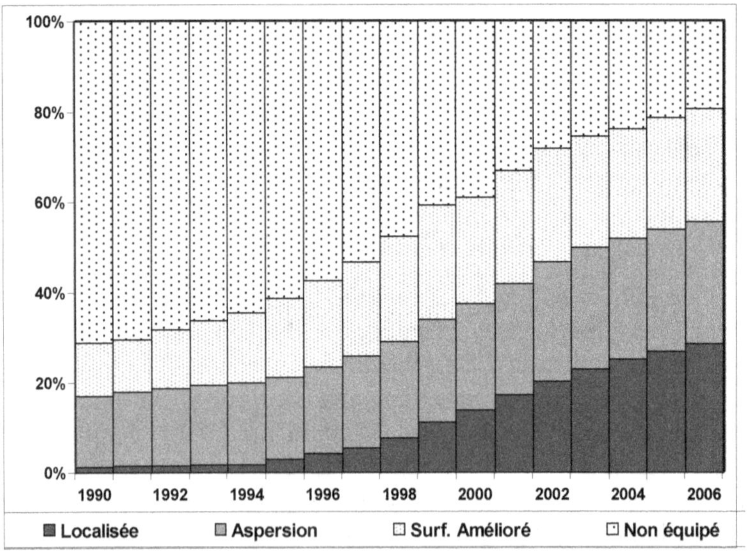

Fig.5.5 : Evolution des superficies irriguées équipées selon les diverses techniques d'économie d'eau

L'une des particularités de ce programme a été de ne pas miser sur une seule technique d'irrigation, en l'occurrence l'irrigation localisée considérée potentiellement comme la plus performante, mais d'ouvrir la voie aux autres techniques, que ce soit par aspersion ou par voie gravitaire améliorée (revêtement des canaux, utilisation de conduites, construction de réservoirs de régulation, etc.) en fonction aussi bien du contexte local (nature des cultures, qualité des eaux, rentabilité économique), que des possibilités de maîtrise des innovations par les irrigants. Cette diversification peut expliquer l'envergure prise par le programme à l'échelle des grandes régions d'irrigation.

Après une forte progression de la consommation d'eau au cours des dernières décennies, en relation avec l'extension des périmètres irrigués et la tendance au gaspillage d'eau dans la conduite de l'irrigation, l'on constate suite à la mise en œuvre du PNEE des améliorations assez sensibles de l'efficience de l'utilisation de l'eau que l'on peut évaluer d'une manière assez sommaire, compte tenu de la répartition des différentes méthodes et techniques d'irrigation sur les périmètres irrigués, à une moyenne de l'ordre de 75 %. Les rendements réels varient en pratique de 50 à 60 % pour les irrigations gravitaires traditionnelles, et de 80 à 90 % pour les irrigations localisées.

Des évaluations globales récentes par des méthodes plus objectives couvrant l'ensemble du territoire national et utilisant des données de télédétection (Zwart et al, 2008) ont montré des signes de stabilisation ou de fléchissement des consommations d'eau d'irrigation dans certaines régions. Par ailleurs, le rendement des cultures maraîchères et arboricoles s'est considérablement amélioré par extension de techniques d'irrigation performantes combinées à la fertigation. La valorisation du mètre cube d'eau d'irrigation a également évolué positivement par le développement des cultures de primeurs (au Sahel) et des cultures géothermales (dans le Sud). D'une manière générale, on observe que la valeur ajoutée de la production irriguée s'est améliorée plus rapidement que celle de l'ensemble du secteur agricole (Hamdane, 2002), et que la valeur ajoutée du m^3 d'eau utilisé en irrigation a évolué favorablement.

Les critiques adressées au PNEE sont de deux ordres : (i) c'est d'abord le niveau élevé des incitations financières accordées aux équipements modernes d'irrigation ; (ii) c'est ensuite le fait d'utiliser les volumes d'eau économisés pour l'extension des superficies irriguées, notamment dans les périmètres irrigués à partir des nappes phréatiques. Pour ce qui concerne les subventions, celles-ci ont en réalité permis et à moindre coût, de pouvoir différer la mobilisation de ressources en eau supplémentaires ; ces subventions ont en outre grandement contribué à faire accepter, par les irrigants, l'augmentation soutenue des tarifs de l'eau pratiquée au cours de la décennie 1990-2000. Par la suite, en 2007, des corrections ont été apportées aux subventions, les ramenant aux anciens taux pour tout renouvellement des équipements une fois amortis. En définitive, les taux élevés des subventions, appliqués à titre provisoire, ont permis d'initier le mouvement de modernisation des systèmes d'irrigation et de lutte contre les gaspillages d'eau.

Quant à la question de l'extension des superficies irriguées grâce aux volumes d'eau économisés, cette extension est en réalité recherchée pour améliorer l'intensification des terres dans les périmètres publics où les allocations d'eau sont matériellement fixées et contrôlées. Dans le cas des nappes phréatiques en état de surexploitation et en accès libre, l'extension de la superficie irriguée n'est certainement pas recherchée et se présente comme un effet pervers : l'objectif de réduction des consommations d'eau pour permettre la reconstitution progressive des réserves de ces nappes n'est pas atteint, et l'amélioration de l'efficience de l'irrigation ne peut constituer un instrument suffisant pour imprimer une tendance favorable au recouvrement de l'état des nappes surexploitées.

Outre le développement d'équipements modernes pour réduire les pertes et combler le retard technologique accumulé dans les exploitations irriguées, d'autres options se présentent qui permettraient d'améliorer sensiblement l'efficience de l'utilisation de l'eau en irrigation ; nous en citerons les deux suivantes :

(i) - l'amélioration des conditions de pilotage de l'irrigation, combinant les informations locales relatives au climat, au sol et à la plante, en vue d'aboutir à une irrigation précise satisfaisant les besoins en temps réel des cultures ;

(ii) - l'adoption de l'irrigation déficitaire, appliquant l'eau à des stades déterminés de développement ou de croissance de la plante pour économiser l'eau tout en améliorant le rendement et la qualité de la production (Bennouna, 2004).

En réalité, l'amélioration de la gestion de l'eau à l'échelle de l'exploitation agricole en est encore à ses débuts et les possibilités de réduction des consommations et de valorisation des maigres ressources disponibles constituent les vrais enjeux pour l'avenir du secteur de l'irrigation.

c- Les réformes de la politique tarifaire

L'assainissement de la tarification de l'eau d'irrigation a été engagé timidement par les Offices de Mise en Valeur des Périmètres Irrigués au cours des années 80, sous le triple aspect de la transparence du prix de revient, de la souplesse (tarification régionalisée, variation des tarifs selon la vocation des périmètres irrigués) et des objectifs socio-économiques nationaux connexes (amélioration des revenus, sécurité alimentaire, etc.). Mais c'est avec le programme d'ajustement structurel agricole de 1986

(PASA) que des réformes tarifaires ont été mises en œuvre avec plus de vigueur. De 1990 à 2000, une augmentation régulière des tarifs de l'eau a été adoptée (Fig.5.6) au rythme moyen de 9 % par an en termes réels. Parallèlement à ces dispositions, un effort considérable a été déployé pour généraliser la tarification au volume d'eau, avec la mise en place de systèmes de comptage au niveau des exploitations agricoles irriguées.

Ces augmentations ont servi à résorber une part importante des accroissements des frais d'exploitation et de maintenance des systèmes d'eau, particulièrement dans les grands périmètres irrigués. Le taux de recouvrement de ces frais est passé ainsi, pour la même période, de 57 % à 90 %. Conscients des limites de la tarification monôme (redevance proportionnelle au volume d'eau consommé), les pouvoirs publics ont envisagé à partir de 1999 l'introduction progressive de la tarification binôme (terme fixe par hectare aménagé et terme proportionnel au volume d'eau consommé) sur les grands périmètres du Nord notamment dans l'objectif d'améliorer le taux de recouvrement du coût de l'eau et d'inciter à l'exploitation irriguée des terres maintenues encore en partie dans le système pluvial. L'un des mobiles avancés pour la mise en place de ce mode tarifaire dans les grands périmètres est l'introduction d'une certaine équité en faisant participer d'une façon conséquente les exploitations peu intensives ou non irriguées aux frais incompressibles de la maintenance des aménagements.

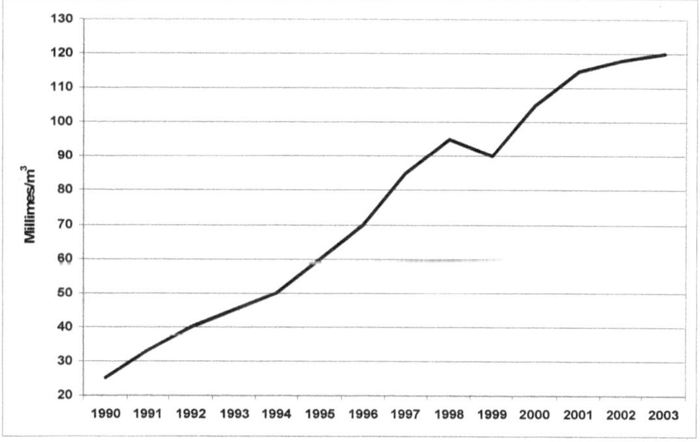

Fig.5.6 : Evolution des tarifs moyens de l'eau d'irrigation en Tunisie, en millimes/m^3 (Hamdane, 2007)

L'on doit signaler que cette politique d'accroissement continu des tarifs n'a pas été facilement acceptée par les irrigants, et un certain nombre d'actions d'accompagnement ont du être mises en place pour aider les agriculteurs à supporter les nouveaux tarifs, actions telles que : (i) l'adoption de tarifs préférentiels pour des productions considérées stratégiques : les semences, les cultures céréalières, fourragères et industrielles, et qui sont de faible valeur ajoutée (rabattement de 50 % par rapport aux tarifs normaux) ; (ii) le tarif d'encouragement à l'utilisation des eaux usées traitées à des fins agricoles (tarif unique de 20 millimes[26] soit 0.020 DT par m^3 vs un tarif moyen pour les eaux douces de 85 mil./m^3) ; (iii) encouragement à l'économie de l'eau pour réduire la part de l'eau dans les charges d'exploitation ; et (vi) la libéralisation des prix des productions irriguées. Toutefois, et suite aux réticences des agriculteurs à travers leurs GDA, cette politique tarifaire jugée très contraignante a subi un fléchissement significatif à partir de l'année 2002 avec le gel des tarifs par les GDA et par les CRDA en tant que fournisseurs en gros des eaux d'irrigation dans les grands périmètres irrigués.

Les impacts des reformes tarifaires sur le niveau de consommation d'eau n'ont pas fait l'objet d'une évaluation objective, mais la majorité des experts s'accordent sur la nécessité d'améliorer le taux de recouvrement du coût de l'eau et en conséquence de réduire les subventions d'équilibre accordées par le budget de l'Etat aux opérations d'exploitation et de maintenance des systèmes d'eau publics. D'autre part, les objectifs de la tarification binôme ne semblent pas avoir été atteints, notamment en ce qui concerne l'amélioration de l'intensification agricole par l'irrigation dans les grands périmètres du Nord (Abbès, 2005). De même, le faible tarif des eaux usées traitées n'a pas eu l'effet escompté sur le niveau de mise en valeur des périmètres correspondants.

Il parait essentiel que la réflexion sur l'élaboration et la mise en application des méthodes tarifaires de l'eau soit poursuivie en tenant compte des diversités régionales et locales de l'irrigation : (i) type et vocation culturale des PPI ; (ii) modes de gestion et performances techniques actuelles (GDA, CRDA) ; (iii) concurrence entre les diverses sources d'approvisionnement en eau dans les périmètres dits de sauvegarde (gestion conjointe eau souterraine surexploitée/ ressource de surface) ; (iv) objectifs politiques, économiques et sociaux, (incitation à la mise en valeur des territoires, amélioration des revenus des exploitants). Par ailleurs, l'application de la tarification binôme dans le sens strict peut rencontrer des problèmes d'ordre juridique si elle retient le principe de l'imposition d'une contribution aux investissements hydrauliques (terme fixe). En effet, la contribution aux investissements est une disposition de la législation sur la

[26] 1 millime (Abr. mil) équivaut à 0.001 Dinar.

reforme agraire[27] qui peut prendre des formes variées tel que le recouvrement d'une partie de la plus-value acquise par les terres suite à l'irrigation.

En dépit de certains progrès enregistrés en matière de tarification de l'eau agricole, celle-ci demeure l'un des points vulnérables de la politique actuelle de l'eau, car les systèmes tarifaires sont parfois conçus comme un moyen de subvention indirecte ou d'amélioration des revenus des agriculteurs, alors qu'ils devraient également constituer un puissant instrument d'orientation de la politique de l'agriculture irriguée. L'Etat a investi d'une manière substantielle dans l'aménagement des périmètres irrigués sans participation effective des bénéficiaires, et continue avec les GDA à fournir l'eau à des niveaux de prix assez bas qui ne reflètent nullement sa valeur économique dans un pays marqué par la rareté de la ressource. Cette situation n'incite nullement à la préservation de la ressource et ne peut que véhiculer un message contradictoire de celui des encouragements destinés à l'équipement pour l'économie de l'eau à la parcelle. L'agriculture nécessite certes d'être supportée en vue d'améliorer les revenus des producteurs, mais ceci peut être envisagé dans d'autres cadres plus propices et sans affecter la viabilité du secteur. Aussi, est-il important que soit instaurée une politique tarifaire efficace et équitable qui assure aux GDA et aux CRDA les moyens nécessaires à l'autonomie de la gestion locale de l'eau et à la maintenance des ouvrages et équipements hydrauliques en particulier, condition nécessaire à la durabilité du potentiel productif des périmètres irrigués.

d- La gestion participative de l'irrigation

Dès 1987, plusieurs composantes ayant trait au développement agricole ont été décentralisées et des structures régionales ou locales chargées de superviser et dynamiser ce développement ont été renforcées ou mises en place : le CRDA au niveau régional, le GDA au niveau local. La gestion participative est une notion clé dans les approches visant à améliorer l'efficacité de la gestion de l'eau dans des conditions de rareté de la ressource. La « gestion participative de l'irrigation » désigne la participation des usagers -les agriculteurs- à tous les aspects et tous les niveaux de la gestion de l'irrigation.

---

[27] Loi N° 58 du 11 juin 1958 portant sur la réforme agraire dans la Basse Vallée de la Medjerda et Loi N° 63-18 du 27 mai 1963 portant sur la réforme agraire dans les périmètres publics irrigués.

L'expérience engagée en Tunisie, de participation totale, s'est traduite par un transfert de responsabilités et de pouvoirs aux associations d'usagers pour la gouvernance, la gestion et le financement des périmètres publics d'irrigation. Un tel transfert a nécessité un certain nombre de conditions préalables et de mesures d'accompagnement : (i) la décision politique ferme de transférer un niveau significatif de la responsabilité de gestion des périmètres irrigués au profit des usagers de l'eau, dans le cadre du Programme d'ajustement structurel de 1986 ; (ii) un cadre juridique permettant la mise en place d'associations indépendantes ayant de réelles possibilités d'action[28] ; (iii) le développement de capacités techniques, administratives et financières au sein des associations, en mesure de gérer les systèmes d'irrigation ; (iv) la capacité des administrations ou agences publiques chargés du secteur irrigué à fournir aux associations l'appui institutionnel et technique nécessaire et à superviser leurs performances (services ou unités spécialisés au sein de la DGGREE et des CRDA) ; et (v) une agriculture irriguée économiquement viable autorisant l'indépendance financière des associations, viabilité économique à laquelle devaient contribuer toutes les formes d'appuis et d'incitations pour l'investissement dans l'agriculture irriguée.

C'est en 1992 que la gestion participative connaitra un nouvel élan avec l'adoption d'une stratégie nationale spécifique à la création et au suivi des associations, visant à promouvoir l'autonomie de gestion des systèmes d'eau réalisés par l'Etat dans le cadre des programmes régionaux d'irrigation et d'alimentation en eau potable rurale. Une telle option était dictée par la politique générale d'ajustement structurel du secteur agricole, amenant l'Etat à se désengager de nombreuses fonctions. Tout en maintenant le rôle prééminent de l'Etat en matière d'investissement dans les infrastructures hydrauliques, la stratégie devait assurer : (i) un désengagement progressif de l'Administration de la gestion directe des périmètres publics irrigués, confiant l'exploitation et la maintenance des infrastructures aux Groupements de Développement Agricole (GDA) ; (ii) la réduction des subventions directes et indirectes visant à amener ces organisations, sur le long terme, à payer le prix réel de l'eau : frais d'exploitation et de maintenance ; (iii) un appui technique aux GDA leur permettant de participer d'une manière plus dynamique à la gestion des infrastructures et à la mise en valeur agricole des périmètres. Le nombre de ces groupements était de l'ordre de 200 en 1995 et 1000 en 2000. En 2012, On dénombre 1 253 GDA

---

[28] Loi N°87-35 du 6 juillet 1987 modifiant le Code des Eaux et décrets annexes organisant le mode de constitution et de fonctionnement des associations d'intérêt collectif.

qui gèrent à des degrés divers la quasi-totalité de la superficie des périmètres publics irrigués, mais dont 88 % sont réellement actifs ; les 12 % restants sont en cessation provisoire d'activités pour des raisons techniques ou sociales.

La gestion des infrastructures hydrauliques par des organisations associatives a permis aux usagers de prendre conscience des possibilités que peut offrir ce nouveau mode de gestion autonome, et notamment de l'appropriation à plus longue échéance de ces infrastructures. Les succès, tout à fait relatifs, observés sont le fruit d'une sensibilisation massive et d'une assistance quasi continue apportées par les CRDA aux GDA : sensibilisation des adhérents, appuis technique, administratif et financier. En 2012, on estimait que près de 70 % les GDA étaient en mesure d'assurer d'une manière plus ou moins autonome les frais nécessaires à l'exploitation et à l'entretien des systèmes d'eau au moyen des redevances (Fig.5.7). Ces conditions ont pu être réalisées dans de nombreux petits et moyens périmètres, mais demeurent difficiles pour le moment à atteindre dans les plus grands aménagements.

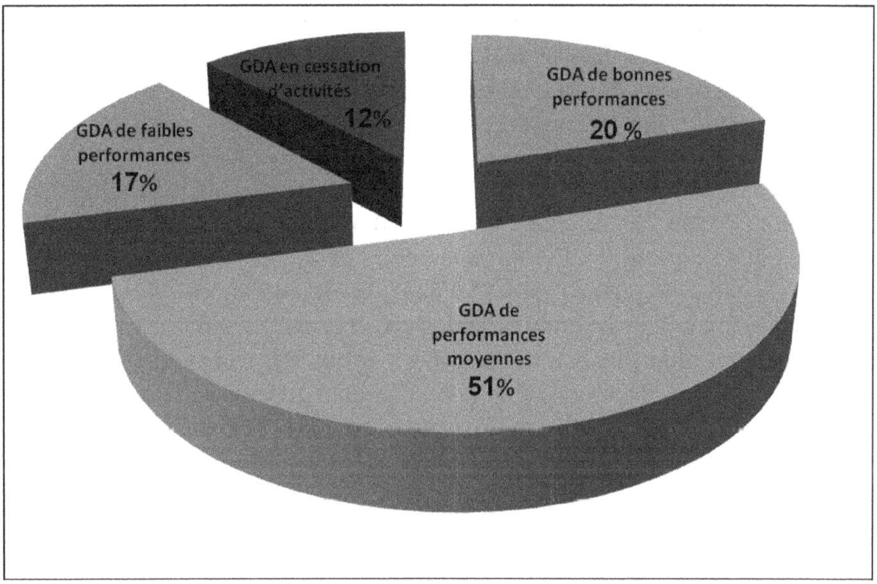

Fig.5.7 : Performances des GDA d'irrigation en fonction du niveau de prise en charge de l'exploitation et de la maintenance des infrastructures (DGGREE, 2012)

Un certain nombre de GDA rencontrent de graves difficultés sociales, techniques ou financières, qui limitent leur autonomie et l'efficacité de leur action. Ces difficultés : conflits entre usagers, incapacité à payer les services extérieurs, dysfonctionnements techniques des systèmes d'eau, ont engendré de vives oppositions au mouvement associatif, et l'arrêt total des activités de certaines associations. Il est vrai par ailleurs que les pressions exercées par les autorités administratives et politiques régionales et locales ont longtemps entretenu la suspicion et la méfiance chez les adhérents des GDA et empêché l'émergence d'une forme de gouvernance démocratique au sein des associations. Lors de la Révolution de 2011, les GDA ont été soumis à des pressions sociales sans précédent et traversé une grave crise de confiance. La grande majorité des organes de direction et de gestion en place ont été dissous et remplacés par des comités provisoires. Les indices de dysfonctionnement les plus préoccupants sont aujourd'hui le niveau dérisoire de recouvrement des redevances et celui, corollaire, de l'endettement devenu excessif et insoutenable envers les fournisseurs d'eau (CRDA) et d'énergie (STEG). A ces facteurs, s'ajoute un niveau de tarification de l'eau nettement insuffisant pour permettre une exploitation rationnelle des systèmes d'eau et le recours en conséquence aux services des CRDA pour toutes les opérations d'entretien et de maintenance.

5.3.2- Les contraintes et les principaux défis de l'irrigation

En dépit des améliorations relatives des performances du secteur irrigué suite aux diverses réformes économiques et institutionnelles engagées durant les deux dernières décennies, plusieurs contraintes à caractère structurel ou conjoncturel entravent encore son développement dans un cadre optimal, et plusieurs défis risquent de compromettre son évolution favorable. Ces défis se rapportent principalement à la durabilité du secteur de l'irrigation, aux conditions très complexes de la valorisation des ressources en eau disponibles ainsi qu'à l'environnement institutionnel et socio-économique actuellement en pleine mutation dans le monde rural. Même si elle est favorisée par la disponibilité plus ou moins continue du facteur eau, l'irrigation demeure une activité fortement capitalistique et son développement est intimement lié au contexte général de l'agriculture et du secteur de l'agro-alimentaire, aux marchés agricoles internes et à l'exportation. Nous présentons ci-après les questions les plus significatives.

5.3.2.1- Viabilité et durabilité du patrimoine productif

Dans un contexte fragile, un certain nombre de contraintes en relation avec l'irrigation risquent d'affecter la durabilité du patrimoine productif ; il s'agit essentiellement de la surexploitation des ressources en eaux souterraines, longuement développée dans le chapitre 3, et de la salinisation et de la dégradation des sols irrigués.

a- La Surexploitation des ressources en eau

La surexploitation des nappes phréatiques, décrite et développée dans le chapitre 3, touche près du quart des périmètres irrigués du pays et notamment les périmètres privés. Elle constitue le facteur essentiel des intrusions marines dans les zones côtières Est. Quant au caractère faiblement renouvelable des eaux souterraines, il est prépondérant dans les oasis du Sud où les ressources utilisées pour l'irrigation sont de l'ordre de 550 Mm^3, soit le quart au plan national des disponibilités totales en eau du secteur de l'irrigation. Malgré la mise en œuvre d'une planification et d'un suivi rigoureux de cette ressource (en partage avec l'Algérie et la Lybie), des signes de nuisances (perte d'artésianisme, dégradation de qualité d'eau) commencent à s'exprimer d'une manière inquiétante pour l'avenir de certaines zones cultivées. Sous la pression sociale, les extensions illicites des oasis (cas de Kébili) ne font qu'aggraver la situation. Les risques majeurs liés à ces phénomènes sont relatifs à la dégradation de la qualité saline de la ressource et à l'accroissement des charges énergétiques de son exploitation.

Plusieurs programmes d'économie d'eau sont mis en œuvre pour réduire le gaspillage de l'eau dans les oasis, mais l'avenir demeurera incertain tant qu'une approche intégrée du développement économique et social du Sud ne sera pas mise en œuvre pour réduire la pression sur les maigres ressources hydriques disponibles.

b- La salinité et la dégradation des sols irrigués

Les eaux destinées à l'irrigation en Tunisie sont généralement d'une qualité moyennement ou fortement salée, ce qui affecte le niveau de rendement des cultures, mais risque aussi de dégrader dans le long terme et d'une manière parfois irréversible la structure et la fertilité des sols irrigués. Ce phénomène est souvent exacerbé par l'excès d'eau ou l'hydromorphie provoquée par la sur-irrigation et l'élévation exagérée du niveau des nappes phréatiques naturelles ou artificielles.

Historiquement, et du fait de la salinité généralement élevée des ressources en eau, l'irrigation a toujours été dominée par le risque de salinisation des sols. Des variétés de cultures et des pratiques agricoles ont été mises au point empiriquement pour s'adapter au phénomène. Le système oasien est considéré actuellement comme étant parmi les plus durables, avec le palmier-dattier qui reste l'arbre, cultivé à des fins économiques, le plus tolérant au sel. D'autres cultures, tels que les fourrages et les céréales, présentent aussi des niveaux de tolérance au sel assez élevés. Lorsque les conditions de drainage naturel ou artificiel le permettent, le lessivage des sols par emploi d'une quantité supplémentaire d'eau d'irrigation (10 à 15 % des besoins en eau des plantes) est le moyen recommandé actuellement pour éviter la salinisation excessive des sols irrigués. Des travaux de recherche sur l'impact de la salinité des eaux d'irrigation ont été bien développés dans plusieurs pays et notamment en Tunisie : le Centre de Recherche sur l'Utilisation des Eaux Salées en Irrigation (CRUESI, 1970), puis son héritier l'INRGREF, ont accumulé une expérience pratique dans les différentes régions sur l'emploi de l'eau salée en agriculture et accompagné la mise en valeur de plusieurs périmètres publics irrigués.

Sur la superficie totale actuellement équipée pour l'irrigation, on recense 60 000 ha dont les sols sont sensibles à la salinisation sous toutes ses formes (primaire et secondaire) et 75 000 ha sont sujets à un rehaussement de la nappe d'eau. En nombre de périmètres, on estime que 60 % des périmètres publics irrigués sont moyennement à fortement sensibles à la salinisation secondaire suite à l'irrigation (cf. Tab.5.1) ; ce taux atteint 86 % dans les périmètres privés (MARHP-DG/ACTA, 2005).

Classe de risque de salinisation	Périmètres Publics	Périmètres Privés
Sols peu & très peu sensibles	40%	14%
Sols moyennement sensibles	24%	31%
Sols fortement & très fortement sensibles	36%	55%

Tab.5.1- Risque de salinisation des terres irriguées (MARHP-DG/ACTA, 2005)

Quant à l'hydromorphie associée à la salinisation, elle affecte à des degrés divers 26 % des périmètres publics irrigués. Sur le long terme, l'ensemble de ces contraintes risque de nuire durablement au potentiel d'irrigation du pays avec comme conséquence l'abandon de l'intensification des cultures par l'irrigation ou la perte de fertilité des sols sur certains périmètres chèrement aménagés.

Au stade actuel, la tendance à vouloir utiliser des eaux de plus en plus salées en agriculture comporte de nombreux risques, alors que la maîtrise des terres déjà aménagées pose parfois de graves problèmes en termes de pérennité : inadaptation des pratiques culturales au contexte de salinité élevée, faible apport des eaux de lessivage, entretien inadéquat des systèmes d'assainissement et de drainage, etc.

En ce qui concerne les possibilités de réutilisation des eaux de drainage à des fins agricoles, il est à signaler que ces eaux sont marquées par une salinité excessive provenant du lessivage naturel ou artificiel des sels dans les sols. La salinité des eaux de drainage peut atteindre entre 3 et 4 fois la salinité des eaux d'irrigation dont elle est issue et s'élever à des valeurs de 8 à 12 g/l, salinités que l'on ne saurait recommander pour un quelconque usage agricole durable. Néanmoins, le recyclage ou la réutilisation indirecte des eaux de drainage constitue bel et bien une opportunité, et même une réalité dans le grand bassin de la Medjerda, en considérant le mélange in situ des eaux de drainage très salées provenant de périmètres irrigués avec les eaux naturelles le long du fleuve. Ces eaux mélangées sont reprises en cascade pour l'irrigation d'autres périmètres ou l'alimentation des systèmes de transfert. Dans les oasis du Sud, les eaux de drainage très fortement salées ne peuvent être recyclées directement, mais sont en mesure de jouer un certain rôle environnemental après déversement dans les zones humides (sebkhas naturelles).

5.3.2.2- La valorisation agricole des ressources en eau disponibles

Les niveaux actuels de la valorisation de l'eau d'irrigation restent relativement faibles eu égard aux efforts engagés pour l'aménagement des périmètres irrigués. Les niveaux d'intensification agricole, horizontale et verticale, restent souvent insuffisants, et les performances macro-économiques de l'irrigation sont encore perfectibles. Le secteur de l'irrigation recèle encore des possibilités réelles non encore exprimées dans beaucoup de régions.

L'intensification horizontale dans certains périmètres publics irrigués demeure encore modeste et l'assolement des cultures préconisé en fonction de la vocation des terres est souvent mal respecté. L'analyse des réalisations en matière de superficie réellement irriguée montre que le taux moyen d'intensification culturale (rapport de la superficie totale réellement irriguée au cours de la campagne à la superficie irrigable totale) est de l'ordre de 90 %, mais varie entre 40 et 120 % selon les périmètres. Le taux moyen potentiel de cette intensification à l'échelle du pays est de l'ordre de 120 à 130 %, autorisant ainsi une superficie supplémentaire irriguée d'environ 100 000 ha avec la même allocation d'eau. La sous utilisation des ressources en eau et des terres aménagées constitue ainsi un paradoxe pour un pays de faibles ressources en eau. Cette situation est manifeste notamment dans les grands périmètres publics du Nord. Actuellement, ce gap en matière d'intensification horizontale par l'irrigation réduit de l'ordre de 20 % la valeur de la production et la valeur ajoutée possibles pour le secteur irrigué. D'autre part, Les niveaux des rendements réalisés dans l'irrigation sont relativement faibles et très variables d'un périmètre à l'autre et à l'intérieur d'un même périmètre. Nous pouvons estimer que les rendements actuels seraient de l'ordre de 50 % par rapport aux rendements potentiels en irrigation.

Les performances macroéconomiques du secteur de l'irrigation sont certes assez importantes à plusieurs niveaux. Mais l'amélioration de ces performances dépendra de la capacité du pays à lever les contraintes endogènes et exogènes qui pèsent encore lourdement sur l'avenir du secteur. En effet, l'agriculture irriguée est insérée dans un contexte socio économique qui influe sur sa rentabilité. Les principaux déterminants de cette rentabilité sont de plusieurs natures : (i) l'évolution de l'agriculture en général et sa place dans l'économie du pays, les avantages comparatifs de l'agriculture irriguée et de l'agriculture pluviale au moins pour les périmètres du Nord ; (ii) le bon fonctionnement des filières agro alimentaires et des marchés agricoles ainsi que les régime des échanges extérieurs ; (iii) la disponibilité en eau d'une façon durable à l'échelle locale, du coût de l'eau compte tenu des changements des conditions d'exploitation de la ressource et de l'évolution du coût de l'énergie, etc. ; (iv) la structuration professionnelle des agriculteurs et leur capacité de maîtrise des technologies en relation avec la gestion de l'eau. Ces éléments contextuels, par nature évolutifs, restent fondés sur les enjeux stratégiques et de développement de l'ensemble de l'agriculture tunisienne.

5.4- La réutilisation des eaux usées traitées

5.4-1- Le contexte et les contraintes de la réutilisation des eaux usées traitées

La réutilisation des eaux usées traitées (REUT) est généralement envisagée à la fois pour pallier des situations de pénuries d'eau et pour assurer une meilleure protection de la qualité des eaux dans les milieux récepteurs. En tant que projet d'approvisionnement en eau, la REUT est soumise à un certain nombre de contraintes (BRLi & AFD, 2010) dont les plus importantes sont dues aux faits suivants :

- La demande en eau, notamment agricole, est cyclique, alors que l'offre d'EUT est quasiment régulière tout au long de l'année, ce qui nécessite d'envisager des systèmes de régulation, notamment des stockages inter saisonniers.

- En agriculture, la qualité microbiologique des EUT peut entrainer des risques de contamination directe pour les irrigants et les produits agricoles consommables en cru. La qualité chimique et organique constitue souvent un avantage avec la présence de nutriments agricoles, mais peut se transformer en source de nuisance pour les sols par la salinisation qui peut parfois accompagner le recyclage de l'eau.

- La REUT doit être rendue acceptable vis-à-vis du risque sanitaire ; pour cela la connaissance scientifique précise des effets à la fois des divers procédés de traitement et de toutes les étapes du cycle hydro-biologique et anthropique des EUT est nécessaire : connaissance du devenir et suivi physico-chimique et microbiologique des effluents, éducation et suivi épidémiologique de toute la population concernée, etc.

L'expérience acquise en matière de réutilisation des EUT en Tunisie remonte au début des années soixante : aménagement pour l'irrigation du périmètre de la Soukra sur 1 200 ha, à partir de la station de traitement secondaire des eaux usées de Tunis à Charguia. Elle s'est consolidée au fil du temps avec l'accroissement du nombre de stations de traitement gérées par l'ONAS. En 2010, la production des eaux usées traitées s'élèverait à 240 Mm^3 et le volume réutilisé est estimé à 68 Mm^3, soit un taux de recyclage de 28,5 %. En 2008, le volume réutilisé totaliserait 57 Mm^3 qui se répartissent selon les usages suivants (AHT, 2009) :

(i) - ***Les périmètres publics irrigués à partir des EUT :*** Il existait 29 périmètres recensés en 2008 (DGGREE, 2008), aménagés pour l'irrigation aux EUT des stations d'épuration des grandes agglomérations. Deux de ces périmètres ont été abandonnés : ceux de Mornag et de Moknine ; le premier en raison de la qualité chimique très irrégulière des EUT et de la disponibilité d'une eau conventionnelle accessible, le second en raison de la salinité élevée des EUT. La superficie équipée pour l'irrigation aux EUT représente près de 5 500 ha, dont 3 000 ha sont effectivement irrigués et utilisent un volume de près de 22 Mm^3/an.

(ii) - ***L'irrigation de terrains de golf :*** La Tunisie dispose de 10 terrains de golf d'une superficie totale de 1 300 ha, irriguées à partir des EUT et utilisant un volume de 10 Mm^3/an.

(iii) - ***L'arrosage des espaces verts :*** Cette utilisation consomme près de 7 Mm^3/an ; elle comprend quelques unités hôtelières, les espaces verts des grands axes routiers de Tunis, de la route touristique de Monastir, etc. lesquels totalisent une superficie de 450 ha.

(iv) - ***La réutilisation écologique en zones humides :*** Il s'agit notamment de la sebkha Kelbia qui reçoit les EUT non utilisées pour l'irrigation du périmètre Drâa Tammar, et de la sebkha de Korba alimentée à partir de la station d'épuration contigüe. On peut estimer à 2 Mm^3/an les quantités maximales destinées à cet usage écologique.

(v) - ***La recharge des nappes souterraines en état de surexploitation :*** La recharge de la nappe de l'Oued Souhil à Nabeul, à partir de bassins d'infiltration par les EUT, a démarré en 1985 et se prolonge encore aujourd'hui. Les quantités d'EUT infiltrées ont été estimées en moyenne à 120 000 m^3/an. Depuis 2008, un second projet de recharge de nappe, en bassins, a démarré à Korba, avec une capacité d'infiltration de 500 000 m^3/an. Un flux total de 620 000 m^3/an est donc utilisé en moyenne à des fins de recharge des nappes.

Toutes ces utilisations totalisent un volume de l'ordre de 42 Mm^3/an. Le complément à 57 Mm^3, soit 15 Mm^3/an, représente les prélèvements indirects pour irrigation après mélange des EUT dans l'Oued Medjerda, à l'aval des rejets de quelques grandes villes du bassin (ONAS, 2010). Le tableau 5.2 récapitule l'ensemble des réutilisations d'EUT.

5.4.2 - Les principaux défis de la REUT

Le recyclage des EUT en irrigation continue en réalité à poser problème, car la qualité des eaux traitées, bien qu'essentiellement d'origine domestique, demeure d'une grande variabilité. Cette situation limite par ailleurs le recyclage de ces eaux dans d'autres secteurs potentiels (municipal, industriel, touristique, etc.). Ce recyclage encouragé depuis longtemps dans l'objectif de protéger le littoral à vocation touristique (82 % des effluents rejetés en mer), reste encore en deçà des attentes, malgré la mise en place d'une infrastructure moderne d'irrigation, l'existence d'un cadre règlementaire assez complet s'inspirant des directives de l'OMS et de la FAO sur les conditions de l'usage agricole des EUT, ainsi que des incitations tarifaires conséquentes (tarif unique fixé à 20 mil./m^3, soit 20 % du tarif moyen de l'eau conventionnelle agricole).

Domaine d'utilisation	Quantités
1- ***Périmètres irrigués***	***22 Mm^3***
Superficie équipée	*5500 ha*
Superficie effectivement irriguée	*3000 ha*
2- ***Terrains de golf***	***10 Mm^3***
Superficie arrosée	*1000 ha*
3- ***Espaces verts***	***7 Mm^3***
Superficie arrosée	*450 ha*
4- ***Zones humides***	***2 Mm^3***
5- ***Recharge de nappes***	***0,620 Mm^3***
6- ***Irrigation par l'Oued Medjerda (dilution)***	***15 Mm^3***
Total REUT	**57 Mm^3**

Tab.5.2 : Réutilisations des EUT en 2008, d'après ONAS (2010) et AHT (2009)

Dans le cadre de sa politique de valorisation des EUT, l'ONAS a déjà entrepris une étude se rapportant à la rentabilité des différentes options de réutilisation des EUT dans les secteurs autres que l'agriculture. L'analyse a montré que ces secteurs présentent encore des réticences quant à la fiabilité de l'approvisionnement et à la qualité des eaux. L'ONAS a même engagé une étude sur les conditions de transfert à grande distance des EUT du Grand-Tunis (en tant que producteur d'environ 50 % des EUT à l'échelle nationale), pour des usages d'irrigation et de recharge de nappes, vers les zones agricoles de Zaghouan et du Kairouannais. Ce transfert des EUT vers d'autres régions à l'intérieur du pays parait vraiment paradoxal : la région de Tunis « importe » l'essentiel de ses ressources en eau conventionnelles destinées à l'irrigation par transfert des eaux du Nord, et il serait plus judicieux et économique qu'elle puisse recycler sur le long terme toutes les EUT qu'elle produit.

Dans l'ensemble, les limites et les insuffisances qui entravent encore le développement de la réutilisation des EUT sont multiples :

(i) - ***La qualité physico-chimique des EUT est souvent jugée inadaptée à la réutilisation***, en raison des traitements parfois insuffisants et notamment de la teneur en sels élevée en conséquence de la qualité saline propre à l'eau potable. La « valeur productive de l'eau » dans l'agriculture se réduit en effet au fur et à mesure de son recyclage, et le traitement de type classique n'est pas en mesure de modifier cette caractéristique structurelle.

(ii) - ***Le niveau variable et pas toujours adéquat de traitement des eaux usées risque d'avoir un effet sur la santé humaine***. L'ONAS a adopté depuis longtemps un niveau de traitement secondaire généralisé des eaux usées qui ne permet que des usages restrictifs à des fins agricoles. Il est difficile qu'il puisse s'engager dans le proche avenir dans une politique de traitement systématique de haute qualité tout en affrontant les défis majeurs que représentent les extensions de la couverture de l'assainissement à l'ensemble des villes et des agglomérations rurales du pays.

(iii) - ***L'ONAS semble s'orienter dans le moyen et le long terme vers la consolidation des acquis*** par l'amélioration du traitement secondaire. Une politique adéquate d'investissement pour la modernisation, la réhabilitation et le renouvellement des anciennes stations de traitement est devenue primordiale pour maintenir un niveau d'intensification acceptable dans les périmètres déjà aménagés pour l'irrigation avec les EUT.

(iv) - ***L'irrigation constitue encore le principal secteur de la réutilisation des EUT*** mais n'est pas à elle seule capable de recycler toute la production possible d'eaux usées traitées sur le long terme. En effet, cette production est quasi constante dans le temps, alors que la demande agricole est variable et de nature saisonnière. D'importants stockages de surface ou souterrains des EUT ainsi que le développement de celles-ci dans d'autres secteurs d'usage constitueraient des moyens efficaces pour la régulation de l'offre et la demande structurellement peu synchronisée.

5.4.3- Des possibilités de développement de la REUT

Bien que la Tunisie soit considérée comme un pays relativement avancé dans la réutilisation des eaux usées traitées, les expériences internationales réussies permettent d'enrichir la panoplie des orientations possibles. La pratique de la réutilisation se développe notamment dans les pays arides et semi arides. Les cas les plus significatifs de recyclage des EUT au profit essentiellement de l'agriculture se trouvent en Israël et en Jordanie (taux de réutilisation respectivement de 70 % et 60 %), mais le cas de la Californie est plus édifiant pour ce qui concerne la variété des usages où uniquement 46 % des eaux recyclées sont destinées à l'irrigation, 21 % à la récréation et aux loisirs (paysage, lacs de plaisance , etc.), 14 % à la recharge des nappes et 19 % à des usages variés. En Jordanie, 8 % des terres irriguées le sont grâce au mélange des EUT et des eaux conventionnelles. En Tunisie, pays plus humide, ce taux n'est que de 2 %.

Parmi les usages possibles des eaux usées qui mériteraient d'être testés à grande échelle puis développés, on peut citer les exemples suivants inspirés de l'expérience internationale : (i) *Mélange adéquat des eaux usées traitées et des eaux conventionnelles* pour l'emploi non restrictif dans le domaine agricole, ou encore dans certains secteurs industriels ; (ii) *Utilisation directe dans les foyers des eaux grises* provenant des machines à laver et des cuisines pour l'arrosage des jardins privés ; (iii) *Traitements spécifiques des EU pour les besoins municipaux des grandes villes* (irrigation des espaces verts, lutte contre les incendies, lavage des rues, alimentation des lacs de plaisance, etc.) ; (iv) *Utilisation en aquaculture ; (v) Traitement intégral des eaux usées pour la production d'eau potable*, dont plusieurs exemples sont pratiqués aux USA (Schroeder, 2012). Cette opportunité de recyclage devrait être étudiée pour le long terme en vue d'apporter des solutions stables à l'approvisionnement en eau potable de certaines grandes agglomérations. En effet, ces dernières demeurent tributaires de longs transferts d'eau très coûteux en provenance de régions bien pourvues en eau et cherchent paradoxalement à exporter leurs EUT vers d'autres régions (cas du Grand Tunis). Dans cette option de recyclage, tous les usages : domestiques, agricoles, industriels et environnementaux, deviennent possibles dans la même zone de production des EUT.

Le développement de ces nouveaux usages des EUT et leur dissémination à grande échelle nécessitent au préalable des actions de recherche-développement appropriées pour savoir adapter les différentes technologies possibles, évaluer leur faisabilité économique, établir les bases des règlementations et des normalisations appropriées. Dans ce domaine, l'improvisation est interdite et l'anticipation est de rigueur.

L'on doit également observer que la réutilisation des EUT avec tous ses aspects opérationnels variés et complexes, pose actuellement un problème de promotion, de suivi, d'évaluation et de sensibilisation qui ne peuvent être du seul ressort de l'ONAS, dont la charge dans le domaine de l'épuration des eaux reste primordiale et prioritaire. Cette question institutionnelle mérite d'être élucidée pour aboutir à une politique cohérente et efficace en matière de réutilisation. De plus, la Tunisie est un pays à vocation touristique et exportateur de produits agricoles, situation qui doit inciter à une réutilisation des EUT bien maîtrisée et sans risques majeurs.

5.5- Le dessalement des eaux

Sans que cela soit inscrit dans le cadre d'une politique nationale spécifique, c'est l'étude lancée par la SONEDE en 2004 (SONEDE, 2004) en vue de définir un schéma optimal pour l'alimentation en eau potable des régions du Cap Bon, du Sahel et du Sud–Est qui a dressé les grandes lignes du programme national de dessalement à long terme. Les résultats de cette étude montrent que les solutions les mieux indiquées sont celles qui se basent, en grande partie, sur le dessalement à grande échelle de l'eau de mer. Selon la stratégie adoptée, la SONEDE renonce ainsi à des programmes de transferts hydrauliques supplémentaires des eaux à partir du système du Nord et envisage la construction d'importantes stations de dessalement d'eau de mer, notamment à Sfax, Gabes et Djerba.

5.5.1- Les réalisations et les projets

Le dessalement des eaux saumâtres s'imposait depuis le début des années 80 comme une option pour améliorer la qualité saline de ces eaux et sécuriser l'alimentation publique en eau potable. Des projets d'envergure ont été ainsi réalisés par la SONEDE dans l'objectif d'approvisionner en eau potable les zones urbaines dans des situations d'isolement insulaire (Kerkennah en 1983) ou pour corriger la qualité de l'eau dans les régions du Sud (Gabès, Djerba). Néanmoins, certaines unités touristiques et industrielles isolées et de faible dimension procédaient depuis plusieurs décennies au dessalement de l'eau de mer.

En 2011, la capacité totale de dessalement installée par la SONEDE était de l'ordre de 72 000 m³/jour, et le volume d'eau dessalée produit a été de 19,3 Mm^3. Les stations de dessalement à caractère privé (hôtelleries, industries) ont par ailleurs une capacité globale estimée à près de 50 000 m^3/j (Zaara, 2008). Dans le cadre de la stratégie d'économie d'eau potable, des incitations financières ont été décidées en 2001 au profit du secteur privé dans l'objectif de valoriser par le dessalement des eaux marginales locales. L'ensemble de ces programmes devait permettre d'atteindre une production totale d'eau douce de l'ordre de 40 Mm^3 en 2010. Ce potentiel représente près de 2 % des volumes dessalés dans le Bassin Méditerranéen (Plan Bleu, 2010).

Divers programmes de dessalement des eaux saumâtres et d'eau de mer sont actuellement lancés ou annoncés pour l'avenir (Nouicer, 2012) : (i) Le programme national d'amélioration de la qualité d'eau potable par dessalement des eaux saumâtres au profit des agglomérations du Sud et de la Tunisie Centrale (Tozeur, Kébili, Gabès, Médenine, Gafsa , Sidi Bouzid), dont la phase-I de 10 stations, d'une capacité 36 200 m3/j, est mise en service en 2013 ; la phase II avec 8 stations totalisant 32 500 m3/j est prévue pour 2015) ; (ii) Le projet prévu initialement en concession (construction & exploitation) de la station de dessalement d'eau de mer à Jerba, d'une capacité de 50 000 m^3/j, est en phase de réalisation ; (iii) Le projet de concession de la station de dessalement à Zarat, d'une capacité de 50 000 m^3, est conçu pour satisfaire les demandes des villes de Gabès et Médenine à l'horizon 2030 ; et (iv) Le projet de dessalement de l'eau de mer de Sfax, d'une capacité totale de 150 000 m^3/j, doit être mis en service en trois tranches successives d'une capacité unitaire de 50 000 m^3/j respectivement en 2015, 2020 et 2025.

Par ailleurs, des unités de dessalement associées à des sources d'énergies renouvelables ont été construites ou sont projetées, dont la plupart sont à caractère expérimental et sont destinées à des agglomérations isolées dans différentes régions (Beni Khiar : 3 m^3/j, Ksar Ghilène : 15 m^3/j et Ben Guerdane : 1 800 m^3/j).

Pour satisfaire les besoins de projets agricoles en eau de très bonne qualité, deux installations de dessalement en rapport avec des systèmes de production agricole de haute valeur ajoutée ont été réalisés, l'un pour l'irrigation des serres géothermiques à Gabès avec production de primeurs, l'autre dans le Kairouanais pour la production de plantes condimentaires destinées à l'exportation en frais.

Bien que l'expérience tunisienne en matière de dessalement soit encore limitée, on peut avancer les quelques résultats significatifs suivants : (i) un emploi quasi général de l'osmose inverse, technologie membranaire en plein essor et d'un niveau de consommation énergétique considéré comme moyen ; (ii) jusqu'ici, le dessalement de grande envergure concerne exclusivement les eaux saumâtres du Sud ; l'évolution vers le dessalement de l'eau de mer est envisagée dans le moyen terme avec les prochains grands projets côtiers du Sud-est ; (iii) les contraintes de financement des grands projets semblent orienter les pouvoirs publics vers le recours à des partenariats publics-privés pour la production de l'eau de mer dessalée, la gestion de la distribution de l'eau dessalée étant toujours maintenue sous la responsabilité de la SONEDE.

5.5.2 - Les perspectives de développement du dessalement en Tunisie

On doit observer que l' « Etude du Secteur de l'Eau » (DGRE, 1999) n'a pas fait, en 1999, du dessalement une option décisive de développement de ressources alternatives et d'amélioration de la qualité des eaux. L'étude prospective « EAU 21 » n'a, quant à elle, pas été d'une grande ambition pour le dessalement puisqu' à l'horizon 2030, elle prévoyait une production de seulement 49 Mm^3. Quant à l'étude stratégique « Eau 2050 » (ITES, 2011a), elle a dressé une vision des volumes à dessaler qui permette de combler le déficit une fois toutes les ressources hydrauliques comptabilisées : les volumes d'eau dessalée nécessaires seraient ainsi de 315 Mm^3 en 2030 et de 480 Mm^3 en 2050.

En l'absence d'une vision nationale claire sur la place que doit occuper le dessalement dans le développement de ressources supplémentaires d'eau douce, c'est la stratégie de la SONEDE dans le domaine qui a le mérite de donner un aperçu sur les programmes futurs du dessalement en Tunisie. En partant des programmes déjà réalisés et en extrapolant les besoins en eau potable, la SONEDE estime que la production d'eau par dessalement atteindra 117 Mm^3 à l'horizon 2030 (un peu plus du double de la production en 2010). Bien que ce volume représente moins de 3 % des ressources en eau douce exploitables, le dessalement des eaux saumâtres et de l'eau de mer se présente désormais comme l'un des piliers de la stratégie nationale de mobilisation des eaux et devrait représenter à terme près de 20 % des sources d'approvisionnement en eau potable à l'horizon 2030. Mais les politiques publiques de l'eau n'ont pas tablé sur une évolution aussi rapide et le pays n'est pas suffisamment outillé pour affronter un défi d'une telle ampleur.

Les potentialités de fourniture de l'eau douce à partir du dessalement de l'eau de mer sont quasiment infinies, les techniques de dessalement sont bien maîtrisées et le développement du dessalement comme moyen d'accroître les disponibilités d'eau douce est une question fondamentalement économique. Si le recours au dessalement apparaît comme une alternative réaliste pour pallier le déficit en eau douce nécessaire à l'alimentation en eau potable des régions isolées ou éloignées des sources d'approvisionnement, il demeure cependant une solution coûteuse, consommatrice d'énergie et engendrant des nuisances à l'environnement, de sorte qu'en règle générale, le dessalement a du mal à entrer en compétition avec les ressources conventionnelles lorsqu'elles existent. En particulier, la production de l'eau dessalée à des fins agricoles n'est pas rentable dans la majorité des situations, même si l'on assiste au cours des dernières années à la multiplication d'unités de dessalement, en Espagne par exemple, destinées à l'irrigation de cultures à très haute valeur ajoutée.

Les progrès que l'on peut attendre des avancées technologiques du dessalement, dans la maîtrise de la consommation énergétique et l'application des énergies renouvelables (Banque Mondiale, 2011) pourraient, dans l'avenir, inciter à faire baisser d'une manière encore plus significative les coûts de production, de sorte que l'accroissement des ressources en eau douce par dessalement de l'eau de mer à grande échelle pourrait devenir une solution techniquement et financièrement abordable.

5.5.3- Nécessité d'une politique spécifique pour le dessalement

En Tunisie, le dessalement des eaux saumâtres et marines devrait se développer progressivement et inéluctablement à l'avenir, en raison de la salinité naturelle des eaux conventionnelles disponibles, et d'une position géographique exceptionnelle comportant 1300 km de côtes. Le pays ne semble pas encore armé pour affronter tous les défis qui découlent d'une telle perspective, mais un certain nombre d'orientations et de mesures, prises en temps opportun, sont susceptibles d'aider à une meilleure maîtrise de cette évolution ; il s'agit notamment des deux orientations suivantes :

(i) C*onception d'une réglementation et d'une normalisation appropriées* pour la mise en place des équipements de dessalement, en particulier en matière de protection environnementale, comme les conditions de prise d'eau et de rejet de saumure par exemple ;

(ii) *Mise en en œuvre d'un cadre institutionnel*, *organisationnel et de régulation* qui permette de planifier, d'appliquer, d'évaluer et de contrôler la politique des organismes publics et du secteur privé dans le domaine du dessalement, et de définir les mécanismes d'assistance technique et d'incitations financières qui accompagneront cette politique.

Chapitre 6. Sécurité hydrique de la Tunisie, les questions en débat.

L'idée d'une menace sur l'eau est récurrente depuis 40 ans, avec les travaux du Club de Rome et le Modèle MIT en 1972 sur les limites de la croissance, et la prise de conscience des effets secondaires de l'industrialisation excessive en Europe et aux Etats Unis, dus à la pollution massive des eaux de surface. Avec le concept de développement durable et l'observation des premiers dégâts de la révolution verte en Inde, où 20 millions de puits prélèvent 200 km^3/an d'eau souterraine pour l'irrigation, les prédictions de pénuries d'eau ont prospéré, plaçant les pays arides comme la Tunisie au premier rang des nations menacées. Depuis 20 ans, les experts annoncent donc de graves pénuries d'eau, d'abord pour l'an 2000, puis pour des horizons toujours plus reculés. Le recul de l'échéance de la «catastrophe» annoncée est sans doute à rapprocher des observations suivantes : (i) la baisse régulière des estimations de croissance démographique un peu partout dans le monde ; (ii) l'observation que la gestion de l'eau avait, malgré la démographie mais avec un certain développement économique et l'émancipation des populations, globalement progressé, et que les problèmes internes de développement et d'approvisionnement en eau étaient le plus souvent sinon résolus, du moins en voie de l'être.

En parallèle, la conceptualisation de la notion de rareté est passée de l'imminence des crises par pénurie d'eau et des guerres de l'eau, à la nécessité de réguler les échanges alimentaires. Ainsi, le concept d'autosuffisance alimentaire s'est peu à peu transformé en paradigme de sécurité alimentaire, mondialisation du commerce oblige. Pour le cas précis de la Tunisie, et après avoir traité des politiques de l'eau et examiné les questions relatives aux diverses ressources et à leurs différents usages, le présent chapitre se propose d'aborder certaines des questions de l'eau qui font encore débat, des questions sur lesquelles les solutions ne sont pas encore envisagées avec une grande détermination ou pour lesquelles des ébauches de solutions ont été proposées mais ne font pas consensus parmi les experts des problèmes de l'eau. Les questions qui posent problème pour la Tunisie permettent d'organiser le débat autour des trois thématiques majeures suivantes :

a- Comment sécuriser l'approvisionnement en eau ? Cette thématique recouvre des questions d'ordre physique et technique, que les tunisiens, ingénieurs et décideurs, savent traditionnellement bien poser et résoudre. Tous les objectifs que recouvre cette thématique ne font, en réalité, pas l'objet de controverse majeure et feraient même consensus ; les points de vue exposés ici traduisent des différences portant sur les opportunités, les échéances, les méthodes d'approche et les modalités de mise en œuvre ;

b- Comment se présente l'avenir de l'eau en Tunisie ? La sécurité hydrique à long terme recouvre la sécurité de l'approvisionnement en eau, mais également la sécurité alimentaire puisque l'agriculture accapare une part importante des ressources en eau. Comment répondre aux besoins croissants des différents secteurs de l'économie sans grever le secteur agricole? Sans apporter de réponses définitives à cette question qui a largement déterminé la politique hydraulique de la Tunisie, on dresse des scénarios d'évolution des bilans hydriques dans une vision globale qui intègre les bilans de la balance agro-alimentaire ;

c- Comment réaliser la bonne gouvernance de l'eau ? Cette thématique recouvre des questions d'ordre législatif, institutionnel, règlementaire et cognitif, qui pour la plupart font l'objet de larges débats initiés depuis une vingtaine d'années et qui ont pu être formalisés par la communauté tunisienne de l'eau, essentiellement avec le déroulement de l'Etude du Secteur de l'Eau. Ouverts, la plupart de ces débats le sont toujours. Certes, des actions énergiques ont été mises en œuvre pour impulser la politique de l'eau, dont notamment par l'engagement dans la gestion de la demande en eau dans les divers secteurs avec le programme d'ajustement structurel en 1987, le lancement du PNEE en 1995, la révision du Code des Eaux en 2001, la mise en place d'un corps d'auditeurs des consommations en 2002. Mais un grand nombre de questions posées demeurent encore sur la table.

6.1- Sécuriser l'approvisionnement en eau

6.1.1- Existe-t-il de nouvelles pistes pour l'amélioration du bilan hydrique national ?

En dépit d'un certain nombre de déséquilibres régionaux, compensés en partie par de grands transferts, le bilan ressources-emplois au plan national semble relativement équilibré, et ce pour encore près de deux décennies (Louati et al, 1998), du moins selon l'état de nos connaissances actuel, un état certes non dénué d'incertitudes. Toutefois, cet équilibre est très fragile. Actuellement, il repose sur un certain nombre de dysfonctionnements grosso modo assez bien identifiés : connaissance plus qu'imparfaite des systèmes de ressources, maîtrise toute relative des usages, surexploitations d'aquifères, système institutionnel suranné et parfois inadapté aux évolutions du secteur, difficultés à gérer convenablement le DPH, dilapidation, par laisser faire, de réserves stratégiques irremplaçables. A terme et en raison du développement démographique et économique, et de l'accroissement du niveau de vie des tunisiens, le bilan est appelé à subir de fortes tensions. Il y a donc lieu de s'interroger aujourd'hui sur toutes les opportunités qui s'offrent pour tenter d'améliorer le bilan hydrique, tant sur le plan des équilibres physiques que sur celui d'une meilleure connaissance des diverses composantes, ou encore d'une plus grande efficacité des institutions et des mécanismes de préservation des ressources.

6.1.1.1- Désormais, tout prélèvement nouveau s'effectue sur les marges d'incertitude

Certains chiffres représentant les ressources en eau sont repris dans la littérature spécialisée, parfois sans que se pose la question de leur origine et de leur fiabilité. Nous évoquerons à cet égard le cas de certaines ressources hydrauliques, celui des eaux de surface, et celui des ressources des nappes phréatiques.

6.1.1.1. a - Connaissance des ressources hydrauliques

Les ressources hydrauliques de la Tunisie sont estimées à 4,85 km^3/an, dont 2,7 km^3 d'eaux de surface et 2,15 km^3 d'eaux souterraines. On doit noter que ces quantités recouvrent des éléments qui ne sont pas homogènes, comportant notamment et en première approximation les termes non additifs suivants : (i) 0,6 km^3 d'eaux de surface peu concentrées, difficilement mobilisables par des ouvrages classiques ; (ii) 0,32 km^3 provenant de bassins frontaliers (0,5 entrants et 0,18 sortants) ; (iii) 0,6 km^3 d'eaux souterraines faiblement renouvelables ; (iv) 0,1 km^3/an de crues d'oueds recyclées en recharge naturelle de nappes ; (v) 0,4 km^3/an de débit de base des cours d'eau de surface, provenant du drainage de nappes souterraines (hydrologues et hydrogéologues travaillant encore séparément, les termes (iv) et (v) font naturellement l'objet d'un double comptage dans les bilans) ; (vi) 0,46 km^3/an d'eaux souterraines saumâtres, dont la salinité dépasse 4 g/l difficilement valorisables pour les usages courants. Il est par ailleurs instructif (cf. chapitre-3) de constater que l'estimation des ressources souterraines évolue sans cesse, avec le niveau d'exploitation des nappes souterraines et l'évolution des connaissances.

6.1.1.1. b - Sur l'estimation et la mobilisation des eaux de surface

On estime actuellement que 0,6 km^3/an, parmi les eaux de surface, représentent des ruissellements diffus, peu concentrés ou côtiers, difficilement mobilisables par barrages et lacs collinaires mais pouvant être utilisables au moyen d'ouvrages de conservation des eaux et du sol. La valeur de 2,1 km^3/an fixant la limite des ressources en eau de surface facilement mobilisables a été édictée par la DGRE en 1990 lors du lancement de la première stratégie de mobilisation 1991-2000. Le même document (DGRE, 1990) précise que le complément pourrait être mobilisé par épandage de crues et essentiellement par les ouvrages de CES. Bien que cette assertion apparaisse comme une hypothèse de travail dans le document original de la DGRE, elle va être reprise, non plus comme hypothèse mais comme une certitude, dans toute la documentation spécialisée de ces vingt dernières années.

Or, avec l'ensemble de l'infrastructure des grands barrages et des barrages collinaires réalisés, nous disposons désormais d'une banque de données sur le bilan des barrages dont l'exploitation doit permettre d'affiner et de préciser les estimations à la fois des écoulements moyens et des volumes réellement mobilisés sur les bassins contrôlés.

6.1.1.1. c - Sur l'estimation des ressources des nappes phréatiques

Autant sur les nappes profondes, les connaissances géologiques et du réservoir, les méthodes éprouvées d'essais de puits et de modélisation, le nombre limité de forages permettant le comptage des prélèvements, autorisent des estimations tant soit peu fiables des ressources, autant sur les nappes phréatiques : la grande hétérogénéité du réservoir, l'impossibilité du comptage individuel sur des dizaines de milliers de puits, ne permettent que des estimations approximatives des ressources. C'est ce qu'illustre parfaitement le graphe de la figure 6.1, où la courbe des ressources exploitables colle en permanence à celle des prélèvements inventoriés ou estimés. Il est certes normal que l'estimation des ressources évolue avec le progrès des connaissances, mais l'anomalie réside dans le fait que les prélèvements dans les nappes phréatiques sont eux- mêmes mal connus. Face aux fréquents dépassements d'exploitation des puits de surface, ceci constitue l'un des principaux points faibles de la gestion des eaux souterraines, en raison du manque d'études précises opposables par l'Administration aux usagers des nappes en question.

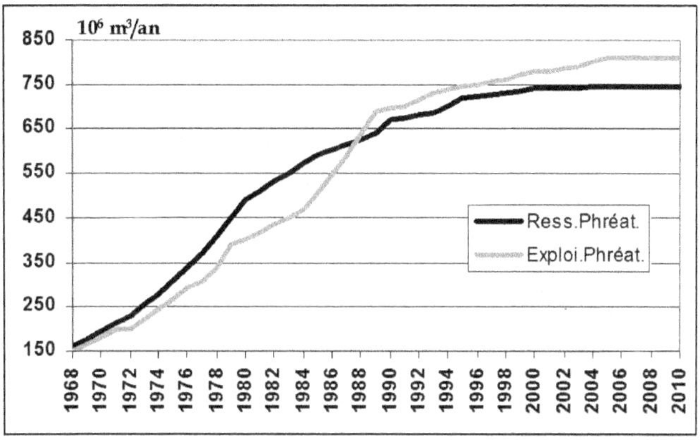

Fig.6.1 : Evolution des Ressources et de l'Exploitation de l'ensemble des nappes phréatiques de Tunisie.

Réalisée à titre expérimental, la délimitation sur images satellites des différentes palmeraies de Kébili, conjuguée à l'inventaire systématique des points d'eau et de leurs prélèvements, constitue une bonne démonstration des possibilités nouvelles et facilement accessibles qui s'offrent pour améliorer la connaissance des prélèvements, et par voie de conséquence des ressources des nappes soumises à des milliers de points de prélèvement.

6.1.1.2- Peut-on réellement dégager des ressources hydrauliques additionnelles ?

Au terme de la revue du bilan hydrique national, développée au cours du chapitre 3, il est possible de dégager trois gisements potentiels, de très inégale importance, susceptibles de fournir des ressources mobilisables additionnelles : (i) l'eau verte, gisement le plus prometteur qui fait l'objet d'un développement particulier dans le chapitre 4 et par ailleurs ; (ii) le stockage souterrain des apports exceptionnels du Nord, qui sera développé plus loin ; (iii) le retour des barrages du Centre à leur vocation de recharge des nappes : outre leur fonction de protection, ces barrages ont été conçus pour la recharge de la nappe de Kairouan, par lâchers dans le lit des oueds. Cette fonction initiale a évolué en une fourniture à caractère permanent d'eau d'irrigation, fonction contraignante qui nécessite une très grande sécurité d'approvisionnement, si bien que les stratégies d'exploitation de ces ouvrages ne laissent plus d'opportunité à la recharge de la nappe par les oueds, sauf en année exceptionnellement humide. Des simulations effectuées sur une longue série d'exploitation du barrage de Sidi Saad sur l'Oued Zeroud ont montré qu'une plus grande rigueur de l'alimentation en eau du périmètre irrigué par le barrage et qu'une priorité donnée à la recharge dans la gestion de l'ouvrage entraîneraient une très nette amélioration du bilan hydrique de la région, en réduisant quasiment à zéro l'évaporation et les autres pertes. Cela permettrait de réduire considérablement l'état de surexploitation de la nappe de Kairouan, particulièrement si le périmètre était entièrement alimenté par la nappe. Tout ceci n'aurait naturellement de sens qu'avec la mise en place de mesures énergiques et efficaces de lutte contre la surexploitation de la nappe de Kairouan par les usagers de puits et forages.

6.1.2- Le stockage souterrain des excédents des eaux du Nord

6.1.2.1- Recharge artificielle, ruissellements exceptionnels et structures de stockage

Depuis que la DGRE publie les annuaires de recharge artificielle des nappes, en 1993, il existe sur cette activité des données fiables et accessibles. Ainsi, le volume cumulé des quantités rechargées dans les nappes souterraines de Tunisie atteint-il près de 800 Millions de m^3, ce qui est considérable. Mais la recharge de la seule nappe de Kairouan, par lâchures des barrages Sidi Saad et El Haouareb, a utilisé les deux tiers de ces quantités, afin de pallier le déficit dans l'alimentation de la nappe dû à la construction de ces barrages.

Les autres projets de recharge artificielle, pour lesquels plusieurs dizaines de sites ont été réalisés, ont-ils représenté pour autant des réussites et accru sensiblement les apports aux nappes souterraines ? Par ailleurs, quel est le potentiel de la Tunisie en termes d'alimentation artificielle des nappes, en tant que technique alternative de remédiation à la surexploitation des eaux souterraines ? Enfin, peut-t-on envisager de stocker dans le sous-sol les excédents du ruissellement des années exceptionnellement humides ? Telles sont les composantes qui méritent de guider la mise en œuvre d'une stratégie nationale de recharge artificielle des nappes. La troisième composante, dont la réussite permettrait de dégager des ressources mobilisables additionnelles jugées intéressantes, implique une étude de préfaisabilité du stockage temporaire en surface et du stockage souterrain des excédents exceptionnels d'eau de surface : les hydrologues estiment qu'une année sur 10, un volume de l'ordre de 2,5 km^3 de ruissellements est déversé à la mer ou évaporé dans les plaines inondables. Y a-t-il moyen de récupérer une part de cet apport, de le transférer puis l'injecter et l'emmagasiner dans des réservoirs souterrains appropriés ? A quel coût et avec quels impacts écologiques ?

L'infrastructure des grands barrages a été conçue pour assurer une certaine régulation interannuelle, notamment des années sèches, et la commande en temps réel des grands ouvrages permet de gérer les apports d'années qualifiées d'humides, et de limiter ainsi les risques et les dégâts liés aux crues importantes. Mais la capacité des grands barrages n'est pas en mesure de gérer les crues exceptionnelles, et une majeure partie de ces apports exceptionnels va participer aux inondations des basses terres et rejoindre la mer.

L'apport décennal humide de la Tunisie est estimé (Frigui, 2008) à 4,7 km^3/an. La capacité de mobilisation actuelle des eaux de surface est égale à 2,2 km^3. Les apports non maîtrisés représentent donc un volume de 2,5 km^3, disponible une fois tous les dix ans, d'une eau de très bonne qualité chimique. Ces quantités sont certes nécessaires pour la régénération des écosystèmes côtiers, des sebkhas et autres zones humides, mais il ne semble pas à priori absurde d'envisager d'en récupérer une partie pour subvenir aux besoins de la population humaine.

La figure 3.10 (Chapitre-3) illustre bien cette situation : les volumes d'eau déversés par les grands barrages sont considérables durant les années humides par comparaison aux volumes effectivement alloués. Il devrait en bonne logique être envisageable de penser à transférer ces importantes quantités vers des régions déficitaires, au moyen d'une gestion appropriée fondée sur l'interconnexion des barrages du Nord avec ceux du Centre notamment.

Certaines estimations préliminaires ont montré la faisabilité technique de transferts d'eau de la retenue de Sidi Salem vers le Centre (Chekir, 2004). Des transferts seraient également possibles vers le Nord- Est (Chekir, 2006) par une meilleure gestion de la capacité du Canal Medjerda - Cap Bon pendant la saison hivernale. De tels projets, qui portent sur des volumes de l'ordre de 50 millions de m^3/an destinés à sécuriser l'eau potable ou à soutenir l'irrigation, montrent que de telles idées seraient envisageables.

Au Cap Bon, et en Tunisie Centrale notamment, existent d'importants aquifères dont les parties sèches (zone non saturée) seraient susceptibles d'emmagasiner de grandes quantités d'eau, lesquelles peuvent ensuite être pompées sur des périodes de plusieurs années successives. Ainsi, on a pu montrer (Besbes, 1975) qu'un volume de près de 200 Mm^3, injecté à l'amont de la plaine de Kairouan en l'espace de quelques mois, se trouve « piégé » dans la plaine pour plusieurs décennies : 30 ans après l'injection, les pertes dans les Sebkhas aval sont encore négligeables. Cette capacité de rétention, alliée à l'importance du volume non saturé disponible, font du sous sol de la plaine de Kairouan un parfait réservoir de stockage souterrain, en mesure d'emmagasiner d'énormes quantités d'eau, soit près de 2 km^3 en première estimation. La figure 6.2 montre la situation des plus grands réservoirs de stockage souterrain potentiels dans le Centre de la Tunisie, par rapport aux sources d'eau de surface excédentaire dans le Nord.

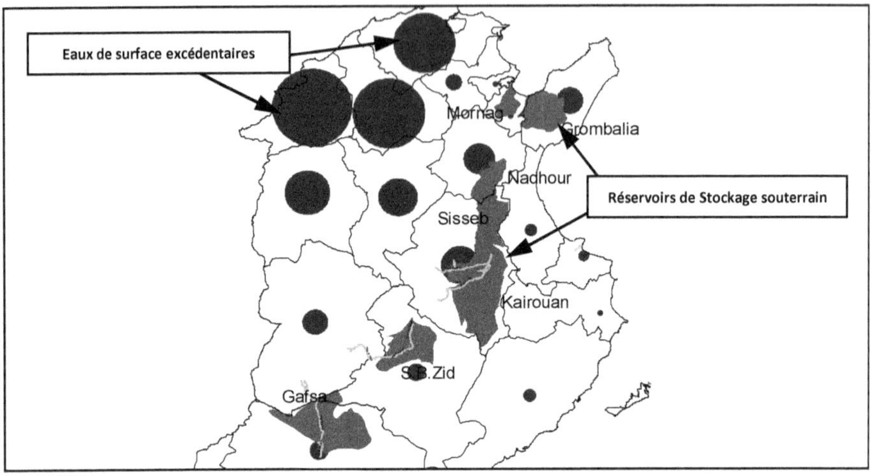

Fig.6.2 : Sources d'eau superficielle et sites de stockage souterrain.

Peut-on alors penser à allouer temporairement dans le Nord une partie des excédents d'eau pour les acheminer vers des réservoirs souterrains du Centre ; et dans ce cas : (i) existe-t-il encore des sites disponibles pour de nouvelles retenues d'eau dans le Nord ?, (ii) peut-on préciser le régime des apports à de telles retenues et leur mode de gestion ?, (iii) le transfert Nord-Centre est-il techniquement efficace?, (iv) quelles sont les propriétés hydrodynamiques et chimiques des réservoirs d'accueil ?, (v) quel sera le rendement du stockage, sa durabilité et quel effet subirait-il du changement climatique ?, (vi) l'interconnexion Nord-Centre des barrages existants serait-elle en mesure de remplir des fonctions similaires ?, (vii) quelle serait en définitive la rentabilité économique d'un tel projet ?, (viii) quel en serait l'impact environnemental à divers niveaux ? Autant de questions qui méritent approfondissements.

6.1.2.2- Antithèse : le stockage souterrain des excédents du Nord est-il réellement efficace ?

Le débat est d'ores et déjà vif autour de ce projet, et il suffit de se rendre dans la région de Kairouan pour réaliser le degré d'attente des agriculteurs de la plaine vis-à-vis des eaux du Nord, un projet qu'ils considèrent d'ores et déjà acquis et qui rentre désormais dans leurs stratégies de moyen terme.

D'un autre côté, les tenants de l'antithèse considèrent plus utile que ces volumes excédentaires servent comme eau environnementale, l'impact environnemental global pour les oueds déjà régulés par les barrages existants, pour les zones humides et pour le domaine côtier d'un tel verrouillage du système hydrologique pouvant conduire à une « catastrophe écologique ». Par ailleurs, et sur un plan purement hydraulique, les crues exceptionnelles considérées se produisent à des échelles de temps de l'ordre de quelques jours ou quelques semaines. Pour en transférer une partie (la moitié en première hypothèse, soit 1,2 km^3) vers le Centre, il y aurait (le transfert en temps réel étant impossible) une seule possibilité : régulariser les transferts. En admettant que l'on veuille assurer un débit fictif de 120 millions de m^3 sur dix ans (1/3 de la capacité du canal MCB). Il faudrait dans ce cas créer une capacité de stockage (par barrages) de 1,2 km^3 (la moitié de la capacité actuelle de mobilisation des eaux de surface) qui en moyenne se remplit et se vide une fois tout les dix ans. Cela pose également un certain nombre de questions de rentabilité et d'efficacité économique ; à titre d'exemple : la perte par évaporation serait bien plus importante par unité de volume utile.

6.1.3- La sécurité intérieure des ressources et des infrastructures hydrauliques

6.1.3.1- Sécurité du système d'approvisionnement en eau potable.

Cette partie décrit en quoi le système hydraulique national peut être vulnérable et l'objet de dégradations involontaires ou délibérées, et propose un certain nombre de mesures à prendre, à étudier ou à envisager de façon à améliorer le niveau de protection et de sécurité des ressources et des infrastructures. Les questions relatives à la sécurité de l'eau, particulièrement de l'eau potable, dont la sécurisation constitue un enjeu stratégique majeur, possèdent de multiples dimensions :

- La sécurité d'approvisionnement des usagers dans des situations critiques d'insuffisance de ressources, en cas de sécheresse ou de dysfonctionnement circonstanciel par exemple, ou même en cas d'inondations qui peuvent provoquer des ruptures d'approvisionnement ;

- La sécurité par rapport aux risques de pollution accidentelle ou de contamination mal contrôlée;

- La sécurité relative aux actes de malveillance, de nature criminelle ou terroriste, et aux risques en situation de troubles sociaux extrêmes ou de conflit majeur.

Nous nous proposons de mettre en exergue ce dernier volet, qui a le plus souvent été occulté, mais traiterons également des autres dimensions évoquées, qui sont étroitement imbriquées.

Il a fallu, en effet, à la Tunisie plus d'un demi-siècle d'efforts et de sacrifices pour construire, et léguer aux générations actuelles et futures, un système hydraulique national moderne et performant, quelles qu'en soient les insuffisances par ailleurs. Ce système, dont le chapitre-2 décrit longuement la genèse et la mise en œuvre, comporte de nombreuses composantes : ouvrages de mobilisation, réservoirs, stations de pompage et de traitement, réseaux d'adduction et de distribution.

C'est sans doute le maillon des réseaux de transport d'eau potable, le réseau SONEDE, avec une longueur totale de près de 50 000 km (20 % pour l'adduction, 80 % pour la distribution), qui est le plus vulnérable. Outre les ruptures classiques sur les réseaux de distribution, des dommages d'une autre nature et d'une autre portée ont pu être observés après la Révolution de 2011, ayant eu pour cibles des conduites d'adduction, provoqués par des groupes autochtones opposés à des transferts interbassins et se considérant lésés par ces transferts. Ces différends ont, en définitive, été en nombre très limité, n'ont pas provoqué de pénurie significative, et ont généralement été réglés à l'amiable, par la négociation et la prise en compte des doléances des populations concernées lorsqu'elles se justifient, ou par voie de justice en cas de dommages injustifiés ou d'actes criminels avérés.

Quant aux stations de traitement de l'eau potable, elles sont peu nombreuses. Il y en a douze au total sur toute la Tunisie, dont celles de Ghdir El Golla et de Belli qui alimentent une part importante des agglomérations, sont considérées d'importance stratégique, et les stations sont toutes relativement bien protégées. Ceci n'exclut pas complètement tout risque de malveillance à ce niveau, qui concentre l'immense majorité des eaux potables du pays. La station constitue le point le plus sensible du réseau : passée la station, l'eau circule sans aucune autre transformation jusqu'au robinet du consommateur. Au niveau des réservoirs de stockage de l'eau traitée, la vulnérabilité est aussi grande sinon plus qu'à la station de traitement. De très faibles quantités de produits chimiques toxiques introduits à ce niveau, d'agents biologiques ou de toxines, risquent de provoquer sinon un danger grave pour la santé publique, une panique générale et un impact psychologique préjudiciables chez d'importantes tranches de la population. Une vigilance accrue et sans relâche est exigée dans les stations pour prévenir tout acte intentionnel. Plusieurs voies devraient être privilégiées à cet effet : (i) l'étude de l'opportunité de barrières chimiques et biologiques, capables de provoquer un abattement rapide de teneurs en produits indésirables ; (ii) la mise en place de systèmes de détection précoce sur l'ensemble des points sensibles du réseau, et corollairement de fortes capacités de télésurveillance ; (iii) une protection préventive et efficace contre les cyber-attaques sur le système informatique de la SONEDE. Un protocole analogue est applicable au niveau des réserves majeures (grands réservoirs et barrages-retenues), un traitement très particulier devant être réservé au barrage Sidi Salem sur la Medjerda, clé de voute de l'ensemble du système hydraulique national.

6.1.3.2- La sécurité et la culture du risque

La Tunisie ne dispose pas d'un plan d'alerte pour la gestion des risques majeurs, telles les pollutions accidentelles, sur les systèmes collectifs d'approvisionnement en eau. Les lois 91-39 et 96-29, et le décret 93-942, traitent de la gestion des calamités et catastrophes naturelles (incendies, inondations, séismes, tempêtes) et du programme national d'intervention urgente en cas de pollution marine, mais pas des pollutions accidentelles sur les eaux continentales et sur les systèmes hydrauliques voués à l'alimentation humaine. A cet effet et pour coordonner l'ensemble des mesures préventives et curatives en cas de survenue de risque majeur ou de catastrophe sur la qualité de l'eau potable, il y a lieu de concevoir et mettre en œuvre un plan ORSEC[29] pour l'eau potable au sein des dispositions de gestion des catastrophes accidentelles.

Les inondations ou les sècheresses que connait fréquemment la Tunisie remettent régulièrement sur le devant de l'actualité la notion du risque. En réalité, de toutes les situations pouvant survenir et mettant en cause des ouvrages hydrauliques, les ruptures de barrages, des canalisations de transfert ou des digues de protection contre les inondations, sont celles qui présentent les plus grands risques de dommages humains, économiques et environnementaux. Les exigences quant à la sécurité des barrages sont extrêmes. Elles sont omniprésentes dans toutes les phases du projet : planification, conception, réalisation et exploitation. Sécurité en crue, sécurité au séisme, risques d'instabilité des fondations : la culture du risque fait partie intégrante de l'ingénierie des barrages. En définitive, l'expérience internationale révèle que les grands barrages posent moins de problèmes qu'on ne pourrait le supposer, alors que l'on observe des risques véritables aussi bien sur les digues, dont les protocoles d'entretien sont bien moins précis et rigoureux, ainsi que sur les petits barrages.

---

[29] « Organisation des Secours », ou « Organisation des Réponses de la Sécurité Civile »

6.1.3.3- La sécurité des ouvrages et des installations hydrauliques

Hormis la rupture de certaines digues censées protéger des villes contre les inondations et dont la responsabilité institutionnelle de la gestion n'est pas délimitée avec précision, il n'a pas été constaté à ce jour d'accidents particuliers sur les barrages, des ouvrages généralement récents, contrôlés et gérés directement par l'Administration ou de grandes entreprises publiques. A l'avenir, la gestion de la situation est appelée à devenir plus complexe, avec des probabilités de défaillance et de rupture accrues, en raison du nombre de barrages moyens et petits en constante augmentation, et de l'avancée en âge des grands barrages, ces derniers devenant vétustes et vieillissants, voire pour certains obsolètes et dangereux bien qu'ayant scrupuleusement respecté les normes en vigueur à l'époque de leur construction.

Dans ce contexte, il est important que des dispositions d'ordre législatif et organisationnel relatives à la sécurité des ouvrages et des installations hydrauliques soient mises en œuvre dans les meilleurs délais possibles, consistant notamment en :

- La création officielle d'un comité technique permanent pour les grands ouvrages hydrauliques, ayant pour mission d'émettre un avis sur tout sujet concernant la sécurité des ouvrages, que ce soit au niveau de la conception, de la construction, de la restauration ou du remplacement des grands barrages et des grandes canalisations et digues de protection contre les inondations.

- L'obligation pour certains ouvrages hydrauliques de produire une étude particulière sur les impacts prévisibles et les dangers encourus par la création de l'installation, avec : (i) une évaluation précise des risques et des scénarios en cas d'accidents naturels ou provoqués (crues, séismes, actes terroristes), et des moyens de prévention ; (ii) des informations essentielles sur la sureté de l'ouvrage et la sécurité des populations concernées : zone protégée en cas de digue, située à l'aval en cas de barrage.

- La préparation sous la responsabilité des services de la sécurité civile et de la gestion des crises de plans de secours spécifiques pour les ouvrages et installations hydrauliques à grand risque, qui déterminent les dispositifs globaux pour la mise en sécurité des populations et des biens.

6.1.3.4- Des réserves stratégiques pour sécuriser l'approvisionnement des métropoles urbaines

Dans un esprit similaire mais au niveau de la ressource et en termes de risques quantitatifs majeurs pouvant être envisagés sur l'approvisionnement en eau potable, un nombre limité d'aquifères, situés à proximité immédiate des grandes métropoles urbaines, devraient être gérés comme des ressources stratégiques pour l'alimentation en eau potable de secours des populations en cas de crise ultime, où la majorité des ressources et des infrastructures hydrauliques utilisées habituellement auraient été rendues indisponibles. A proximité immédiate de chaque métropole urbaine, il existe une ou plusieurs nappes souterraines que l'on devrait conserver dans un bon état quantitatif et qualitatif, et ce, au titre de « réserves stratégiques pour l'eau potable ».

Or, il se trouve que, précisément, de telles ressources périurbaines susceptibles de servir comme réserves stratégiques sont toutes en voie d'épuisement, et la qualité de leur eau ne cesse de se détériorer, en raison d'usages agricoles intensifs, et risquent fort d'être inutilisables si jamais il advenait qu'on doive y recourir un jour comme source d'eau potable d'urgence. Il s'agit notamment :

- des nappes du Mornag et de Manouba dans le Grand Tunis, toutes deux dramatiquement surexploitées, en particulier celle du Mornag où l'on observe d'ores et déjà des teneurs en nitrates inadmissibles ;

- de la nappe de Zeramdine-Beni Hassen, enclave d'eau douce située au cœur du Sahel, et en situation de surexploitation ;

- de la nappe de Chaffar à Sfax, elle aussi surexploitée pour les besoins de l'agriculture, et dont l'état qualitatif se dégrade de jour en jour.

Toutes ces réserves d'eau douce doivent bénéficier d'un statut particulier et exceptionnel, qui permette d'abord de restituer leurs ressources dans un état quantitatif et qualitatif durable, puis de les sauvegarder efficacement.

6.1.4- Faire face à la surexploitation des eaux souterraines

6.1.4.1- Nécessité d'un nouveau mode de gestion des nappes souterraines

On estime aujourd'hui qu'à l'échelle de la Tunisie, le prélèvement sur les eaux souterraines atteint 93 % des ressources exploitables, et que ces quantités fournissent près de 75 % des besoins en eau directs de la nation. C'est dire l'urgence et l'importance que l'on doit accorder à la protection et à la conservation des nappes souterraines, notamment par la recherche de modes de gestion plus pertinents où les usagers sont associés au devenir de la ressource. Il faut toutefois signaler que peu de cas dans le monde peuvent être cités comme des expériences réussies de gestion participative de nappes souterraines surexploitées.

Le Code des Eaux avait déjà introduit les éléments d'une gestion rationnelle, mais essentiellement coercitive, des eaux souterraines : (i) appartenance des nappes souterraines au DPH ; (ii) obligation de déclaration des puits réalisés ; (iii) transformation du droit de propriété de l'eau lorsqu'il existe en droit d'usage ; (iv) redevance sur les prélèvements ; (v) mise en place de périmètre de sauvegarde lorsque « les conditions d'exploitation...risquent de mettre en danger la conservation quantitative et qualitative des eaux », où toute recherche ou exploitation est soumise à autorisation ; (vi) mise en place de périmètre d'interdiction lorsque « la conservation ou la qualité des eaux sont mises en danger par le degré d'exploitation », où l'Etat autorise toute modification sur les ouvrages existants mais peut limiter leur débit, voire l'annuler.

L'eau souterraine nécessite un mode de gestion associant tous les utilisateurs. La forme d'organisation permettant d'associer les usagers à la gestion de la nappe obéit à un certain nombre de principes directeurs (Ollagnon, 1991) : (i) La surexploitation des nappes souligne les limites de la notion de bien commun : chaque usager trouve son intérêt individuel à prélever toujours plus sur une ressource partagée. Pour éviter les abus, il faut favoriser les processus de négociation ; (ii) Sans choix collectif d'ensemble, l'état de la nappe est livré à la conscience de chacun, ce qui reste insuffisant ; (iii) Dans un contexte de rareté, le dilemme consiste à arbitrer entre la préservation de la nappe et le développement économique de la région ; (iv) Pour les eaux souterraines, il faut prendre en compte l'ignorance, qui libère les usagers de toute responsabilité à long terme ; (v) La participation de tous n'est possible que si le sentiment de solidarité est conforté par une conscience forte et un objectif clair de préservation d'un bien commun.

Deux moyens permettent avec certitude de sceller une telle prise de conscience : d'une part, l'éradication de l'ignorance des effets par l'éducation, d'autre part, l'instauration d'une redevance sur les prélèvements qui exprime la valeur de l'eau.

6.1.4.2- La gestion participative des nappes souterraines est-elle une panacée ?

Le Programme National de « Gestion participative des nappes surexploitées », qui a beaucoup de mal à se mettre en place, mais fait néanmoins partie des projets en gestation à la DGRE, devrait permettre de développer les éléments pour une stratégie de gestion dont les usagers sont les acteurs centraux. Cette stratégie est basée sur les principes fondamentaux exposés plus haut.

L'objectif principal en est de doter les agriculteurs, utilisateurs des eaux souterraines, d'informations, de connaissances et de compétences qui leur permettent d'assurer eux-mêmes une gestion durable des nappes souterraines et de contrôler leur propre demande.

L'hypothèse fondamentale est que l'accès aux données et aux connaissances scientifiques sur la nappe doit fournir aux agriculteurs les moyens d'opérer les choix appropriés et de prendre les bonnes décisions pour une gestion active de l'aquifère, l'exploitation de la nappe sur le long terme, et une utilisation parcimonieuse des ressources en eau. Cette hypothèse se traduit sur le terrain par trois principaux types d'actions :

(i) - Démystifier l'hydrogéologie et les sciences de l'eau et apprendre aux agriculteurs à prendre intégralement en charge la collecte des données permettant de comprendre le fonctionnement des nappes souterraines ; un précédent existe de la mise en place réussie de ces protocoles dans l'Etat d'Andra Pradesh dans le sud- est de l'Inde (Banque Mondiale, 2009) ;

(ii) - Aider à acquérir une « conscience de nappe », à percevoir le passage du statut de propriété privée de l'eau souterraine au sentiment de bien commun, et à prendre la mesure du risque que représente l'épuisement de la nappe pour toute la communauté ;

(iii) - Renforcer les institutions de gestion locale de l'eau et favoriser l'émergence d'institutions de gestion des eaux souterraines au niveau de la nappe.

6.1.4.3- La redevance de prélèvements : un outil efficace contre la surexploitation

La redevance de prélèvements est l'une des mesures de la gestion de la demande en eau. Elle constitue déjà une incitation à caractère économique prévue par le Code des Eaux (art. 63 et 53), mais les capacités de recouvrement actuelles du BIRH, institution compétente, ne lui permettent pas d'assurer convenablement cette mission. Par ailleurs, le taux de la redevance reste encore dérisoire et inchangé depuis 22 ans : 2 millimes (ml) par mètre cube autorisé pour les eaux à usage agricole ; 5 mil/m^3 pour les usages autres qu'agricoles (Arrêté des ministres des finances et de l'agriculture du 24 juillet 1991, fixant les redevances pour utilisation des eaux et du sable du domaine public hydraulique).

Imaginons ce que seraient les revenus de cette redevance en application du taux actuel aux quantités prélevées sur les eaux souterraines (estimées d'après l'Annuaire d'exploitation des nappes profondes et l'Etat de l'exploitation des nappes phréatiques). Dans cette première estimation, on applique, à titre d'hypothèse, la redevance (à 5 ml) aux quantités prélevées à usage d'eau potable. Le résultat est considérable : près de 5 millions de DT pourraient constituer la partie des recettes du BIRH relative aux seules eaux souterraines. Une telle masse financière constitue à priori un outil de dissuasion déterminant pour d'abord connaitre avec plus de précision, contrôler et limiter la surexploitation des nappes. Pour ce qui concerne les eaux de surface, et en se référant aux données de la gestion des grands barrages et à celles de la SONEDE, les recettes seraient supérieures à 2 millions de DT/an en application des taux actuels. En vertu du principe selon lequel « l'eau paie l'eau », cette source de financement serait par ailleurs bien venue pour soutenir efficacement les activités d'un BIRH modernisé et rénové : fonctionnement des systèmes de contrôle et de police des eaux , développement et exploitation des réseaux de mesure , bases de données et systèmes d'information sur l'eau, suivi et archivage des forages , inventaire des puits, activités d'études et de modélisation, etc.

6.1.4.4- Eléments pour une base de données des usages de l'eau

Faute de pouvoir installer des compteurs volumétriques sur les 100 000 puits exploités et équipés d'installations de pompage, et sur les quelques 10000 forages profonds exploités (bien plus si l'on compte les forages illicites non autorisés et non inventoriés), il faudra mettre en place des procédures de comptage indirectes et contradictoires pour espérer cerner avec une certaine fiabilité les quantités prélevées sur les nappes souterraines. Parmi ces procédés figure l'analyse des superficies irriguées par enquête ou sur images satellites, mais il existe un autre procédé, plus systématique : *« **l'inventaire des usages de l'eau** »*.

En effet, et à l'instar des Bilans en eau comptés et publiés pour chaque unité hydraulique « d'offre » identifiée (nappe souterraine, oued, barrage, lac collinaire), il faudra identifier toutes les unités élémentaires de demande (commune, périmètre public irrigué, périmètre irrigué privé, hôtel, usine...) agrégés par entité (délégation, gouvernorat) et établir, avec la même fréquence que pour l'offre, des bilans contradictoires. Après confrontation, ces bilans devraient être régulièrement publiés sous forme d'Annuaires des Usages de l'Eau. Une telle transparence ne manquera pas d'introduire une précision plus grande dans l'estimation des ressources. C'est de la sorte qu'a procédé la DGRE pour ce qui concerne l'offre : les annuaires pluviométriques, hydrologiques, des nappes profondes et des nappes phréatiques constituent désormais des outils d'études et de planification irremplaçables, et une référence nationale et internationale incontournable, même si la procédure et la méthodologie demeurent encore perfectibles. L'Annuaire statistique des usages de l'eau est donc à concevoir, à alimenter et mettre en forme. A titre d'exemple, les USA publient (USGS, 2013 ; Kenny et al, 2009), avec des intervalles de 5 années et depuis 60 ans déjà (premier inventaire publié en 1950), les volumes recensés par types d'usages de l'eau, agrégés par comté et par Etat.

6.1.5- Sécuriser la qualité de l'eau

A la fin des années 60, l'Algérie, la Tunisie et d'autres pays en quête d'industrialisation, de délocalisations d'entreprises étrangères et de créations d'emplois, étaient sans doute pour ce faire prêts à "acheter de la pollution", selon la boutade attribuée au président Boumediene (Baudelle, 1999) à l'adresse des investisseurs étrangers. Mais au delà du trait d'esprit un peu provocateur, ce mot célèbre s'est révélé significatif de tout un état d'esprit, encore vivace, sur l'importance et la priorité que nous devrions accorder à la préservation de la qualité de l'eau, que ce soit vis-à- vis des eaux de boisson ou des eaux douces naturelles. Dans ce contexte, deux indicateurs suffisent à mesurer la distance qui nous sépare d'un état de relation apaisée, efficiente et transparente, avec les questions relatives à la qualité des eaux :

- Trente années après sa publication par l'INNORPI, en 1983, la norme tunisienne sur la qualité des eaux de boisson : NT 09.14, n'est toujours pas homologuée, et aucune analyse d'eau potable n'est publiée ;

- Vingt ans après la création du Ministère de l'Environnement, les réseaux de suivi et de contrôle, l'observation et l'analyse, de la qualité des ressources hydriques ne sont pas encore organisés d'une manière claire, transparente et efficace entre ce département et celui de l'Agriculture. D'une manière générale, la qualité des eaux naturelles ne bénéficie pas encore d'investissements, humains et matériels, suffisants pour assurer un progrès significatif des connaissances. Cette question demeure, et malgré des efforts de l'ANPE (ANPE & Aquapole, 2008), à l'initiative de chercheurs isolés sans continuité de programmes, ce qui ne favorise pas le développement d'une vision claire au plan national.

6.1.5.1- Sur le contrôle de la qualité des eaux de boisson

La Norme NT 09.14, inspirée des directives de l'OMS, avait le mérite de fixer, avec une certaine précocité, les éléments conditionnant la potabilité de l'eau en Tunisie. Trente ans après sa sortie, ce document est en cours de révision, notamment pour prendre en considération les évolutions internationales les plus récentes en matière de potabilité. Pour tenir compte de certaines difficultés d'application, cette norme précisait : « lorsqu'il est impossible ... d'approvisionner les consommateurs avec une eau qui respecte les normes précitées ... il convient d'essayer de s'en rapprocher au maximum ... Toutefois, pendant cette période transitoire cette eau peut être distribuée ».

Malgré cette réserve, les autorités sanitaires n'ont pas souhaité rendre ce texte obligatoire en l'homologuant officiellement : en toute rigueur, le consommateur ne possède donc aucune garantie que l'eau du robinet correspond bien aux limites fixées par cette norme. Dans ce contexte, assez informel, le consommateur tunisien s'en remet à la confiance qu'il accorde à l'omnipotence et à la compétence des deux Institutions opérationnelles en la matière, à savoir : la Direction de l'Hygiène du Milieu et de Protection de l'Environnement (DHMPE) et la Société Nationale d'Exploitation et de Distribution des Eaux (SONEDE)

a- La Direction de l'Hygiène du Milieu et de Protection de l'Environnement (DHMPE)

Sous l'autorité du Ministère de la Santé Publique, cette direction est chargée notamment du contrôle de la qualité des eaux de consommation et des eaux thermales, du contrôle de la protection de l'environnement et de la lutte contre la pollution. A cet effet, les Services Régionaux de l'Hygiène prélèvent, sur tout le territoire national, des échantillons d'eau dans tous les points où transitent les eaux destinées à la boisson : sorties des stations de traitement, réservoirs, réseau de distribution et jusqu'au robinet. En cas d'anomalie constatée, les services d'hygiène avertissent immédiatement l'acteur concerné, qui prend les dispositions adéquates et apporte les corrections nécessaires.

Tout ce protocole de communication est confidentiel, ce qui est légitime pour éviter toute panique déplacée ou exploitation malveillante d'une anomalie sans risque et passagère. Ce qui l'est moins, en revanche, c'est que les résultats des analyses effectuées ne sont pas communiqués au public. L'eau potable est une denrée alimentaire par excellence, et il parait être du droit de chacun de pouvoir accéder à une connaissance régulière de sa composition. Une telle information serait de nature à apaiser tout sentiment irrationnel d'insécurité, qu'illustre l'envolée des consommations d'eau en bouteille qui s'est emparée d'une majeure partie de la population. La consommation du tunisien en eaux conditionnées est passée, en effet, de 7 l/an en 1990 à près de 110 l/an en 2013 (ONTH, 2013).

b- La Société Nationale d'Exploitation et de Distribution des Eaux (SONEDE)

Dans le paysage des agences tunisiennes de l'eau, cette institution s'est distinguée par sa qualité de bon communicant, en se dotant d'un service statistique performant et en publiant dès les années 70 un annuaire statistique précis, où le lecteur averti est en mesure d'établir la trace du moindre m^3 d'eau produit. Toutefois, ce culte du détail sur les volumes contraste avec l'absence d'information sur la qualité de l'eau, sauf à préciser chaque année, sur le plan bactériologique, le nombre des analyses non conformes et le pourcentage des cas impropres pour l'ensemble de la Tunisie, généralement en deçà de la limite exigée par la norme tunisienne NT 09.14 et du seuil toléré par l'OMS. Ainsi, pour l'exercice 2010, les réalisations dans les laboratoires de la SONEDE ou en sous-traitance sont-elles estimées à : (i) 1846 analyses physico chimiques, avec des teneurs en éléments indésirables et toxiques, pour toutes les distributions, inférieures aux seuils limites fixés par la norme NT 09. 14 ; (ii) 47 569 analyses bactériologiques, avec 0,86 % de cas impropres.

La SONEDE semble techniquement bien outillée pour maitriser les problèmes relatifs à la qualité physico chimique et bactériologique de l'eau, mais n'a aucune obligation réglementaire pour communiquer sur ces questions et ne publie aucun résultat sur la qualité des eaux de boisson. Le consommateur est cependant en droit de savoir avec précision ce qu'il en est de la qualité de l'eau du robinet, d'autant que la Norme 09.14, à laquelle se réfère la SONEDE, pourrait s'avérer obsolète à certains titres, en tout cas au plan de tous les polluants émergents qu'elle ignore : antibiotiques, hormones, certains pesticides, que l'on peut trouver dans des retenues de barrage à l'aval de grandes agglomérations.

En réalité, les vrais soucis de la SONEDE en termes de qualité sont liés à la salinité totale. Alors que la NT 09.14 admet des salinités allant jusqu'à 2500 mg/l, ce qui peut expliquer le fait qu'elle ne soit pas homologuée, la SONEDE distribue encore dans certaines régions, certes limitées, des eaux aux salinités supérieures, mais le Plan National d'Amélioration de la Qualité vise à ramener, à terme (horizon 2035) toutes les eaux distribuées par la SONEDE à des salinités inférieures à 1500 mg/l, et ce au moyen d'un très ambitieux programme sur les régions du Centre et du Sud Ouest, comportant notamment 17 stations de dessalement des eaux saumâtres.

6.1.5.2- Sur le suivi de la qualité et de la pollution des ressources hydriques

La DGRE gère un réseau de suivi de la qualité des eaux comprenant 1300 points d'eau souterraine répartis sur tout le territoire tunisien ; les paramètres mesurés sont les résidus secs et la teneur en nitrates. L'ANPE, de son coté, gère un réseau de surveillance et de contrôle de la pollution de l'eau, qui comprend 60 points répartis sur plusieurs gouvernorats et assurant le suivi minutieux de nombreux paramètres de qualité. Le réseau de l'ANPE est un nouveau réseau de surveillance de la qualité du milieu hydrique, qui vient s'ajouter aux réseaux existants de la DGRE, de la DGBGTH (qualité des eaux des retenues des grands barrages), de la DGACTA (lacs collinaires, suivi de la qualité des sols), du MSP (qualité bactériologique des eaux et risques sanitaires), chacun avec ses objectifs propres et ses paramètres spécifiques. Toutes ces informations devraient être, à terme, interconnectées à travers le système national SINEAU. Mais il ne suffit pas d'interconnecter les données pour couvrir la totalité des problèmes, encore faudrait-il que la collecte de l'information soit elle-même conçue et coordonnée à un niveau national pour espérer pouvoir pallier d'éventuels dysfonctionnements. Ainsi et à titre d'exemple, faut-il rappeler que dans le système actuel, l'un des plus grands sites de pollution hydrique n'est ni suivi ni même répertorié : il s'agit du lac d'El Borma où sont rejetées depuis plus de quarante ans les eaux de récupération des forages pétroliers du Champ d'El Borma (Shel, 1988). Ces quantités, cumulées à près de 100 Mm^3, sont susceptibles de constituer un risque majeur, certes sur le long terme, pour les nappes de la Nefzaoua et du Djerid.

6.1.6- Le bon état de l'eau et la santé humaine

En dépit des efforts déployés pour la mise en place de moyens de lutte contre la pollution dans les milieux hydriques et de recyclage des eaux usées traitées, des systèmes d'eau potable et d'assainissement, ainsi que des réseaux de contrôle de la qualité des eaux fournies à la population, certains problèmes en relation avec la santé humaine persistent. Si dans les zones urbanisées prises en charge directement par la SONEDE et l'ONAS, les progrès sont tangibles, ils ne se sont pas traduits dans le monde rural par un accès universel à une eau potable salubre et à un assainissement adéquat pour tous les citoyens.

Sur un autre plan, le manque d'assainissement, le traitement inapproprié des déchets, les méthodes non sécurisées d'élimination des produits chimiques à caractère industriel, l'usage devenu souvent abusif d'engrais et de pesticides en agriculture, une gestion parfois irresponsable de l'eau, ont également un impact négatif sur la qualité des eaux et menacent indirectement la santé de l'homme. La dégradation environnementale et le risque sanitaire potentiel qui en résulte représentent une tendance qui pourrait prendre des décennies à s'inverser.

Au niveau de la qualité de l'eau disponible à la consommation humaine, les opérations de contrôle et de désinfection effectuées par les services régionaux du Ministère de la Santé publique sur les points d'eau collectifs ont certes permis d'améliorer la situation générale. Mais la qualité de l'eau reste en deçà des normes requises particulièrement pour les puits et les citernes d'eau à usage familial (SONEDE, 2000).

En ce qui concerne le comportement de la population, le respect des périmètres de protection des points d'eau, les conditions de transport et les modes de conservation de l'eau potable demeurent problématiques en milieu urbain défavorisé ou en milieu rural. De ce point de vue, il est indispensable de définir pour chaque point de distribution publique, une zone de protection. C'est à ce niveau que les GDA chargés de la gestion des points d'eau potable et la population bénéficiaire doivent acquérir les règles fondamentales de l'hygiène de l'eau. D'autre part, dans les centres de santé, les écoles et autres établissements publics, les messages éducatifs ayant comme thème la relation eau propre-bonne santé et eau impropre-maladie méritent d'être développés.

Ces constats amènent à penser à renforcer les capacités du personnel de santé publique chargé de l'encadrement de la population et qui doit avoir les compétences requises aussi bien techniques, qu'au niveau éducationnel, pour convaincre la population de la nécessité du respect des règles d'hygiène, d'une part, et de l'importance des moyens mis en place, d'autre part.

L'amélioration de l'impact environnemental dans le milieu rural concerne notamment l'amélioration des techniques d'assainissement. Le rejet des eaux usées domestiques et collectives dans le milieu naturel, souvent à proximité immédiate des logements, ainsi que l'utilisation des puits perdus pour les eaux vannes, surtout lorsque la nappe n'est pas suffisamment profonde, constituent un souci majeur de santé publique. Afin d'y remédier, et en attendant la mise en œuvre d'une stratégie nationale en matière d'assainissement rural, l'on peut envisager de généraliser le recours à des actions d'aménagement de fosses septiques normalisées dans les agglomérations rurales desservies en eau courante par la SONEDE. Ces actions concerneraient notamment des campagnes de sensibilisation des usagers, l'encadrement technique pour la réalisation, et des incitations financières pour promouvoir l'opération.

Un autre aspect en rapport direct avec la santé humaine est la réutilisation des eaux usées traitées à des fins agricoles. Une règlementation existe en Tunisie qui délimite la qualité des EUT à employer et la nature des cultures à irriguer et détermine les conditions générales d'une utilisation sans risque majeur. Le respect de cette règlementation est souvent peu strict, notamment en ce qui concerne la qualité des EUT produites et la manipulation directe des eaux par les irrigants.

Compte tenu de la fragilité des milieux hydriques et de l'importance de la question de la santé humaine , il est primordial de promouvoir à tous les niveaux appropriés, aussi bien à l'échelon local que dans le contexte régional, la protection de la santé, tant individuelle que collective des populations, en améliorant la gestion de l'eau, y compris la protection des ressources en eau et des écosystèmes aquatiques, et en s'employant à prévenir, à combattre et à faire reculer les maladies liées à l'eau. La situation actuelle en Tunisie manque de visibilité quant au rôle des divers intervenants notamment en matière de contrôle sanitaire au niveau de la ressource en eau et des usages, qui renvoie sur le Ministère de la Santé Publique tout le poids de la question sanitaire. Il est donc important qu'une vision nationale soit établie en vue d'améliorer les aspects sanitaires en relation avec l'eau et qui intègre en particulier les éléments suivants : (i) Associer la protection de l'environnement à la promotion de la santé et du bien être de l'homme en réunissant les gestionnaires d'écosystèmes et professionnels de l'eau , de l'assainissement et de la santé, dans un cadre de responsabilité clair ; (ii) Créer un cadre holistique pour traiter l'intégralité de la chaine des causes et des effets , depuis la dégradation de l'environnement jusqu'aux effets sanitaires liés à l'eau ; (iii) Protéger les ressources en eau utilisées comme sources d'eau potable et les écosystèmes correspondants contre la pollution ; (iv) Assurer un approvisionnement adéquat en eau potable salubre et conforme à des normes nationales concertées ; (v) Garantir à toute la population , dans des délais réalistes, un assainissement de qualité, permettant de protéger suffisamment la santé de l'homme et de l'environnement ; (vi) Mobiliser les moyens humains et financiers nécessaires pour éviter la détérioration de la couverture des services existants d'eau potable, d'assainissement et de contrôle de la qualité des eaux ; (vii) Encourager la sensibilisation, la participation et l'implication effective du public dans les processus de décision en rapport avec l'eau potable et l'assainissement ; (viii) Mettre en place des systèmes efficaces pour assurer une surveillance de l'état sanitaire et intervenir en cas d'épisodes ou d'incidents de maladies liées à l'eau.

6.2- Sécurité hydrique et sécurité alimentaire : Un exercice de prospective

6.2.1- Bilan hydrique de la demande alimentaire

6.2.1.1- Modélisation du bilan hydrique de la demande alimentaire

A l'état actuel de notre connaissance des ressources en eau et des programmes de mobilisation, le plafonnement des ressources conventionnelles exploitables est devenu une réalité. Dans ce contexte, l'augmentation des allocations des usages directs de l'eau ne peut s'effectuer qu'au détriment de l'usage agricole, et l'allocation agricole est donc condamnée dans le long terme à diminuer au rythme de l'augmentation de la demande des autres secteurs.

Encadré N° 6.1

Bilan hydrique de la demande alimentaire

$$DAL = PRD - EXP + IMP$$

L'équivalent-eau de la Demande Alimentaire (DAL) comprend l'équivalent-eau de la Production Agricole (PRD) écoulée sur le marché local (PRD-EXP) et de l'équivalent-eau des Importations agro-alimentaires (IMP).

$$PRD = EVR + k[RSF + RST + DSL - (1 - TR)DD - ENV]$$

L'équivalent-eau de la production agricole (PRD) comprend l'équivalent-eau verte (EVR) et L'équivalent-eau bleue. Ce dernier peut être évalué en utilisant un facteur (k) qui intègre l'efficience de l'irrigation (EBL=k IR). Le volume alloué à l'Irrigation (IR) se calcule comme le reliquat des ressources exploitables (REX) après déduction des Demandes Directes (DD) et de la Demande Environnementale (ENV). Les Ressources Exploitables (REX) comprennent les eaux de surface (RSF), les eaux souterraines (RST) et les volumes obtenus par dessalement (DSL). La part des ressources allouées aux usages directs (Industrie, Tourisme, Collectivités) est recyclée au taux global (TR). L'"Index de Dépendance Hydrique" (IDH) représente la part des volumes nets d'eau-Virtuelle dans l'équivalent-eau de la demande alimentaire totale.

$$IDH = \frac{IMP - EXP}{DAL} = 1 - \frac{EVR + k[RSF + RST + DSL - (1 - TR)DD - ENV]}{DAL}$$

La mise en équation du bilan hydrique de la demande alimentaire permet d'exprimer le volume d'eau-Virtuelle associé aux flux commerciaux de produits agro-alimentaires et de définir un "Index de Dépendance Hydrique" (*IDH*) qui représente la part des volumes nets d'eau virtuelle dans l'Equivalent-Eau de la demande alimentaire totale.

6.2.1.2- Les problématiques futures en termes de ressources

Un certain nombre d'études ont déjà établi des projections sur l'avenir de l'eau en Tunisie. Ces études ont proposé des confrontations ressource-usage qui permettent de fermer les bilans à différents horizons (GEORE, 2001 ; Eau 21, 1998 ; Eau 2050, 2011). En particulier, l'étude de la stratégie du secteur de l'eau en Tunisie à long terme (Eau 21) a établi des projections à l'horizon 2030 de l'évolution des potentialités et des disponibilités de la ressource et défini les éléments des programmes de mobilisation et des mesures de gestion nécessaires pour le développement de la ressource. Plus récemment, l'étude prospective Eau 2050 a poussé plus loin les perspectives de développement des ressources conventionnelles pour atteindre la mobilisation totale de toutes les ressources en eau à l'horizon 2050.

Aujourd'hui, la mobilisation des eaux de surface et des eaux souterraines a déjà atteint un degré élevé et la situation est telle que le simple maintien du potentiel actuel de mobilisation nécessite que l'on règle le problème de surexploitation des eaux souterraines et que l'on compense les pertes de capacité de stockage associées à l'envasement des retenues. En effet, plusieurs retenues de barrages sont à divers degrés soumises à l'envasement et le phénomène va s'amplifiant et se généralisant. L'envasement, qui atteint près de 500 millions de m^3 en 2010, devrait atteindre près de 1500 millions de m^3 en 2050 (Eau 2050). La protection des infrastructures hydrauliques, leur réhabilitation ou tout simplement leur renouvellement ou leur remplacement recouvrent des enjeux importants, non seulement pour sauvegarder le potentiel de mobilisation actuel mais aussi pour s'assurer que les aménagements hydrauliques continuent à jouer les rôles, souvent multiples et parfois incompatibles (stockage, irrigation et recharge de nappe par exemple), pour lesquels ils ont été édifiés. Pour atteindre ces objectifs, la Tunisie sera appelée, dans les prochaines décennies, à concevoir et réaliser des programmes d'aménagement hydraulique d'envergure.

Avec l'accroissement de la mobilisation et l'augmentation de la pression sur la ressource, le recours aux eaux non-conventionnelles va constituer une alternative de plus en plus réaliste au problème de la rareté de l'eau. Dans le domaine de la réutilisation des eaux usées traitées, le taux d'utilisation effectif des EUT reste encore faible. Quant au dessalement qui s'est beaucoup développé, notamment au cours de la dernière décennie, les études récentes semblent indiquer qu'il va constituer dans l'avenir une option incontournable pour l'approvisionnement en eau potable notamment dans le centre et le sud du pays, en raison de la pression de plus en plus forte sur les ressources conventionnelles et des contraintes relatives à la qualité de l'eau. La capacité de production effective d'eau dessalée est de l'ordre de 40 millions de m^3 en 2010 et les projections de la SONEDE estiment que la production d'eau par dessalement atteindrait 120 millions de m^3 par an à l'horizon 2030.

6.2.1.3- L'agriculture pluviale et les ressources d'eau verte

Le chapitre 4 a développé une approche pour estimer l'équivalent-eau des productions agricoles en pluvial et en irrigué. Il apparaît qu'au cours de la période 2006-2010, l'Equivalent eau verte moyen des productions agricoles s'est élevé à environ 9 milliards de m^3/an dont la part la plus grande est issue des cultures pluviales. L'agriculture pluviale, avec ses différentes composantes, occupe une superficie de 4,5 millions d'hectares et cette superficie a très peu évolué au cours des quatre dernières décennies. L'étude Eau 2050 a présenté, dans son annexe 3 (ITES, 2011b), une réflexion sur l'avenir de l'agriculture pluviale, précisant les différentes difficultés du secteur. D'une façon générale, il semble que les potentialités de l'agriculture pluviale sont énormes et l'étude propose des orientations stratégiques avec un programme d'actions concrètes pour la mise en valeur de ce potentiel.

L'étude préconise également des programmes d'action visant à améliorer la récupération des eaux pluviales en réhabilitant les techniques traditionnelles, promouvoir la restructuration foncière en renforçant le remembrement des terres agricoles afin d'aboutir à des exploitations de tailles optimales, renforcer la politique des prix des principaux produits de l'agriculture pluviale.

6.2.2- Simulation de l'évolution des bilans d'eau bleue

6.2.2.1- Evolution du volume des ressources

En s'inscrivant dans la logique de la planification de l'eau qui cherche à accroitre la production du secteur agricole, on se propose de réaliser deux simulations des bilans hydrauliques avec des hypothèses contrastées sur le développement des ressources Eau Bleue. En se plaçant dans les perspectives de l'étude Eau 2050, toutes les simulations supposent l'achèvement de la mobilisation des ressources en eau de surface à l'horizon 2050. Celui-ci s'appuie sur deux actions principales : (i) la collecte des écoulements qui échappent encore à la mobilisation ; (ii) la maîtrise des eaux des grandes crues par le renforcement de la régulation des apports. En ce qui concerne les eaux souterraines, toutes les simulations supposent que l'exploitation des ressources en eau souterraine a déjà atteint un seuil tel qu'il est nécessaire que les prélèvements soient revus à la baisse pour résoudre le problème de la surexploitation des nappes et pour éviter l'utilisation des eaux de salinité supérieure à 4 g/l.

C'est donc sur le développement futur des ressources non-conventionnelles que les deux simulations considèrent des évolutions différentes. La première simulation sur l'Eau Bleue (EB) ou "Simulation EB-1", prolonge les tendances d'évolution actuelles. La deuxième simulation "Simulation EB-2" suppose un développement à grande échelle de la production des ressources par des modes non conventionnels (Réutilisation des Eaux Usées Traitées et Dessalement) pour atténuer la pression sur les ressources conventionnelles. La Simulation EB-1 suppose que le taux de réutilisation des eaux usées traitées devra progresser de 10 % en 2010 à 30 % en 2050, alors que la Simulation EB-2 lui associe une accélération significative en le portant à 60 % en 2050. Il en va de même pour le dessalement : EB-1 s'appuie sur le programme de la SONEDE et le prolonge en 2050 avec une capacité de dessalement supposée atteindre 250 millions de m^3. EB-2 mise sur un développement deux fois plus important de sorte que la capacité de production puisse être portée à 500 millions de m^3 en 2050.

6.2.2.2- Evolution des demandes en eau

Le potentiel de développement des ressources en eau est confronté à une évolution simultanée des besoins. Cette évolution dépend en premier lieu de l'évolution de la population. Les simulations sont effectuées en adoptant des projections des Nations Unies (United Nations, 2011) avec l'hypothèse de taux de fertilité constant, prolongeant ainsi ce qui semble caractériser les tendances actuelles. En effet, des travaux récents (Ouadah-Bedidi et al, 2012) semblent indiquer que la décélération significative du taux de fécondité qui a marqué les dernières décennies du siècle dernier s'est ralentie de sorte que le taux de fécondité s'en trouve stabilisé depuis 1999.

L'autre facteur qui détermine la demande est lié aux besoins spécifiques des divers usages de l'eau. La demande directe (collectivités, industrie, tourisme) a enregistré une croissance significative notamment au cours des dix dernières années. Les allocations destinées à l'eau potable s'élèvent à 540 millions de m^3 en 2010 (près de 52 m^3/hab./an) qui restent très modérées en comparaison avec les besoins spécifiques enregistrés dans les pays développés. Les hypothèses adoptées d'évolution des demandes en eau potable considèrent que l'accroissement va se maintenir à un niveau tel que la demande spécifique atteindra 65 m3/hab./an en 2050. L'efficience des réseaux de transport et de distribution, dont les valeurs estimées pour 1970 et 2010 ont été respectivement de 60 % et 73 % est portée à 85 % pour l'horizon 2050. En ce qui concerne les usages industriels, on suppose qu'à l'horizon 2050, les prélèvements vont doubler. Des hypothèses similaires sont adoptées pour les allocations environnementales directes, aujourd'hui destinées à la conservation des zones humides, et estimées à 100 Mm^3/an en 2010.

Les résultats de ces deux simulations, volontairement construites pour produire deux situations contrastées de l'avenir des ressources en Eau Bleue, sont présentés dans le tableau 6.1. Les allocations agricoles qui en découlent interviennent dans la formulation du bilan hydrique de la demande alimentaire avec un facteur de conversion (k) traduisant l'efficience globale, au niveau du pays, de l'usage de l'eau agricole. Le facteur de conversion, dont les valeurs ont été de 52 % et 58 % respectivement en 1970 et 2010 est porté à 75 % à l'horizon 2050.

Année	1970	2010	Simulations 2050	
			EB-1	EB-2
Ressource mobilisée Mm³/an	1160	3960	4555	4555
dont eaux de surface	450	1940	2700	2700
dont eaux de surface régularisées	344	1340	2000	2000
dont eaux souterraines exploitées [a]	615	2020	1875	1875
Ressource exploitable [b]	959	3360	3875	3875
Dessalement	0	40	250	500
Réutilisation des Eaux Usées Traitées	10	50	297	594
Evaporation - Fuites retenues	20	150	150	150
Ressource allouée [c]	949	3300	4272	4819
Ressource exploitée [d]	938	3080	4272	4819
dont irrigation	808	2380	3082	3629
dont AEP	100	540	840	840
dont industrie non branchée	30	60	150	150
dont zones humides	0	100	200	200
Ressource utilisée & consommée	510	1935	3376	3786
dont irrigation	420	1380	2312	2722
dont AEP	60	394	714	714
dont industrie non branchée	30	60	150	150
dont zones humides	0	100	200	200
Efficience Systèmes d'irrigation	52 %	58 %	75 %	75 %
Efficience Systèmes d'AEP	60 %	73 %	85 %	85 %

[a] ***eau de surface régularisée + eau souterraine exploitable à long terme***

[b] ***eaux souterraines dont RS < 4 g/l ; & problèmes de surexploitation résolus***

[c] ***en 2050 Evaporation & fuites retenues= 150 Mm3; et toutes les allocations sont utilisées***

[d] ***en 2010, une part (20 %) des eaux de surface allouées aux Périmètres Publics Irrigués n'est pas utilisée***

Tableau 6.1 : Simulations du bilan hydrique de la Tunisie, en Mm^3/an

6.2.3- Simulation de l'évolution du bilan hydrique de la demande alimentaire

6.2.3.1- Evolution de l'équivalent-eau de la demande alimentaire spécifique

L'analyse du bilan hydrique des besoins alimentaires développée dans le chapitre-4 a montré que l'équivalent-eau des besoins alimentaires du tunisien a augmenté de manière significative passant d'environ 1000 m^3/habitant/an en 1970 à près de 1600 m^3/habitant/an en 2010. Compte tenu de la structure de la ration alimentaire (qui reste relativement pauvre en produits carnés), la marge d'accroissement de la demande alimentaire est encore importante et il est vraisemblable que l'évolution du mode d'alimentation du tunisien moyen va se poursuivre. Dans les simulations du bilan hydrique global, la demande alimentaire spécifique a été fixée à 1900 m^3/habitant/an en 2050.

6.2.3.2- Evolution du volume des ressources d'eau verte

Avec les simulations précédentes de l'évolution hydraulique, on se propose de fermer le bilan de la demande alimentaire en considérant deux hypothèses sur le développement du potentiel en eau verte. La première hypothèse "EV-1" n'intègre pas l'eau verte dans la planification des ressources eaux et ne lui associe pas d'évolution de sorte que l'on considère que l'Equivalent eau verte des productions agro-alimentaires, estimé à 9 milliards de m^3 en 2010 reste constant. La deuxième hypothèse "EV-2" suppose que, compte tenu des marges d'amélioration des rendements agricoles notamment dans les secteurs des grandes cultures, des pâturages et des cultures oléicoles, le potentiel eau verte estimé à 9 milliards de m^3 devrait atteindre 15 milliards de m^3 en 2050 soit un accroissement de près de 6 milliards de m^3.

6.2.3.3- Evolution du bilan hydrique global de la Tunisie

En combinant les simulations de l'évolution du bilan hydraulique avec les hypothèses sur le développement de l'agriculture pluviale, on aboutit à des représentations possibles de l'équivalent-eau de la production agro-alimentaire future. La confrontation de ces résultats à l'équivalent-eau de la demande alimentaire, permet d'estimer la contribution de l'eau virtuelle et de déterminer à chaque fois l'Indice de Dépendance Hydrique. Les résultats des simulations sont récapitulés dans le tableau 6.2.

Année & Simulations Eau Verte			2050 (EV-1)		2050 (EV-2)	
Année & Simulations Eau Bleue	1970	2010	EB-1	EB-2	EB-1	EB-2
Population (1000 hab.)	5127	10481	13833	13833	13833	13833
Equivalent Eau Bleue (Mm^3)	420	1380	2312	2722	2312	2722
Equivalent Eau Verte (Mm^3)	4435	8912	9000	9000	15000	15000
Demande Alimentaire Spécifique (m^3/hab. /an)	1000	1600	1900	1900	1900	1900
Equivalent Eau de la demande alimentaire (Mm^3)	5127	16770	26280	26280	26280	26280
Bilan de l'Eau Virtuelle agricole (Mm^3)	272	6478	14968	14558	8968	8558
Indice de Dépendance Hydrique (Mm^3)	0,05	0,39	0,57	0,55	0,34	0,32

Tableau 6.2 : Simulation de l'évolution du bilan hydrique de la demande alimentaire

6.2.4 - Analyse de l'évolution des bilans hydriques globaux

6.2.4.1- Commentaires sur les scénarios d'évolution des bilans hydriques globaux

La formulation des bilans hydriques confirme qu'une grande part des eaux mobilisées est destinée au secteur agricole. On peut supposer que l'accroissement des usages directs de l'eau pourrait se traduire par une diminution des allocations agricoles qui engendrerait dans le long terme un déclin relatif du secteur de l'irrigation surtout dans certaines régions du pays. Une telle situation constituerait une régression que la Tunisie évitera à coup sûr en poursuivant ou en adaptant sa politique hydraulique afin de soutenir sa sécurité alimentaire. Les simulations EB-1 et EB-2 s'inscrivent dans une perspective de développement des ressources conventionnelles et non-conventionnelles et dans une volonté d'accroitre l'efficience de leurs usages. Elles expriment une volonté de développement des ressources d'Eau-Bleue, qui outre l'achèvement de la mobilisation des eaux de surface propose deux niveaux d'engagement dans la production des ressources non-conventionnelles.

Le premier est relatif au niveau de développement des ressources non-conventionnelles et de leur rôle dans les bilans hydrauliques. Les deux simulations, en particulier la simulation EB-2, misent sur un effort important de développement des ressources non-conventionnelles. Elles tablent sur un accroissement considérable du dessalement des eaux saumâtres et de l'eau de mer pour éviter des transferts massifs, complexes et couteux et sur un engagement profond dans la valorisation des eaux résiduaires. Les eaux usées épurées constituent déjà un potentiel important de ressources disponibles dont le taux global de réutilisation, y compris le recyclage des eaux industrielles, est resté faible. La maîtrise de la qualité des eaux épurées et son adaptation à l'usage, la diversification de l'utilisation des EUT à d'autres secteurs non agricoles, le transfert des eaux épurées et le stockage inter saisonnier notamment par recharge des nappes, constituent des orientations qui permettent de développer la réutilisation des eaux épurées.

Le second niveau d'engagement concerne la poursuite des efforts visant la maitrise des usages de l'eau et l'accroissement de leurs efficiences. Les deux simulations misent sur une maîtrise renforcée de l'irrigation pour amplifier ses performances. Les implications de tels programmes sur la sécurité hydraulique sont évidentes : les ressources devraient permettre de répondre à l'accroissement de la demande à l'horizon 2050 et de dégager un surplus qui permet d'augmenter l'Equivalent-Eau des productions du secteur irrigué de 50 % dans la simulation EB-1 et de la doubler dans la simulation EB-2.

Cependant, et au-delà de l'ampleur du projet hydraulique et de ses implications financières, la Tunisie sera amenée à apporter des réponses aux incertitudes qui peuvent peser sur la réalisation d'un tel programme, associées à ses incidences environnementales, à l'état futur de la ressource et aux conditions technico-économiques de production et d'exploitation des ressources non-conventionnelles. Seront également à engager les conditions institutionnelles, juridiques et humaines en mesure d'accompagner ces programmes hydrauliques ambitieux.

En dépit de son rôle socio-économique majeur, la production de l'agriculture irriguée ne représente, en équivalent eau bleue, qu'une modeste part (13 %) de la production alimentaire et seulement 8 % de l'équivalent-eau de la demande alimentaire. La contribution eau verte de la production alimentaire est considérable (environ 87 %). Il en résulte que sans progrès significatif dans le domaine de l'agriculture pluviale, le volume des apports en eau virtuelle est condamné à s'amplifier.

6.2.4.2- Conséquences sur l'évolution de l'Indice de Dépendance Hydrique

Les simulations EV-1 montrent qu'à flux d'eau verte constant et quels que soient les efforts que l'on serait prêt à consentir pour soutenir le secteur de l'irrigation, l'Indice de Dépendance Hydrique va progresser dépassant à terme 55 %. Cela veut dire que la Tunisie sera amenée à importer plus de la moitié de sa demande alimentaire globale sous forme d'eau Virtuelle. Les simulations EV-2 mettent en évidence l'importance de l'agriculture pluviale dans la valorisation des ressources hydriques disponibles. Il apparait qu'il est possible d'inverser l'évolution de l'Indice de Dépendance Hydrique si on réussit à accroitre de deux tiers l'équivalent-eau verte de la production agro-alimentaire à l'horizon 2050.

Cependant, il n'existe pas à l'heure actuelle d'études précises sur le développement à long terme du potentiel d'eau verte. Les éléments d'appréciation contenus dans l'étude Eau 2050 indiquent qu'il existe des marges relativement importantes d'amélioration des rendements agricoles notamment dans le secteur des grandes cultures et des cultures oléicoles : la stratégie proposée pour développer l'agriculture pluviale s'inscrit dans une approche globale qui intègre les aspects socio-économiques et environnementaux et qui identifie, pour chaque culture, le potentiel d'amélioration de la productivité de ses ressources hydriques. En céréaliculture, les rendements moyens à l'hectare sont passés de 6 Q/ha dans les années 1970 à 11,8 Q/ha pendant les années 2000 et il subsiste encore de réelles possibilités d'augmenter la productivité des grandes cultures (cultures fourragères, etc.). En ce qui concerne les cultures oléicoles, l'étude Eau 2050 estime que le rajeunissement de l'oliveraie tunisienne pourrait améliorer sa productivité de 30 %. Elle dresse par ailleurs un plan plus général de restructuration qui a pour objectif le doublement de la production oléicole en l'espace de deux à trois décennies. Ces perspectives de développement de l'agriculture pluviale semblent indiquer que l'objectif d'accroitre l'exploitation des ressources d'eau verte de deux tiers, quoique ambitieux n'est néanmoins pas hors de portée. La promotion du secteur de l'agriculture pluviale, très exposé aux aléas climatiques, nécessite certes l'élaboration de stratégies adaptées pour apporter des solutions aux problèmes spécifiques, notamment ceux associés à la variabilité de la production.

Il convient de rappeler enfin que l'ensemble des simulations est réalisé en appliquant une évolution plutôt modérée de la demande alimentaire de sorte que l'équivalent-eau spécifique ne dépasse pas 1900 m^3/hab./an à l'horizon 2050 soit une augmentation de moins de 20 % par rapport à la situation en 2010. Une augmentation supplémentaire de 10 % de la demande alimentaire entrainerait un accroissement similaire de l'Indice de Dépendance Hydrique. Inversement, un accroissement de 10 % par rapport à la simulation EV-2 dans l'équivalent eau verte de la production agro-alimentaire entraînerait une diminution de près de 6 points de pourcentage sur l'Indice de Dépendance Hydrique.

Les secteurs irrigué et de culture pluviale jouent, tous les deux, des rôles essentiels dans la sécurité alimentaire ; des rôles différents mais complémentaires. L'agriculture irriguée a un rôle fondamental dans l'économie du pays. Bénéficiant des meilleures ressources en terres et gérée par une population agricole généralement très entreprenante, l'agriculture irriguée fournit une production diversifiée, soustraite aux aléas climatiques, qui permet l'approvisionnement des marchés en divers produits agro-alimentaires notamment en produits frais. L'agriculture pluviale contribue largement à la sécurité alimentaire et joue un rôle déterminant dans l'équilibre de la balance agro-alimentaire. Des marges considérables d'amélioration des performances du secteur agricole, dans ses deux composantes pluviale et irriguée, subsistent notamment en ce qui concerne l'accroissement de la productivité des ressources hydriques et des ressources en sol. L'amélioration des performances du secteur agricole passe aussi par le perfectionnement et la diversification des filières qui garantissent le stockage des récoltes, leur transformation, la commercialisation des produits et leur écoulement au profit des agriculteurs, de tous les acteurs économiques et des consommateurs.

6.2.5- Perspectives sur le long terme des bilans hydriques globaux

L'essai de prospective a identifié les facteurs clés qui contrôlent les bilans hydriques, et dressé des lignes directrices pouvant aider à la maitrise de la dépendance hydrique dans le cadre d'approches globales d'élaboration des politiques de sécurité alimentaire. En effet, la sécurité alimentaire dépasse le simple équilibre de la balance commerciale des produits agro-alimentaires pour couvrir différents thèmes qu'il convient d'examiner dans une perspective intégrée combinant les aspects agronomiques, économiques, environnementaux, sociaux (Bachta, 2011). En s'inscrivant dans le cadre de politiques de sécurité alimentaire globales, l'interprétation des bilans de la demande alimentaire fournit des éléments quantitatifs complémentaires qui doivent conforter les stratégies élaborées pour faire face au défi alimentaire. Les résultats de l'analyse prospective permettent de quantifier les évolutions possibles des potentialités des ressources hydriques, et d'identifier des pistes pour développer toutes les formes de ressources hydriques en vue d'accroitre le potentiel national de satisfaction des demandes en eau et renforcer la sécurité alimentaire.

6.2.5.1 - Accroitre l'efficience de l'eau et garantir la durabilité de l'irrigation

L'économie de l'eau et l'accroissement de l'efficience de tous les usages, et notamment en agriculture, constituent l'un des éléments essentiels de la politique de l’eau. Le secteur de l'irrigation est appelé à produire plus et mieux avec la même quantité d’eau disponible, et peut être moins : les projections relatives au secteur visent à porter la contribution de l’irrigation de 35 % à 50 % de la production agricole globale en valeur. Cette perspective de développement de l’irrigation va amplifier la pression sur les ressources en eau et en sol et accroitre les risques encourus par ces ressources. En particulier, les cultures des agrumes et des dattes qui contribuent de longue date et de manière continue aux exportations agro-alimentaires, sont confrontées à de nombreuses difficultés qui menacent leur pérennité. Avec 11 % en valeur des exportations agricoles et occupant 10 % de la superficie irriguée du pays, ces deux cultures consomment 25 % des volumes d'eau destinés au secteur agricole. Mais un certain nombre de problèmes risquent de rendre peu durables ces cultures et de compromettre les échanges commerciaux qui en résultent.

Les agrumes occupent actuellement des périmètres irrigués confrontés à une surexploitation chronique des nappes phréatiques dans la région du Cap-Bon, et ce malgré les opérations successives et coûteuses de sauvegarde menées grâce au transfert des eaux du Nord. Quant aux palmiers-dattiers, ils se sont développés dans les oasis en utilisant des ressources en eau faiblement renouvelables, et les signes de surexploitation se manifestent d'ores et déjà dans plusieurs zones, en raison de nombreuses extensions non planifiées et d'utilisations d'eau parfois exagérées. La durabilité de ces deux systèmes de cultures serait remise en question si des améliorations de la gestion des eaux disponibles ne sont pas engagées, en réduisant les extensions des cultures et les consommations unitaires d'eau, toute en misant sur une valorisation maximale des productions sur le plan économique.

6.2.5.2 - Promouvoir le développement et l'usage des ressources alternatives

Dans l'équation hydraulique de la Tunisie, les ressources non conventionnelles n'ont occupé qu'une place mineure : la réutilisation des eaux usées traitées est restée très modeste, bien en deçà des projections affichées, et les programmes de dessalement n'ont pas été d'une très grande ambition. En raison de son coût jugé élevé par comparaison aux ressources conventionnelles, le dessalement a toujours été considéré comme une solution réservée aux seules situations de véritable carence en ressources de bonne qualité pour couvrir les besoins essentiels (alimentation en eau potable, usage touristique, usage industriel).

Vivons-nous un tournant en ce qui concerne le rôle du dessalement dans les bilans hydriques ? Deux constats doivent nous interpeller à ce sujet. Le premier concerne l'Espagne où le gouvernement a abandonné le projet de transfert d'une partie des eaux de l'Ebre pour se lancer dans un grand programme de dessalement afin de répondre aux besoins en eau des côtes levantine et andalouse. Une partie de l'eau dessalée (22 %) est destinée à l'agriculture pour alimenter des serres à la pointe du progrès où le m³ d'eau rapporte jusqu'à 12 Euros (Salomon, 2012). Le second constat est relatif aux conclusions d'une étude de la SONEDE qui renonce à des programmes de transfert massifs pour l'alimentation en eau potable des régions côtières du Sud-est et envisage la construction d'importantes stations de dessalement d'eau de mer (SONEDE, 2004) à Sfax, à Gabes et à Jerba : il s'avère que les transferts d'eau nécessaires à partir de l'extrême Sud ou à partir des eaux du Nord, requièrent autant d'énergie que le dessalement.

Si au plan économique, le dessalement parvient à entrer en compétition avec les modes conventionnels de développement et de fourniture des ressources en eau, cela devrait avoir des conséquences positives pour l'avenir de l'eau en Tunisie : outre l'allègement de la pression sur les ressources, cet apport en eau fraiche peut être réutilisé après épuration et accroît l'allocation agricole. Ainsi, tout porte à croire que le dessalement est appelé à se développer. Compte tenu du niveau avancé de mobilisation des ressources conventionnelles, la contribution des ressources non conventionnelles au bilan hydrique va sans aucun doute, à moyen et à long terme, se renforcer. Quelle que soit la cadence d'un tel développement, la Tunisie doit se préparer à la maitrise de ces évolutions en aménageant le cadre institutionnel et en se dotant des moyens techniques et des ressources humaines capables de relever les défis socio-économiques, financiers, énergétiques, technologiques et scientifiques qui leur sont associés.

6.2.5.3- Elaborer une stratégie globale pour le développement de l'eau verte

Les simulations prospectives indiquent que quelles que soient les hypothèses sur le développement et la conservation des ressources conventionnelles et non conventionnelles, le déficit structurel du bilan hydrique de la demande alimentaire va s'accentuer si des mesures énergiques ne sont pas prises pour reconsidérer le rôle de l'agriculture pluviale. Cette dernière, qui constitue un facteur essentiel de mise en valeur des ressources en eau et en sol, n'a pas connu le même essor que l'agriculture irriguée et n'a pas encore trouvé la place qu'elle mérite en termes d'amélioration technologique et en termes d'investissement, intellectuel et financier.

Il convient d'abord d'élargir le principe de la valorisation maximale du m^3 d'eau, principe sur lequel se fonde le Code des Eaux, à l'eau verte mobilisée par l'agriculture pluviale ce qui permettra de jeter les bases juridiques du développement du secteur[30]. Sur le plan pratique, la promotion de ce secteur nécessite que l'on favorise, entre autres, la réhabilitation des systèmes traditionnels de mise en valeur des ressources en eau et en sol dans les zones

---

[30] Le projet de refonte du Code des eaux prévoit notamment : « La planification...œuvre à l'intégration de la ressource en eau du sol...doit inciter à sa conservation et à sa valorisation... L'encouragement et les incitations couvrent la valorisation des ressources en eau du sol agricole ». http://www.semide.tn/CDE_2.pdf; consulté ce 18 Aout 2013

qui s'y prêtent. Il s'agit des méthodes de capture, d'épandage et de conservation dans le sol des eaux qui permettent d'accroître sensiblement la production agricole. Au plan scientifique, il est nécessaire que l'on développe les connaissances sur les mécanismes physiques, physiologiques et génétiques de la résistance à la sècheresse des cultures, afin d'accroître la capacité de conservation et d'utilisation de l'eau. Loin d'être dépassés, les systèmes et les techniques de cultures adaptés à l'aridité sont encore d'une extrême actualité.

La promotion de l'agriculture pluviale nécessite également que l'on prenne des mesures visant à mieux gérer la variabilité de sa production : mesures structurales (construction des infrastructures d'accompagnement : routes, silos à grains, réserves de produits alimentaires) et non structurales (mécanisme d'aide et de soutien aux agriculteurs durant les années sèches, systèmes d'assurances).

6.2.5.4- Optimiser les flux d'eau virtuelle

Les simulations effectuées indiquent que quels que soient les moyens adoptés pour accroitre la production alimentaire, le bilan hydrique de la Tunisie demeurera déficitaire et les apports nets d'eau virtuelle participeront d'une manière structurelle à la sécurité alimentaire nationale. Toutefois, un certain nombre de stratégies judicieusement conçues et mises en œuvre seraient susceptibles d'atténuer la dépendance hydrique nationale et de conforter la sécurité alimentaire.

D'une façon générale, la Tunisie a intérêt à importer le maximum de produits agricoles consommateurs d'eau pour compenser ses déficits internes (alimentaires et hydriques), tout en exportant des produits agricoles à faible consommation d'eau et à haute valeur ajoutée. Cette orientation de principe lui permet de réduire le niveau d'exploitation et de dégradation des ressources internes tout en comblant le déficit hydrique et commercial. Dans cette optique, la seule contrainte réside dans l'importation démesurée des denrées à caractère stratégique, celles qui constituent la base de l'alimentation du tunisien, en particulier les céréales et les huiles alimentaires. Il est en effet essentiel qu'un pays puisse garantir une certaine indépendance dans la production de denrées de base pour garantir en toute circonstance une sécurité alimentaire minimale. Mais il est aussi important dans ce cadre de bien définir les quantités de vivres à caractère stratégique qu'il est primordial de produire au niveau national, à des prix jugés supportables, en irrigué ou en pluvial. Pour ce qui concerne les céréales alimentaires, une étude approfondie devrait être engagée pour déterminer les niveaux « stratégiques » respectivement de production interne et d'importation ainsi que leur impact à divers niveaux, dont celui des ressources en eau notamment. En effet, toutes les quantités de céréales produites ou importées ne sont pas destinées réellement à l'alimentation de base et des gaspillages se manifestent à divers niveaux de la filière. Par ailleurs, et comme pour la gestion de la demande en eau, il est primordial de concevoir et d'appliquer une politique de « gestion de la demande alimentaire » qui vise à rationaliser la demande des denrées alimentaires dont la production en masse demeure intimement liée à la question de l'eau. La « régulation par l'aval » trouve ici tout son intérêt.

6.3- Comment réaliser la bonne gouvernance de l'eau?

Les grands problèmes de l'eau en Tunisie sont dans l'ensemble connus, et les solutions identifiées, même si leur réalisation pose des défis en termes de moyens techniques, financiers et humains. Il s'avère que les aspects institutionnels revêtent une importance aussi grande que les aspects purement techniques et règlementaires auxquels on a souvent accordé la priorité. Par ailleurs, l'émancipation des populations a fait de la dimension sociale et de la participation des usagers à la gestion de l'eau des conditions nécessaires pour un développement soutenable et durable. Se dessinent alors pour la Tunisie de nouvelles épreuves : comment, alors que l'essentiel des ressources mobilisables a été développé, va s'organiser la gestion de la ressource pour satisfaire une demande croissante et répondre aux besoins futurs ? Comment, dans un contexte où la compétition entre secteurs d'usages va s'accentuer, modérer la demande en eau, garantir la préservation de la ressource et maîtriser les risques ? Comment, au delà des solutions visant l'amélioration des modes de gestion, anticiper des politiques capables de relever les nouveaux défis ?

Le changement de paradigme dans les modes de gestion de l'eau ne se présente pas comme une option mais comme une nécessité. Il est important pour la Tunisie que soient mises en place des stratégies de gestion capables de promouvoir la valeur environnementale et patrimoniale de la ressource en anticipant et en maîtrisant toutes les formes de risques, de concilier les besoins en conservant la valeur sociale de l'eau, d'assurer la meilleure valorisation possible de la ressource en garantissant sa préservation et d'élaborer des solutions pratiques pour le développement et la mise en valeur de toutes les ressources en eau disponibles .

L'ensemble de ces objectifs va obliger à engager des réformes en profondeur des modes de gouvernance et de gestion de la ressource : (i) des réformes institutionnelles : coordination intersectorielle et amélioration des mécanismes de prise de décision, mécanismes de gestion locale de l'eau, définition de l'unité territoriale de gestion de l'eau, renforcement et modernisation des grands organismes publics pour soutenir les politiques de l'eau ; (ii) des réformes législatives, avec la nécessaire et urgente révision du Code des eaux et l'adaptation de la législation tunisienne sur l'eau ; (iii) la recherche d'une meilleure optimisation des usages de l'eau en intégrant les instruments financiers, économiques et normatifs ; (iv) des réformes cognitives et une meilleure valorisation des connaissances sur l'eau.

6.3.1- Les réformes institutionnelles de la gouvernance de l'eau

6.3.1.1- Organisation institutionnelle et mécanismes de prise de décision

Les analyses des éléments constitutifs de la politique tunisienne de l'eau, développée dans les précédents chapitres et notamment dans le chapitre-2, ont permis de préciser les traits caractéristiques des modes d'administration, de planification et de gestion des ressources hydrauliques. La Tunisie a défini le cadre législatif et mis en place les instances administratives et de participation au niveau national, régional et au niveau local. La planification des ressources en eau est organisée autour des Plans Directeurs Régionaux d'Utilisation des Eaux mais elle s'inscrit dans une vision globale à l'échelle du pays. La planification de la ressource dépasse ainsi le cadre géographique naturel du bassin versant pour couvrir les grandes régions du pays et reste centralisée. C'est une spécificité du contexte tunisien et toute réforme de la gouvernance de l'eau ne peut éluder le rôle primordial de l'Etat dans le financement des grandes infrastructures et dans la politique générale de gestion d'une ressource limitée.

Le législateur tunisien a distingué entre les décisions du type opérationnel et les décisions en relation avec la politique de l'eau ; il a également prévu les instances consultatives qui contribuent à l'élaboration de ces décisions. En particulier le Conseil National de l'Eau n'a pas été d'une grande efficacité et l'Administration n'a pas réussi dans les faits à mettre en place une véritable consultation sur la politique de l'eau à l'échelle nationale. De même, le législateur a distingué entre les décisions du type opérationnel et les décisions qui relèvent de l'arbitrage et de la conciliation des usages de l'eau lors de la définition des Périmètres d'Interdiction ou de Sauvegarde et des Périmètres d'Aménagement et d'Utilisation des Eaux (PAUE). Alors que les Périmètres d'Interdiction et de Sauvegarde sont déclarés après avis de la Commission du Domaine Public Hydraulique, la déclaration des PAUE requiert l'avis du Conseil National de l'Eau. La nuance est évidente : l'avis technique sur l'état d'exploitation de la ressource est suffisant pour déclarer des zones sollicitées comme Périmètres d'Interdiction et de Sauvegarde dans lesquels les mesures ne vont pas au-delà du statu quo, alors que dans les PAUE, les ressources sont soumises à des Plans de Répartition des Ressources Hydrauliques qui nécessitent des arbitrages pour concilier les différents usages. En pratique aucun PAUE n'a pu être déclaré.

Là encore, on constate la difficulté qu'éprouvent les acteurs aux différents niveaux à élaborer et à mettre en œuvre des mécanismes de prise de décision qui mettent en jeu une forme de concertation et de coordination en vue de concilier les usages et répartir de manière appropriée la ressource. L'on peut se demander si ce ne sont pas ces difficultés qui expliquent que l'administration n'a jusque là procédé à aucune déclaration de PAUE. L'on peut se demander aussi dans quelle mesure ces difficultés n'ont-elles pas contribué à la situation de surexploitation quasi-généralisée des nappes souterraines. Doit-on parler d'un double échec dans la mise en place d'une démocratie locale de la gestion de l'eau ? Echec au niveau central où l'administration a eu la main mise sur l'élaboration et la mise en œuvre de la politique de l'eau et sur la planification de la ressource ; échec au niveau local en raison de l'absence totale de mécanismes de concertation.

6.3.1.2- La coordination intersectorielle et l'institutionnel de l'eau

Toute action institutionnelle dans le domaine de l'eau doit, dans le futur, viser l'instauration d'une coordination effective de l'action de l'Etat en renforçant la consultation et promouvoir l'intervention des acteurs publics et privés par l'amélioration des mécanismes de prise de décision. Pour s'inscrire dans une démarche qui favorise l'adaptation du cadre institutionnel actuel, la mise en place des réformes institutionnelles ne doit pas porter atteinte aux compétences et à l'autorité des départements ministériels concernés et de leurs services ; elle peut, en revanche, tenter de renforcer le rôle des instances existantes en adaptant leurs structures et leurs statuts et en révisant leurs missions et leurs fonctions. Les actions à entreprendre peuvent viser plusieurs objectifs prioritaires qui sont de nature à améliorer la coordination intersectorielle dans la gestion de la ressource en eau.

6.3.1.2. a - Instituer une coordination permanente de haut niveau : le Conseil Supérieur de l'Eau

Le rôle de coordination devrait aller au delà de la simple consultation pour inciter les différents intervenants au niveau national et au niveau régional à se concerter et à harmoniser leurs actions dans le cadre d'une politique nationale de l'eau. Ces considérations autorisent à examiner l'opportunité de la création d'une instance de haut niveau, le Conseil Supérieur de l'Eau, assisté par un Comité Technique Permanent avec, éventuellement, un prolongement à l'échelle régionale.

6.3.1.2. b - Elaborer un cadre institutionnalisé de planification des ressources en eau

La planification de l'eau a pour objectif de fixer les orientations fondamentales de l'aménagement et de la gestion des eaux aux échelles nationale et régionales. Celles-ci peuvent se concevoir dans le cadre d'un Plan National de l'Eau et de Plans Régionaux de Gestion des Ressources élaborés par les autorités dans le cadre d'une politique nationale reconnue qui tire sa légitimité du fonctionnement démocratique des instances consultatives et de participation. A tous les niveaux de planification, l'élaboration des schémas d'aménagement et de gestion des ressources en eau peut se concevoir dans le cadre de Périmètres d'Aménagement et d'Utilisation des Eaux prévus par le Code des Eaux, l'aménagement et la gestion de l'eau aux échelles locales devant se conformer aux indications des plans et des schémas à plus grande échelle.

6.3.1.2. c - Instaurer des Périmètres d'Aménagement et d'Utilisation des Eaux aux échelles pertinentes

La gestion des ressources dans le cadre de PAUE peut être considérée à différentes échelles de la ressource : à l'échelle d'un affluent ou d'une nappe souterraine, à l'échelle de plusieurs entités hydrologiques d'eau de surface ou souterraine, à l'échelle du bassin hydrologique, etc. Pour être efficace, la mise en place d'une gestion de la ressource dans le cadre de PAUE doit satisfaire à deux principes directeurs : il y a, d'une part, la nécessité de s'assurer du soutien des usagers et de les associer au processus de prise de décision : ce soutien au niveau local ne peut provenir que d'une conviction ferme de l'utilité des mesures à prendre et des retombées positives qu'elles sont supposées avoir ; il y a, d'autre part, la nécessité de mettre en œuvre des moyens techniques et organisationnels adaptés pour conduire l'application du Plan de Répartition des Ressources Hydrauliques et d'en assurer le suivi et le contrôle.

6.3.1.2. d - Promouvoir l'ouverture du secteur de l'eau à l'investissement et à l'intervention privés

L'objectif recherché est de décharger les services de l'Etat des tâches à caractère technique (études, travaux, gestion des ouvrages) pour qu'ils puissent se consacrer au rôle de régulateur qui veille à la préservation des équilibres fondamentaux. Il s'agit en somme d'identifier les domaines dans lesquels l'intervention de l'Etat est à conserver, voire même à renforcer, et les domaines où les mécanismes décentralisés peuvent être un gage d'efficacité accrue.

6.3.1.2. e - Inscrire le risque comme une composante essentielle des modes de gestion des ressources en eau

Les perspectives d'insuffisances structurelles ou conjoncturelles nécessitent le développement de stratégies de prévention et de mesures d'intervention. Elles nécessitent aussi la mise au point de mécanismes d'arbitrage et de règlement des conflits pour concilier les usages et conserver la valeur socio-économique de la ressource. Le risque de sècheresse nécessite en particulier un cadre de gestion spécifique et la mise en place de moyens souvent lourds pour atténuer leurs impacts économiques et sociaux. De même, le risque d'inondation est un facteur important de la politique de l'aménagement du territoire qui doit considérer le risque de "désordre hydraulique" et se doit de le gérer en prenant en compte aussi les questions relatives aux bénéfices économiques et environnementaux liés aux excès d'eau.

6.3.1.3 - Le Bassin hydrologique comme unité territoriale de gestion de l'eau

Dans les décennies à venir, les problèmes de l'eau en Tunisie connaitront une multitude de défis persistants et émergents, et il devient dès lors urgent de penser à rénover le système de gestion de l'eau en vigueur pour le préparer à affronter ces nouveaux défis. Les raisons qui motivent une telle rénovation sont nombreuses : (i) la gestion sectorielle de l'eau a atteint ses limites et s'avère inefficace pour préserver les ressources en quantité et en qualité : pollutions, surexploitations, conflits d'usage sont aujourd'hui des problématiques courantes ; (ii) les limites administratives des gouvernorats, limites de compétence des CRDA et qui ne prennent pas en compte l'ensemble du territoire naturel d'écoulement des eaux , ne constituent pas le domaine approprié pour gérer l'eau ; (iii) la prise de décision sans consultation véritable des parties prenantes ne peut être que source de conflits entre les différents acteurs de l'eau ; (iv) les problématiques actuelles de l'eau nécessitent une vision d'ensemble qui fait, dans une certaine mesure, défaut dans les conditions de gestion actuelles.

Certes, de nombreux problèmes de l'eau possèdent un caractère local ou régional et doivent être résolus à ces niveaux, mais l'Etat devra toujours jouer un rôle central dans le développement et la mise en œuvre de la politique nationale de l'eau. La gestion par bassin hydrologique, qui se présente un peu partout dans le monde comme le cadre optimal de la mise en œuvre de la gestion intégrée des ressources en eau, pourrait-elle se présenter comme une option propice à la rénovation du cadre de gestion de l'eau en

Tunisie ? Ou bien alors la gestion centralisée de l'eau, qui a constitué l'option gagnante des 50 années écoulées, se présenterait-elle comme une spécificité tunisienne incontournable, définitivement ancrée sur les nouvelles solidarités régionales, scellée pour longtemps par les très importants transferts inter bassins?

L'un des grands problèmes méthodologiques de l'expérience de gestion de l'eau en Tunisie a été la difficulté à concevoir une unité territoriale pertinente pour analyser et gérer à long terme les questions d'équilibre entre ressource et demande. La gestion opérationnelle des problèmes de l'eau s'est trouvée en apparence fortement décentralisée, et répartie entre les principaux opérateurs tels que la SONEDE, l'ONAS, la SECADENORD et les CRDA. Mais en réalité, elle s'est toujours effectuée d'une manière fondamentalement centralisée, notamment en matière de planification et de financement, et ceci a été considéré comme le meilleur moyen d'optimiser la valorisation de la ressource au niveau national : à cet effet, le système des grands barrages et des principales canalisations de transfert devaient progressivement permettre de mutualiser l'ensemble des ressources (oueds du Nord, nappes souterraines du Centre et du Sud) pour les interconnecter avec de vastes réseaux d'approvisionnement en eau potable et d'irrigation. Cette approche centralisée, qui s'est mise en place d'une manière progressive, a paradoxalement été construite dans les années soixante à travers une approche où l'unité de gestion s'apparentait précisément à de grands bassins hydrologiques : (i) la création des Offices de la mise en valeur des périmètres irrigués, respectivement de la vallée de la Medjerda et du Nebhana ; (ii) et surtout l'utilisation des trois régions naturelles du pays, Nord, Sud et Centre, qui ont été de fait assimilées à de grands bassins hydrologiques et qui ont constitué des territoires pertinents pour la planification hydraulique dans le cadre des plans directeurs de l'utilisation des eaux, respectivement du Nord, du Centre et du Sud.

Cette genèse du cadre pertinent de planification régionale peut servir de modèle pour une gestion décentralisée adaptée aux territoires des trois grandes régions naturelles du pays (voir fig.2.2) : le Nord, le Centre et le Sud, combinant les concepts de gestion intégrée des ressources en eau et de gestion par bassin ou sous bassins, avec des possibilités de mutualisations entre ces grandes régions. Ces grandes unités sont capables d'offrir un appui suffisant à chacun des trois volets d'une gestion durable de la ressource en eau : la mobilisation de la ressource, la maîtrise de la demande, la gestion des écosystèmes liés à l'eau. Sur un autre plan, le mode de gestion proposé tient compte de l'ensemble des activités qui ont un impact sur la ressource en eau à l'intérieur du territoire naturel d'écoulement des eaux, le bassin hydrologique. Il permet également de considérer la capacité du bassin à supporter les demandes en eau actuelles et futures des différents secteurs et d'obtenir une vision globale afin de préserver la durabilité des usages.

L'organisme de bassin constitue dans ce cadre un espace de concertation, où siègent tous les acteurs et usagers de l'eau œuvrant à l'intérieur d'un même bassin. Sa mission principale est la planification et la coordination des actions en matière de gestion de l'eau. A cet effet, les réalisations dans le cadre des anciens plans directeurs de l'utilisation de l'eau devront être évaluées et actualisées à la suite d'un diagnostic qui précise les enjeux majeurs de l'entité géographique concernée. Les nouveaux plans directeurs constituent alors les outils de planification pour les prochaines décennies. Les trois organismes de "bassin" auraient sans doute aussi compétence à traiter éventuellement de questions techniques bilatérales ou trilatérales dans les sous-bassins transfrontaliers avec les organismes correspondants des pays voisins concernés.

6.3.1.4 - Consolider et renforcer le rôle des grands organismes pour soutenir et moderniser les politiques de l'eau

A mesure que l'on se rapproche des limites d'exploitation des ressources, le cadre institutionnel est appelé à renforcer la gestion rationnelle de l'eau. A ce titre les grands organismes de l'eau doivent perfectionner leurs prestations. La réorganisation du cadre institutionnel doit permettre la mise en place de modes de gestion modernes et favoriser la coordination entre les actions des différents organismes, afin d'optimiser leurs actions dans le cadre d'une vision cohérente du secteur de l'Eau.

Au delà de la séparation SONEDE-ONAS, qui constitue une exception tunisienne et qui devrait pouvoir être réexaminée en toute sérénité, les organismes importants comme la SONEDE, l'ONAS ou la SECADENORD, doivent développer leur domaines d'interventions pour qu'au-delà des activités qu'ils exercent (études techniques, travaux de construction d'ouvrages, exploitation des infrastructures, entretien, maintenance, etc.), ils puissent s'ériger en véritables pôles technologiques et d'expertise en investissant dans la Recherche-Développement, la maîtrise des technologies et l'innovation. D'autres organismes, impliqués dans des secteurs concurrentiels, devraient abandonner progressivement leurs activités commerciales au profit d'intervenants privés et faire évoluer leurs statuts vers la promotion, le contrôle, la coordination, l'orientation, le développement technologique et la formation. C'est par exemple le cas de la Régie des Sondages Hydrauliques qui opère dans un domaine où l'intervention des opérateurs privés est déjà importante, à un moment où, du fait d'une explosion inédite et croissante de la demande en sondages privés, les technologies de forages sont soumises à rude épreuve ; face aux risques corollaires de dégradations des nappes souterraines, on ne peut que constater, 45 ans après la création de la régie des sondages, que la Tunisie manque cruellement d'un centre technique de référence, de perfectionnement et de certification en matière de forage .

Une grande Agence scientifique de l'eau

Aujourd'hui, la Tunisie dispose d'un gisement de données et d'informations sur l'eau exceptionnellement riche, et de capacités d'analyse scientifique consacrées. Un tel contexte autorise la mise en place d'une agence d'excellence pour soutenir les politiques de l'eau, où se développent la recherche appliquée, l'expertise, la gestion des systèmes d'information, le transfert des techniques avancées, et sur les travaux de laquelle s'appuie la politique du gouvernement. Cette agence pourrait être une émanation de l'actuelle DGRE, forte d'une histoire scientifique prestigieuse et de prérogatives ambitieuses, enrichie par un volet géologique qui fait grandement défaut dans sa structure actuelle. Il s'agit de réformer et moderniser la DGRE en la dotant de l'autonomie nécessaire et de la masse critique indispensable à la poursuite d'activités scientifiques et techniques de haut niveau : en faire une grande agence nationale de l'eau et de la géologie, à caractère scientifique et technique. C'est ce modèle institutionnel qu'ont choisi les grandes nations qui ont réussi à organiser une gestion rationnelle de leurs ressources en eau.

Une Agence pour la protection du DPH

Malgré les efforts consentis, l'Administration n'a pas eu les moyens de gérer et de contrôler les développements des ressources en eau observés au cours des dernières décennies, et se trouve aujourd'hui dans l'incapacité pratique de juguler les nombreuses transgressions observées. Cette situation de crise est pour une part due à l'inadaptation d'un cadre législatif obsolète[31], et pour une autre part à la défaillance des structures de contrôle, en raison de l'inadéquation du cadre institutionnel chargé de contrôler et de faire respecter les règlementations sur le terrain : l'état de surexploitation dramatique dans lequel se trouvent une majorité de nappes souterraines manifeste la grande difficulté de l'Administration à contrôler le bien fondé des usages concédés ou autorisés sur le DPH. Une pareille situation nécessite d'édifier des institutions fortes et efficaces, en mesure de parer rapidement aux menaces qu'affronte le secteur des ressources en eau. La création d'une Agence de Maîtrise et de Gestion du DPH peut jouer un rôle déterminant pour consacrer les objectifs de conservation de la ressource. Cette Agence,

[31] La révision du Code des Eaux devrait contribuer à résoudre en partie certaines des questions soulevées.

qui pourrait être une émanation de l'actuel BIRH, pourra renforcer le cadre institutionnel en se chargeant d'assurer la Police des Eaux et le recouvrement des redevances de prélèvements dans le DPH. Il y a lieu dans cette optique d'organiser la coordination et la coopération avec l'ANPE, qui a vocation pour sa part à assurer le contrôle et le suivi de la pollution hydrique.

6.3.2 - La nécessaire révision du Code des Eaux et ses orientations

Malgré l'ensemble des mesures de sauvegarde et de suivi des ressources en eau que recèle le Code des Eaux en vigueur, plusieurs concepts modernes de la gestion de l'eau n'y figurent pas encore : gestion intégrée, unité du cycle de l'eau, valeur environnementale de la ressource, gestion du risque, rôle des systèmes d'information, importance des processus de participation et de prise de décision. Le projet de révision du Code des Eaux en cours d'élaboration, dont un premier texte est publié[32] pour consultation, consolide les acquis, capitalise l'expérience hydraulique tunisienne et insuffle de nouvelles ambitions pour la politique de l'eau. Les dispositions développées fournissent les outils législatifs nécessaires à la mise en place d'une coordination et d'une coopération effectives entre les acteurs concernés et à l'élaboration de mécanismes de concertation, d'arbitrage et de règlement des conflits. Les motivations et les principes qui sous tendent le projet de reforme sont présentés en cinq points dans le préambule du projet de loi dont les idées essentielles sont résumées dans l'encadré 6.2.

6.3.3- Comment mieux valoriser l'eau

6.3.3.1 - La Normalisation et la Maîtrise des usages de l'eau

La norme tunisienne est élaborée de manière consensuelle par les commissions techniques de normalisation de l'Institut National de la Normalisation et de la Propriété Industrielle (INNORPI). Les normes homologuées ou enregistrées dans le domaine de l'eau portent sur : (i) les aspects qualitatifs associés aux conditions d'usage, de rejet ou de réutilisation de l'eau ; (ii) les méthodes d'échantillonnage et de mesure ; (iii) les spécifications techniques des équipements hydrauliques et sanitaires (INNORPI, 2007). Dans ces normes, l'efficience des usages et la lutte contre le gaspillage de l'eau n'apparaissent pas comme des objectifs prioritaires.

Il faudrait d'abord signaler qu'il n'y a pas encore de normes homologuées sur la qualité des eaux destinées à la consommation humaine même si une norme, non homologuée, est publiée depuis 1983.

---

[32] http://www.semide.tn/CDE_2.pdf; consulté ce 18 Aout 2013

Encadré N° 6.2

Extraits du préambule du projet de révision du Code des Eaux

1-Un projet qui s'inscrit dans la continuité tout en assimilant les nouveaux enjeux :

Dans le nouveau contexte, la Tunisie doit à la fois garantir sa sécurité hydrique et préserver ses ressources. L'eau constitue une richesse nationale, un bien public et un patrimoine; le caractère patrimonial intègre un élément de responsabilité à l'égard des générations futures. L'accès à l'eau potable constitue un droit fondamental; l'alimentation en eau potable et l'assainissement sont des services publics prioritaires. Le projet de réforme du code des eaux confirme et renforce de façon plus efficace le rôle de l'Etat; il réaffirme le principe de valorisation optimale de l'eau en l'élargissant à toutes les formes de ressources.

2-Une approche intégrée et planifiée qui consacre l'unité hydrologique de la ressource :

La gestion intégrée des ressources en eau doit procéder d'une approche globale qui respecte l'unité du cycle hydrologique naturel en prenant en compte les aspects socio-économiques, les considérations environnementales et les risques associés à l'exploitation de la ressource; elle introduit ainsi la notion de bassin hydrologique. Le degré élevé d'artificialisation du cycle de l'eau et les importants transferts entre bassins conduisent à renforcer le cadre législatif de la planification: Plan National des Ressources en Eau; Plans Directeurs d'Aménagement Régionaux Intégrés des Ressources en Eau dans le cadre des Grandes Régions Hydrauliques; Plan d'Aménagement et d'Utilisation des Eaux dans un cadre local.

3-Une approche scientifique du risque pour protéger la ressource et la qualité des eaux :

Le projet développe les outils législatifs et les mécanismes institutionnels nécessaires pour éviter toute dégradation à long terme de la qualité, et toute surexploitation entraînant la diminution durable des quantités. Il introduit le concept de « Bon état » des eaux de surface et souterraines. L'économie de l'eau est considérée comme l'un des moyens les plus importants permettant le développement, la préservation et la rationalisation de l'utilisation des ressources hydrauliques. Les travaux visant le développement, l'économie, l'amélioration de la qualité et la protection des ressources hydrauliques nationales sont d'utilité publique.

4-Consacrer la valeur économique, sociale et environnementale de la ressource :

L'eau est à la fois un bien de consommation qui implique un droit d'accès renforcé et un facteur de production qui induit une valeur économique. Les usages économiques de l'eau doivent, à terme, supporter le coût réel de l'eau pour inciter à une utilisation durable. La valorisation économique de la ressource conduit à considérer l'eau comme un des éléments fondamentaux du développement durable des régions et un facteur structurant de l'aménagement du territoire.

5-Une participation responsable et des outils institutionnels pour une bonne gouvernance de l'eau :

Les objectifs essentiels de la politique de l'eau exigent la mise en place d'une coordination et d'une coopération effectives entre les différents acteurs, l'élaboration de mécanismes de concertation, d'arbitrage et de règlement des conflits par la création d'une instance supérieure, le Conseil Supérieur de l'Eau, assisté par un comité technique permanent relayé au plan régional. La participation de tous les acteurs au processus de gestion de la ressource renforce le sentiment de responsabilité et de solidarité entre les citoyens. La participation des usagers est un principe acquis, une conception incontournable pour la gestion des ressources en eau.

En revanche, les eaux minérales et les eaux de table conditionnées sont considérées comme denrées alimentaires et leurs producteurs se trouvent dans l'obligation de se conformer à des normes spécifiques en conformité avec les directives de l'OMS : la norme NT09-33 pour les eaux minérales naturelles et la norme NT09-83 pour les eaux conditionnées. Il semblerait que les contraintes relatives à la qualité de la ressource ne permettent pas d'atteindre sur l'ensemble du territoire les critères de potabilité compatibles avec les directives de l'Organisation Mondiale de la Santé (OMS) dont la quatrième édition a été publiée en 2011 (WHO, 2011). La mise en conformité des normes tunisiennes avec les directives de l'OMS nécessite une stratégie sur le long terme qui devrait conduire à l'amélioration de la qualité de l'eau potable.

En ce qui concerne les conditions de rejet ou de réutilisation des eaux usées, la norme relative aux rejets des eaux usées dans le Domaine Public Hydraulique (DPH), dans le Domaine Public Maritime (DPM) et dans les canalisations d'assainissement (NT106-02) ainsi que la norme consacrée aux conditions de réutilisation des eaux usées traitées à des fins agricoles (NT106-03) comportent des contraintes ou des mesures restrictives considérées parfois excessives, qui se traduisent par des difficultés d'application ou qui compromettent l'efficacité du dispositif réglementaire. A titre d'exemple, la norme relative aux rejets (NT106-02) préconise des teneurs extrêmement faibles en nutriments au niveau des rejets dans le DPH (ne dépassant pas 50 mg/l pour les nitrates, 1 mg/l pour l'azote organique et ammoniacal et 0,05 mg/l pour le phosphore). Ces faibles concentrations ne peuvent pas être atteintes à l'aide de procédés classiques de traitement des eaux usées, y compris ceux qui sont munis de traitements tertiaires, de sorte qu'en définitive, en l'absence de conformité avec les normes, le rejet des eaux usées traitées dans le milieu récepteur reste tributaire d'une autorisation spéciale des autorités compétentes ce qui revient à ôter toute utilité aux normes de rejet. D'autant plus qu'en règle générale, les autorisations ne sont pas demandées et les rejets, forcément non conformes à ces normes très restrictives, sont ainsi déversés dans le milieu hydrique.

D'une façon générale, le système normatif tunisien dans le domaine de l'eau est encore insuffisant vis-à-vis des objectifs souhaités pour la gestion rationnelle des ressources en eau. La construction d'un dispositif réglementaire et normatif devrait avoir pour objectif premier de soutenir les stratégies susceptibles d'améliorer les modes d'administration et de gestion des eaux. En particulier, la normalisation des équipements hydrauliques et des procédures de surveillance des fuites d'eau (audit, valves intelligentes et mesures des flux, contrôleurs de pression, instrumentation et logiciels spécialisés dans la détection des fuites...) permettra de soutenir l'effort de valorisation de l'eau et de lutte contre son gaspillage et de mettre à la disposition des différents acteurs les informations technico-économiques nécessaires à l'établissement des spécifications techniques qui améliorent l'efficience des systèmes hydrauliques.

6.3.3.2- Les instruments économiques et financiers : efficience vs équité

Au cours de la deuxième moitié du XXème Siècle, les objectifs essentiels de la politique de l'eau en Tunisie étaient d'équiper le territoire national en offrant aux agglomérations urbaines et dans une moindre mesure aux zones rurales un service opérationnel allant de la mobilisation de l'eau à la distribution et à l'assainissement. La réalisation de ces objectifs a permis d'atteindre un niveau d'équipement et de service sans précédent sur une part importante du territoire. Au delà de la satisfaction des besoins directs en eau, c'est l'agriculture qui a aussi bénéficié d'investissements hydrauliques massifs, supportés sur le long terme par l'Etat. Cependant, en raison de la situation de « stress hydrique » , de l'explosion de la demande et des prélèvements sur la ressource, ainsi que des conflits plus ou moins latents entre secteurs d'usages, l'eau n'a jamais été « facile » en Tunisie et les aspects économiques de la gestion de l'eau n'ont pas été totalement absents dans la politique de l'eau.

Bien qu'elle soit considérée comme un bien public, indispensable à la vie de chacun, quel que soit le lieu où il vit et les moyens financiers dont il dispose, l'eau a été aussi considérée d'une manière plus ou moins explicite comme un bien de consommation qui a une valeur et un prix. Aussi, la question du prix de l'eau est-elle perçue comme centrale, provoque-t-elle souvent des pressions de la part des usagers et cristallise-elle de nombreux débats notamment sur les aspects sociaux et d'équité, d'une part, et sur l'utilisation sectorielle et l'efficacité de l'allocation de l'eau, d'autre part.

En ce qui concerne le problème de l'équité, le mode de tarification de l'eau potable adopté par la SONEDE est du type progressif, ayant pour objectif d'inciter aux économies d'eau avec la consécration d'un tarif social minimal pour les consommations inférieures à 20 m^3 par trimestre ou d'un tarif modéré au profit des GDA branchés sur le réseau SONEDE. En milieu rural dispersé, les redevances d'eau potable dépendent du coût de production de l'eau, sont très disparates selon la situation des GDA et atteignent souvent des valeurs bien supérieures à celles pratiquées dans le monde urbain. La survie des GDA dépend actuellement des subventions en nature accordées par les CRDA sous forme d'interventions gratuites de maintenance ou de remplacement des équipements. L'agglomération progressive des populations dans le moyen et long terme et le passage des petits villages vers le mode communal constitue la seule issue pour profiter d'un système de péréquation nationale des tarifs d'eau potable qui privilégie paradoxalement le monde urbain.

Des situations similaires sont aussi vécues par les GDA d'irrigation, dont seuls ceux rattachés aux grands périmètres irrigués sont en mesure de profiter des tarifs d'incitation pour la pratique de l'irrigation au profit des céréales, des fourrages et des semences. Pour renforcer l'équité entre le monde rural et urbain d'une part, et entre les différents GDA, d'autre part, il est important qu'un système rationnel de tarification ou de subvention de l'eau soit mis en place qui puisse prendre en considération la capacité de paiement des différentes catégories de la population pour l'eau potable, ou leur capacité de valorisation de l'eau en rapport avec les activités économiques , en l'occurrence l'irrigation.

Le chantier du prix de l'eau mérite donc d'être ouvert en entier. Il ne peut être refermé sans que les opérateurs nationaux dans le secteur de l'eau (SONEDE, ONAS, SECADENORD, CRDA, GDA) ne revoient, en relation avec les divers partenaires, leurs prestations «commerciales» et donc contractuelles. Ils doivent proposer aux usagers et à l'opinion publique une nouvelle politique tarifaire qui tienne compte des divers intérêts en jeu : l'intérêt des opérateurs et des organismes de gestion en vue d'équilibrer leurs charges, l'intérêt des usagers de l'eau, l'intérêt des finances publiques et enfin l'intérêt de l'économie nationale qui a lourdement investi dans les aménagements hydrauliques. Ce dernier est sans doute le plus important et le seul qui ait finalement un sens véritable. Les autres intérêts ne correspondent en fait qu'a des transferts de revenus plus ou moins judicieux ou souhaitables entre différentes parties prenantes (Clément, 1967). Cette évolution se traduirait par des signaux-prix très forts et nécessite donc de bien en mesurer les conséquences à la fois sociales, économiques, environnementales et politiques.

L'un des écueils à éviter dans cette politique serait la mise en place d'un tarif unique ou d'une solution uniforme partout sur le territoire national, dont le défaut principal serait de ne pas tenir compte des réalités locales. En effet, la configuration de la ressource diffère d'un endroit à l'autre (contexte géographique et climatique, etc.) et d'un secteur d'usage à l'autre (eau potable, activités économiques, environnement), ce qui fait que le coût et la valeur de l'eau ne sont pas les mêmes dans toutes les régions du pays. C'est en partant des acquis des dernières décennies et des expériences locales que l'on pourra vérifier le bien-fondé de telle ou telle solution. Dans tous les cas, cet élément historique devra toujours être présent à l'esprit : l'eau est un vecteur de lien social, de partage et de responsabilité collective. Traditionnellement, il existe en Tunisie une « communauté de l'eau » qui doit être préservée.

Sur un autre plan, le débat a toujours existé en Tunisie au sujet de l'adoption dans la gestion de l'eau de certains principes d'efficacité intersectorielle, au niveau de l'allocation qui aboutit à affecter l'eau en priorité aux secteurs économiques offrant le meilleur niveau de rentabilité, notamment à l'eau potable urbaine destinée aux services, au tourisme et à l'industrie plutôt qu'à l'agriculture. D'autre part, et dans l'objectif d'améliorer l'efficacité intra sectorielle, l'eau utilisée devra être allouée d'une manière privilégiée aux activités productives qui génèrent les meilleurs rapports économiques, comme la production irriguée des cultures maraichères et arboricoles obtenant un prix élevé sur les marchés national et mondiaux aux dépens dans certains cas de cultures céréalières et fourragères à la base de l'alimentation humaine et animale.

Les progrès obtenus en matière d'amélioration de l'efficacité de l'eau sont réels mais encore très insuffisants, et des réformes sont nécessaires pour améliorer ces performances : les programmes d'économie d'eau entrepris, qui visent à obtenir de l'eau des systèmes existants pour approvisionner les utilisateurs supplémentaires d'autres activités où les impacts économiques et sociaux sont plus élevés, en constituent les prémices.

Il s'avère donc nécessaire de développer et de renforcer les analyses économiques mettant en évidence les économies financières pouvant être réalisées par la mise en œuvre de politiques visant à maitriser la demande en eau. A cet effet, les informations d'ordre économique, nécessaires à l'évaluation des coûts et de l'efficacité des services de l'eau doivent être systématiquement collectées. Ces analyses devraient, par ailleurs, servir de base à l'amélioration de l'efficience intersectorielle de l'eau. Les gains possibles par une allocation plus efficace des ressources entre les différents usages et secteurs d'activité (agriculture, industrie, tourisme…) ne peuvent en effet être évalués que localement - en fonction du contexte hydrologique et de la valeur des biens produits - par des études « coûts-avantages » de différentes options, en intégrant le coût et les bénéfices des externalités environnementales et sociales. Si certains pays méditerranéens commencent à déterminer leurs arbitrages d'allocation sur la base d'un critère d'optimisation de type « plus de valeur ajoutée par goutte », les études sur l'optimisation et l'allocation en fonction des différentes qualités d'eau sont rares ou inexistantes (Blinda, 2012).

En tout état de cause, les solutions cherchant à préserver l'équilibre efficacité-équité ne peuvent être définies sur des bases purement objectives, mais également par une réelle participation des usagers à la gestion de l'eau et la négociation des intérêts en jeu par les parties concernées, en considérant bien que l'eau est un bien public.

6.3.4- Mieux valoriser les connaissances sur l'eau

6.3.4.1- Les Systèmes d'information, la Modélisation, le rôle de la Recherche

Le besoin n'a jamais été aussi grand de mobiliser la science et la recherche scientifique pour améliorer nos connaissances et notre façon d'agir sur l'eau, et surtout d'anticiper les problèmes qui risquent dans le futur de porter préjudice au développement du pays et à notre vie quotidienne. Notre capacité d'anticipation repose sur le développement de trois secteurs essentiels, trois enjeux, dont la maîtrise constitue autant d'épreuves pour mieux préparer l'avenir du secteur de l'eau en Tunisie : (i) les Systèmes d'Information, (ii) la Modélisation, et (iii) l'efficience de la Recherche scientifique.

a- Les systèmes d'information et le processus de décision sur l'eau

Le préambule du XI ^{ème} Plan de développement économique et social de la Tunisie 2007-2011 invoque, entre autres, l'importance de la prospective, de l'accroissement du savoir, de la maîtrise des technologies, de l'évolution de l'économie immatérielle. Le secteur de l'eau s'inscrit pleinement dans cette orientation : il est important que tous les acteurs assimilent parfaitement les nouveaux enjeux de l'eau, en assument les objectifs et maîtrisent les moyens techniques permettant de les réaliser. L'information et la communication, qui constituent les deux piliers des sociétés cognitives, deviennent alors des composantes incontournables des stratégies visant la rationalisation des usages de l'eau.

L'application de ces nouvelles orientations ne peut se concrétiser qu'à travers la mise en place du Système d'Information National sur l'Eau (SINEAU). Le Ministère de l'Agriculture, en tant que département chargé de l'eau, occupe une place centrale dans le processus de formulation de la politique nationale de l'eau. Or, les outils sur lesquels se fonde encore le Ministère pour analyser et transformer ses informations en vue d'éclairer cette politique ne sont plus à la hauteur ni du gisement exceptionnel des données existantes et élaborées chaque jour, ni des compétences et de l'expertise présentes dans le pays.

L'élaboration des politiques de l'eau s'appuie classiquement sur le développement : (i) de bases de données structurées ; (ii) de systèmes d'informations géographiques dynamiques et interactifs ; et (iii) d'outils de modélisation performants. La clé de voûte de ce dispositif est la mise en place du Système d'Information National sur l'Eau qui doit tendre à assurer l'interconnexion des bases de données, des systèmes d'information géographiques et des outils de modélisation de l'eau au plan national, afin de renforcer l'importance stratégique de la connaissance des milieux hydrologiques pour une meilleure gestion de l'eau. C'est dans ce contexte que la modernisation du système d'information sur l'eau se présente aujourd'hui comme une étape incontournable. Le système d'information tunisien doit s'aligner sur les nouveaux enjeux stratégiques de la politique de l'eau, où l'information joue un rôle majeur.

Avec la mise en œuvre du SINEAU, la Tunisie pourra s'inscrire dans cette perspective historique, d'évolution vers la mise en place de systèmes d'information structurés, mais cette volonté, pour aboutir, doit s'appuyer sur des textes réglementaires conséquents : l'acquisition des données sur les ressources et les usages de l'eau, et la mise en œuvre et l'entretien de systèmes d'information sur l'eau, aussi bien sur les plans technique qu'institutionnel, doivent occuper la place qu'elles méritent dans le nouveau Code des Eaux. Cette modernisation, par ailleurs, ne saurait aboutir sans une réelle volonté politique : force est de constater que le projet du SINEAU en est à sa treizième année d'études, de conception et de gestation. L'aboutissement et le succès véritable d'un tel projet constituent pour toute la Tunisie un double défi, une double épreuve de vérité :

(i) - Le partage de l'information publique, et l'eau est un domaine public par excellence, constitue l'une des principales manifestations des démocraties modernes. Avec le Décret-loi 2011-41, la Tunisie s'est officiellement engagée dans cette perspective, mais l'Administration tunisienne peine à s'adapter à ce nouveau texte, dont l'application pratique a beaucoup de mal à se faire sentir. L'aboutissement effectif du SINEAU constituerait une preuve concrète de cette orientation nouvelle.

(ii) - Pour communiquer en connaissance de cause ses données statistiques au Public, l'Administration de l'eau se doit d'abord de rationaliser ses propres systèmes et réseaux de collecte, de critique et d'analyse des données, et d'organiser les pratiques de concertation entre ses propres services et départements, centraux et régionaux, pour améliorer et fiabiliser la qualité des informations produites. Or, en dehors de quelques organismes pionniers dans ce domaine (INM, DGRE, SONEDE) ces pratiques restent encore peu courantes et très faiblement ancrées dans les services et les agences de l'eau.

b- L'enjeu de la modélisation

Le second enjeu est celui de la « Modélisation » : le secteur de l'eau constitue un système complexe et fortement multidisciplinaire. Collecter les données et les informations de diverses sources et de diverses natures, les valider, vérifier leur fiabilité et leur cohérence, constituent certes une étape nécessaire. Les valoriser en développant nos capacités à les traiter et à améliorer notre représentation des phénomènes permet la mise en œuvre d'outils de modélisation capables de reproduire les évolutions passées pour pouvoir expliquer les états actuels et prédire, donc anticiper, les évolutions à venir. Le modèle est sans doute le médiateur le plus puissant, en mesure de développer l'expertise et d'éclairer la prise de décision. Très développée dans les universités mais d'une manière un peu disparate, non organisée et souvent déconnectée des secteurs d'application, la modélisation est quasi totalement absente des cercles de prise de décision du secteur de l'eau. Là aussi, la volonté politique constituera un élément déterminant pour changer les mentalités : rapprocher, parfois malgré eux, les acteurs des universités et des secteurs d'application requerra certes bien plus qu'une bonne dose d'imagination.

c - Rôle de la science et de la recherche

Le troisième enjeu est notre capacité à faire de la science et de la recherche scientifique des instruments capables de nous aider à mieux préparer l'avenir de l'eau en Tunisie. Or ce que l'on constate, c'est que la plupart des centres de recherche et des laboratoires œuvrant dans le secteur de l'eau poursuivent une activité de grande qualité scientifique. Cette activité maintient une culture scientifique basique et la reproduction des élites universitaires, mais cantonnée dans cette mission, la recherche dans le domaine de l'eau n'a pas réussi à évoluer vers d'autres horizons : (i) bien que s'inspirant de problèmes réels, elle ne s'inscrit pas dans la perspective des grands projets de développement du pays et ne constitue aucune force de proposition pour les décideurs ; (ii) elle ne s'inscrit, par ailleurs, pas toujours dans de grands programmes scientifiques fédérateurs (fondamentaux ou appliqués, nationaux ou internationaux) susceptibles d'induire des retombées réelles pour le pays. Il s'agit là d'un constat bien sombre ; mais force est de reconnaître que les résultats de la recherche n'ont pas encore réussi à impacter les grands enjeux de l'eau en Tunisie. Le défi est immense, que les capacités scientifiques tunisiennes sont en mesure de relever, certes au prix de réformes courageuses.

6.3.4.2- L'avenir de l'eau réside dans la construction d'une société cognitive

La Tunisie est caractérisée par des ressources en eau rares et d'ores et déjà intensément mobilisées. Au cours des décennies à venir, on y prévoit une augmentation significative des besoins en eau, et notamment une demande croissante de l'agriculture irriguée avec une aggravation de l'état de surexploitation des nappes souterraines. Avec l'évolution démographique, l'urbanisation croissante et l'élévation générale du niveau de vie, le bilan hydrique intégral du pays indique une dépendance croissante vis-à-vis des importations d'eau virtuelle pour compenser les déficits alimentaires. A l'échéance 2050, et si les modes de gouvernance de l'eau n'évoluaient pas de manière drastique, l'indice de dépendance hydrique pourrait atteindre 57 %, contre 37 % en 2010.

Malgré ce constat inquiétant, la Tunisie demeure parmi les pays au monde où l'eau n'est pas utilisée de la manière la plus efficace :

(i) - L'efficience globale de l'irrigation (rendement des réseaux et efficience à la parcelle) stagne à 60 % (alors qu'elle atteint 80 % dans des zones climatiques analogues en Australie et dans le sud ouest des Etats Unis) ;

(ii) - L'efficience globale de l'utilisation de l'eau potable (rapport volumes consommés aux volumes prélevés) se maintient à 72 % et ce malgré les efforts de la SONEDE en termes de maintenance préventive et d'amélioration des réseaux ;

(iii) - Certains systèmes de tarification et de subventions n'incitent pas toujours les usagers aux économies d'eau, et donnent des messages erronés sur la situation réelle des ressources en eau dans les pays,

(iv) - la surexploitation des nappes souterraines ne parait pas avoir de perspective de solution à court terme,

(v) - la réutilisation des eaux usées traitées demeure, pour diverses raisons, très insuffisante.

En réalité, l'atteinte d'un niveau supérieur d'efficience générale des systèmes hydrauliques nécessite une émancipation de toute la société, qui implique une appropriation massive des connaissances. D'abord des connaissances spécialisées, avec l'éducation des usagers, et avec l'apprentissage de la gestion de l'eau par les enfants à travers l'éducation scolaire. Mais il y a aussi l'accès de toute la société aux connaissances générales. L'« Indice de Connaissance (knowledge Index) » élaboré par la Banque Mondiale (Banque Mondiale, 2013) intègre au niveau d'un pays l'éducation de base, la capacité d'entreprise et d'innovation du pays et l'accès aux technologies de l'information et de la communication. A ce niveau d'appropriation des connaissances par la société, la Tunisie se situe certes dans le petit peloton de tête des pays africains, mais elle est assurément très mal lotie lorsqu'on la compare aux pays de la rive nord de la Méditerranée.

Un autre indicateur du niveau de connaissances de la société est la production scientifique, où la Tunisie, qui recueille les dividendes de la loi d'orientation de la Recherche de 1996, se situe actuellement dans un très bon gradient de créativité, qui devrait pouvoir porter ses fruits dans quelques années.

Et pourtant, ce nouvel élan scientifique n'a pas encore eu d'impact sensible sur la société :

(i) - ni au niveau du poids, de la visibilité et de l'attractivité de nos universités, dont le classement mondial est encore largement inacceptable ;

(ii) - ni à celui, notamment dans le secteur de l'eau, de l'implication dans les grands projets et dans l'orientation des politiques publiques, domaines, débats et décisions où les chercheurs et les scientifiques ne sont ni invités et bienvenus, ni encore tout à fait à l'aise et fortement investis.

L'avenir de l'eau dans le pays va reposer en grande partie sur la modernisation de la gestion de tous les systèmes hydrauliques, qui implique une évolution cognitive massive. Cette condition nécessite une forte émancipation de toute la société, pour atteindre les objectifs d'efficience, que tous les intervenants assimilent les enjeux de l'eau, et que toute l'opinion publique s'approprie la question de l'eau comme un projet d'avenir. L'information, la participation, l'école, la recherche scientifique, forment alors les composantes essentielles de la maîtrise des connaissances sur l'eau et de la rationalisation de ses usages.

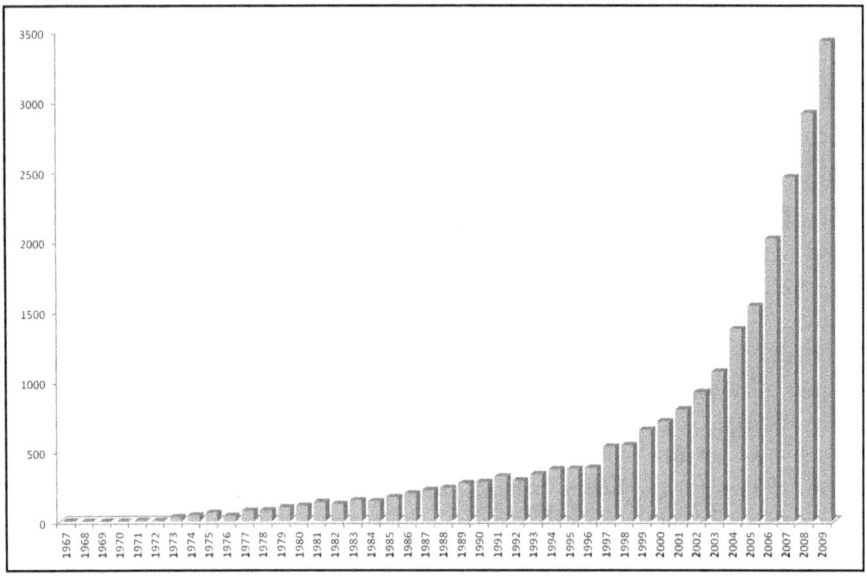

Fig.6.3 : Les Publications tunisiennes indexées dans le Web of Science ; Source : G.Rivalle, Thomson Reuters, 2010

Toutes les réformes à introduire sur la modernisation de la gestion des données et de l'information, sur les modes de gestion locale et démocratique de l'eau, sur la formation des utilisateurs et des agriculteurs à la gestion économe des usages et des ressources, sur l'approche de l'eau dans l'éducation scolaire, sur le développement de l'innovation et des applications de la recherche, devraient permettre de contribuer à stabiliser et améliorer durablement la sécurité hydrique de la Tunisie.

Conclusion

Lorsqu'à l'aube de l'indépendance, la Tunisie avait une population trois fois moindre, aux deux tiers rurale, et des activités économiques naissantes, la demande en eau était modeste et la ressource abondante. Les pouvoirs publics ont alors mis en œuvre une politique pragmatique de développement des ressources en eau pour soutenir l'effort de développement socio-économique, et mis en place le cadre législatif et institutionnel de contrôle et de gestion, notamment le Code des Eaux, fondé sur l'approche hydraulique de planification de la ressource. C'était une époque favorable aux aménagements hydro-agricoles, et avec les résultats spectaculaires et les succès de la révolution verte dans le monde, était né l'espoir d'accroître la production agricole pour faire face à l'augmentation de la demande alimentaire. Encore plus que dans les pays mieux nantis en eau, l'intensification de l'agriculture par l'irrigation a été un formidable moyen pour multiplier la productivité du sol et accroître la production agricole dans les pays arides. C'était également un moyen de stabiliser la production et les revenus agricoles dans des régions où les saisons sèches sont relativement longues et où l'agriculture pluviale subit des variations importantes.

La révolution verte a par ailleurs été en partie à l'origine de graves dysfonctionnements d'ordre écologique : épuisement des sols, pollutions, surexploitation et dégradation des ressources en eau. La situation est particulièrement critique dans les pays arides où l'on en arrive à pousser l'exploitation de la ressource en eau au delà de son taux de renouvellement, entraînant des dégradations parfois irréversibles. C'est précisément le cas de la Tunisie, qui a mis en œuvre et achève son programme de développement des ressources en eau. Les limites du développement de la ressource, les risques et les constats de dégradation des ressources en eau et en sols, l'accroissement prévisible de la demande des collectivités et des industries, sont autant de facteurs qui pèsent sur les perspectives de développement de l'agriculture irriguée et inquiètent les acteurs de ce secteur vital.

Dans l'ensemble, les analyses des problèmes de l'eau développées dans les différentes sections de l'ouvrage indiquent que la vision hydraulique qui a jusque là constitué les fondements de la politique tunisienne de l'eau a atteint ses limites. Se dessine alors pour le pays une nouvelle épreuve : anticiper des politiques générales capables de relever les nouveaux défis. La politique de l'eau et les politiques sectorielles, notamment la politique agricole, doivent répondre par de nouvelles stratégies pour assurer la durabilité de l'exploitation des ressources en eau et en sol.

La perspective de réaffectation des disponibilités en eau du secteur agricole place la question de l'eau dans le contexte de sa relation avec la production agricole et avec les objectifs de sécurité alimentaire. Si d'un point de vue pragmatique les réallocations des ressources hydrauliques qui pourraient dans l'avenir s'effectuer au détriment du secteur agricole sont inévitables, elles ne sont justifiables que dans la mesure où les usages qui sont censés mieux les valoriser (eau potable, tourisme, industrie), en garantissent la bonne utilisation. Inversement, le secteur agricole, pour garantir au secteur irrigué sa place, doit multiplier les efforts pour mieux valoriser la ressource.

La Tunisie doit, à l'avenir, composer avec toutes ses ressources en eau pour assurer sa sécurité hydrique et améliorer sa sécurité alimentaire. Qu'elle provienne des écoulements superficiels ou souterrains, qu'elle soit emmagasinée dans le sol ou dans les produits importés, qu'elle soit mobilisée par des ouvrages, captée par des plantes ou obtenue par des modes non conventionnels de production, toute forme d'eau douce peut contribuer à accroître les ressources et à renforcer le potentiel de satisfaction des besoins alimentaires. Eau bleue, eau verte, eau virtuelle, toutes les ressources participent de différentes manières à la sécurité alimentaire ; il s'agit dans tous les cas de chercher à plus et mieux l'exploiter, la préserver et en optimiser l'usage.

Le niveau de mobilisation des ressources hydrauliques, l'eau bleue, est déjà très élevé et les programmes en cours semblent vouloir développer encore plus le dispositif hydraulique pour récupérer les eaux de surface qui échappent encore à la mobilisation : interconnexion des grands barrages du nord, construction de barrages et de lacs collinaires, rétention des ressources excédentaires des crues exceptionnelles, transferts des eaux vers les régions du centre. Au delà des débats sur l'opportunité de certains de ces programmes eu égard à leurs implications financières et à leurs conséquences environnementales, l'effort national devrait d'abord se consacrer à maintenir et à renforcer le potentiel des infrastructures existantes en luttant contre toutes les dégradations quantitatives et qualitatives des ressources : prévenir et compenser l'envasement des retenues qui entraîne des réductions significatives des capacités de stockage des réservoirs, éradiquer la surexploitation des nappes souterraines qui provoque dans plusieurs régions du pays des dégradations alarmantes de gisements aquifères, lutter contre les pratiques agricoles peu durables qui favorisent l'érosion et la salinisation des sols, protéger toutes les ressources de toute forme de pollution ponctuelle ou diffuse. Ainsi préservées, les ressources en eau et en sol doivent être exploitées de manière rationnelle pour améliorer l'efficience de leurs usages en renforçant les mécanismes de gestion de la demande : économie de l'eau, lutte contre le gaspillage, amélioration des procédures d'allocation et de partage des ressources.

Au cœur des politiques de gestion de la demande, le Programme National d'Economie d'Eau a permis d'accroître sensiblement, et d'une manière particulièrement spectaculaire, l'efficience générale des systèmes d'irrigation, mais les quantités d'eau économisées sont parfois réaffectées à de nouvelles surfaces irriguées et la consommation globale de l'irrigation au niveau national n'a pas diminué. Plus généralement, les outils mis en place de gestion de la demande en eau : incitation aux équipements économes, tarification, gestion par les usagers, n'ont pas encore permis de réduire substantiellement la pression sur la ressource.

Il s'agit d'une façon générale, de placer les objectifs de la protection des ressources, de l'amélioration de la qualité des eaux naturelles et de la rationalisation des usages de l'eau au cœur du dispositif d'aménagement et de gestion durable des ressources hydriques. Il faudra à cet effet développer les outils législatifs et les mécanismes institutionnels indispensables à la réalisation de ces objectifs. En effet, malgré l'ensemble des mesures de sauvegarde et de suivi des ressources en eau que recèle le Code des Eaux en vigueur, plusieurs concepts modernes de la gestion de l'eau n'y figurent pas. Le projet de révision du Code des Eaux, dont un premier texte est publié[33] pour consultation, consolide les acquis, capitalise l'expérience hydraulique tunisienne et insuffle de nouvelles ambitions. En particulier, la reconnaissance de la valeur patrimoniale de l'eau, l'introduction du droit d'accès à l'eau et du concept de bon état des eaux de surface et souterraines, l'élargissement du principe de valorisation maximale de l'eau, le renforcement du cadre législatif de la planification de l'eau, l'élaboration de mécanismes de concertation, d'arbitrage et de règlement des conflits avec la création du Conseil Supérieur de l'Eau, toutes ces mesures sont de nature à imprimer une nouvelle dynamique des politiques de l'eau.

Les progrès récents enregistrés dans la maitrise des technologies de dessalement et de traitement des eaux ouvrent de nouvelles perspectives de développement à plus grande échelle des ressources non-conventionnelles.

[33] http://www.semide.tn/CDE_2.pdf; consulté ce 18 Aout 2013

Le dessalement devrait se traduire par un allègement de la pression sur les ressources conventionnelles. La réutilisation des eaux usées traitées devrait, même à flux constant de ressources, fournir plus de disponibilités d'eau, notamment pour l'usage agricole. Là encore, il y a nécessité d'adapter le cadre législatif et réglementaire, organiser le dispositif institutionnel et préparer les ressources humaines pour accompagner ces évolutions décisives qui s'annoncent comme éminentes sur le moyen terme.

Les ressources hydriques d'eau verte représentent un potentiel considérable et jouent un rôle déterminant dans la production agro-alimentaire. Nos estimations des équivalents-eau des productions agro-alimentaires indiquent que la contribution globale de l'eau verte, y compris celle des parcours, représente près des trois quarts de la production agricole nationale. L'agriculture pluviale joue ainsi un rôle majeur dans l'équilibre des bilans de la balance agro-alimentaire, et la consolidation des niveaux de sécurité alimentaire ne peut se concevoir sans progrès décisifs dans le développement des ressources d'eau verte. Le principe de la valorisation maximale du mètre cube d'eau, qui constitue l'un des principaux fondements du Code des Eaux, devrait être élargi à l'eau du sol agricole. Cette adaptation du cadre législatif ouvre des perspectives nouvelles et conforte une perception plus large des ressources hydriques qui doit conduire à la mise au point de stratégies pour renforcer l'agriculture pluviale et améliorer les rendements des terres de parcours.

Les efforts que l'on est amené à développer pour accroître la production agricole sont nécessaires pour maintenir et consolider le niveau de sécurité alimentaire du pays, mais ne seront pas suffisants pour faire face à la demande alimentaire croissante en quantité et en qualité : pour assurer la couverture du déficit hydrique de la production agricole locale notamment durant les épisodes de sécheresse, il y aura toujours besoin de recourir aux échanges de produits agro-alimentaires pour équilibrer offre et demande. Le bilan hydrique net des importations et exportations de produits agro-alimentaires représente un apport considérable d'Eau virtuelle: en moyenne autant que l'équivalent-eau de l'agriculture pluviale et près de trois fois l'équivalent-eau de l'agriculture irriguée.

L'apport net en eau virtuelle va s'amplifiant au rythme de l'accroissement de la population et du changement des modes alimentaires. Nos projections du bilan de la balance agro-alimentaire montrent que la maîtrise du niveau de dépendance alimentaire sera liée à la capacité du pays à gérer l'ensemble des ressources hydriques disponibles et à en optimiser l'emploi. Dans un contexte de limitation de l'offre, cette perception plus large de la question de l'eau est la plus fertile en possibilités de développement de stratégies visant la maîtrise du déficit de la balance commerciale et l'amélioration du degré d'autosuffisance alimentaire.

L'élargissement des bilans hydriques à l'ensemble des ressources hydriques et la prise en compte de l'ensemble des besoins en eau, demande alimentaire comprise, permettent de confronter la totalité des besoins à l'ensemble des ressources pouvant être employées dans la production agricole. Le flux d'Eau virtuelle, qui apparait en première analyse comme une variable d'ajustement, doit être optimisé en tenant compte des limites des ressources hydriques et en tirant profit des avantages comparatifs que peut développer l'agriculture locale. En terme de bilans hydriques, la balance agro-alimentaire est très favorable à la Tunisie et les conditions avantageuses qu'offre l'échange de denrées alimentaires à l'échelle internationale peuvent, tout en préservant l'environnement hydrique, permettre de gagner du temps et de mettre en place les stratégies appropriées pour promouvoir les secteurs irrigué et de cultures pluviales ainsi que la gestion durable de l'espace sylvo-pastoral.

Pour progresser dans cette vision holistique de la question de l'eau, il est nécessaire d'intégrer la question de l'eau dans l'ensemble des politiques économiques sectorielles afin de valoriser toutes les formes de ressources en eau disponibles et d'éviter les transferts injustifiés ou la surexploitation des ressources nationales. Des réformes en profondeur des modes de gouvernance et de gestion de la ressource au niveau central et régional seront par ailleurs nécessaires pour améliorer les mécanismes de prise de décision, en assurer la cohésion aux différentes échelles et garantir l'implication des acteurs et l'adhésion effective de la population.

Cela revient à définir les objectifs, les orientations, les règles et les instruments d'une politique de l'eau à l'échelle régionale et à l'échelle du pays. Une des questions essentielles qu'il faudra approfondir concerne le cadre géographique de gestion de l'eau, qui doit respecter l'unité de la ressource. Certes le degré élevé d'artificialisation du cycle de l'eau et les transferts entre bassins ont scellé de fortes interactions géographiques, mais les plans directeurs d'utilisation des eaux par grande région hydraulique constituent de facto des entités hydrologiques bien délimitées.

La mise en œuvre de la politique de l'eau nécessite l'amélioration des outils d'analyse et d'évaluation, ainsi que l'émancipation des moyens techniques et humains du pays : d'une part, il est nécessaire d'améliorer et d'adapter les instruments techniques et économiques aux nouveaux objectifs de gestion ; d'autre part, il faut que tous les intervenants assimilent parfaitement les enjeux de l'eau, s'approprient les objectifs des programmes de gestion et maîtrisent les moyens techniques permettant de les réaliser.

L'amélioration des rendements des réseaux d'eau d'irrigation et d'eau potable, l'utilisation de techniques économes en eau, surtout en irrigation, l'adoption de systèmes appropriés de tarification et de recouvrement des coûts incitant à l'économie de l'eau, la sensibilisation des usagers et du grand public à la préservation et la valorisation de l'eau, la mise en œuvre intégrale de la réglementation de l'utilisation des ressources en eau, et la maîtrise des risques hydrologiques, constituent les outils d'une politique moderne de l'eau.

La mise en œuvre d'instruments économiques pour influencer la demande et orienter les investissements est maintenant acquise. Il est en effet admis que l'eau est à la fois un bien de consommation qui implique un droit d'accès à l'eau et un facteur de production qui induit une valeur économique. Le problème est ensuite de mesurer les implications socio-économiques et d'imaginer les solutions qui intègrent explicitement la dimension sociale de l'eau et rendent l'application des outils économiques acceptables pour l'ensemble des usages.

Porteuse de stratégies à long terme, la politique de l'eau doit être assimilée par tous les acteurs de l'eau qui en assument les objectifs ; elle doit également être connue et comprise par l'opinion publique. Se précise alors l'importance de la participation de tous les intervenants. La complexité du système d'acteurs et la multitude de contraintes renvoient à la nécessité de mettre en place une coordination effective qui doit amener les différents intervenants au niveau national et au niveau régional à se concerter et à harmoniser leurs actions. Certes, la gestion intégrée des ressources ne peut se concevoir sans la participation des usagers ; c'est un principe acquis, une conception incontournable, en particulier lorsqu'il s'agit de ressources limitées soumises à une exploitation soutenue. La vulgarisation, l'information, la communication, l'école, deviennent alors des composantes essentielles des stratégies de gestion. La recherche scientifique, les formations supérieures, l'expertise et la technologie y sont étroitement liées : ces stratégies doivent s'accompagner de programmes de renforcement des capacités et d'un effort de formation et de recherche scientifique à la mesure des défis qui pèsent sur l'avenir de l'eau.

Postface : La révolution et la gestion locale de l'eau

Les stratégies hydrauliques des dernières décennies se sont attachées à garantir les différents besoins en eau, et les politiques de l'eau se sont appuyées sur des modes de gouvernance centralisés, fondés sur l'expertise de l'Administration de l'eau. Au niveau local, les associations d'usagers de l'eau (GDA) ont des capacités humaines et matérielles limitées, pas toujours compatibles avec le rôle important qui leur est assigné. Les bouleversements survenus après la révolution du 17 Septembre 2010 - 14 janvier 2011, et l'affaiblissement brusque de l'autorité de l'Etat, ont montré à quel point ces structures associatives étaient assistées et fragiles. Le rapport de la commission technique chargée de la révision du dispositif des GDA[34] est édifiant quant à l'état de nombreuses associations, objets de dysfonctionnements graves en relation avec le manque de compétences techniques et financières.

L'affaiblissement de l'autorité de l'eau a encouragé des comportements anarchiques : nouvelle accélération des forages illicites, flambée des piquages illégaux sur les réseaux publics et des extensions de terres irriguées, généralisation des passe droits, du chacun pour soi et développement corollaire des frustrations chez les paysans "laissés pour compte". Ces dérives menacent la durabilité des ressources et des systèmes de production, avec des conséquences économiques et environnementales désastreuses ; depuis la révolution, les extensions illicites des superficies irriguées se compteraient par milliers d'hectares, pour l'essentiel dans des régions où les ressources en eau sont déjà surexploitées. Les protestations des populations se sont multipliées : contestation des tarifications, refus de

[34] Min (2013), Rapport de la commission technique interne chargée de la révision du dispositif des GDA,

payer les redevances… Ces perturbations aggravent la situation financière et technique des GDA, et remettent en question l'existence même de certaines associations. Les protestations sont encore plus virulentes quand il s'agit de desserte en eau potable où les déficiences des systèmes hydrauliques, la qualité parfois médiocre des eaux distribuées et les tarifs relativement élevés sont perçus au mieux comme un degré inacceptable d'injustice sociale, au pire comme une privation du droit d'accès à l'eau.

Pour faire face aux transformations que connait le dispositif national de gestion de l'eau, notamment au niveau local, l'administration se trouve dépassée par la nature des nouveaux problèmes à traiter. Les CRDA submergés, manquant de moyens matériels, tentent malgré tout de mettre à profit leurs compétences et leur expérience pour maintenir le dispositif régional et les activités qui lui sont associées, au prix d'un dévouement et d'une abnégation qui ne sauraient constituer des modes de gestion durables. Mais les nouveaux défis nécessitent une redéfinition du rôle de l'autorité de l'eau : les modes de gestion en vigueur n'ont guère favorisé la démocratie locale et la participation des citoyens aux prises de décision, et rien ne semble encore avoir changé après la révolution. La commission technique du Ministère de l'agriculture, chargée de la révision du dispositif de gestion locale de l'eau, a préconisé un certain nombre de mesures législatives, techniques et financières sans pour autant proposer une vision de fond qui remette en question le rôle et le mode de fonctionnement de ces structures populaires et prépare leur émancipation.

Aujourd'hui, la politique de l'eau se trouve à une croisée des chemins où il faudra repenser l'eau pour préserver le patrimoine hydraulique du pays et promouvoir des stratégies capables de relever les nouveaux défis et éviter toutes dérives regrettables. Et pour cause, la Tunisie vient de promulguer une nouvelle constitution le 27 janvier 2014. Elle a également procédé à la refonte de son Code des Eaux dont un projet est publié. Comment ces textes intègrent-ils la problématique de l'eau, comment abordent-ils les constats et les insuffisances que nous venons d'évoquer, et quels y sont les remèdes envisagés ?

La Constitution propose un ensemble de règles qui organisent, dans le nouveau contexte, les pouvoirs publics au niveau central et régional. Au-delà de son contenu politique, quelles pourraient être les implications de la constitution sur l'avenir de l'eau en Tunisie ? De son coté, le projet de texte relatif à la révision du Code des Eaux élabore le cadre général de la gouvernance des ressources : qu'apporte-t-il aux problèmes de l'eau qui se sont exacerbés après la révolution, et ces réponses sont-elles conformes à l'esprit de la nouvelle constitution ?

Le projet de révision du Code des Eaux propose les grandes lignes de la politique de l'eau et des modes de gouvernance, avec un choix délibéré pour un système de gestion décentralisé : au niveau local, la participation serait au centre du dispositif d'une gestion responsable et solidaire des ressources en eau. Ces principes sont conformes à l'organisation des pouvoirs prévue dans la constitution.

La constitution reconnait le droit à l'eau, érigé en principe fondamental, et l'engagement à réduire le déséquilibre régional par la décentralisation politique et administrative y est clairement inscrit, ouvrant des perspectives nouvelles pour la gestion locale de l'eau, une gestion fondée sur l'exercice de collectivités locales : municipalités, régions, districts, dont chaque catégorie couvre l'ensemble du territoire de la République et dirigées par des conseils élus.

La gestion locale de l'eau a longtemps été le maillon faible des politiques de l'eau. Il faut espérer que ces nouvelles perspectives politiques soient de nature à imprimer un nouveau souffle, un nouvel élan capable d'entrainer la gestion locale de l'eau dans la voie du progrès, contribuant à renforcer la sécurité hydrique de la Tunisie.

Références bibliographiques

Abbes K. & al (2005) : Impacts des formules tarifaires binômes sur le système irrigué de la Basse Vallée de la Medjerda - IAM Montpellier.

AFD-BRLi (2011) : Réutilisation des eaux usées traitées ; Perspectives opérationnelles et recommandations pour l'action, Rapport Final ; Agence Française de Développement & BRL ingénierie.

AHT Group (2009) : Identification et élimination des goulets d'étranglement pour l'utilisation des eaux usées dans le cadre de l'irrigation ou autres usages, RG/2008-01/FTF ; Rapport National Tunisie ; EUROMED ; BEI; MEDA.

Aldaya, M.M., Garrido, A., Llamas, M.R., Varelo-Ortega, C., Novo, P., Casado, R.R. (2010) : Water footprint and virtual water trade in Spain, In: A. Garrido and M.R. Llamas (eds.), Water policy in Spain, CRC Press, Leiden, The Netherlands, pp. 49-59.

Allan, J.A. (1998) : Moving water to satisfy uneven global needs. Trading water as an alternative to engineering it. *ICID Journal* 47 (2): 1–8.

Allen R. G. A., Pereira L. S., Raes D., Smith M., (1998) : Crop evapotranspiration - Guidelines for computing crop water requirements - FAO Irrigation and drainage paper 56,

ANPE & Aquapole, (2008) : COPEAU ; "Réseau de Contrôle de la Pollution des Eaux en Tunisie" LIFE Pays Tiers ; http://loire.aquapole.ulg.ac.be:8081/

ANPE (1996) : Etude pour la sauvegarde du Parc National de l'Ichkeul ; BCEOM et al. Agence Nationale de Protection de l'Environnement, Tunis.

Aubert F. (1892) : Carte géologique de la Tunisie au 1/800000ème

Bachta M. S., Zaïbet L. (2006) : Les innovations institutionnelles comme adaptation à l'évolution des périmètres irrigués en Tunisie, sém. Wademed, Cahors, Cirad.

Bahri Akiça (2012) : Integrated Urban Water Management; Global Water Partnership Technical Committee; Background papers.

Banque Mondiale (2009) : La Filière des Céréales, Sécurité alimentaire et gestion des importations de blé dans les pays arabes. Washington, DC : Banque mondiale.

Banque Mondiale (2009) : République Tunisienne, Réflexion stratégique sur l'eau potable et l'assainissement en Tunisie - BIRD/Rapport 44744-TN

Banque Mondiale (2011) : Dessalement au moyen des énergies renouvelables : une nouvelle solution pour combler les besoins en eau non satisfaits du Moyen-Orient et de l'Afrique du Nord. 2e Forum Arabe de l'Eau. www.worldbank.org/mna/watergap

Banque Mondiale (2013) : knowledge index; http://info.worldbank. org/etools/ kam2/KAM _page5.asp

Bargaoui (2002) : Prévention et gestion des sécheresses ; in M. Besbes et al: l'Avenir de l'eau, un nouveau challenge pour la Tunisie ; Institut d'Etudes Stratégiques, Tunis.

Bargaoui. Z (1993) : les débuts de l'hydraulique moderne en Tunisie ; in Al Madar N°1 ; L'homme et la maîtrise de l'eau en Tunisie ; éd. Cité des Sciences de Tunis

Barraqué, B. (1997) : Subsidiarité et politique de l'eau, in Faure: Territoires et subsidiarité, l'action publique locale à la lumière d'un principe controversé. L'Harmattan, Paris.

Batisse. M (2005) : Du désert jusqu'à l'eau ; 1948-1974 ; La question de l'eau, de la « Zone aride » à la « Décennie Hydrologique ». Cahiers Histoire de l'UNESCO, N°4.

Baudelle G. (1999) : Industrie et environnement, entre contrainte et gouvernance ; Revue de géographie de Lyon. Vol. 74 n°3, 1999.

Baye.E (2005) : L'action des organismes internationaux sur la gestion de l'eau, Economie & Humanisme, N°372, mars 2005

Ben Mammou A. et M. H. Louati (2007) : Évolution temporelle de l'envasement des retenues de barrages de Tunisie » Revue des sciences de l'eau / Journal of Water Science, vol. 20, n° 2, 2007, p. 201-210

Ben Messaoud, A. (1998) : Usage de l'eau par l'industrie tunisienne ; Pfe.,ENIT, Tunis.

Bennouna B. & al.(2004) : Evaluation de la demande en eau et pilotage de l'irrigation déficitaire des cultures annuelles, méthodologies et outils de mesure, Inco-Wademed.

Benzarti.Z, Habaieb.H (2001) : Etude de la persistance de la sécheresse en Tunisie par utilisation des chaînes de Markov (1909-1996) ; Science et changements planétaires ; Sécheresse. Volume 12, Numéro 4, 215-20

Besbes M (1975) : Etude hydrogéologique de la Plaine de Kairouan sur modèles mathématiques ; Rapp.int.DGRE/CIG ; 1975.

Besbes M., Chahed J., Hamdane A., De Marsily G. (2010) : Changing Water Resources and Food Supply in Arid Zones: Tunisia., Water and Sustainability in Arid Regions Springer 2010, 103-121

Besbes. M (2012) : L'humanité va-t-elle manquer d'eau ? Le Figaro, Paris, 19 Janvier 2012.

Besbes.M, J.Chahed, Z.Bargaoui, MS.Mattoussi, A.Mhiri (2002) : L'Avenir de l'eau, un nouveau challenge pour la Tunisie ; Institut Tunisien d'Etudes Stratégiques, Tunis.

BIRH (2013) : http://www.semide.tn/CDE_2.pdf ; consulté ce 18 Aout 2013

BIRH (Mars 1967) : Etat des nappes profondes de Tunisie ; BIRH, Tunis ; index DGRE TG282

Blinda M. (2012) : Vers une meilleure efficience de l'utilisation de l'eau en Méditerranée, Plan Bleu, Cahier N° 14, Novembre 2012.

Brooks, D., L. El-Fattal, et D.Arafa. (2007) : Gestion de la demande en eau, définitions et critères pour évaluer l'efficacité de la GDE et exploration des notions d'innovation sociale et d'économie politique, WaDimena –IDRC.

Bucknall J. (2007) : Making the Most of Scarcity ; Accountability for Better Water Management Results in the Middle East and North Africa ; MENA Development Report, World Bank.

Burollet F. (1995) : Exploration de la Tunisie avant la 1ère guerre ; Comité français d'histoire de la Géologie, 3ème série, Tome IX.

California Water Plan Update, (2009) : Water Transfers, Volume2: Resource Management Strategies.

Cárdenas Y.V.(2007) : La construction sociale du statut juridique de l'eau en Amérique du nord, Lex Electronica, vol. 12 n° 2 (Automne 2007)

CCE (2000) : Les politiques de tarification de l'eau en théorie et en pratique, SEC(2000) 1238 ; Commission des communautés européennes.

Chabbi Morched (2006) : L'accès aux services essentiels en milieu urbain ; le cas de la Tunisie ; Institut de Développement Durable et des Relations Internationales, IDDRI

Chahed J., Besbes M., Hamdane A. (2011) : Alleviating water scarcity by optimizing Green Virtual-Water: the case of Tunisia., Value of Water Research Report Series, No. 54, UNESCO-IHE, Delft, the Netherlands, pp. 99-114.

Chahed J., Hamdane A., Besbes M. (2008) : A comprehensive water balance of Tunisia: blue water, green water and virtual water, Water International, 33(4): 415-424.

Chahine M. (1992) : The hydrological cycle and its influence on climate, Nature, v. 359, p. 373-380;

Chaumont M. (1963) : le problème de l'eau en Tunisie ; index DGRE TH 104 ;

Chekir H. (2006) : Augmentation de la capacité de transfert du canal Medjerda Cap Bon ; MARH, DGBGTH ; 2006.

Chekir H. (2004) : Possibilité de valorisation des eaux excédentaires de la Medjerda ; Transfert Sidi Salem Nebhana ; MARH, DGBGTH ; 2004

Chevalier L. (1950) : Le plan de modernisation et d'équipement pour l'Afrique du Nord, In: Population, 5e année, n°1, 1950 pp. 166-170.

Clamagirand E., Raïs S, Chahed J., Guefrej R., Smaoui L. (1990) : Aqueduc de Carthage, La Houille Blanche, N°6 pp.423-432

CNEA-DGRE (2009) : Etude de révision et d'amendement du Code des Eaux ; Etape1 : Diagnostic du secteur de l'eau en Tunisie ; Décembre 2009.

Collins, M., R. Knutti, J. Arblaster, J.-L. Dufresne, T. Fichefet, P. Friedlingstein, X. Gao, W.J. Gutowski, T. Johns, G. Krinner, M. Shongwe, C. Tebaldi, A.J. Weaver and M. Wehner, (2013): Long-term Climate Change: Projections, Commitments and Irreversibility. In: Climate Change 2013:The Physical Science Basis. Contribution of Working Group I to the Fifth Assessment Report of the Intergovernmental Panel on Climate Change [Stocker, T.F., D. Qin, G.-K. Plattner, M. Tignor, S.K. Allen, J. Boschung, A. Nauels, Y. Xia, V. Bex and P.M. Midgley (eds.)]. Cambridge University Press, Cambridge, United Kingdom and New York, NY, USA.

Corn G. (2007) : Le secteur de l'eau dans la politique de coopération avec les pays méditerranéens, Ed.Plan Bleu.

CRUESI (1970) : Recherche et formation en matière d'irrigation avec des eaux salées ; Rapport technique 1962-1969. Tech. Rapt /Unesco/Undp (SF) Tun 5.

DGGREE (2008) : Situation des périmètres irrigués à partir des EUT - Décembre 2008.

DGRE (1999) : Etude du secteur de l'eau. Groupement Bechtel./Scet - Tunisie

DGRE (2005) : Ressources en eau de surface de Tunisie, Note DGRE, Mars 2005

DGRE (2005): Etat de l'exploitation des nappes phréatiques de Tunisie.

DGRE (2007) : La surexploitation des nappes ; note inédite présentée pour la préparation du Projet d'Investissement dans le Secteur de l'Eau ; MARH, 2007.

DGRE (2007) : Annuaire de l'exploitation des nappes profondes.

DGRE (1990) : Stratégie pour le développement des ressources en eau de la Tunisie au cours de la décennie 1991-2000 ; Septembre 1990.

Dinar A., Subramanian A. (1997) : Water pricing experiences. An international perspective, World Bank Technical Paper.

DRE (1974) : Les ressources hydrauliques de Tunisie, Note Direction des Ressources en Eau ; Tunis ; Déc.1974

El Amami S. (1984) : Aménagements hydrauliques traditionnels de Tunisie, CRGR. Tunis

Fader M, Gerten D, Thammer M, Heinke J, Lotze-Campen H, Lucht W, Cramer W (2011) : Hydrol. Earth Syst. Sci. Discuss., 8, 483–527

Falkenmark M., Lundquist J., Widstrand C. (1989) : Macro-scale water scarcity requires micro-scale approaches : aspects of vulnerability in semi-arid development. Nat. Resour. Forum 13, 258–267.

FAO (1977) : Le droit des eaux dans certains pays européens, Section du droit agraire et des eaux, étude législative N°10, Rome, 1977

FAO (1997) : Water Resources of the Near East Region: A Review. Rome.

FAO (2009) : L'ombre portée de l'élevage, impacts environnementaux et options pour leur atténuation, FAO, Rome

FAO (2012) : Base de données AQUASTAT

Fernandez S. (2007) : L'eau virtuelle dans les pays Méditerranéens : un indicateur pour contribuer à l'analyse des questions de gestion et de répartition de l'eau en situation de pénurie ?, Gestion de la demande en eau en Méditerranée, progrès et politiques, Zaragoza, 19-21/03/2007

Frigui H.L (2008) : Les évènements extrêmes en Tunisie, sècheresses et inondations ; Colloque Gestion des Extrêmes ; IME, Tunis 24/4/2008.

Frigui H.L. (2005) : Rapport National sur la mise en valeur des ressources en eau en Tunisie ; Nations Unies ; Commission Economique pour l'Afrique ; CEA-AN/PUB/EAU/TN.

Frigui L., Touzi S. (2009) : Caractérisation des événements extrêmes en Tunisie et possibilités de la maîtrise des excédents pour une gestion durable de la ressource ; in l'Etat des ressources en eau du Maghreb en 2009 ; UNESCO, Unesco office in Rabat ; 2009.

Gaonac'h A. (1999) : La nature juridique de l'eau, Edition Johanet

Gardner FP, Pearce RB, Michell RL. (1985) : Physiology of crop plants. Iowa State University Press, 1985 ; 336 p.

Gauckler P. (1897) : Enquête sur les installations hydrauliques romaines en Tunisie, Imp. La rapide, Tunis.

GEORE (2010) : Base de Données des grands barrages ; DGBGTH ; MARH; Tunis.

GEORE (GEstion Optimale des Ressources en Eau) (2001) : Projet GE.O.R.E, Coopération Allemande au Développement, Ministère de l'Agriculture (DGBGTH), coopération Technique Tuniso-allemande.

GIEC (2013) : Résumé à l'intention des décideurs, Changements climatiques 2013: Les éléments scientifiques. Contribution du Groupe de travail I au cinquième Rapport d'évaluation du Groupe d'experts intergouvernemental sur l'évolution du climat [sous la direction de Stocker, T.F., D. Qin, G.-K. Plattner, M. Tignor, S. K. Allen, J. Boschung, A. Nauels, Y. Xia, V. Bex et P.M. Midgley]. Cambridge University Press, Cambridge, Royaume-Uni et New York (État de New York), États-Unis d'Amérique.

GKW (1999) : Etude sectorielle de la stratégie d'assainissement en milieu rural

Gleick P. H. (1996) : Water resources. In Encyclopedia of Climate and Weather, ed. by S. H. Schneider, Oxford University Press

Gleik P.H (1996) : Basic requirement for human activities, Meeting basic Needs - Water International, 21 (1996) 83-92.

Gornitz V., Rosenzweig C., Hillel D. (1997) : Effects of anthropogenic intervention in the land hydrologic cycle on global sea level rise. *Global Planet. Change*, 14, 147-161

Gosselin M. (1952) : L'inventaire des ressources hydrauliques de la Tunisie ; Paris, Imprimerie Nationale.

Gosselin M. (1969) : Aperçu de l'évolution de l'hydrogéologie pendant les quarante dernières années, Congrès National d'Hydrogéologie ; journées Henri Schoeller ; Bordeaux, Mars 1969.

Gottis Ch., Strohl R. (1952) : Les grands barrages de la Tunisie, Congrès géologique International, Monographies régionales, 2ème série Tunis, Imp. La Rapide 76 p

Hamdane, A. (1995) : La gestion de l'eau en Tunisie. Rapport de synthèse. Tunis : Ministère de l'Agriculture, Tunisie.

Hamdane A. (2002) : Stratégie nationale d'économie d'eau en irrigation ; Cas de la Tunisie, Forum sur les avancées de la gestion des demandes en eau (Plan Bleu) ; Rome, 2002.

Hamdane A. (2007) : Suivi des progrès dans le domaine de l'eau et promotion de politiques de gestion de la demande ; Rapport national Tunisie. Plan Bleu ; Colloque Saragosse.

Hamza M. (1991) : Géologie et hydrogéologie de la Tunisie. Bilan et spécificités des ressources en eaux souterraines ; 9ème Journée des ressources en eau, Avr. 1991

Hamza M. (1992) : Un siècle de reconnaissance et d'exploitation des aquifères par sondages en Tunisie ; DGRE ; Tunis.

Hamza M. (2006) : Ressources en eau de la Tunisie, DGRE, Janv.2006, Tunis.

Harremoës P., Gee D., Macgravin M., Stirling A., Keys J., Wynne B., Guedes Vaz S. (2001) : Late lessons from early warnings: the precautionary principle 1896–2000, Environmental issue report n° 22. Copenhague: Agence européenne pour l'environnement.

Harvey C. (2000) : Groundwater Hydrology; Water balance equation; http://ocw.mit.edu/courses/civil-and-environmental-engineering/1-72-groundwater-hydrology-fall-2005/lecture-notes/ 1_72_lecture_1.pdf

Henia L. et al. (2008) : Atlas de l'eau en Tunisie ; Université de Tunis, FSHS.

Hoekstra A.Y, Mekonnen M. (2011) : The water footprint of humanity ; Edited by Peter H. Gleick, Pacific Institute for Studies in Development, Environment and Security, www.pnas.org/cgi/doi/10.1073/pnas.1109936109

Hoekstra A.Y., Hung P.Q., (2002) : Virtual water trade : A quantification of virtual water flows between nations in relation to international crop trade, Value of water research report series No.11, Delf (the Netherlands), UNESCO-IHE Institute for water education

Horriche F., Besbes, M., (2006) : Analyse du Réseau Piézométrique National Tunisien ; Revue des Sciences de l'Eau, 19(4) (2006), pp. 347-363.

INNORPI, (2007) : Catalogue 2007 des normes tunisiennes

INS (2005) : Institut National des Statistiques, recensement 2005

INS (2011) : Rapport annuel sur les indicateurs d'infrastructure, année 2011

IPCC (2008) : Climate Change and Water, Technical Report VI. Inter governmental Panel on Climate Change.

IPCC (2009) : The Copenhagen Diagnosis; Updating the World on the Latest Climate Science, Interim Report Inter governmental Panel on Climate Change. Climate Change Research Centre, 2009

Italconsult - Min. Agriculture (1970) : Etude du Plan Directeur de l'Utilisation des Eaux du Nord de la Tunisie

ITES (2011a) : Etude stratégique - Eau 2050, Annexe 2, Mobilisation des ressources en eau

ITES (2011b) : Etude stratégique - Eau 2050, Annexe 3, réflexion sur l'agriculture pluviale

Jarvis W.T (2006) : Transboundary Groundwater, Geopolitical Consequences, Commons Sense, and the Law of the Hidden Sea ; PhD, Oregon State University.

Jeanclos, Y (2001) : La sécurité hydrique à l'orée du XXIème siècle, Annuaire Français des Relations Internationales ; AFRI, volume II, 2001

JORT (1964) : Loi n°64-28 du 4/6/64, portant nationalisation des terres agricoles.

JORT (1975) : Code des eaux, Loi n°16 du 31/03/1975, JORT no 22 du 1er avril 1975

JORT (1982) : Loi n°82-67 du 6/8/82 portant encouragement aux investissements dans les secteurs de l'agriculture et de la pêche.

Kallel R. (1994) : Caractéristiques morphologiques et hydrologiques du réseau hydrographique Tunisien

Kampman, D.A., Hoekstra, A.Y. and Krol, M.S. (2008) : The water footprint of India, Value of Water Research, Report Series No.32, UNESCO-IHE, Delft, the Netherlands

Karray B., Msallam M., Ksantini M., Mahjoub Boujnah D. Grati Kamoun N. (2009) : Programmes et acquis de recherches pour la rénovation de la filière huile d'olive et l'amélioration de ses performances, Institut de l'Olivier – Tunisie

Kenny, J.F., Barber, N.L., Hutson, S.S., Linsey, K.S., Lovelace, J.K., Maupin, M.A., (2009) : Estimated use of water in the United States in 2005: U.S. Geological Survey Circular 1344, 52 p ; http://pubs.usgs.gov/circ/1344/

King L., Nasr Z., Almohamad H., Maag C.C. (2007) : le Climat ; in « MARH, GTZ, Gopa, Exaconsult : Stratégie nationale d'adaptation de l'agriculture tunisienne et des écosystèmes aux changements climatiques », Ch.7.2. ; Tunis Janvier 2007.

Korzoun, Sokolov (1978) : Water Management and Development, Proceedings of the United Nations Water Conference ; Mar del Plata, Argentina March 1977. New York, 1978, Pergamon Press. Vol 1,part 4, p 2199-2215

Kress H.J. (1977) : Eléments structuraux –andalous- dans la genèse de la géographie culturelle de la Tunisie, Revue IBLA, 1980, N°145 (Traduction)

Kurup,K., Balachandra, (1991) : Participatory strategies in water, health, and rural development" Waterlines 10 (2).

Lahache Gafrej R. (2007,a) : Les Ressources en eau, in « MARH, GTZ, Gopa, Exaconsult : Stratégie nationale d'adaptation de l'agriculture tunisienne et des écosystèmes aux changements climatiques », Ch.7.3. ; Tunis Janvier 2007.

Lahache Gafrej R. (2007,b) : Comment réduire la consommation d'eau dans le secteur touristique en Tunisie, approche et stratégie ; Water demand management in the Mediterranean, progress and policies. Blue Plan, Zaragoza, March 2007.

Lasserre F. (2005) : Les projets de transferts massifs d'eau en Amérique du Nord - Vertigo, Hors-série 2 /septembre 2005.

Lattemann S. (2009) : Dessaler sans polluer. Dossiers de La Recherche, 08/2009, 036, p.64-67

LeParisien.fr (2004) : http://www.leparisien.fr/val-d-oise/danone-commercialise-les-stocks-d-eau-de-secours-15-05-2004-2004984071.php

Liu J., Savenije H.H.G. (2008) : Food consumption patterns and their effect on water requirement in China, Hydrology and Earth System Sciences 12(3): 887-898

Lombard A. (2007) : Les variations actuelles du niveau de la mer, observations et causes climatiques ; La Météorologie, N°59, Nov.2007

Louati. M.H, Khanfir, Alouini, El Euchi, Marzouk, Frigui (1998) : Eau21 ; Stratégie du secteur de l'eau à long terme ; Ministère de l'agriculture, Tunis.

L'vovič M. I. (1968) : Le bilan hydrique du globe terrestre. In: Annales de Géographie. 1968, t. 77, n°423. pp. 553-566.

MARH (2006) : Enquête sur les structures des exploitations agricoles; cultures irriguées .

MARH (2010) : Annuaires des statistiques agricoles ; Ministère de l'agriculture (2001 à 2010)

MARH, DGGR (1995) : Recueil des besoins en eau des cultures irriguées, Données de base

MARH, GTZ, Gopa, Exaconsult (2007) : Stratégie nationale d'adaptation de l'agriculture tunisienne et des écosystèmes aux changements climatiques

MARH-DGACTA (2005) : Examen et évaluation de la situation actuelle de la salinisation des sols et préparation d'un plan d'action et de lutte dans les périmètres irrigués de Tunisie , Programme PISEAU.

Marsily G., de (2006) : Les Eaux Continentales, by Académie des Sciences ; coordonné par G. de Marsily ; EDP Sciences, Paris.

Marsily G., de (2009) : L'eau, un trésor en partage ; Dunod, 2009, Paris.

Matsumoto K. (2002) : Transboundary groundwater and international law: past practices and current implications ; MSc; Dep.Geosciences; Oregon State University.

Maulfair D., Heinrichs J., Ishler V. (2011) : Feed efficiency for lactating dairy cows and its Relationship to income over feed costs, DAS 2011-183, PennState Cooperative extension, College of Agricultural Science

MEDD (1998) : Rapport National sur l'état de l'environnement, les ressources sylvo-pastorales : état et durabilité (Ministère de l'Environnement et du Développement Durable)

MEDD (2007) : Gestion durable des ressources en eau, Comete Engeneering, GTZ

Mekonnen M.M., Hoekstra A. Y. (2011, a) : The green, blue and grey water footprint of crops and derived crop products, Hydrol. Earth Syst. Sci., 15, 1577–1600

Mekonnen M.M., Hoekstra A.Y. (2010) : The green, blue and grey water footprint of crops and derived crop products, Value of Water Research Report Series No. 47, UNESCO-IHE, Delft, The Netherlands

Mekonnen, M.M., Hoekstra A.Y. (2011,b) : National water footprint accounts: The green, blue and grey water footprint of production and consumption, Value of Water Research Report Series No. 50, UNESCO-IHE, Delft, the Netherlands. http://www.waterfootprint.org/Reports/Report50-NationalWaterFootprints-Vol1.pdf

Michigan U. (2011) : http://www.globalchange.umich.edu/globalchange1/current/ lectures/kling/ energyflow/

Min. Agriculture (1972) : Les Investissements dans l'agriculture au cours de la décennie 1962-1972 ; Rapport du Bureau du Plan, Min. Agric., Tunis, Mars 1972.

Min. Agriculture (2005) : Enquête sur la structure des exploitations agricoles

Min. Agriculture (2006) : Gestion optimale des ressources en eau et gestion intégrée en temps réel des ressources en eau.- DG EGTH - GTZ

Min. de l'Industrie et de l'Innovation (2010): Les industries agro-alimentaires en Tunisie, Monographie, Agence de Promotion de l'Industrie et de l'Innovation, Tunis.

Molden D. (2004) : Water for Food, Water for Life: A Comprehensive Assessment of Water Management in Agriculture. London ; Earthscan, and Colombo ; IWMI.

Morin Ph., Memmi L. (1972) : Bibliographie analytique des Sciences de la Terre - Tunisie et régions limitrophes ; C.N.R.S-CRZA, Paris

Mouri H., Marlet S., (2006) : De l'association d'intérêt collectif au groupement de développement agricole: changement institutionnel et impact sur le fonctionnement des périmètres publics irrigués tunisiens, sém. Wademed, Cahors ; Cirad

National Research Council of the National Academies (2008) : Desalination: A national perspective

Nations Unies (2005) : Rapport National sur les Objectifs du Millénaire pour le Développement, Nations Unies, Mars 2005

Nations Unies (2013) : http://treaties.un.org/Pages/ViewDetails.aspx?src=TREATY&mtdsg_no=XXVII-12&chapter=27&lang=fr ; consulté ce 17 Octobre 2013.

Nazoumou Y. (2002) : Impacts des barrages sur la recharge des nappes en zone aride ; thèse de Doctorat, ENIT ;

NIDIS (2012):http://www.drought.gov/portal/server.pt/community/drought.gov /202; jsessionid= 6EC4A871C153D1D0B1D91280F408A05D

NOAA (2012) : http://www.cpc.ncep.noaa.gov/products/Soilmst_Monitoring/

Norman E., Bakker K., Cook C., Dunn G., Allen D. (2010) : La Sécurité Hydrique, Guide d'Introduction ; Rapport d'orientation politique. http://www. watersecurity.ca

Oki T., Kanae S. (2006) : Global Hydrological Cycles and World Water Resources, *Science* 313 (5790): 1068–72

Oki T., Sato M., Kawamura A., Miyake M., Kanae S., Musiake K., (2003) : Virtual water trade to Japan and in the world, in Hoekstra A.Y. (dir.), Virtual Water Trade : Proceedings of the International Expert Meeting on Virtual Water Trade, Value of Water Research Report Series, N°12, Delft (the Netherlands), UNESCO-IHE, p. 221-233.

Ollagnon H. (1991) : La gestion patrimoniale des eaux souterraines à travers l'exemple de la nappe phréatique d'Alsace - Comité Pollution des nappes phréatiques de l'Académie des Sciences, Paris, janvier 1991.

ONAS (2010, et 2011) : Rapport d'activité 2010 et Rapport d'activités 2011.

ONTH (2013) : Office National du Thermalisme et de l'Hydrothérapie ; http://www. thermalisme.nat.tn/site/publish/content/default.asp?lang=fr ; consulté 17-11-2013.

OSS (2006) : Modèle de la Djeffara tuniso libyenne, Observatoire du Sahara et du Sahel, Tunis.

OSS (2003) : Système Aquifère du Sahara Septentrional, Rapport de synthèse, Observatoire du Sahara et du Sahel, Tunis.

Ostrom E. (1990) : Governing the Commons. The Evolution of Institutions for Collective Action, Cambridge University Press.

OSU (Oregon State University), UNEP, FAO (2002) : Atlas of International Freshwater Agreements.

Ouadah-Bedidi Z., Vallin J., Bouchoucha I. (2012) : La fécondité au Maghreb : nouvelle surprise, Population et Sociétés, bulletin mensuel d'information de l'Institut national d'études démographiques, numéro 486, février 2012

Paquerot S. (2004) : De l'intuition à la précision conceptuelle, les différentes perceptions du/des bien/s public/s à l'échelle mondiale : l'exemple de l'eau douce, « Global Flows, Dissent and Diversity: the New Agenda », Montréal - May 14-15, 2004

Patil, R.K. (1987) : Economics of farmer participation in irrigation management, ODI Irrigation Management Network Paper 87 /2d. London.

Petit O. (2004) : La surexploitation des eaux souterraines, enjeux et gouvernance ; Natures Sciences Sociétés 12, 146-156

Petit. O (2009) : La politique de gestion des eaux souterraines en France ; Une analyse en termes de gestion intégrée ; Économie rurale 2009/1 (n° 309)

Plan Bleu (2010) : Le dessalement de l'eau de mer : une réponse aux besoins d'eau douce en Méditerranée ? , Les Notes du Plan Bleu, Environnement et Développement en Méditerranée, N° 16, Juillet 2010

PNUD (2011) : Rapport sur le Développement Humain 2011,Tab.8: Perceptions en matière de bien-être et d'environnement.

Poncet J. (1956) : La mise en valeur de la basse vallée de la Medjerda et ses perspectives humaines, Annales de Géographie, t. 65, n°349. pp. 199-222.

Pozzo B. (2000) : L'eau et les droits de propriété en droit civil et en common law, in Droit de propriété, économie et environnement, M.Falque M.Massenet Ed. Dalloz

Qiaozhen Mu, Heinsch, Zhao, Running (2007) : Development of a global Evapotranspiration algorithm based on MODIS and global meteorology data ; Remote sensing of Environment; 111 (2007) 519-536

Raskin, P., Gleick P.H., Kirshen P., Pontius Jr R.G., Strzepek K. (1997) : Water futures, Assessment of Long-range patterns and problems. Stockholm Environment Institute, for the United Nations.

Rezgui M., Ben Mechlia N., Bizid E., Kalboussi R., Hayouni R. (2000) : Étude de la stabilité du rendement de blé dur dans différentes regions de la Tunisie. In : L'amélioration du blé dur dans la région méditerranéenne : nouveaux défis. Options méditerranéennes, Série A : Séminaires Méditerranéens 2000 ; (40) : 167-72.

Rezgui M., Zairi A., Bizid E., Ben Mechlia N. (2005) : Consommation et efficacité d'utilisation de l'eau chez le blé dur (Triticum durum Desf.) cultivé en conditions pluviales et irriguées en Tunisie, Cahiers Agricultures Vol. 14 (4), p 391-397

Ringersma J., Batjes N., Dent D. (2003) : Green Water: definitions and data forassessment;http://www.isric.org/isric/webdocs/Docs/ISRICGreenwater%20ReviewFebr2004_.pdf

Rivalle G. (2012) : http://www.uvt.rnu.tn/news/images/recherchetunisienne.pdf ; consulté le 5/9/2013

RNCREQ (1998) : Les instruments économiques et la protection de l'environnement, Rapport du Regroupement National des Conseils

Régionaux de l'Environnement du Québec (format pdf, 103p.), http://www.rncreq.org/pdf/instruments.pdf

Robock A. (2011) : A New International Network for in Situ Soil Moisture Data, Eos, Vol. 92, No. 17, 26 April 2011.

Rojstaczer S., Sterling S., Moore N. (2001) : Human Appropriation of photosynthesis products ; Science 294, 2549,2001

Saied M., Elloumi M.J. (2007) : Prise en compte des besoins écologiques de l'Ichkeul dans la gestion de l'eau, Gestion de la demande en eau en Méditerranée, Zaragoza

Salmoral G., Aldaya M.M. , Chico D., Garrido A., Llamas M.R. (2010) : The water footprint of olive oil in Spain, Papeles de agua virtual, Observatorio del Agua, Numéro 7, Editon: Fundación Marcelino Botín. Pedrueca, (Santander), www.fundacionmbotin.org

Salomon J. (2012) : Le dessalement de l'eau de mer est il une voie d'avenir? Revista de Geografia e Ordenamento do Território, n.° 1 (Junho). 237-262

Savenije H. H. G. (2000): Water scarcity indicators; the deception of the numbers, Phys Chem Earth, 25, 199–204.

Schroeder E. & al. (2012): Direct potable reuse; benefits for public water supplies, agriculture, the environment, and energy conservation, NWRI White Paper

Secrétariat d'Etat au Plan et aux Finances (1961) : Perspectives décennales de développement, Tunis, Imprimerie officielle

Shel Farah (1988) : Devenir des eaux de production du gisement pétrolifère d'El Borma ; DEA, Fac.Sc. Tunis

Shiklomanov A., Sokolov A. (1983): Methodological basis of world water balance investigation and computation; IASH. Pub. N°148.

Shiklomanov I. (1998): World water resources; a new appraisal and assessment for the 21th Century; Int. Hydrological Programme; UNESCO.

Solignac M. (1936) : Travaux hydrauliques hafsides de Tunis, Revue Africaine N°368-369, p 518-580

Solignac M. (1953) : Installations hydrauliques de Kairouan et des steppes tunisiennes du VIIe au XIe siècle, A.I., E.O., X-XI

SONEDE (2000) : Etude du secteur de l'eau potable en milieu rural-Perspectives, Mission 7 : Environnement, santé et aspect social, IGIP/SCET-TUNISIE.

SONEDE (2004) : AEP du Cap Bon, Sahel, Sfax, Gabès, Médenine et Tataouine, Etude de faisabilité –Rapport définitif de mission 2

SWIM (2013) : Examen et analyse de la mise en œuvre des stratégies et plans d'action concernant les eaux usées ; Rapport national pour la Tunisie.

Thomas Ph., Pervinquière L. (1907, 1908, 1913): Essai d'une description géologique de la Tunisie » en 3 tomes

Tixeront J. (1957) : Le ruissellement en Tunisie ; UGGI, Assoc.Intern.d'hydrologie scientifique, commission de l'érosion.

Tixeront J., Berkaloff E. (1954) : Recherches sur le bilan d'eau en Tunisie. UGGI-AIHS , assemblée générale de Rome, 1954.

Treyer S. (2006) : A quelle raréfaction de l'eau faut-il se préparer ? Construire une intervention prospective au service de la planification pour les ressources en eau en Tunisie , Thèse de doctorat de l'ENGREF Paris

UN-ECE (1995), Protection and Sustainable Use of Water Resources and Aquatic Ecosystems , Water Series No.2, ECE/CEP/10, New York, 1995

UNESCO(2011):http://www.unesco.org/water/news/aquiferes_transfrontaliers.shtml

United Nations, Department of Economic and Social Affairs, Population Division (2011) : World Population Prospects: The 2010 Revision, CD-ROM Edition.

United States Bureau of reclamation (2009) : Literature Synthesis on Climate Change Implications for Reclamation's Water Resources

UN-Water (2010) : UN-Water Task Force on Indicators, Monitoring and Reporting; Final Report

US EPA (2011): http://water.epa.gov/infrastructure/watersecurity/lawsregs/index. cfm#bioterror

USGS (2013) : http://water.usgs.gov/watuse/; consulté le 23 Aout 2013.

Van Oel, P.R., Mekonnen M.M., Hoekstra, A.Y. (2009) : The external water footprint of the Netherlands: Geographically-explicit quantification and impact assessment, Ecological Economics 69(1): 82-92.

Villarroya E. (1994) : Regulatory issues mainly about aquifer overexploitation within the scope of sustainable development; IAHS Publ. no. 222, 1994

Vincent D., De Caritat A.K., Stijn Bruers S., Chapagain A., Weiler P., Laurent A. (2011) : Belgium and its water footprint, WWF-Belgium, Brussels

Vitousek P., Ehrlich P., Ehrlich A., Matson P. (1986) : Human appropriation of products of photosynthesis; BioScience Vol.26, N°6.

Waterwatch (2008) : Water Balance and Evaluation of Water Saving Investments in Tunisian Agriculture; draft version, 2008. Study under assignment of the World Bank in Washington DC, USA; Authors: S.J. Zwart and W.G.M. Bastiaanssen from WaterWatch in Wageningen.

WISE (2012) : http://water.europa.eu/data-and-themes

World Bank, GWMATE (2009) : Addressing Groundwater Depletion Through Community-based Management Actions in the Weathered Granitic Basement Aquifer of Drought-prone Andhra Pradesh – India

World Health Organization (2011) : Guidelines for drinking-water quality, fourth edition (http://www.who.int)

Worldclim.org (2011) : http://www.worldclim.org/ (consulté le 10/08/2011)

WRI (2005) : http://earthtrends.wri.org

WWAP, (2009) : The United Nations World Water Development Report 3, Case Studies Volume: Facing The Challenges. World Water Assessment Programme.

WWF (2012) : L'empreinte eau de la France ; www.waterfootprint.org/Reports/Report56-WaterFootprintFrance.pdf

Zaara M. (2008) : Le dessalement en Tunisie pour l'amélioration de la qualité de l'eau potable desservie ; RMSU MEDA Water Programme, ADIRA Workshop, Marrakech

Zamiti K. (1985) : La division du travail étatique : sociologie d'un barrage, Annuaire de l'Afrique du Nord, N°22, pp. 377-388 K. Ed. CNRS, Paris

Zebidi, H (1966) : Etat des nappes phréatiques de Tunisie ; BIRH, Mai 1966, Tunis ;

Zebidi, H (1980) : Bilan des ressources en eau, Note DRE, Déc.1980

Zimmer D., Renault D., (2003) : Virtual water in food production and global trade: review of methodological issues and preliminary results, in Hoekstra A.Y. (dir.), Virtual Water Trade: Proceedings of the International Expert Meeting on Virtual Water Trade, Value of Water Research Report Series N°12, Delft (the Netherlands), UNESCO-IHE,

Zwart S.J & al, (2008) : Water balance and evaluation of water saving investments in Tunisia agriculture, WaterWatch in Wageningen, The Netherlands.

Figures & tableaux

Liste des figures

Liste des tableaux

.iste des Acronymes

AEP	alimentation en eau potable
ANPE	Agence nationale de la protection de l'environnement.
BIRH	Bureau d'inventaire des ressources hydrauliques
CI	Nappe du continental intercalaire
CT	Nappe du complexe terminal
COPEAU	Réseau de surveillance et de contrôle de la pollution de l'eau.
CRDA	Commissariat régional au développement agricole
CRUESI	Centre de recherches sur l'utilisation de l'eau en irrigation
DGBGTH	Direction générale des barrages et grands travaux hydrauliques
DGGREE	Direction générale du génie rural et de l'exploitation des eaux
DGRE	Direction générale des ressources en eau (MARH)
DPH	Domaine public hydraulique
ENIT	Ecole nationale des ingénieurs de Tunis
ERESS	Etude des ressources en eau au Sahara septentrional
EUT	eau usée traitée.
FAO	Organisation mondiale pour l'alimentation et l'agriculture
GDA	Groupement de développement agricole (AIC/ GIC)
GDE	Gestion de la demande en eau.
GIRE	Gestion intégrée des ressources en eau.
INAT	Institut national agronomique de Tunisie
INS	Institut national de la statistique
JORT	Journal officiel de la République tunisienne
MARH	Ministère de l'Agriculture et des ressources hydrauliques
OMS	Organisation mondiale pour la santé
OMVPI	Office de mise en valeur des périmètres irrigués
ONAS	Office national de l'assainissement.
OSS	Observatoire du Sahara et du Sahel
PASA	Programme d'ajustement structurel agricole
PDEC	Plan directeur de l'utilisation des eaux du centre.
PDEN	Plan directeur de l'utilisation des eaux du nord.
PDES	Plan Directeur de l'utilisation des eaux du sud
PISEAU	Projet d'investissement dans le secteur de l'eau
PNEE	Programme national d'économie d'eau
PPI	périmètre public Irrigué
R&D	recherche et développement
SECADENORD	Société d'exploitation du canal et adductions des eaux du nord.
SINEAU	Système d'information national sur l'eau
SONEDE	Société nationale d'exploitation et de distribution des eaux

Table des matières

La Tunisie

aux éditions L'Harmattan

Dernières parutions

TUNISIE : LA RÉVOLUTION ET SES PASSÉS
Dot-Pouillard Nicolas
Deux ans après le départ de Ben Ali, la fissure entre l'idéal révolutionnaire et le désenchantement démocratique semble croissante. L'auteur y voit trois raisons : les comptes ne sont pas soldés avec le passé de l'ère Bourguiba, l'arrivée d'Ennahda a réveillé des spectres enfouis, la différenciation entre les côtes et les provinces intérieures apparaît comme une structure sociale discriminante bien antérieure aux années Ben Ali. Si la révolution tunisienne a bien ouvert sur de nouveaux possibles, ses fractures présentes sont aussi ancrées dans les paradigmes passés.
(Coll. Bibliothèque de l'iReMMO, 10.00 euros, 124 p.)
ISBN : 978-2-343-00481-5, ISBN EBOOK : 978-2-296-53174-1

TRAGÉDIE (LA) SYRIENNE
Révolte populaire ou complot international ?
Estival Jean-Pierre
Une analyse approfondie de la crise syrienne démontre que, loin d'être une simple révolte populaire contre un régime tyrannique, le soulèvement est le fait d'une fraction du peuple, essentiellement sunnite, et mue par une soif de revanche depuis l'écrasement des fondamentalistes en 1982. Les minorités se sont tenues à l'écart. Dans ce pays multiethnique et multiconfessionnel, le conflit actuel est redevenu, comme dans le passé, une violente guerre intercommunautaire. En soutenant une coalition d'opposants dominée désormais par des islamistes, l'Occident n'a pas fait le meilleur choix.
(24.00 euros, 246 p.)
ISBN : 978-2-343-00407-5, ISBN EBOOK : 978-2-296-53238-0

JEUNES PALESTINIENS, JEUNES FRANÇAIS, QUELS POINTS COMMUNS ?
Face à la violence et l'oppression
Kortam Marie
La recherche de l'auteur sur les violences et les oppressions politiques vécues par des jeunes français et réfugiés palestiniens vise d'un côté l'identification des processus des oppressions subies et de l'autre, les stratégies que ces jeunes déploient pour survivre et trouver une place dans la société. L'étude s'appuie sur les concepts de ségrégation, marginalisation, pouvoir, réfugiés, violence politique, violence institutionnelle et violence sociale.
(32.00 euros, 312 p.)
ISBN : 978-2-296-99835-3, ISBN EBOOK : 978-2-296-53234-2

COMPROMIS (LES) MÉDIATIQUES DE MSF AU YÉMEN
Retour d'expériences
Lacharité Michel-Olivier - Préface de Jean-Hervé Bradol
Cette étude de sociologie des relations internationales fondée sur l'expérience vécue par l'auteur au sein de Médecins Sans Frontières, revient sur la portée des prises de parole de MSF, soucieux de témoigner du sort des victimes et d'apporter une aide aux populations du Yémen durant la guerre de Saada (2004-2010), et de limiter les confrontations avec les belligérants, d'une part le gouvernement yéménite, d'autre part le mouvement armé houthiste et impliquant des États comme le Qatar.
(Coll. Chaos International, 12.00 euros, 110 p.)

POLITIQUE (LA) EUROPÉENNE DE LA TURQUIE
Acteurs, processus et enjeux (1980-2008)
Sevim Huseyin
Loin d'être le produit d'un pouvoir monolithique, la politique européenne de la Turquie est plutôt le résultat d'un processus complexe. Dans cette perspective, trois études de cas ont été retenues : le dépôt de la candidature turque (1987), l'instauration de l'Union douanière (1995) et l'ouverture des négociations d'adhésion (2005-...). Voici une étude pour comprendre comment la *nébuleuse turque* fonctionne dans le domaine de la politique européenne.
(Coll. Logiques politiques, 38.00 euros, 384 p.)
ISBN : 978-2-296-99784-4, ISBN EBOOK : 978-2-296-53089-8

RÉVOLUTION (LA) TUNISIENNE : LA PART DU DROIT
Sayah Jamil
Depuis le déclenchement de ce qu'on a pris l'habitude d'appeler «le printemps tunisien», l'idée de révolution est omniprésente. Véritable basculement historique, c'est une marche ascendante qui se veut non seulement une rupture avec l'ordre ancien, mais surtout un arrimage avec l'universel. Ce peuple marque sa volonté de mettre définitivement un terme à sa marginalité historique et d'être embarqué vers le mieux, pour le meilleur et sans le pire.
(Coll. Diversités, 18.00 euros, 180 p.)
ISBN : 978-2-336-00662-8, ISBN EBOOK : 978-2-296-52991-5

LITTORAL ET LE DÉSERT TUNISIENS
Développement humain et disparités régionales en Tunisie
Bousnina Adel
En dépit du développement et de performances socio-économiques indéniables, la société demeure inégalitaire en Tunisie. Comment ont évolué les indicateurs du développement humain en Tunisie ? Quelles sont les causes et les explications de l'inégal développement régional ? Enfin, quelle est la perception des responsables tunisiens et de la population quant à l'inégal développement, la dichotomie géographique, particulièrement entre le «littoral» et «l'intérieur».
(Coll. Histoire et perspectives méditerranéennes, 34.50 euros, 336 p.)
ISBN : 978-2-336-00636-9, ISBN EBOOK : 978-2-296-51160-6

EL-LOUD
Approche anthropologique
Jedi Essedik, Ben Ali Arbi
Les îles Kerkennah en Tunisie. Un archipel stratégique pour le commerce transméditerranéen comme pour les échanges par cabotage le long des côtes méditerranéennes ! Et qui dit El-Loud dit îles Kerkennah. El-Loud désigne aujourd'hui le bac par lequel on accède aux îles Kerkennah. Mais le El-Loud d'aujourd'hui n'est plus le El-Loud d'antan : un voilier de 9 à 12 mètres de long... Mais comment et pourquoi l'expérience au passé avec El-Loud prend-elle place d'une expérience fondatrice ?
(20.00 euros)
ISBN : 978-2-296-57474-8

L'HARMATTAN ITALIA
Via Degli Artisti 15; 10124 Torino

L'HARMATTAN HONGRIE
Könyvesbolt ; Kossuth L. u. 14-16
1053 Budapest

L'HARMATTAN KINSHASA
185, avenue Nyangwe
Commune de Lingwala
Kinshasa, R.D. Congo
(00243) 998697603 ou (00243) 999229662

L'HARMATTAN CONGO
67, av. E. P. Lumumba
Bât. – Congo Pharmacie (Bib. Nat.)
BP2874 Brazzaville
harmattan.congo@yahoo.fr

L'HARMATTAN GUINÉE
Almamya Rue KA 028, en face du restaurant Le Cèdre
OKB agency BP 3470 Conakry
(00224) 60 20 85 08
harmattanguinee@yahoo.fr

L'HARMATTAN CAMEROUN
BP 11486
Face à la SNI, immeuble Don Bosco
Yaoundé
(00237) 99 76 61 66
harmattancam@yahoo.fr

L'HARMATTAN CÔTE D'IVOIRE
Résidence Karl / cité des arts
Abidjan-Cocody 03 BP 1588 Abidjan 03
(00225) 05 77 87 31
etien_nda@yahoo.fr

L'HARMATTAN MAURITANIE
Espace El Kettab du livre francophone
N° 472 avenue du Palais des Congrès
BP 316 Nouakchott
(00222) 63 25 980

L'HARMATTAN SÉNÉGAL
« Villa Rose », rue de Diourbel X G, Point E
BP 45034 Dakar FANN
(00221) 33 825 98 58 / 77 242 25 08
senharmattan@gmail.com

L'HARMATTAN BÉNIN
ISOR-BENIN
01 BP 359 COTONOU-RP
Quartier Gbèdjromèdé,
Rue Agbélenco, Lot 1247 I
Tél : 00 229 21 32 53 79
christian_dablaka123@yahoo.fr

650457 - Avril 2016
Achevé d'imprimer par

1livre.com
du rêve à la réalité !

www.ingramcontent.com/pod-product-compliance
Lightning Source LLC
LaVergne TN
LVHW011156061026
849535LV00003B/751